21세기 도시의 비전

천 도 론

김 영 하
1945년 제주 생
단국대학교 건축공학과 공학사, 일본정부(문부성) 국가 장학생
일본 와세다대학교 대학원 건축학과 공학석사・박사
단국대학교 건축대학 교수, 부동산건설대학원장 역임
(사)한국지역사회발전학회 회장, 대법원(법원, 검찰청) 건축위원회 위원
국토해양부 중앙건축위원회 위원, 국토해양부 인재훈련양성원 강사, 경기도 공무원교육원 강사
경 력
미국 하버드대학교 객원연구원, 일본 와세다대학교 객원교수
서울특별시 도시계획위원회위원, 단국대학교 교수협의회 회장, 한국사립대교수연합회공동회장
(사)대한건축학회 부회장, 대한민국건축대전 초대작가
수 상
(사)대한건축학회 학술상(2002)
부총리 겸 교육인적자원부 장관상(2002.5 제6988호)
한국과학기술단체 총연합회 과학기술 우수 논문상(과총 제2006-201호)
문화관광부 장관표창(제2006-533)
문화관광부 선정 우수학술도서(주거단지계획과 도시경관, 2006)
저 서
『인간지장론 도시건축』(2004),
『올래』 수필집(2005),
『주거단지 계획과 도시경관』(2007, 2판)
역 서
『인간 척도론』(2005, 3판)
『마이크로 도시계획과 토지이용』(1992)

21세기 도시의 비전
천 도 론

펴낸이 _ 장 호 성
저 자 _ 김 영 하
펴낸곳 _ 단국대학교출판부
등 록 _ 1968.2.27 : No. 제03-00095호
주 소 _ 경기도 용인시 수지구 죽전동 126번지
전 화 _ 031-8005-2405 팩 스 _ 031-8005-2406

편 집 _ 박 보 혜

2010년 8월 25일 초판 인쇄
2010년 8월 30일 초판 발행

인 쇄 _ 신양사

[값 20,000원]

Published by Dankook University Press

Printed in Korea

ISBN 978-89-7092-382-6 93540

*이 도서는 2004년 단국대학교 연구비 지원으로 간행되었음.

21세기 도시의 비전

천 도 론

김 영 하

단국대학교출판부

책을 내면서

올해로 광복 65주년을 맞는 우리나라의 큰 논점 가운데 하나가 새로운 '수도 건설' 문제이다. 참여정부에서 제기하여 국책과제가 된 신 행정도시 건설은 조선시대 이래 600년 만에 등장한 '천도론'이라는 점에서 그 성사 여부를 떠나 한국사의 중요한 분기점이 될 것이다. 지난 5년간의 격렬한 찬반논쟁에서 그동안 잠재되어 있던 사회적, 정치적 갈등이 집약되어 표출되고 있지만 여전히 결말을 보지 못한 채로 진행되고 상태이다.

일본의 경우도 이미 1980년대에 '천도론'이 제기된 바 있다. 21세기형 국가로의 진화를 목표로 제기된 일본의 천도론은 지방분권, 수도권 과밀문제 해소, 관동 대지진의 60년 주기 반복설 등을 배경으로 등장했지만 여전히 현실화되지 못하고 있다. 여기에는 이라크 전쟁이후 복잡해진 국제정세와 동북아 권력구도의 변화추세 등의 국제화, 일본 국내적으로는 장기적인 경기침체, 국민 여론의 양분화 등이 복합적으로 작용하고 있다.

이 같은 일본의 문제는 우리가 처한 상황과 큰 차이를 보이지 않는다는 점에 우리에게 많은 시사점을 준다. 선진 외국을 답습하자는 것이 아니라 현재 논쟁 중인 '신 행정중심 복합도시' 문제를 논의함에 있어 가까운 일본의 예를 연구하여 정책실현의 속도성 외에 장기적 방향성을 함께 비중을 두어 숙고하는 일이 효과적이라 생각한다.

1970년대 후반, 일본으로 유학을 가게 되면서 천도론에 관심을 갖게 되었다. 일본 와세다대학 故 요시사카 다카마사 선생님과 도누마 고우이치 선생님의 연구실에서 대학원 생활을 거쳤는데, 이때 가졌던 순수한 학문적 열정이 지금까지 나를 이끌어온 셈이다. 당시 요시사카 선생님의 연구실에는 일본 학생만이 아니라 이미 세계 각국에서 유학온 석박사과정생들이 연구 중이었고, 그들이 세미나 시간에 한 자리에 모여 선생님을 중심으로 토론하던 기억이 선연하다. 나 역시 세미나 시간에 적극적으로 참여했는데 자리가 없으면 서서라도 토론에 참여하고 의견을 경청하면서 지역개발계획에 대한 인식을 가다듬었다.

요시사카 선생님은 학문적 인식의 출발을 일본이 아닌 '세계'에 두고자 노력하였다. 선생님은 이를 확고히 하고자 연구실 천정을 뜯어내 그 자리에 커다란 회전 지구본을 걸어 놓았다. 일본 중심이 아니라 '세계 중심'에서 일본을 관찰하라는 뜻이다. 일본에서 일어나는 현상을 동남아, 유럽, 미대륙의 시각에서 보려는 노력의 일환이었다.

한편 도누마 선생님은 일본의 국가적 발전을 위한 천도론에 적극적이어서 당시 뜨겁던 일본 열도 개조론의 일환으로 천도론을 주창하였다. 과밀화된 동경의 한계를 인정하고 일본 동북지역으로 신수도를 건설해서 국가발전의 신원동력을 만들자는 '북상천도론'을 꾸준히 연구하고 발표하였다.

그들의 제자인 나 역시도 천도론에 관심을 두지 않을 수 없었고, 다양한 시각의 문제의식을 바탕으로 나름대로 시각을 정립하고자 노력했다. 이를 위해 대학원 과정에서 이 내용들을 강의하면서 제자들과 토론하는 한편 꾸준히 관련 자료를 수집해왔다. 언젠가 우리나라에서도 21세기 국가전략의 일환으로 수도의 위상을 재점검하면서 천도의 개념과 의의를 재정립할 필요가 생길 것이라 믿었기 때문이다.

이 저서는 그동안 수집해온 우리나라와 일본, 중국, 미국, 독일, 브라질 등의 천도론의 사례를 정리하고 있다. 미래 통일 한국을 전제로 바람직한 새로운 수도 정립을 위한 제반 문제점과 비전을 찾는데 이 책이 작으나마 일익을 담당하였으면 한다.

오늘날의 시대정신(Zeitgeist)은 '변화와 개혁'이다. 이는 세계적 추세이며, '실용'이 결합되어 국가간 경쟁의 기축으로 작용하고 있다. 우리의 당면과제는 세계 열강과의 생존경쟁에서 번영을 추구하는 것이다. 건축학의 측면에서는 도시 및 국토개발을 추진할 때 '환경을 중시한 지속가능한 발전'의 인식을 적용하여 국가 정책의 우선순위를 선정하는 데 이바지하는 것이 필수적이라 할 것이다. 이를 위해서라도 수도문제는 국가의 위상을 재정립하고 백년대계를 이끌어갈 토대가 되므로 그 자체적으로 국가 선진화 방향을 결정짓는 절대 요소라 할 수 있다. 비록 전문가나 독자들이 처한 입장에 따라 시각은 다를 수 있겠지만 이 책을 통해 각자의 시각을 정리하여 정확한 판단을 할 수 있는 자료로 활용한다면 필자의 소명을 다하는 것이라 생각한다.

이 책을 완성하기까지 연구실의 선후배간 유대와 협동 작업이 결정적이었다. 많은 자료를 수집하고 정리하며 이를 토론을 통해 해석하여 골격을 완성하기까지 수고를 아끼지 않은 건축도시설계 연구실의 후학들에게 깊은 감사의 마음을 전하고 싶다.

끝으로 "내게 능력을 주시는 자 안에서 내가 모든 것을 할 수 있느니라(빌 4:13)" 라는 하나님의 말씀처럼 연구실 공동체의 진가는 학술역량을 기르면서 자신의 지식으로 지혜를 간구하여 자신의 과제를 감당할 능력을 가진 인재를 배출하는 여건을 갖추는데 있다고 믿는다. 아무리 어렵고 힘들어도 그 일에 명분이 있고, 가치를 갖는다면 그것만으로도 충분한 보람과 자긍심을 찾게 될 것이다. 출간에 애쓰신 단국대학교출판부 관계자들과 도움을 주신 모든 분들께 다시 한 번 감사의 마음을 전한다.

2010년 8월
죽전 캠퍼스에서

京山 김영하

목 차

책을 내면서 ········· 5

제1장 도시의 기원과 발달

1. 도시의 기원 ········· 14
2. 도시의 역사 ········· 15
3. 도시의 발달요인 ········· 17
4. 근대이전의 도시 ········· 18

2장 우리나라의 천도

1. 개요 ········· 40
2. 풍수와 천도 ········· 41
3. 삼국시대의 천도 ········· 43
4. 발해의 천도 ········· 53
5. 고려의 천도 ········· 55
6. 조선의 한양 천도 ········· 61
7. 식민지 시대의 도시계획 ········· 66
8. 우리나라의 수도 이전계획 ········· 70
9. 행정수도 백지계획 ········· 70
10. 참여정부의 신행정수도 추진계획 ········· 79
11. 신행정수도 위헌결정 ········· 83

제3장 외국의 천도사례

1. 일본의 천도 ········ 88
2. 중국의 천도 ········ 112
3. 미국의 천도 ········ 146
4. 독일의 천도 ········ 158
5. 브라질의 천도 ········ 177

제4장 행정수도건설을 위한 백지계획

1. 행정수도건설을 필요로 하는 배경 ········ 198
2. 행정수도건설의 이념과 목표 ········ 201
3. 행정수도건설계획의 기본방향 ········ 206
4. 행정수도건설계획의 접근방법 ········ 211
5. 도시기본구조계획 ········ 212
6. 도시기본구조계획의 기본방향 ········ 220
7. 도시기본구조 정립을 위한 패턴 유형분석 ········ 223
8. 행정수도 도시기본구조의 구상 ········ 238
9. 토지이용체계 ········ 248

제5장 행정중심복합도시

1. 행정중심복합도시건설의 추진 배경 및 경위 ········ 262
2. 행정중심복합도시건설 기본계획 ········ 264
4. 도시건설 정책목표 및 미래상 ········ 274
5. 부문별 도시개발방향 ········ 276
6. 사업추진방안 ········ 309

제6장 수도이전과 지속가능한 도시

1. 수도이전 ········ 314
2. 지속가능한 도시 ········ 316
3. 자연친화적 미래도시 ········ 321

참고문헌 ········ 325

제1장
도시의 기원과 발달

제1장 도시의 기원과 발달

1. 도시의 기원

미국의 도시 비평가 루이스 멈포드(Lewis Mumford)는 '도시를 파악하기 위해서는 도시의 기능과 구조로부터 출발하여 거꾸로 추적해서 기원적 요소에 도달해야 한다.'[1] 고 하였다. 그러나 도시 기원의 추측은 확실하지 않으며, 장래에 대한 예측 또한 쉽지 않은 것이 현실이다.

도시화의 여명은 신석기 시대 사람들이 동굴에서 나와 나뭇가지와 잎사귀로 지은 집에 정착하면서 시작되었다고 볼 수 있다. 인간은 근거성 동물이기 때문에 개인이 모여 가족을 형성하고 서로 가까운 사람들이 모여 취락을 구성하였다. 취락간의 경쟁을 통해 큰 부족이 생기고 부족국가로 커짐에 따라 질서와 권력의 유지를 위해 강력

(그림 1-1) 독일Haiistatt, 신석기 시대 촌락의 평면도

1) L. Mumford, 『The city in history』, Harcourt, Brace & World, Inc, 1991, pp.1~23.

한 지배계급이 나타나게 되었다. 이 지배계급의 거주지를 중심으로 농업 및 문명이 발달되면서 도시가 형성되었다.

2. 도시의 역사

현대적 의미의 도시 생성의 역사는 지금으로부터 약 5,000년 전으로 거슬러 올라간다. 세계 4대 문명 발상지인 유프라테스강 유역과 나일강 유역, 인더스강 유역, 황하 유역에서 도시국가를 형성하면서 발달하게 된 것을 볼 수 있다.

지금의 이란, 이라크 지역의 유프라테스강과 티그리스강 유역에서는 수메르인

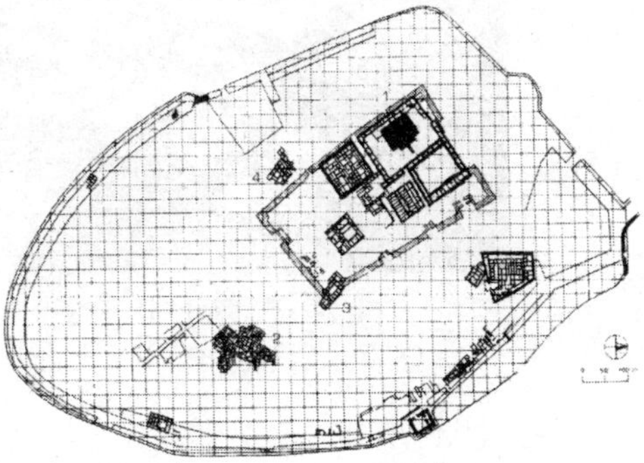

(그림 1-2) Ur. 도시의 배치도

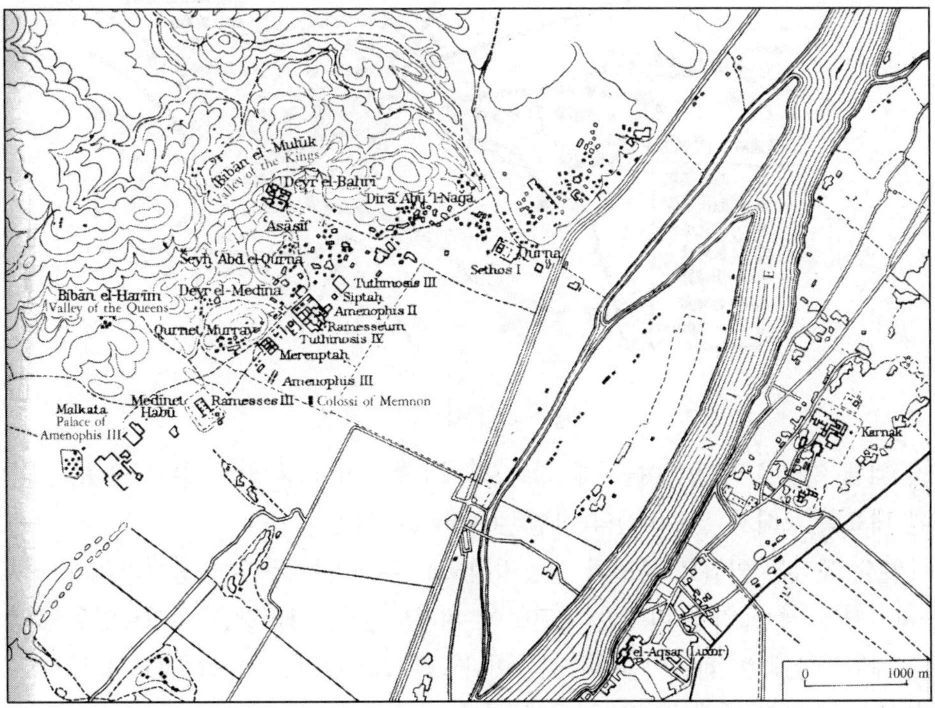

(그림 1-3) Thebes 부근의 지도. 나일 강 오른쪽 언덕에는 신전들이 있으며 왼쪽 언덕에는 왕의 묘들이 있다.

(그림 1-4) 모헨조다로(Mohenjo-Daro) 모형
(자료 : 역사연구모임, 『단숨에 읽는 세계사』, 베이직북스, 2007.)

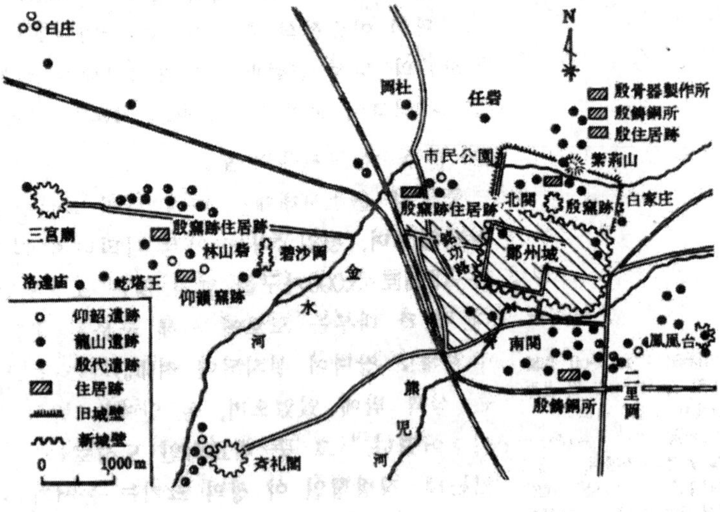

(그림 1-5) 은대의 정저우성

들에 의해 강물을 이용하여 세계 최초로 메소포타미아 문명이 일어났으며, 그 때 형성된 대표적 도시가 우르(Ur)와 바빌론(Babylon)이었다.

나일강 유역은 이집트 문명의 시발지점으로 부식질이 풍부한 삼림지대와 초원지대를 거치면서 강 유역에 비옥한 침전물이 퇴적되었다. 나일강은 이집트인들의 젖줄이며 고대인들에게는 "하늘이 내린 선물이다" 라고 일컬어졌다. 잘 계획된 도시로는 멤피스(Memphis)와 테베(Thebes) 등이 있다.

또한 인도의 인더스 강 유역에서는 다른 지역보다 조금 늦게 고대 문명이 발생하였는데 인더스 문명이라고 한다. 그 중 가장 큰 도시로는 모헨조다로(Mohenjo-Daro)와 하라파(Harrapa)가 있다.

그리고 중국의 황하 유역에서는 신석기 문화를 바탕으로 한 황하 문명이 인류의 문명시대로의 나아갈 수 있도록 이끌었으며, 주요 도시로는 정저우(Zheng-Zhou)가 있다.

3. 도시의 발달요인

도시의 발달에 영향을 주는 요인(determinants)은 다음 네 가지로 구분할 수 있다.

첫째는 자연적 요인으로 기후·지형·지질 등 생태계로 이루어진 자연환경의 결정요인이고, 둘째는 사회적 요인으로 도시의 인구·사회구성·사회 복지적 측면 등을 포함하며, 셋째는 경제적 요인으로 도시의 산업구조·지역 총생산·소득·사회간접자본 등을 내포한다. 마지막으로는 계획·물리적 요인으로 이른바 계획원리와 기술에 의한 도시계획과 이에 따른 각종 도시기반시설(infrastructure) 등의 요소를 포함한다. 고대로부터 현대까지 취락이나 도시는 이러한 요소들이 작용되어 발전되기도 하고 경우에 따라서는 폐허화되기도 했다. 그러나 우리는 오늘날의 도시를 이해함에 있어서 역사적 혼란은 피해야 한다. 가령 피라미드를 배경으로 한 카이로의 사진을 보고 현재의 카이로가 고대부터 존재했던 것으로 착각한다거나 플라톤과 소크라테스가 활약하던 아테네를 오늘의 아테네로 생각할 수 있다. 그러나 아테네 역사에는 긴 단절이 있었고, 로마도 고대의 유적밖에 존재하지 않았음에도 불구하고 이들이 오늘날의 현대도시로 번영하게 된 것은 19세기에 신생국가의 수도가 되었기 때문이다.

역사가 페르낭 브로델은 『물질문명과 자본주의』에서 도시의 발달을 인류 역사의 결정적인 전환점이자 중요한 분수령이라고 하였다. 도시는 경제 발달사에서 매우 중요한 역할을 하였으나 그에 상응하는 대우를 받지 못하였다. 경제학자와 경제사가들은 경제의 추상적인 개념에만 관심이 있었고, 실세계를 볼 때에 특정산업과 기업, 국가 경제 등에만 집중해 왔기 때문에 도시의 공헌을 충분히 인식하지 못하였던 것이다. 대체적으로 경제변화의 중심으로서 도시는 그 중요성에 비해 주목 받지 못하지만, 지금도 도시발달과 경제 발달의 관계는 공생의 관계를 유지하고 있다.

경제 성장과 쇠퇴는 도시의 팽창과 위축에 밀접하게 관련되어 있으며, 도시 성장의 형태는 경제적 변화와 경제 발달의 특성에 영향을 받을 뿐만 아니라, 지속적으로 상호간의 영향을 주고받는 관계를 맺고 있다. 경제의 사회적 조직은 사회의 공간적 조직으로 구체화되고 도시에서 민감한 것이 사회와 공간사이에서도 밀접한 관계임을 인식할 필요성이 있다. 이처럼 도시는 그 형성의 배경과 발달 과정, 경제 등에 따라 달라지게 마련이므로 한 도시를 이해하기 위해서는 먼저 역사적인 맥락 속에서 관찰하는 시각이 무엇보다도 중요하다.

4. 근대이전의 도시

(1) 고대도시의 성립

1) 메소포타미아 문명

메소포타미아(Mesopotamia)는 고대 그리스어로 '두 강 사이에 위치한 지역'이란 뜻이다. 두 강이란 터키에서 출발한 티그리스강과 유프라테스강을 말하며 이 두 강에 의해 남쪽을 바빌로니아, 북쪽을 앗시리아라고 한다. 바빌로니아는 남쪽의 수메르와 북쪽의 아카드로 나누어지며, 수메르인은 티그리스 강과 유프라테스 강의 물을 이용하여 메소포타미아 문명을 일으켰다. 현재까지 알려져 있는 고대도시 발상지는 B.C. 3500년경 티그리스와 유프라테스 강 유역에 위치한 우르(Ur)와 바빌론(Babylon) 등을 들 수 있다. 특히 고대 바빌로니아의 수도였던 바빌론에서는 대성벽, 기념문, 공중정원(hanging garden) 등이 건설되었다. 바빌론은 유프라테스 강 중류에 위치해 있는 서아시아 무역의 요충지였으며, 바빌로니아에 도시국가가 세워진 때는 기원전 1894년 아모리인에 의해서다.

오랜 전쟁 끝에 함무라비 시대(기원전 약 1704년-1662년)에 바빌로니아가 세워졌다. 함무라비는 중앙집권 제도를 확립하였으며, 군주의 권리는 신에게서 받은 것이라며 신권신수설을 널리 알리려 했고, 또한 스스로를 '모든 신들의 왕'으로 칭하면서 강력한 왕권을 확립한다. 이 시기에 세계 최초의 건축법 제정을 찾아볼 수 있는데 그것은 함무라비 법전이다(기원전 2100년경). 그러나 함무라비가 세운 바빌로니아의 제국도 결국 안정적이지 않았으며 노예폭동이 일어나고 외래 민족의 잦은 침입에 의해 결국 기원전 1595년 북방민족인 힛타이트의 침입에 의해 멸망한다.

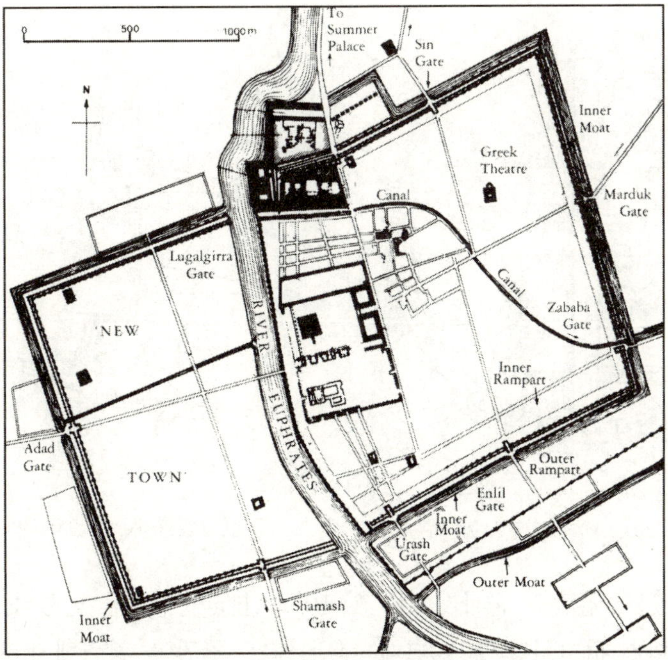

(그림 1-6) Babylon. 중심의 평면도 성곽(소위 공중정원)의 전경. Ishtar 신전 근처에 위치한 저택의 평면도와 전경

앗시리아(Assyria)는 도시국가 아수르를 일컫는 말로 그리스인들인 아수르인들이 세운 도시국가로 기원전 3000년경 서방 셈족의 한 갈래였던 아키드인이 메소포타미아 중부에 정착할 시기에 셈족에 속하는 또 다른 부족이 티그리스강 상류로 이동해 오게 되면서 아수르(Assur)지역을 중심으로 발전해 나갔다. 아수르인들이 살던 지역은 원래 메소포타미아 북부의 고지대로 지세가 높고 기후가 건조하여 목초지가 대부분이었으며 구리와 주석 교역이 활발하였다. 앗시리아 역사는 초기 앗시리아와 중기 앗시리아, 그리고 가장 번성했던 시기인 앗시리아 제국 시대로 나뉜다.

초기 앗시리아시대(기원전 2000년대 전반)에 도시국가 앗시리아는 메소포타미아와 유사한 제도를 실시했으며 귀족의회와 왕이 있었는데 왕권은 아카드시대에 이르러서 강력해진다. 이 당시에는 무역이 발달하여 시리아, 소아시아, 아르메니아, 메소포타미아남부 등과 상업적으로 긴밀한 관계를 맺고 있었으며 서아시아에 상업식민지인 니네베(Nineveh), 아르벨리, 아수르 등은 모두 무역으로 부유해진 앗시리아의 도시들이다. 앗시리아의 문화는 메소포타미아인, 아카드인, 힛타이트인의 영향을 받았고 역법, 공예기술과 농업기술은 메소포타미아인들에게서 배웠으며 쐐기문자를 이용하여

(그림 1-7) 앗시리아의 부족 도시의 생활 모습

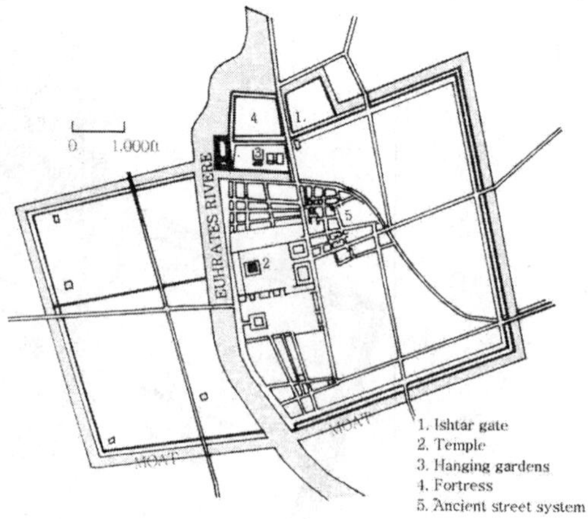

(그림 1-8) 바빌론(Babylon)

언어를 사용하였고, 건축과 군사기술은 힛타이트인들의 영향을 받았다.

중기 앗시리아시대(기원전 2000년대 후반)에는 왕권이 강력해지고 전제군주제가 이루어지면서 국왕이 관리를 임명하고 국가가 부양하는 상비군이 있었으며 귀족의회는 제구실을 못하였다.

이 시기에 나온 '중기 앗시리아법전'은 당시 앗시리아 문명이 매우 발달했던 것으로 볼 수 있으며 티글라트 필레세르 1세(Tiglathpileser 기원전 1115-1077년) 재위 기간에 앗시리아의 국력은 최고조에 달했는데 티글라트 필레세르 1세는 서아시아 일대를 침략하고 흑해와 페니키아까지 원정을 할 정도로 강대한 국가를 이루었으나 아랍족의 공격 등으로 국력이 쇠약해지며 멸망하게 된다.[2)]

2) 이집트 문명

이집트는 모래가 많은 지역에 위치해 있고 세계에서 제일 긴 나일 강이 남북을 관통하고 있다. 이 나일 강 유역의 삼각주에서도 B.C. 3100년경 파라오에 의해 도시가 건설되었다. 나일 강은 아프리카중부의 백(白)나일 강과 수단의 청(靑)나일 강에서 발원해서 합쳐진 강이다. 이렇게 합쳐진 강이 삼림지대와 초원지대를 거치면서 비옥해진 땅에 농사를 짓고, 강의 범람에 대처하는 토목과 관계된 기술을 개발하고 도시를 건설하면서 신화를 창조하며, 후세의 사람들이 '고대 이집트문명'이라고 부르는 위대

2) 역사연구모임, 『단숨에 읽는 세계사』, 베이직북스, 2007.

(그림 1-9) 나일 강의 풍요

한 문명이 시작된다.

이집트문명은 햄(Ham)어를 구사했던 북아프리카의 토착민들과 샘(Sam)어를 구사하던 서아시아인들이 일으켜 세운 문명이다. 기원전 5500년경 이집트의 농업은 매우 발달하였고, 이들은 청동기를 사용하면서 발전이 거듭되어 두 개의 왕국 즉, 상(上)이집트와 하(下)이집트가 탄생한다. 이후 그리스인이 이집트를 정복하기까지 31왕조가 흥망성쇠를 겪는 역사가 된다.

인류의 문명사를 통틀어 이집트인들만큼 불멸에 집착한 민족도 드물 것이다. 이집트인들에게 왕(Pharaoh)을 섬기는 것은 곧 신들을 섬기는 것과 같았으며, 이집트인들은 오로지 왕과 왕의 영광을 위해 인간의 범위를 뛰어넘는 피라미드의 건설에 헌신적으로 매달리게 되며, 이는 신과 인간의 중심에 파라오가 있다고 믿었기 때문이다. 이처럼 피라미드 건축은 곧 신에 대한 경배로 인식되어 건축되었고, 이집트의 국왕 파라오는 '궁전에 사는 사람'이란 뜻으로 신격화된 통치자로 군림하였으며, 이집트 나일강 유역에서 기원전 3100년경 파라오에 의해 도시가 건설되었다.

고대 이집트의 도시 중 가장 잘 계획된 카훈(Kahun)이라는 도시는 기원전 2500년경 일라훈(Illahoun)지방의 피라미드를 건설하면서 공사에 종사하던 사람들을 수용하기 위해 만들어졌다.

카훈은 평지 위에 건설되어 지형상의 제약이 없고, 관리와 통제가 용이하도록 만들어졌기 때문에 장방형의 형태이며, 도로망은 격자형 패턴을 이룬다. 카훈은 건축적으로 다른 울타리로 분리된 두 개의 주거지역을 보여주고 있다. 동쪽에 80칸의 방이 있는 부유층의 큰 저택들은 도시의 서쪽 편 좁은 동서측의 골목에 배치되어 있는 노

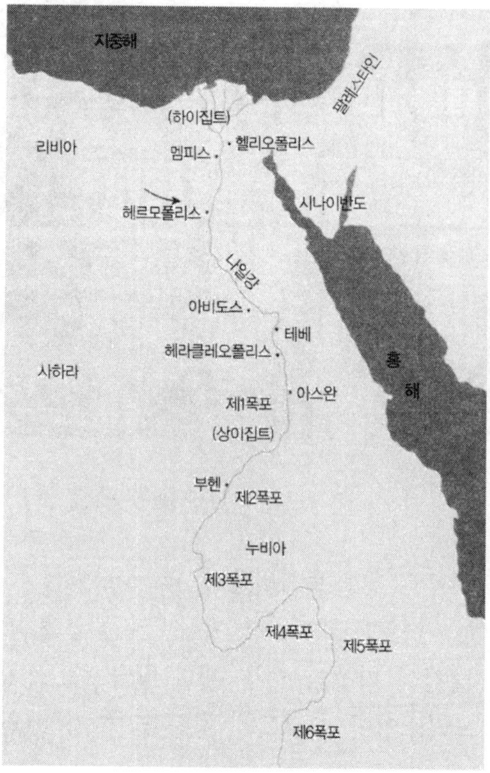

(그림 1-10) 기원전 1500-1200년 이집트

(그림 1-11) 이집트 왕들의 계곡

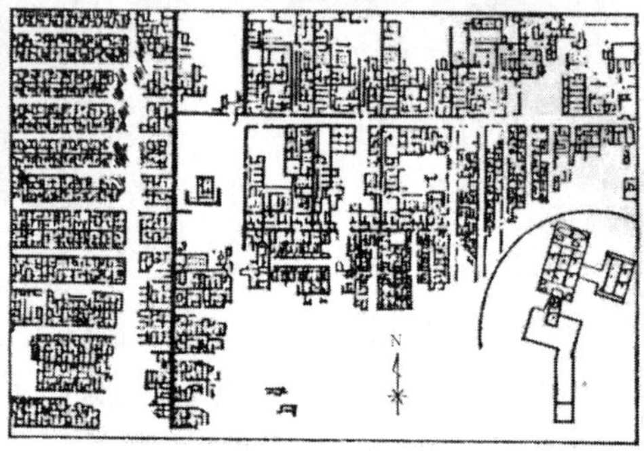

(그림 1-12) 카 훈(Kahun)

동자들의 작은 주택보다는 63배 이상이 된다. 이를 통해서 예부터 도시의 사회계층은 주택 크기와 주택 위치 등으로 큰 차이를 두어 사회 공간적으로 분리되었음을 짐작할 수 있다.

3) 인더스 문명

기원전 2500년경에 현재 파키스탄의 인더스 강 서안의 펀잡지방(드라비다족)에서 대도시가 발생되었는데 인더스강 하류에 모헨조다로(Mohenjo-Daro)와 인더스 강 상류의 하라파이다. 이 두 도시는 거리상으로는 약 500km 정도 떨어져 남북으로 마주보고 있다. 하라파문화는 기원전 약 2500년 전부터 기원전 1750년까지 존재하였으며 인더스문명권의 대부분 도시들은 도로를 바둑판 모양으로 내어 도시 전체를 구획 지었다. 이집트와 메소포타미아 문명보다는 조금 늦었지만 위대한 고대 문명으로 볼 수 있다.

하라파의 도시들은 상당한 번영을 구가했으며 대도시 뿐만 아니라 중소도시도 모두 사원과 궁전이 있는 시가지들을 갖고 있었다. 모헨조다로 고대도시는 사각형으로 둘레가 약 5km에 이르는 도시였으며, 사원과 궁전은 정치 중심지에 자리하고 그 내부에는 고층건물들과 의사당, 대규모 목욕탕이 있었다. 시가지는 주민들의 거주지로 10m 이상의 넓은 도로가 있었는데 이는 군사적, 종교적인 행진을 위한 것이라고 추정된다. 또한 하수도시설도 완비되어 있었고 가로등도 설치되어 있었다. 욕실과 배수설비가 잘 갖춰져 있는 구운 벽돌의 건물이 있었다. 학자들은 공공 건축물, 곡물창고와 유적의 규모를 근거로 하여 모헨조다로와 하라파의 인구를 3만 명 정도로 추정하고 있다. 이로 미루어 모헨조다로와 하라파의 도시가 대단히 발전한 도시였음을 알 수 있다.[3)]

하라파 문화의 민족은 인도의 토착민으로 600~700년 동안 계속되다가 기원전 1750년경 사라지게 되며 아리아인에 의해 인도 베다시대로 들어서게 된다. '베다'란 '지식'이라는 의미를 갖고 있으며 아리아인들이 구사하던 범어는 인도 유럽어족에 속한다. 이들은 기원전 1500년에서 1200년 사이에 인도를 침략하여 그곳에 정착하게 되었다. 아리아인들은 인도에 정착한 후에 씨족사회체제를 유지하였으며 점차 사회, 경제가 발전하고 사유재산의 축적에 의해 국가가 생기게 되자 군대를 이끌던 자가 군주로 지배하게 된다. 왕권과 신권이 결합된 통치도 이루어졌으며 노예제가 발전하고 사회가 분화되면서 후기 베다 시기의 인도는 제도정책을 갖추게 되는데 이것이 카스트제도와 브라만교이다. 카스트제도는 브라만, 크샤트리아, 바이샤, 수드라의 4등급으로 나누어지는데 이 등급에 따라 권리와 의무가 달라지며 계급 사회화된다. 브라만 사제는 종교의식을 주관하고 정치에 참여하면서 크나큰 정치권력을 행사하였고, 크샤트리아 무사와 왕족은 무사계층으

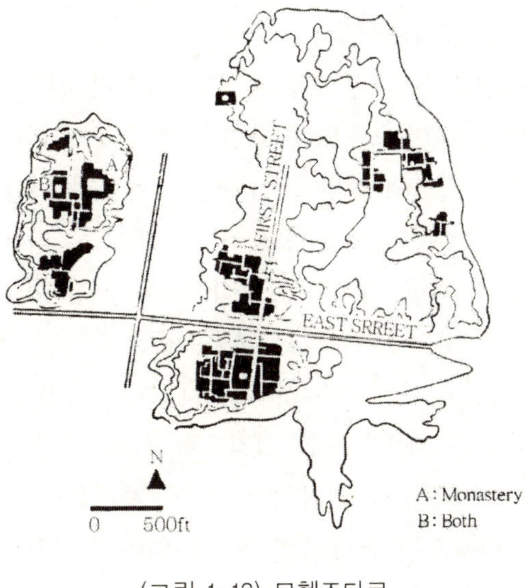

(그림 1-13) 모헨조다로

3) 역사연구회모임, 『단숨에 읽는 세계사』, 베이직북스, 2007.

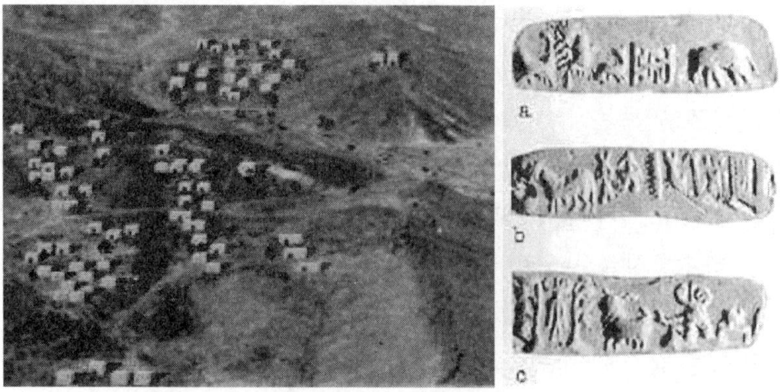

(그림 1-14) 하라파유적

로 군권을 갖고 있었다. 바이샤는 평민으로 농업, 목축업, 상업에 종사하였으며 가장 낮은 천민계급인 수드라는 농노, 수공업자, 잡역부 등 천한 업종에 종사하였으며 종교의식에 참가할 권리조차 갖지 못하고, 전생의 업이라는 굴레로 생각하며 소생할 수 없는 종족에 속하여 비참한 삶을 살게 된다. 초기 베다시대 아리아인의 종교는 점차 브라만교로 발전하며 점점 신비화되면서 인도의 역사에 큰 영향을 미친다. 그러나 기원전 600년경 베다시대는 막을 내리고 인도는 열국의 시대로 접어들게 된다.

4) 황하 문명

황하문명은 구석기 시대와 신석기 시대의 문화가 중국에서 광범위하게 걸쳐 나타나며 세계적으로도 중요한 위치를 차지한다. 황하문명은 신석기 문화를 기초로 인류 문명시대로의 진입을 선두에서 이끌게 된다.

하왕조는 기원전 21세기 황하의 중, 하류에서 상고 시대에 홍수를 다스린 영웅 우(禹)에 의해 시작되어 금산(今山) 서남부와 하남(河南) 서부에 이르고 동쪽으로는 하남(河南), 하북(河北), 산동(山東) 3개성 교착지에 다다랐으며, 남으로 호북(湖北)에 인접했고, 북으로는 하북(河北)까지 넓혔다. 그러나 하왕조 6대 소강(小康)왕 이후 걸(桀)왕은 패악무도한 성격으로 사치스러운 궁궐을 건축하였고 백성들을 억압하며, 밖으로는 전쟁을 일삼았다. 이에 제후들이 반발하여 상나라의 제후 탕(湯)을 지지하면서 하왕조는 끝나고 탕(湯)에 의한 상왕조에 이르게 된다.

하왕조의 경제중심은 농업이었으며, 우(禹)가 홍수를 다스리고 백익(伯益)이 우 임금의 신하로 치수사업을 도왔다고 한다. 우물을 팠다는 이야기는 당시 이미 수리 관

(그림 1-15) 하왕조 도읍지의 궁전 복원도
(자료: 역사연구모임, 『단숨에 읽는 세계사』, 베이비북스, 2007.)

개가 이루어지고 있었음을 보여준다. 수공업 방면에서는 전통적인 석기 제조 이외에도 청동기와 도기제작이 이루어져 독립적인 생산부문으로 성장했었다. 또한 상왕조 때 갑골문이 있었던 것으로 보아 하왕조 때에 이미 문자가 장기간의 발전과정을 거쳤음을 알 수 있다.

상왕조는 오랫동안 하왕조와 공존해 온 하왕조의 제후국이다. 기원전 탕(湯)이 병사를 일으켜 하를 멸망시키고 상왕조를 세우게 된다. 상왕조 제20대 왕인 반경(盤庚) 때에 은(殷)으로 수도를 옮기게 되면서 상왕조를 '은'이라 부르기도 한다.

상왕조는 정권이 공고해진 후 오랫동안 대외정벌을 벌여 영토를 확장하고 노예와 재산을 약탈하는 등 세계에서도 보기 드문 노예 대국이었다. 농업, 수공업, 목축업 등 모든 분야에서 광범위하게 노예를 사용했다. 이밖에도 노예를 이용해 순장(殉葬)[4]을 하고 제사를 지냈다.

이 시기에 화폐가 출현하였는데 조개껍질로 만든 화폐뿐 아니라 청동으로 만든 화

〈표 1-1〉 고대 문명제국

지 역	시 기	도 시
메소포타미아	6000~550B.C.	라가쉬, 우르, 우르크
인더스	5000~45000B.C.	모헨조다로
이집트	5000B.C.	멤피스, 테베
중국	4000B.C.	정저우(Zheng-Zhou)
중앙안데스	2500B.C.	쿠스코
메조아메리카	1000B.C.	테노크티틀란
남서부 나이지리아	1000B.C.	사가무

자료: Wheatly(1971)

4) 순장(殉葬) : 신분이 높은 사람이나 남편이 죽으면 그 주변 사람들을 같이 묻었던 습속.

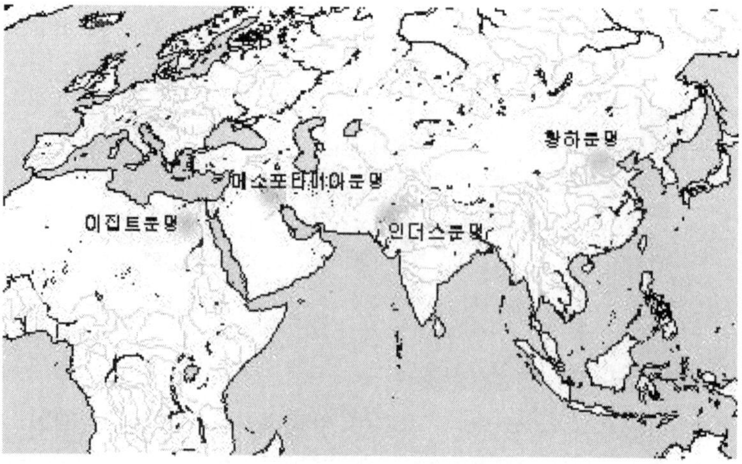

(그림 1-16) 고대 4대문명발상지

폐도 함께 통용되었다. 이외에도 역법과 윤년을 사용하였는데 상나라 역법에 따르면 1년은 12개의 달로 큰 달은 30일, 작은 달은 29일이었으며 윤년은 13개월로 정하였고 평년은 12개월이었다. 이러한 문화를 바탕으로 강성해진 상왕조의 주(紂)왕은 패악 무도함과 술과 여자에 빠져 지내며 충성스럽고 선량한 이들을 잔인하게 살해한다. 기원전 1046년, 주(周)의 무(武)왕과의 전투에서 패배하여 결국은 망하게 되고 주(周)나라가 부흥기를 맞게 된다.

전해 내려오는 바에 의하면 주의 조상은 하왕조 때 농업을 관장하는 자리인, 후직(后稷)에 올랐던 기(棄)라 한다. 그의 자손들은 대대로 하왕조의 후직 자리에 올랐으나 몰락한 후 공류(公劉)가 빈(彬)에 정착하였고 그 후로 10여 대의 자손이 대대로 이곳에 살았다. 그러다 공류가 주나라의 태왕으로 추대 되면서 고공단부(古公亶父)로 옮겨 갔는데 주(周)라는 명칭은 여기에서 나오게 된다. 계력(季歷) 때에 이르러 주(周)는 점차 발전을 거듭하며 상과 종속 관계를 맺고 있었고, 계력의 아들인 주 문왕이 왕위를 이어 받으면서 주의 국력이 강력해지고 상왕은 주 문왕을 서방 제후의 우두머리인 '서백'(西伯)에 임명한다.

서백은 우방들과 연합하여 수많은 적대 제후국들을 정벌했고 다시 풍(豊, 오늘날의 서안 서남)으로 수도를 옮겼다. 그러나 서백은 상나라를 상대하기에는 아직 역부족이라고 느끼고 상에 복종했다. 주 문왕이 사망하고 그 아들인 희발(姬發)이 왕위를 계승하는데 이왕이 바로 무(武)왕이다.

무(武)왕은 상나라를 무너뜨리고 기원전 1046년 호(鎬)에 도읍을 정한다.

그 이후 성왕대에 이르러 주왕조는 최대의 전성기를 이루었으나 여왕대에 이르러 몰락하게 되었다.

5) 그리스의 도시

그리스의 최초 민족은 펠라스기(Pelasgi)인으로 전통적인 민족이었으나 서방에서 아케아(Achaia)인이 침입하여 그리스를 지배하게 되었고, 기원전 1104년경에는 서부 산지에서 침입한 도리아(Doria)인이 반도 동남부를 본거지로 스파르타(Sparta)문화를 형성하였다. 이외에 이오니아(Ionia)인이 북에서 남하하여 이오니아 지방에 살고 있었으며, 이들이 후에 아테네를 중심으로 하는 문화를 형성한다.

그리스의 역사는 발생, 발전, 침략의 역사라고 할 수 있다. 그리스의 귀족들은 전투상의 필요에 의하여 지역의 중심부인 폴리스에 모여서 살게 되고 평민들은 주위 농경지에 거주하였다. 전형적인 폴리스의 구조는 일반적으로 도시국가(Polis)의 중심이 되는 소 구릉을 아크로폴리스(Acroplis)라 부르고 이것을 중심으로 구릉의 기슭에 시가지를 형성하였다. 그 아래에는 아고라(Agora)라고 일컫는 광장이 있었으며 이곳은 회의, 재판, 시장, 노천극장 등이 있어 일반 시민의 공공 생활의 중심이 되었다.

그리스인들은 상업과 수공업에 종사했으며 그리스의 도시는 도시 건축역사의 초기와 마찬가지로 기능의 분리, 정신노동과 육체노동의 작업분화, 주거조건의 건축적, 사회 공간적 차이를 두고 계속해서 단지 형태가 계획되었다. 그리스의 도시는 거대한 농업 인구와 더불어 많은 시민이 평등한 입장에서 만든 시민의 도시였다. 그리스 도시의 기원전(600~300년) 지역분포는 중앙 집권적 원리와 그에 따라 나타난 도시 농촌 관계와 비슷했다. 개별 도시는 주위의 농업 생산에 기초를 두고 있었으며 그 도시들은 도시국가들의

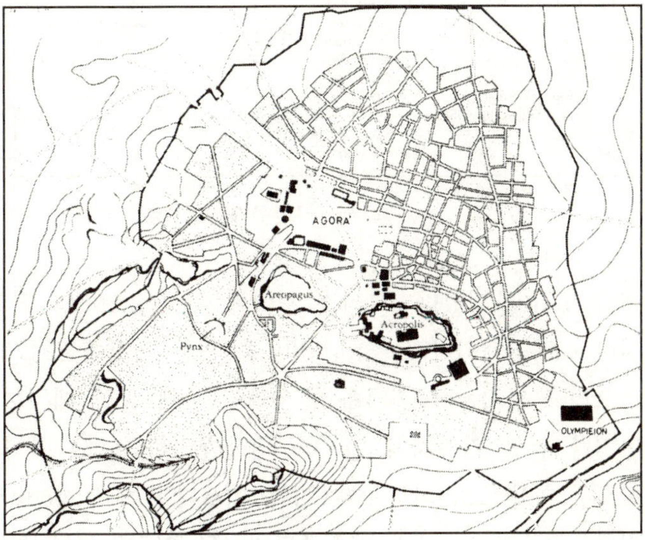

(그림 1-17) Pericles 시대의 Athens의 개괄적인 지도: 점으로 표시한 부분은 주민 지역이고, 검게 표시한 부분은 공공건물이다.

(그림 1-18) Athens 소재 아크로폴리스의 배치도

핵심 도시가 되었다. 그리스 도시에는 처음 500명 정도의 인구가 있었으며 아테네와 시라크스를 제외하고는 10,000명을 넘는 경우가 드물었다.

그리스 도시는 국민들을 농촌과 도시에 균형 배치한다는 목적에 따라 신도시의 주민이나 임시 거주지의 인구를 제한했으며, 특히 식민도시에서는 주거지역을 격자형 도로망 패턴으로 하였는데 이는 히포다무스(Hippodamus : B.C. 5세기경의 그리스 철학, 건축가)가 고대 메소포타미아와 이집트의 도시 패턴을 발전시켜 구성한 것이다. 또한 주거지역, 공공지역, 상업지역으로 구분하고 상·하수도를 설치하는 등 도시건설을 위한 체계적인 접근 방법이 사용되었다. 극장, 체육관, 운동장 등은 석조로

(그림 1-19) 그리스 아테네의 공간구성
(기원전 5세기)

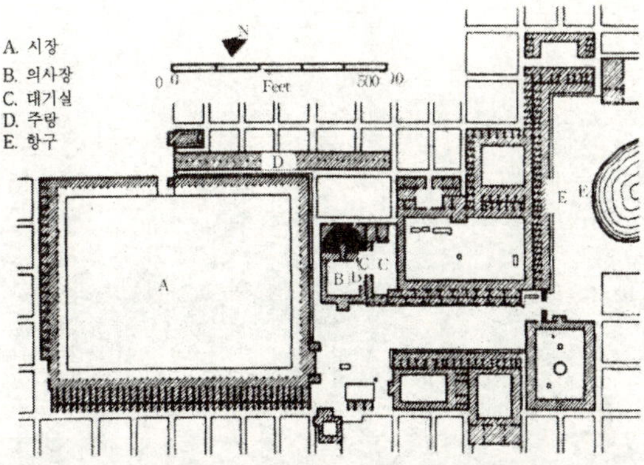

(그림 1-20) 밀레투스의 아고라

건축되었으며 공공건물과 광장 등이 특별히 배치되어 도시를 상징하는 반면 나머지 면적은 주택으로 건축되었다. 주택은 여러 가지 크기로 형성되어 각 계층의 국민들이 갖가지 생활 조건으로 이웃을 이루며 거주했다. 아테네가 파괴된 후에는 옛날 작은 길이나 막다른 골목의 체계로 건축된 것과는 다르게 밀레투스(Miletus)의 예와 같이 새로운 도시가 계획되었다.

기원전 5세기경 밀레투스가 페르시아에 점령당하여 폐허가 된 후 이 도시의 주거단지는 규칙적인 도로망에 의하여 같은 크기의 대지로 구획되었다.

6) 로마의 도시

로마제국은 타국의 정복과 지배의 수단으로 도시를 건설하였다. 도시는 성벽으로 둘러싸여 있었고 격자형의 규칙적 도로망을 가졌으며 동서남북 두 개 간선도로에 의하여 대칭성이 강조되는 특성을 가진다. 또 로마 도시의 중심부에는 광장인 포럼(forum)을 중심으로 그 주변에 의사당, 신전, 시장 등 대규모의 공공건축물을 세워 로마제국의 권위를 과시하였다.

로마는 오랜 기간을 통해 놀랄만한 대도시로 건설되는데 A.D. 274년 당시 도시면적은 외곽의 거주지를 포함하여 20㎢에 이르렀으며 30개소의 공원, 28개소의 도서관, 1,790동의 대저택이 있었고, 1000개소의 호화로운 공중욕장들이 있었다. 그리고 연극 및 음악회가 열리는 공연시설까지 마련되어 시민의 휴식과 사교 공간으로서 중요한 역할을 하였다. 특히 도로와 하수도는 장래의 인구증가까지 예상하여 대규모로 견고하게 만들어졌으며 그 일부는 2000년이 지난 오늘날까지도 사용되고 있다.

(그림 1-21) 고대로마
(자료: 한스 크리스티안 후프, 『임페리움』, 말 글빛냄, 2005.)

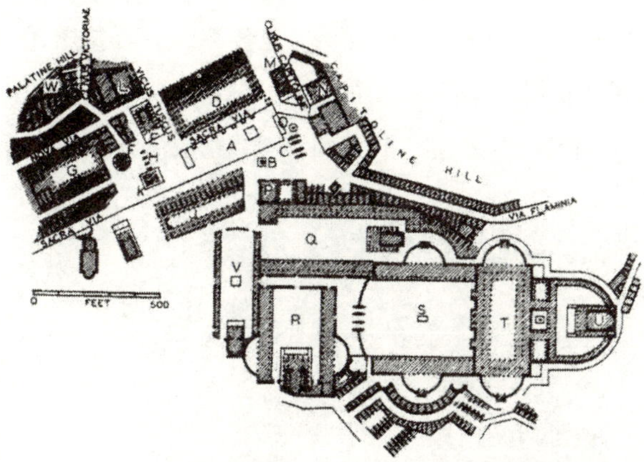

A. Romanum
B. Comitium
C. Arch of Septimus severus
D. Basilica Julia
E. Temple Castorum
F. Temple Vestae
G. Atrium Vestae
H. Arch of Augustus
I. Basilica Aemilia
J. Temple of Julius Caesar
K. Temple of Augustus
L. temple of Saturn
M. temple of Vespasian
N. Rostrum
O. Curia
P. Forum of Julius Caesar
Q. Forum of Julius Caesar
R. Forum of Trajan
S. Basilica Uipia
T. Temple of Trajan
U. Forum of Nerva
V. Palace of Tiberius

(그림 1-22) 로마의 포럼

(2) 중세도시

로마제국의 멸망(A.D. 476년) 이후 1000년까지는 농업이 주축을 이루었으며 잉여 생산물의 무역과 수공업 발달, 화폐 경제발달 등으로 도시는 물화교류의 장소가 되었다. 도시는 귀족, 성직자들의 소비의 장소임과 동시에 상인들의 교역장소로의 성격이 뚜렷해졌다. 특히 수공업이 중심도시와의 무역으로 발달하였는데 이러한 지중해 무역의 중심도시로서 발달된 도시는 베니스(Venice), 플로렌스(Florence), 밀라노(Milano) 등이 있다.

중세도시의 구조와 경관은 과학기술적 요인보다는 자연 및 사회적 요인에 좌우되었다. 자연적 요인은 급수, 방위, 교통 등의 지리적 조건이며, 사회적 요인은 당시의 사회제도와 사상으로서 성직자, 봉건영주, 길드조직을 찬미하기 위하여 교회당, 시장, 광장, 길드가(Guild street) 등을 건설하였다. 이들은 성벽으로 둘러싸여 중세도시의 중핵을 이루었다. 특히 대성당은 대규모로 건설되어 성벽과 함께 도시의 스카이라인(skyline)을 지배하였다.

도시는 방어를 유리하게 하기 위하여 지형이 불규칙한 구릉이나 섬에 입지하였고 두 개의 성벽으로 둘러싸여 있었으며, 교통 및 급수조건의 한계로 인해 도시규모는 직경 1마일 이내로서 인구는 5만 명 정도였다. 대표적인 중세도시로는 카르카손(Carcassonne), 시에나(Siena), 몬트파지에(Montpazier) 등이 있다.

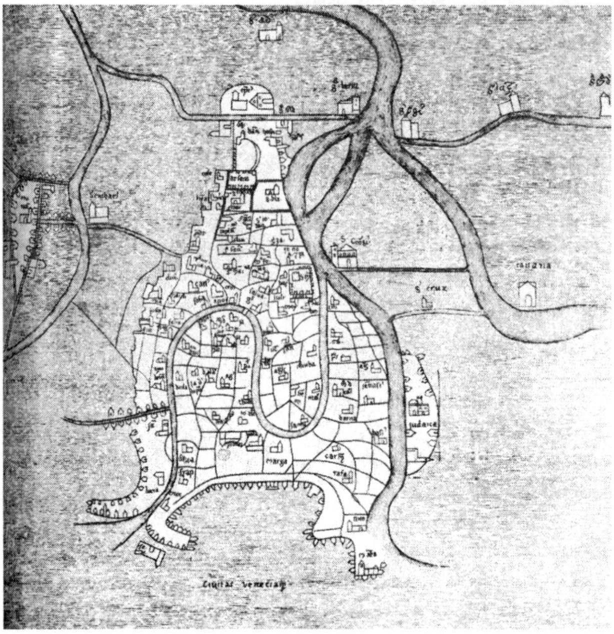

(그림 1-23) 1348년 수사본으로 그려진 Venice 시의 최초의 지도와 1780년에 조각된 그 사본. 지도는 Giudecca 운하, 그리고 시가를 가로지르는 대운하가 열려있는 ST.Mark 유역 등, 개펄(lagoon) 속에서 배가 통행할 수 있는 수로의 운행구역을 나타내고 있다.

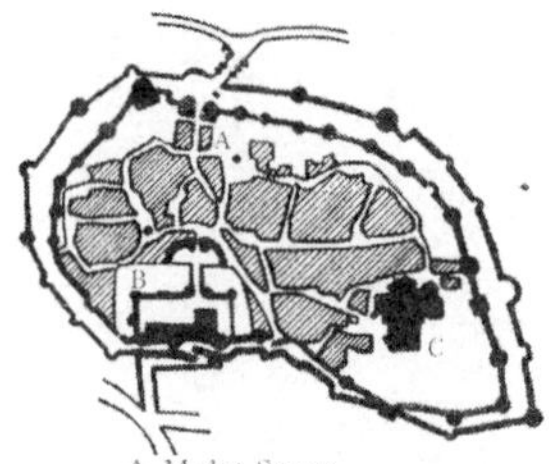

(그림 1-24) 카르카손

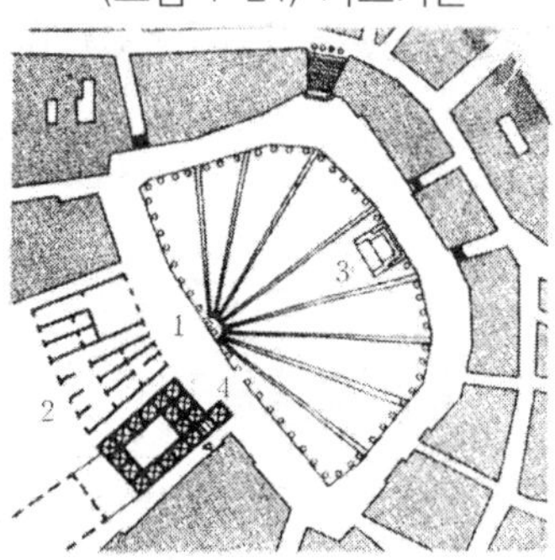

(그림 1-25) 시에나의 캄포광장

(3) 근세도시

1) 근세도시의 성립

도시 발달사에서 근세란 15세기 중엽부터 18세기 말까지를 말하는데, 그 전반을 르네상스(Renaissance) 그리고 후반을 바로크(Baroque)시대로 구분한다. 이탈리아의 플로렌스(Florence)를 중심으로 시작된 문예 부흥운동은 문학, 미술, 건축뿐만 아니라 자연과학 분야에서도 새로운 이론과 기술이 나타나서 도시의 구조와 형태를 크게 바꾸어 놓았다.

또한 화약과 대포의 발명은 도시의 성벽을 무용화시켜 폐쇄도시에서 개방도시로 공간구조적 변화를 가져왔으며, 17세기에 접어들면서 유럽은 전제군주에 의한 중앙집권적 정치체계가 형성되어 바로크 도시(Baroque city)로 변화되었다. 이 시기에는 모든 권력이 왕과 귀족층에 집중되어 장대한 규모의 요새나 궁전도시를 건설하였는데, 도시를 중심축(central axis)과 좌우대칭(symmetry)의 기하학적 형태로 개조함으로써 지배자의 절대적인 권위를 과시하였다. 당시 건설된 대표적인 도시로는 대정원을 포함하고 있는 베르사유(Versailles : 파리 서남 18㎞위치, 1660~1730)와 32개의 방사선과 가로로 계획된 카를스루에(Karlsruhe, 독일 바덴주 수도)가 있다.

오늘날 도심공간의 미관 증진에 크게 기여하고 있는 대표적인 도시로는 비엔나(Vienna)를 들 수 있으며 르네상스와 바로크시대의 도시 계획적 특징은 도시미에 있었는데 영국의 애버크롬비(Sir P. Abercrombie)는 다음의 4가지로 구분하였다.

① 직선가로(primary straight street)
② 고전적 수법(격자형 가로)의 재도입
③ 조원적 설계(garden design)와 롱프왱(round point)
④ 새로운 형태의 광장과 광장군

한편 이 시대에는 바사리(Vasari), 필라레테(Filarete)와 뒤러(Dűrer) 등의 건축가들에 의해 수많은 이상도시 계획(ideal city plan)이 제안되었고 기존도시에 대한 재

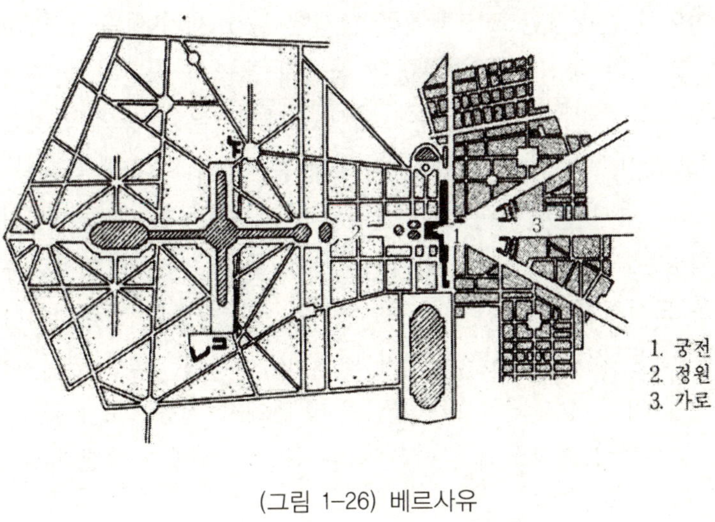

(그림 1-26) 베르사유

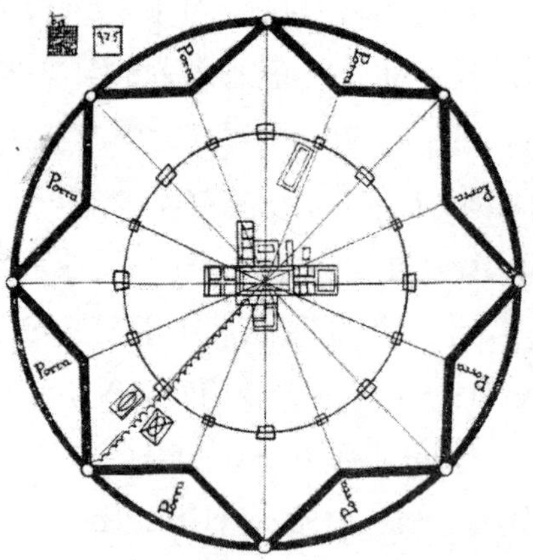

(그림 1-27) 필라레테의 이상도시

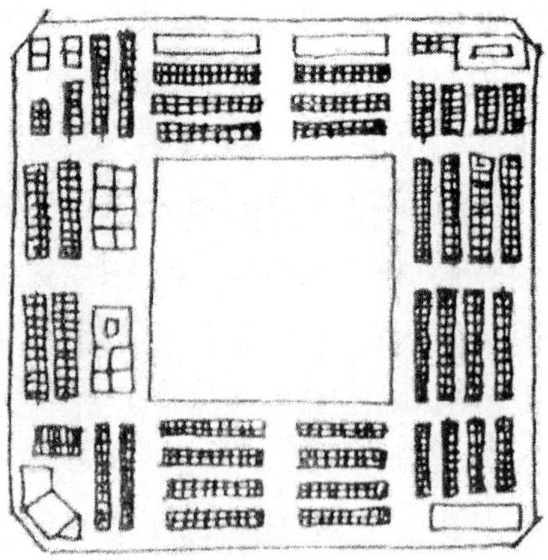

(그림 1-28) 뒤러의 이상도시

정비 계획도 이루어졌다. 그 계획안들의 내용은 성문, 광장, 건물 등 도시의 주요시설과 간선가로를 연결시키기 위한 중요한 광장에 오벨리스크(obelisk)를 건설하여 도시의 랜드마크(landmark) 역할을 하도록 하였다.

(4) 근대도시

1) 산업혁명과 근대도시

18세기 이전까지는 도시가 완만한 발달을 보였으나 산업혁명과 더불어 급격히 성장하기 시작하면서 근대적인 도시체계를 형성했다. 19세기에 들어오면서 기선・자동차・전화 등 교통 및 통신수단의 발명은 식민지 무역의 확장과 더불어 산업화와 도시화를 가속시켰다. 특히 증기기관차에 의한 교통혁명은 공장의 입지를 하천 연변에서 철도 연변으로 바꾸어 놓았을 뿐만 아니라 통근권의 확대와 식량공급을 용이하게 가능케 하여 도시 규모를 확대시켰으며, 철도의 교차점에 도시를 발생시켰다.

또한 산업혁명은 도시의 기능을 소비도시에서 생산도시로 변모시켰음은 물론 기술혁신은 새로운 도시시설의 발명을 가져왔다. 즉, 철골구조와 엘리베이터 등 건축기술의 발전은 대형고층 건물을 가능케 하여 대도시의 외관을 크게 변모시켰다. 고속 엔진펌프의 발명에 따른 상수도의 대량공급은 런던에서 처음으로 24시간 연속 급수를 가능케 하였고, 수세식 화장실의 발명은 도시 위생에 크게 기여했다.

2) 도시성장과 도시문제의 대두

19세기 이후 공업 생산력의 증대와 회사 규모의 확대, 그리고 농업 생산력의 향상과 식민지로부터의 생산원료 유입에 따라 인구 100만 명 규모의 대도시가 출현하면서 도심부(CBD)가 형성되었다.

농촌의 인구가 신흥 공업도시로 유입되어 도시의 인구는 급격히 늘어나게 되는데 인구의 계속적인 도시집중은 전례 없는 도시 성장을 초래하여 19세기 전반에는 이미 인구 100만 명 이상의 거대도시(metropolis)를 출현시켰다. 런던은 1822년에 100만 명을 넘겼고, 1901년에는 452만 명으로 크게 증가했으며, 파리는 1821년에 105만 명, 1901년에 271만 명으로 늘어났다. 한편 미국의 경우 뉴욕은 1800년에 인구 6만 명이던 것이 1880년에 121만 명, 1900년에 344만 명, 1930년에는 693만 명이라는 놀라운 속도로 성장하였다.

그러나 이러한 도시의 급격한 성장은 도시지역의 거대화와 아메바적 발전, 무질서한 시가와 건물군의 형성, 과밀주거와 슬럼(slum)의 형성, 도시환경의 악화 등 오늘날과 같은 도시문제를 야기시켰으며 또 인구의 도시집중은 지가상승을 초래하게 되었다.

1875년 영국에서는 신주택의 거실과 정원의 크기 및 주변도로의 폭 등 주거환경 기준을 규제하는 공중위생법(Public Health Act)이 제정되었고, 프랑스의 건축가 르도(C. N. Ledoux)의 '쇼우'(Chaux, 1773~1776년 건설)와 푸리에(F. M. C. Fourier)의 '팔란스테르'(Phalanstere, 1808) 등 이상도시 안이 제안되었으며, 영국의 공장주였던 오웬(R. Owen)은 농업과 공업을 결합시킨 공장촌 계획(plan for village industry, 1816)을 제시하였다. 또한 19세기 말에는 인간의 욕구 증대에 의한 공공서비스 수준의 증대 요구에 따라 도시정책은 국가정책으로 바뀌고 도시계획에 관한 법률·행정의 체계가 서서히 정비되었으며, 주택과 공원 등 도시개발을 전담하는 기구가 설립되기 시작하였다.

한편 미국에서는 1893년 시카고 세계무역박람회(World Trade Fairs)의 개최를 계기로 모든 도시들은 역사적 공간에 오픈 스페이스를 확보, 광장과 정원에 분수를 설치하는 등 도시 규모에 따라 공공 건축물을 규제하는 도심부 계획을 주축으로 소위 도시미화 운동(city beautiful movement)을 전개하여 도시설계(urban design)의 기원을 이루었다.

(5) 현대도시

1) 현대도시의 발전

게데스(P. Geddes)와 멤퍼드(L. Mumford)는 1930년 이전을 고기술시대, 그 이후를 신기술시대로 구분하고 있다. 전자는 석탄·철·철도·기선에 기반을 둔 것이며, 후자는 화력·수력·석유·원자력·가스 등에 의한 전화와 자동차의 발달, 그리고 중화학공업과 정보산업에 기반을 둔 것으로서, 이러한 새로운 기술혁신은 도시성장의 과정과 성격에도 커다란 영향을 미쳤다.

각종 교통·통신기관의 발달은 공간을 시간적으로 단축시켜 인구·물자·정보를 단시간에 운송·이동할 수 있게 하여 도시권역의 확대와 위성도시(satellite city)의 형성을 가져왔다. 대도시가 발달됨에 따라 그 주변에는 교외를 형성하여 대도시권 지역(metropolis region)을 만들어냈고, 인접한 도시와 연결되어 연담도시(conurbation)를 이루게 된다. 이러한 도시지역이 중심이 되어 이른바 메갈로폴리스(megalopolis)를 형성하였고, 국토 전체에 강력한 지도력을 발휘하게 되었다.

따라서 선진국에서는 탈 도시화시대, 즉 지금까지와는 반대로 도시인구가 농촌이나 교외로 이전하여 도시의 인구증가가 둔화되거나 상주인구의 절대적인 감소를 보이는 반면 도시와 농촌의 모습이나 생활환경이 거의 비슷해지는 시대가 도래하고 있다. 이러한 환경은 18세기 후반부터 시작된 산업화에서 20세기 후반에 시작된 탈산업사회, 즉 정보화 사회의 산물이라 하겠다.

2) 현대도시

20세기 후반에 들어오면서 도시의 인구증가와 교통의 발달, 자동차화(motorization)가 더욱더 확산되어 도시문제를 해결하기 위한 보다 새롭고 획기적인 방법들을 모색하게 된다.

게데스(P. Geddes)에 의해 도시계획에 있어서의 조사와 분석을 통한 과학적인 방법의 중요성이 강조되었고 전원교외(gardensuburb)와 모도시의 기능을 보완하는 위성도시 안이 제시되는데, 이것은 코미(A. Comey)의 지역 계획론(regional planning)으로 발전하게 된다. 대도시의 무질서한 확산을 방지하기 위해 그린벨트가 도입되면서 이와 관련하여 신도시(new town)가 개발되기 시작하고, 지금까지 신개발 위주에서 탈피하여 기존 도시의 기능과 환경을 개선하기 위한 재개발도 함께 추진하게 된다.

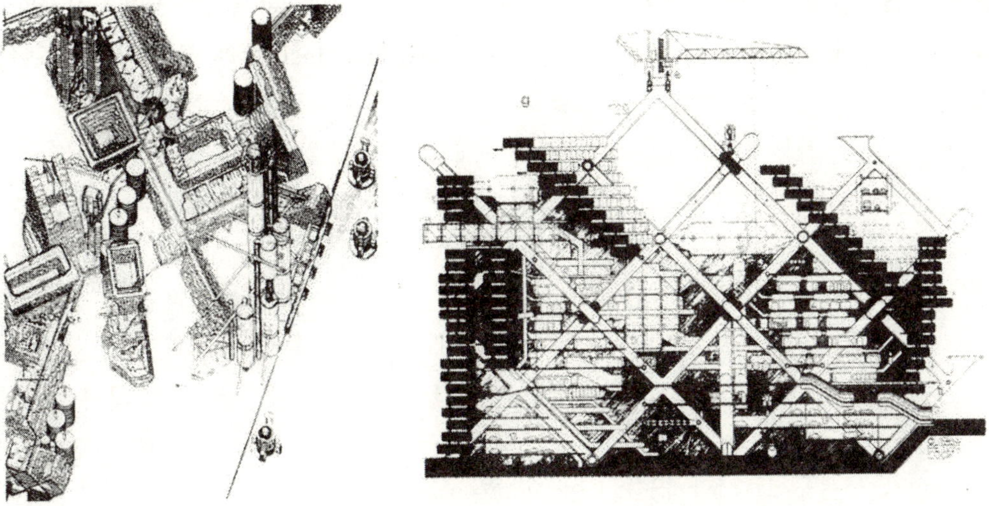

(그림 1-29) 피터 쿡의 플러그인 시티(1964)

세계 각국의 신도시 개발은 하워드의 영향을 크게 받아 도심의 과밀을 완화하기 위해서 실시하는 것으로, 그 예로서 영국의 밀튼 케인즈(Milton Keynes), 인도의 뉴델리(New Delhi), 브라질의 브라질리아(Brasilia), 오스트레일리아의 캔버라(Canberra), 파키스탄의 이슬라마바드(Islamabad) 등이 있다. 또 도시 재개발은 현대사회에 적응할 수 없게 된 시가지를 새로운 도시의 기능과 환경에 적응시키기 위해서 시행하는 것으로, 영국의 바비칸(Babican)과 프랑스의 라 데팡스(La Defence)가 대표적인 재개발 사례라고 할 수 있다.

20세기 후반의 큰 특징 중 하나는 CIAM이 붕괴되면서 결성된 팀 텐(team X)과 일본의 메타볼리즘(Metabolism), 영국의 젊은 건축가들의 모임인 아키그램(archigram) 등 건축가들에 의해서 이상적인 미래 도시들이 제안되었다는 점이다. 아라타 이소자키의 스카이 시티(city in the sky), 피터 쿡(Peter Cook), 야드 프리드만(Y. Friedman)의 공중도시(spatial city)와 지하도시, 해저도시 등이 그것이다.

특히, 20세기 최고의 도시계획 이론가로 평가되는 그리스의 독시아디스(C. A. Doxiadis)는 도시문제를 종합하여 보다 과학적이고 합리적이며 인간적인 접근방법으로 해결하고자 하는 '인간정주과학이론'(ekistics) 측면에서 연구를 활발히 전개하여 실현 가능한 이상도시로서 엔토피아(entopia)를 제안하였다. 그러나 도시의 급성장에서 오는 토지이용을 도시계획에 적용시키기 위해서는 제도적 뒷받침이 필수조건이었으며, 이에 따라 20세기 초에는 지역지구제(zoning)가 도시계획의 실현을 위한 수단으로 채택되었고, 20세기 후반에 들어서면서 도시계획보다 구체적인 토지이용 및 건축행위의 규제·유도를 위한 수단으로 도시설계(urban design)가 제도화되기에 이르렀다.

제2장
우리나라의 천도

2장 우리나라의 천도

1. 개요

우리나라 왕조시대의 천도는 크게 두 가지 이유에서 이루어졌다. 첫째는 외세의 힘에 의해 피난하는 형식의 천도가 있었고, 둘째는 새 왕조를 창건하면서 낡은 질서를 혁신하는 혁명적 수단으로써 국가경영의 중심지를 새로 건설하는 천도가 있었다. 고구려의 남하정책에 밀려 백제는 대륙에서 점점 멀어지는 남쪽으로 수도를 옮기면서 200년(서기660년)을 채 견디지 못하고 망했다. 다산 정약용이 백제 멸망의 원인을 천도에서 찾는 것도 이유가 있다.

신라는 피지배지의 문화와 역사를 인정하면서 한성과 한강 등의 점령지에 어느 정도 자치권을 인정하고 9주(九州)와 5소경을 설치하여 정치, 문화, 군사적으로 통치하면서 수도를 경주에 그냥 놓아두고 남하도 북상도 하지 않은 채 천년의 역사를 이어갔다. 신라가 삼국을 통일하고 경주를 중심으로 천년의 역사를 이어갈 수 있었던 까닭이라 하겠다.

발해국은 고구려 패망 후 대조영을 중심으로 잃어버린 나라의 회복을 위해 당, 거란, 돌궐 등 동북아시아 강대국들과 싸우면서 천신만고 끝에 유민들과 함께 탈출하여 동모산에 성을 쌓아 도읍지를 정하고 229년간 존속했다. 발해는 짧은 역사지만 우리나라 역사상 가장 넓은 땅을 차지한 나라로 절대왕권 지지세력의 부재와 허약한 도성의 방어시설 등으로 인하여 네 차례의 천도가 이루어진다.

역사적으로 볼 때 새로운 국가 중흥의 원대한 계획을 가지고 천도하여 성공한 사례는 고려의 개경천도와 조선의 한양천도이다. 이 경우에는 천도와 더불어 반드시 국호가 바뀌고, 오랜 기간동안 준비를 하였으며 백성들의 합의가 전제가 되었다. 당시 도시계획전문가들이 별도로 있었던 것은 아니고, 풍수지리가들의 역할로 땅의 명당적 입지조건을 설득시키고 민심의 합의를 얻어내 찬란한 역사와 문화의 꽃을 피웠다. 특히 한양은 고려 문종 이후 남경으로 승격되어 300년의 준비 기간이 있었고, 세계의 중심지가 된다는 김위제[1] 등 풍수가들의 설득으로 민심을 사로잡았던 역사적 사실이 있었는데, 여기서 천도의 공통된 동기를 찾아볼 수 있다. 그 하나가 보수정치에 대한

반동으로 천도론이 대두되었다는 것과 민심을 결집하는 초자연적 수단인 풍수도참설을 이용했다는 사실이다.

또 다른 사례로 고려 인종(仁宗) 때 대두되어 천도를 위해 평양에 대화궁(大花宮)이라는 궁까지 지었던 묘청의 서경천도론을 들 수 있다. 밖으로는 금(金)나라가 위압을 가하고 안으로는 이자겸의 난으로 궁궐이 소실당해 민심이 흉흉하자 사대주의의 기존 세력에 반기를 든 묘청일파가 배타주의와 국수주의 정권 정립을 시도, 서경천도를 임금에게 설득하는 데 성공한다. 그리하여 임금으로 하여금 혁신정책을 펼치게 하고 평양에 가서 새로운 궁터를 잡게 하였다. 사상적 대립만으로 국민을 설득할 수 없자 도참가 정지상으로 하여금 새로운 궁터를 지을 땅에 대화세(大花勢)가 있어 이곳에 왕궁을 지으면 금나라를 비롯, 주변 국가들이 조공을 한다 하여 천도의 저항세력을 무마시켰다. 그러나 오히려 전쟁과 화재가 잦고 임금의 행차 도중 돌풍으로 사상자가 발생하자 도참설에 회의를 품고 천도를 포기한다.

고려 말에 왕정이 부패하고 이에 저항하는 유교 진보세력이 도선(道詵)의 도참설에 준한 한양 도읍설을 퍼뜨리면서 고려가 망하고 조선시대에 와서는 도참설에 대한 사상이 조정이나 민중 속에 뿌리를 내리게 된다. 이에 고려는 한양에 왕궁을 세우고 이(李)씨 성으로 한성부윤을 삼았으며, 임금을 상징하는 용봉장을 묻어 그 왕도의 기운을 누르기도 한다. 그 당시 사형당한 허균의 죄목 가운데에 '비기(秘記)에 기탁하여 참을 만들어 천도의 설을 꾸며냈고' 하는 대목이 있는 것으로 미루어보아 진보사상의 허균도 도참에 의존한 천도를 시도했고 그 후 선조, 인조 때도 천도를 내세운 왕조에 대한 저항이 있었다.[2] 대부분의 천도를 전후해서는 민심을 수습하고 정치적 규합을 위한 사상적 명분 논리로 도참설을 활용하였다.

2. 풍수와 천도

수도는 국가의 정치, 경제, 국방의 흐름을 좌우하는 통치 기능을 수행하면서 국민사회를 형성시켜 나가는 한 나라의 행정 중추기관이라고 정의할 수 있다. 고려시대부터 국가의 수도를 결정함에 있어서 국가 발전과 맥을 같이 하는 풍수론과 지리론을

1) 1054(문종8년)~1105(숙종10년) 문종의 3남으로 남경을 중시하고 남경개창도감을 두어 궁궐을 조영하게 함.

2) 김의원, 『한국국토개발사연구』, 대학도서, 1983.

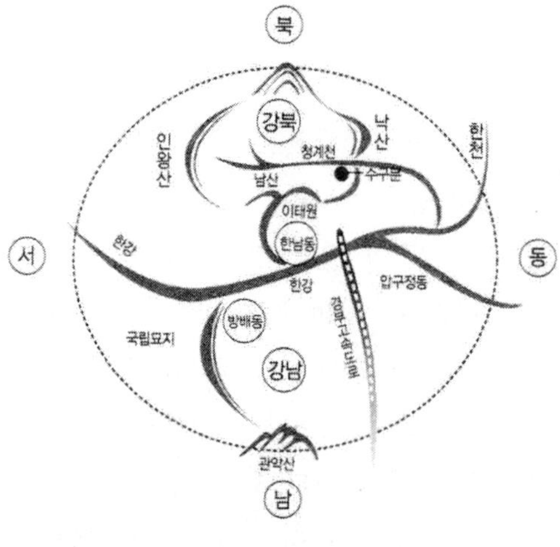

(그림 2-1) 한강 주변의 역수와 전당

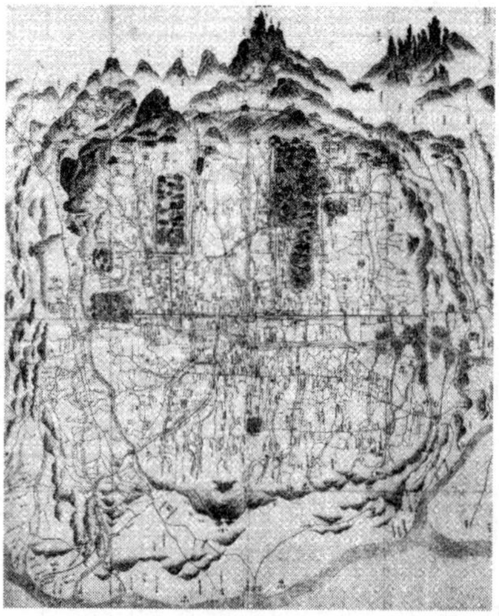

(그림 2-2) 한성도성도

들기도 했는데 풍수지리설에 따른 것으로 풍수지리설은 귀중한 경전으로 알려지기도 했다.

풍수지리설은 중국 진나라 사람인 곽박에 의해 시작되어 당과 송나라 때에 성행하여 근세에까지 전해지고 있다. 명당에 관한 내용을 담은 비서로써 그 내용은 추상적인 표현을 사용하여 난해하게 기록되어 있었다. 유명한 비밀문서일수록 필사본으로 암거래되었던 점도 사실이다.

민중사회에서 비밀문서에 의한 기만, 착취, 현혹 등의 폐해가 심했던 점을 들 수 있고 왕실이나 조정에서도 풍수론은 나라의 운세를 설명하는 매우 중요한 논리였으며 지리론은 나라의 흥망을 좌우하는 기본적인 조건으로 작용하기도 했다.[3)]

이와 같은 논법이 이단으로 취급되어 채택되지 못하게 되면 의견은 양분되어 대립과 갈등을 빚어내기도 하였으며 천도론의 시비가 때로는 모반사건의 원인으로 확대되기도 했다. 그러므로 천도사는 그 나라의 흥망사를 말해 준다고 할 수 있다. 따라서 천도에 따른 국민적인 심리변화는 대의적인 시각에서 중시되어야 하며, 국가의 수도에 대한 천도문제는 신중히 검토되어야 하고 장기적인 안목에서 고려되어야 한다. 천도문제로 야기되는 국민적인 심리상태의 변화는 바로 호국의지를 가늠하는 척도로써도 작용하기 때문에 우리나라 수도의 변천 과정과 천도의 필요성 및 의의를 고찰하는 것은 매우 중요하다.

---

3) 김영하, 『도시건축』, 대가출판, 2004.

3. 삼국시대의 천도

삼국시대 중에서 특히 백제와 고구려 천도의 공통점은 남하론이었다는 점과 그 정책을 감행한 결과 두 나라 모두가 오래가지 못해서 멸망하고 말았다는 것이다.

두 나라는 위치상으로나 지정학적 여건으로나 주변국가의 특성은 달랐지만 공통적으로 모두 부흥기에는 위세가 당당했으며, 그 영향은 인접국가에까지 영향력을 미쳤다. 또 하나는 천도로 인한 국력의 낭비로 자주국방에 있어서의 자위능력을 상실하였다는 점을 들 수 있다. 두 나라의 공통적인 남하정책은 강대국의 가시권을 벗어나서 안전을 꾀한 것 같아 보이나 국민적인 긴장감이 떨어지고 대륙을 향한 진취성이 떨어져서 멸망의 길을 자초하게 되었다.

그러나 신라는 별도로 점령지의 문화와 전통을 인정하는 부도를 두어 통치기능을 효율적으로 발휘하고 삼국을 통일하여 천년국가의 초석을 다졌다. 이는 9주와 5소경을 두었던 신라의 지방 통치제도에서 찾아 볼 수 있으며 주변에 강대국이 있는 나라에서의 천도는 자칫 국운을 쇠퇴시키는 요인이 될 수 있어 신중을 기해야 한다는 것이다. 특히 우리나라에서 남쪽으로의 천도는 첫째, 국민적 입장에서의 호국의지가 해이해진다는 점을 들 수 있고 둘째, 적을 피하는 차원에서의 천도가 결국 국운을 쇠퇴시킴은 물론 국론을 분열시키는 요인으로 작용하게 된다는 점을 들 수 있다.

(1) 고구려의 천도

고구려는 28대 왕까지 705년 동안 네 차례의 천도를 행하였다. 기원전 37년에 시조 동명왕에 의해 도읍을 졸본으로 정했으며, 그 위치는 만주의 통화현 동북방이었다. 첫 번째 천도는 국내성으로 고구려 위세가 나날이 성장한 시기로 만주의 집안현 지방에 위치하였으며, 제11대 동천왕 20년(서기 246년)까지 국내성에 머물면서 국기를 튼튼히 다졌다. 두 번째는 동천왕 21년(서기 247년)에 평양성으로 천도하였고, 제16대 고국원왕(서기 342년)은 평양성에서 황성으로 다시 세 번째 천도를 감행하였다. 제25대 평원왕(서기 586년)때 장안성으로 네 번째 천도를 하였다가 보장왕 27년(서기 668년)에 멸망하였다.

우리 역사상 최강대국이었던 고구려의 건국연대는 정확하게 알 수 없으나 삼국사기에 기록된 천도과정을 살펴보면 B.C. 37년 이전일 것으로 추측된다. 압록강 중 상

(그림 2-3) 고구려의 천도과정

(그림 2-4) 국내성

류지대에서 발기한 고구려는 점점 융성하여 만주 일대와 한반도를 아우르는 대제국을 건설하고 동북아시아의 패자로 군림하였다. 흔히 고구려의 천도는 장수왕의 평양 천도만 알고 있을 지도 모른다. 평양 천도가 고구려의 발전에 있어 중대한 사건의 하나로 인식되나 고구려는 여러 차례 천도를 단행하였다. 처음에 고추모(주몽이라 부르는 고구려의 건국 시조로 동명왕)가 건국하여 정착한 곳은 졸본성이었다. 그 후 2대 유리왕이 즉위한 지 22년째 되던 해인 서기 3년에 국내성(환도성)으로 도읍을 옮긴다. 하지만 여기에 대해서도 논란의 여지가 있다. 한국과 중국학자들은 삼국사기의 기록을 토대로 서기 3년에 고구려가 졸본에서 국내성(환도)으로 천도했다는 주장에 모두 공감하고 있으나 정작 중국 고대 사서인 삼국지에는 그렇지 않다는 점을 강조하고 있다. 더구나 삼국사기 고구려본기 산상왕조 기록에도 유리왕대의 천도기사와 비슷한 내용이 실려 있어 이를 두고 일본 측 학자들은 유리왕대보다는 후대인 산상왕대에 이르러 천도했을 것으로 보고 있다. 천도의 시기와 명칭을 놓고 한·중·일 세 나라 학자들 간의 의견이 엇갈리고 있으나 고구려가 초기에 졸본에서 정착하였다가 국내성으로 도읍을 옮긴 것만큼은 분명해 보인다.

장수왕의 평양천도까지 고구려는 긴 천도는 아니지만 임시 천도를 자주 단행하였던 것으로 보인다. 이처럼 고구려의 잦은 천도는 동천왕 21년인 서기 247년의 조위(위나라) 관구검의 침입을 받은 불가피한 상황에서 나왔으며, 권력층 내부의 불안정한 모습에서 기인되었다는 점도 배제할 수 없다. 초기의 불안정한 정치적 상황을

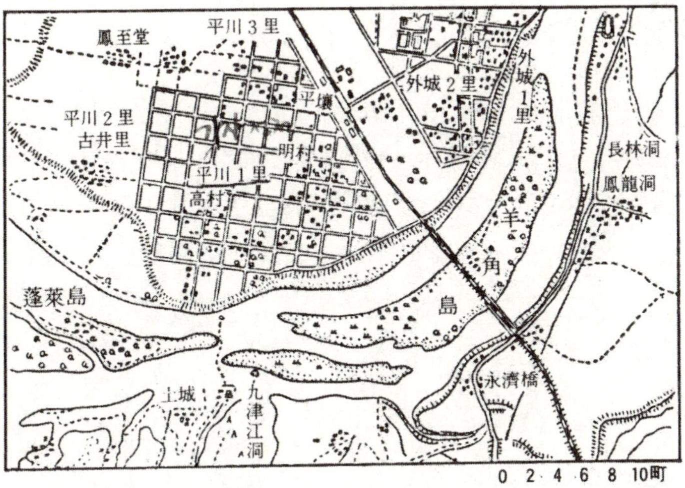

(그림 2-5) 평양의 정전지 가로구성
(출처: 윤정섭, 『도시계획사개론』, 문운당, 1987.)

극복하고 국력의 성장과 발전을 도모하던 고구려는 5세기 광개토대왕-장수왕대에 이르러 동북아 최강자로 군림하게 된다. 특히, 장수왕대에는 그 영역이 한반도 중부지방 깊숙한 곳까지 위치했을 만큼 강력한 세력을 형성하게 된다.

장수왕 15년인 서기 427년에 단행된 평양천도는 고구려 역사에 있어 중요한 의미를 지닌 사건이다. 지금까지 알려진 바와 같이 고구려의 평양천도는 북방진출이라기보다는 남진을 목적으로 하였다는 점이나, 북위의 위협으로부터 안정적인 국가발전을 모색하기 위해 단행했다는 이유로 이해되어 왔다. 하지만 고구려 내부의 사정을 접하면 그 이유는 잘못된 것임을 이해하게 된다. 장수왕 당시 고구려는 건국한 지 이미 450여 년이 지난 오랜 나라였고, 졸본에서 천도해 온 국내성은 고구려의 오랜 중심지 역할을 하며 토착 귀족세력의 기반이 되었다. 광개토대왕 대를 거치면서 왕권이 크게 강화되자 왕실에서는 왕권의 지속적인 강화를 모색하기 위해 토착 귀족세력의 중심지이던 국내성을 떠나기로 결심하게 되었고 그 결심의 결과가 바로 평양천도였던 것이다.

과거 외부적인 요인(외침 등에 의한)에 의한 일시적인 성격의 천도가 주류를 이루었으나, 장수왕대의 평양천도는 오히려 자의적인 선택에 의해 이루어진 천도라 해도 지나친 말은 아닐 것이다. 이러한 천도는 과거의 사례와는 근본적으로 다를 뿐 아니라 고구려 천도의 중요한 특징으로 대변되고 있다. 또한 평양천도 이후 기존의 국내성 지역과 다른 평양지역을 토대로 한 새로운 귀족세력의 등장은 바로 이런 점들을

(그림 2-6) 대성산성

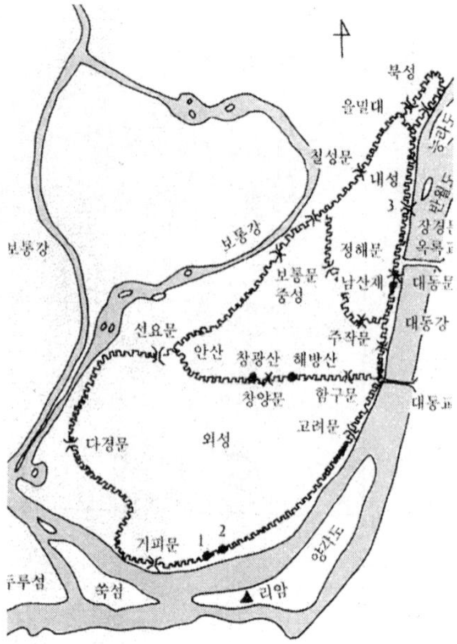

(그림 2-7) 고구려 마지막 궁인 장안성

보여주고 있는 중요한 근거로 생각된다. 따라서 장수왕의 평양천도는 남진정책의 연장이나 북방세력에의 위협이 아니라 바로 전제왕권을 강화하여 구 귀족들을 견제하려는 목적에 있었다고 봐야 할 것이다. 또 고구려의 평양천도는 경제적인 요인도 작용하였다. 즉, 기존의 국내성 지역은 중국 측 사서의 표현대로 산은 많고 넓은 밭이 없어 식량 생산이 수월한 곳이 아닌 산악지형으로 경제적인 활동이 위축될 수밖에 없었던 불리한 여건을 가지고 있었다. 게다가 생산력과 수취기반의 한계는 더욱 많은 물자조달을 필요로 하게 되었고, 이런 상황에서 국내성은 그런 조건을 충족시키지 못했기 때문에 평양으로의 천도를 단행한 것이 아닌가 보여진다.

게다가 교역 면에 있어서 단순한 산악지형에 둘러싸인 국내성으로는 역시 한계를 가진다. 평양은 이러한 교역이나 물자수송에 이점을 지닌 곳(해상교역이나 물자수송이 용이한 바다로 나갈 수 있는 청천강 및 대동강이 인접해 있었기 때문)으로 고구려의 수도가 되기에 손색이 없는 곳이었다는 판단도 작용했을 것으로 보인다. 장수왕의 평양천도는 정치, 경제적인 난점과 한계에 달한 국내성의 문제를 새로운 거점 도시로서 극복하고자 했다는 점에서 주목할 필요가 있을 것이다. 외부적인 요인에 의한 천도를 극복하고 자의적인 천도를 단행했다는 점도 고구려 천도의 중요한 특징으로 꼽을 수 있을 것이다.

(2) 백제의 천도

백제는 31대왕까지 687년간 지속되었지만 5차례 천도를 하였다. 21대 개로왕이 고구려의 공격을 받아 남쪽 웅진(현 공주)으로 도읍지를 옮길 때까지 120여 년간 서울 일대에 도읍하였다.

하남 위례성에 잠시 도읍(지금의 서울 돈화문 외부지점)하였다가 온조왕 13년 한산성 광주고을에 천도하였는데 이때가 3국 중 가장 위세가 당당했다. 지리적으로 북쪽으로는 도봉산과 삼각산이 자리하고 있었고 남쪽으로는 한강이 굽어져 흘러 기름진 대지가 펼쳐져 있었다. 근초고왕 12년(서기 371년)에 남한성(광주지방)으로 천도하였다. 그 뒤 제22대 문주왕(서기 475년)이 웅진(공주)으로 천도하고 다시 제26대 성황 16년(서기 538년)에 사비성(부여)으로 천도하였다.

백제의 천도 과정을 살펴보면 개로왕은 강력한 전제적인 권력을 구축하려고 시도한 바 있으나 이에 가장 커다란 저해 요인은 고구려의 남진 압박이었다. 백제에 대한 고구려의 군사적 압박은 고구려를 괴롭히던 북연(北燕)이 멸망한 이후 더욱 가속화되어 예성강과 개성 근방에서 30여 년을 대치하였다. 고구려와의 부단한 국지전은 왕권 강화를 위한 대규모 토목공사와 함께 백제 국력의 극심한 소모 현상을 초래하였다. 개로왕이 북위에 보낸 국서에 "재물이 다하고 힘이 다하여 점차 저절로 쇠약하여졌다."라고 표현한 것이나, 한성 함락 직전에 "백성은 쇠잔하고 군대는 약하다."라고 한 개로왕의 체념적인 말투에서도 백제의 극심한 재정 궁핍 현상이 확인되었다. 따라서 백제 자체의 국력으로는 타개하기 힘든 고구려의 남진 압박에 적극 대처하기 위해 왕제인 곤지(昆支)를 왜에 파견하여 왜군의 동원을 도모하기도 하였다.

결과적으로 실패하기는 했지만 472년에는 과거에 교섭이 없던 북중국의 강자인 북위에까지 자신의 사위와 한인계(漢人系) 사신을 파견하여 군사 원조를 요청하기도 했다.

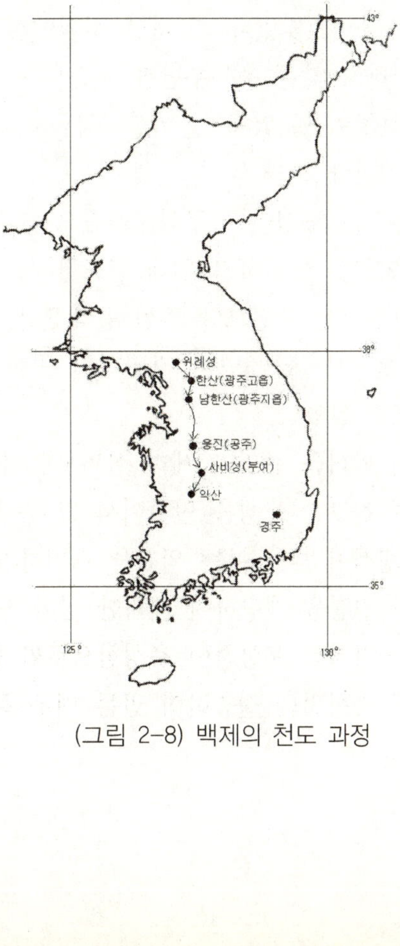

(그림 2-8) 백제의 천도 과정

그러나 대내적인 왕권과 귀족권간의 분규를 해소하기 위한 타개책으로 단행된 475년 고구려 장수왕의 기습적인 한성공략으로 인해 한성은 함락되고, 개로왕은 피살되고 말았다. 근초고왕 때 축조하여 천도한 한산성은 천연적인 방어요지가 도읍의 조건이 되었으며, 여기서 한산은 남한산으로 추측되나 현존하고 있는 산성은 아니며 이는 후세의 것이다. 백제는 수도 한성을 상실하고 지금의 공주 땅인 웅진성(熊津城)에 새로운 국가의 터전을 급히 마련하였다.

지금의 공산성인 웅진성의 북쪽으로는 차령산맥이 막혀 있고, 금강이 띠를 두르며 흘러가고 있다. 동쪽으로는 계룡산이 뻗어 있어 신라로부터 공주 일원을 방어해 주고 있으며, 서쪽으로는 서해가 가로놓여 있고, 남쪽으로는 곡창인 호남평야를 끼고 있으며, 금강을 이용한 천연적인 방어선과 해운 교통은 피난 수도로서의 지리적 조건을 충분히 갖추었다고 하겠다.

문주왕은 물론이고 훗날 이괄의 난 때, 한양을 잃고 내려온 조선 인조가 거처한 곳이 한결 같이 웅진이었다는 것은 서울 지역을 상실한 상황에서 북쪽의 전황을 빨리 포착할 수 있을 뿐 아니라, 방어하기 용이했기에 이곳으로 몽진해 왔던 것 같다. 개로왕의 아우인 문주왕은 신라에 파견되어 1만 명의 구원군을 이끌고 왔으나, 이미 파국(破局)을 맞았다. 그러한 상황에서 문주왕이 즉위하였지만 난세(亂世)의 군주로는 적합하지 않은 우유부단한 성품의 소유자였다. 물론 문주왕은 백성들을 사랑하고 또 사랑받는 군주였지만, 비상시국을 냉혹한 의지로 극복할 수 있는 임금은 되지 못하였던 것이다.

웅진은 도성이 고구려식이었으나 위치가 항구적인 수도로서는 부적당했으며, 이러한 약점을 보완하기 위해 천도한 사비는 성왕이 중흥의 꿈을 안고 천도한 곳이라 그 규모면에서 웅진보다 훨씬 웅대했다. 지리적 여건은 백마강이 크게 회류하는 곳으로써 북·서·남 3면이 자연적인 방어선 역할을 수행하므로 동쪽에만 구릉을 따라서 성벽을 쌓았다.

이 방식을 좀더 자세히 살펴보면 산과 하천의 자연지형을 이용하고 시가지를 포함하여 견고한 도성을 만들어서 그 속에 내·중·외의 3중으로 된 산성을 만드는 특이한 방식이었다. 이는 외침을 대비하기 위해 산성과 도시가 분리되어 있기 때문에 이러한 결점을 개량하여 계획한 성이 사비성이다. 사비성은 도성 내에 부소산성을 만들고 시가지를 포함하여 축성함으로써 한국의 산성식(선만식 산성)과 중국의 시가지 포위식 축성법을 절충하여 만든 매우 특이한 것인데 이 도성계획은 백제의 초, 중기의

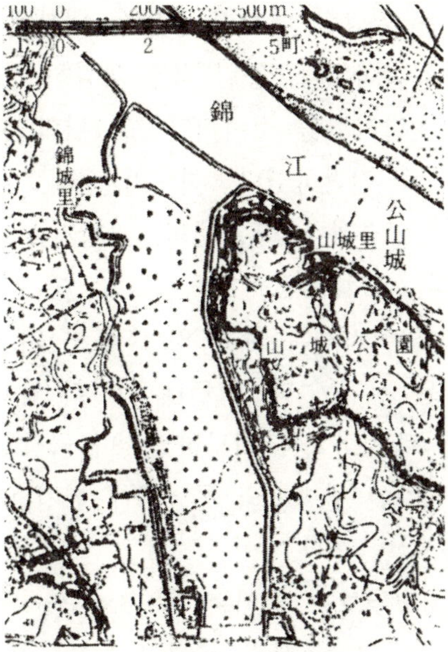

(그림 2-9) 웅진성(공산성)
(출처: 윤정섭, 『도시계획사개론』, 문운당, 1987.)

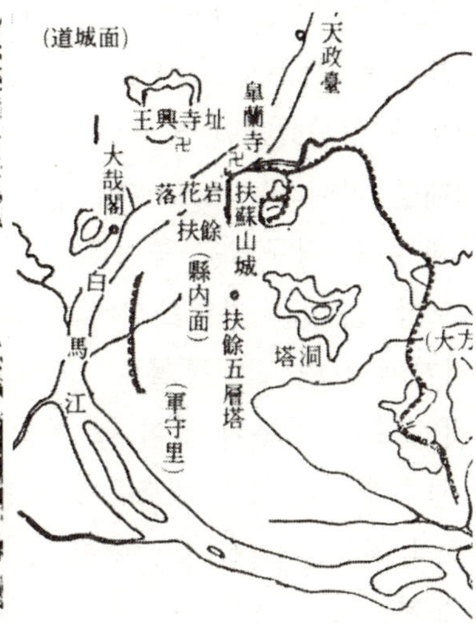

(그림 2-10) 사비성도
(출처: 윤정섭, 『도시계획사개론』, 문운당, 1987.)

도성계획과는 전혀 다른 형태로 백제식 도성이라 불리어진다.[4] 이외 백제의 특이한 산성인 임원례 성흥산성은 곡지를 포용하지 않고 산 정상을 중심으로 방형으로 성을 쌓아서 만든 것으로 삼국의 다른 국가(고구려, 신라)에서 찾아볼 수 없는 형태를 가지고 있다. 1면은 자연적인 절벽을 이용하고, 나머지 3면은 토축 으로 쌓아 절벽에 연접한 정방형의 토성을 이루고 있다.

(3) 신라의 구주(九州) 및 오소경(五小京) 설치

신라는 통일신라를 완성한 후 달구벌(지금의 대구)로 천도에 대한 거론이 있었으나 실천에 옮기지 못했다. 삼국을 통일한 문무왕의 아들 신문왕은 왕실에 비판적인 전통 진골 귀족세력으로부터 탈출하기 위해 689년(신문왕 9년) 달구벌로 수도 이전을 선언했다. 이와 같은 이유에서 새로운 수도 입지로 토착세력이 미약한 달구벌(지금의 대구)이 적격지로 선정됐고, 이곳을 무대로 신문왕은 강력한 왕권에 바탕을 둔 새로운 신라를 건설하려 했다. 그러나 신문왕의 달구벌 천도는 결국 수포로 돌아갔으며, 경주에 굳게 뿌리를 내린 진골 등의 수구세력이 신문왕을 붙잡고 놓아주지 않았던

4) 윤정섭, 『도시계획사개론』, 문운당, 1987, pp.34~35.

것이다. 달구벌 천도 실패로 통일신라는 멸망할 때까지 수많은 내분에 휩싸여 대륙 진출은 꿈도 꾸지 못하고 내부 안정에 급급하였다. 통일 직후 과감히 천도를 하고 왕조의 면모를 일신했다면 신라의 역사는 달라졌을 것이지만, 그 뒤의 신라는 사실상 경주 일대를 지배하는 토호세력 집단으로 전락하였다. 천도가 실패로 돌아감으로써 신라는 새 수도 달구벌을 중심으로 정치, 경제, 사회, 문화, 과학기술 등 비약적 발전을 도모할 수 있는 기회를 상실하였다.

삼국사기에 보면 삼국통일로 영토가 넓어지자 수도를 영토의 중심부로 옮길 구상을 한 것 같으나 기록이 없어 그 이상 알 길이 없다. 그런데 이보다 앞서 삼국통일의 대업을 완수한 문무왕은 새로운 도성을 축성하고자 시도하였으나 급작스런 사망으로 대구벌로의 천도는 실현되지 못했고, 경주는 한반도의 동남쪽에 위치하면서 신라 천년의 도읍지로서 끝까지 신라와 운명을 같이 했다.

삼국사기에 보면 신라왕도의 길이가 3,075보[5], 넓이는 3,018보 35리 6부, 처음 박혁거세 21년(B.C. 37)에 궁성(금성)을 쌓았고, 파사왕 22년(A.D. 10)에 금성 동남쪽에 월성을 쌓았는데 주위는 1,023보이고, 신월성의 북쪽에 만월성이 있는데 주위는 1,838보였고, 또 신월성의 동쪽에 명활성이 있는데 주위는 1,906보이며, 신월성의 남쪽에 있는 남산성은 주위가 2,804보라고 되어 있다.

신라는 건국 후부터 멸망할 때까지 한 번도 수도를 옮기지 않았고 지방 지배를 공고히 하기 위해서 구주(九州)와 오소경(五小京)을 설치하였다. 구주는 성격상 군사적 거점을 확보하기 위함이었으며, 오소경은 정치적, 문화적, 피지배지의 지방 중심지로서 피지배층을 대우하여 민심을 수습하겠다는 의도였을 것이다. 이는 삼국통일로 확대된 영토의 안전을 기하기 위한 조치였으며, 통치 상 불편을 보완하기 위한 부득이한 조치였을 것이다.

구주의 소재지가 도읍으로 어느 정도의 인구와 규모였는지는 기록이 없어 자세히 알 수 없으나 구주는 상주, 하주, 광주, 실직주, 비례홀주, 거래주, 완산주, 소부리주, 빛나주를 말하며, 오소경은 그 위치가 확실치 않는 것이 있기는 하나 김해소경, 국원소경, 남원소경, 북원소경, 서원소경을 말한다.

문무왕 때 축성한 준원소경은 2,592보로 되어 있고 서원소경도 이와 비슷한 규모의 성곽이 있었을 것으로 추측되는데, 왕경의 남한성이 2,800보인데 북원소경과 준원소경성의 규모가 이와 비슷하였으니, 여타 소경성들도 비슷한 규모의 성곽을 가졌

5) 1보=6척=181.80cm=1.82m

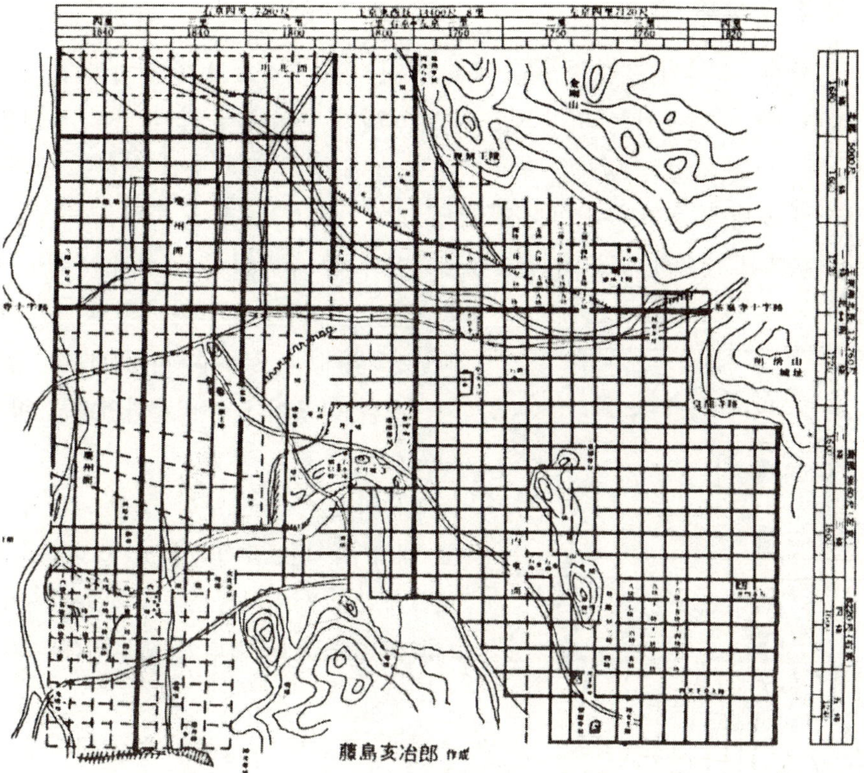

(그림 2-11) 신라왕경복원도(왕경가로)
(출처: 김의원, 『한국국토개발사연구』, 대학도서, 1983.)

을 것으로 보인다. 도시로서의 구조는 왕도(王都)의 설계방식을 따랐을 것으로 추측된다.

통일신라가 구주 오소경을 설치한 다음 피지배층에 대한 통치는 고대국가들이 성장 과정에서 일반적으로 사민정책을 써왔는데 신라도 예외가 아니었다. 노획민이나 투항자를 노예화하는 것이 보통이나 때로는 점령지역의 농민들을 집단으로 이주하고 본거지로부터 격리시켜 그들만의 공동체적 유대를 단절시키고 전제왕권 하에 재편시켰을 것으로 보고 있다.

이를 뒷받침하는 것으로 고구려에서 수입된 칠현금이 남원에 전파된 사실을 중시하면서, 삼국통일 후 200여 년이 지난 신라 말까지 국도인 경주에 알려지지 않는 예술이 남원소경에서만 유행하였는 데 이것은 고구려인의 이민에 의한 것으로 해석할 수 있을 것 같다.[6)]

6) 김의원, 『한국국토개발사연구』, 대학도서, 1982, pp.34~35.

(4) 삼국 도성의 특징

고구려, 백제, 신라의 왕도형식은 각기 독자적인 형식으로 발전하였다. 공통점이 있는가 하면, 어떤 면에서는 지리적 조건과 정세의 차이에서 각기 다른 형식을 낳기도 했다. 고구려는 낙양의 영향을 받으면서 도성에 관한 독자적인 형식을 발전시켰으며, 대륙적인 토벽을 둘러싼 낙양토성 같은 것이 아니라 배후에 산성을 가지고 그 밑에 도성을 축조한 것인데 고구려식 도성계획이라 할 수 있는 이 형식은 외국에서 볼 수 없는 독특한 것이다. 3국의 도성이 모두 자연을 최대한으로 이용하였는데 도성계획의 기본형은 고구려에서 비롯하였다고 할 수 있다.

역사의 흐름은 고구려 양식을 더욱 개조하고 대륙 양식을 효과적으로 받아들인 백제식 도성계획을 성립시켰으며, 후일 백제식 도성계획은 일본으로 건너가 비도경에 크게 영향을 미쳤다.

신라는 초기 금성시대에는 배후에 남산을 둔 고구려식이었다. 그 후 왕궁이 새로이 동북방에 이동하여 반월성을 중심으로 신도성을 건설할 단계에는 신라식의 신 양식을 낳게 되었는데 이는 삼산성에 둘러싸인 도성계획을 말한다. 신라식 도성계획은 670년대(천무천왕대)부터 일본으로 전달되기 시작했는데 중촌춘수에 의하면 일본 최초의 계획된 도성인 등원경은 물론 한파궁과 평성경의 경우 총감독의 이름이 남아있다. 그 이름을 보면 왜 한씨계, 즉 5세기에 조선에서 건너온 사람들의 후손이 많다고 말하고 있을 정도이고 우리의 기술과 인력은 바다건너 일본에서 채용되기에 이르렀다.[7]

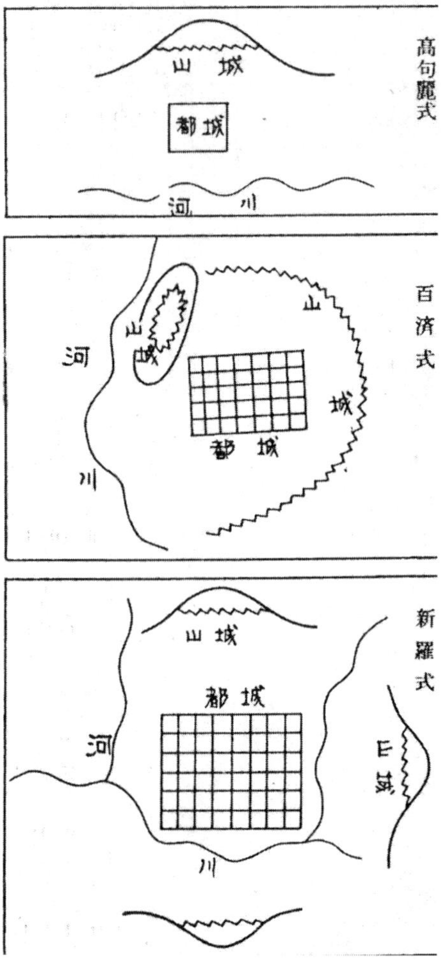

(그림 2-12) 삼국시대 왕도형식 (출처: 김의원, 『한국국토개발사연구』, 대학도서, 1982.)

7) 김의원, 『한국국토개발사연구』, 대학도서, 1983, pp.32~33.

4. 발해의 천도

698년 대조영이 발해를 건국하여 동모산에 성을 쌓고 도읍지를 정하면서 59년간 이곳이 수도의 기능을 하게 된다. 첫 번째는 742년부터 775년까지 중경 현덕부로 천도하였으며 두 번째는 756년 상경용천부로 천도하였다가 30년 만인 785년(문왕 49년) 세 번째 동경 용원부로 천도하고 10년 후인 94년에 네 번째로 다시 상경 용천부로 천도하여 멸망할 때까지 도성으로서의 역할을 하였다.

발해의 천도과정을 살펴보면, 229년간(698~926)에 수도의 빈번한 이동이 강력한 국가행정 수행에 있어서 막대한 지장(정치적 공백)을 가져올 수도 있었으나 토착세력의 기반을 억제시켜 효과적인 왕권강화에 도움이 되었을 것이다. 발해의 천도 배경에는 정치·군사·외교적인 요인이 크게 작용하였다. 고구려·백제의 경우와 달리 사전 계획이나 도성 보완시설의 고려 없이 추진한 결과 허약한 방어시설(산성)로 인한 수도 기능의 한계를 드러냈다. 더구나 절대왕권을 지지하는 세력의 부재로 정치적 불안은 가중되었다. 무엇보다도 방위성(산성)이 철저하지 못한 것을 평지성으로 보완하기 위해 광대한 외성(外城)을 축조해 이를 극복하려 했으나, 그것은 외형적인 조치에 불과하였다.

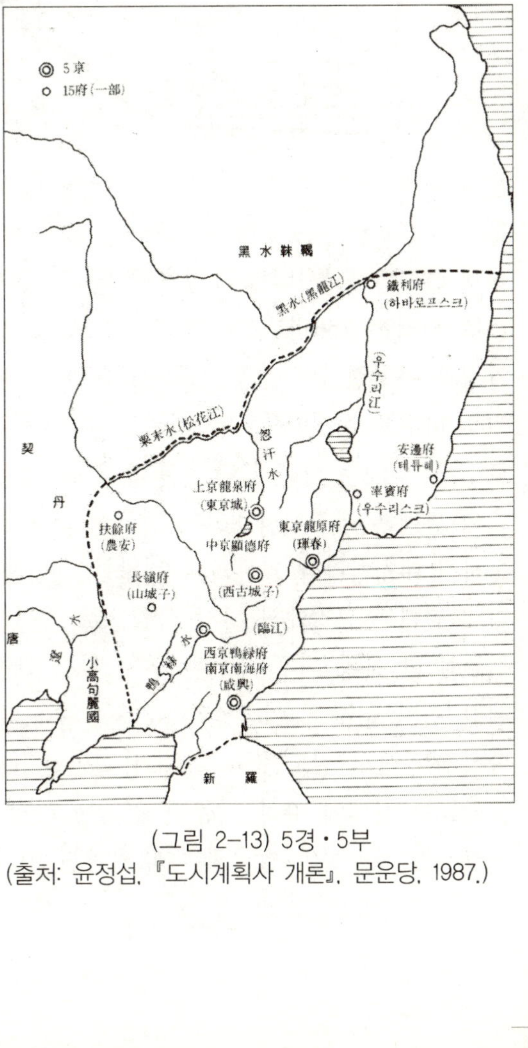

(그림 2-13) 5경·5부
(출처: 윤정섭, 『도시계획사 개론』, 문운당, 1987.)

첫 번째 천도는 제3대 문왕 때(742년) 중경 현덕부로 옮긴 것이다. 고조(대조영)와 무왕(대무예)이 어느 정도 국가체제를 정비하였기 때문에 문왕은 무치시대(武治時代)를 벗어나려고 했던 것이다. 동시에 토착의 백산말갈부에 대한 강력한 통제와 해란강 유역의

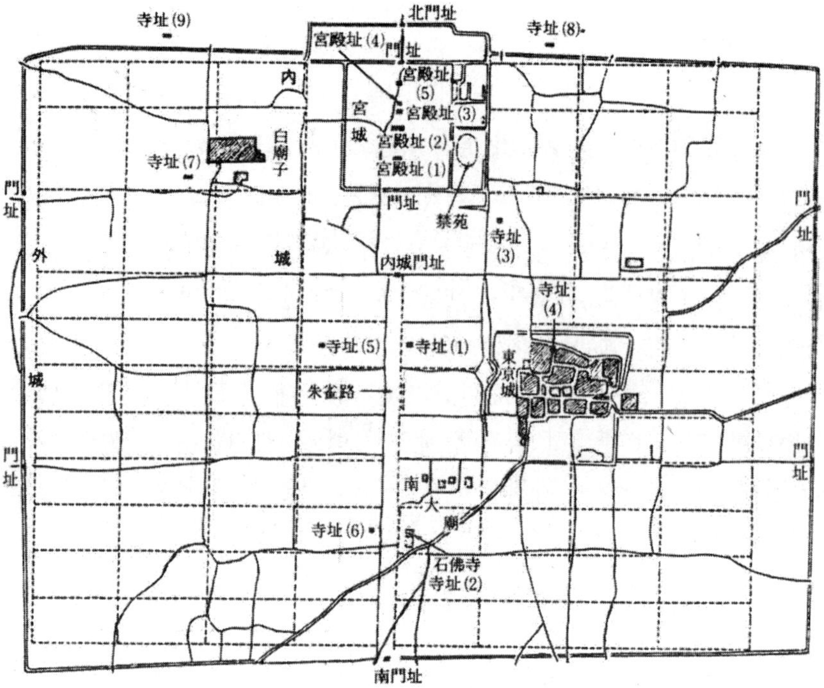

(그림 2-14) 상경용천부
(출처: 윤정섭, 『도시계획사 개론』, 문운당, 1987.)

경제개발은 문치시대를 뒷받침해 줄 수 있기 때문이다.

두 번째는 756년 상경 용천부로 옮긴 것인데 문왕은 중경에서 어느 정도 정치적 안정과 문치정치의 기틀을 확립하였다. 한편 흑수말갈을 제압해야 했고, 안록산의 난 이후 만주를 실질적으로 지배하고 중국과 관계를 멀리해야 할 필요가 있었다. 다음으로 상경 일대는 넓은 목단강 평야의 경제적 가능성도 크게 작용하였을 것이다.

세 번째는 상경에서 30년 만에 동경 용원부로 옮긴 것이다. 이것은 신라와의 정치 군사적 대치상황과 일본과의 원활한 교섭을 위한 조치로 생각된다.

네 번째는 동경에서 다시 상경으로 복귀한 것이다. 성왕이 들어서면서(794년) 장기 집권을 한 문왕 이후 새로운 통치 질서 확립이 필요했다. 기대했던 일본과의 정치 경제적 이익도 수준 이하였기 때문에 수도가 한쪽으로 치우칠 필요가 없었다. 794년 다시 상경으로 천도한 뒤 발해가 멸망한 926년까지 수도의 역할을 수행했다.

국도는 시대에 따라 이동이 있기는 하였으나 상경이 오랫동안 국도로 유지되었다. 상경지인 동경성의 발굴결과에 의하면 거의 정사각형에 가까운 네모자 토성안의 북쪽에 내성을 쌓고 남향으로 궁성을 짓고 있다. 궁성 동쪽에는 군신이 즐기던 정원이 있었는데, 여기에는 못을 파고 산을 쌓고 하여 마치 신라의 안압지를 연상시키고 있다. 궁성 앞의 중앙로에는 주작로가 있고 이를 중심으로 바둑판 같이 설계된 조방제가 조성되어 있었다. 동경으로 추정되는 휘춘의 반랍성에서도 규모는 작으나 상경과 비슷한 설계를 가지고 있음이 밝혀졌다.

이러한 역사적 근거를 볼 때, 최근 중국이 동북 공정의 일환으로 관광객들이 상경 용원부를 출입할 때 엄격히 사진촬영을 금지하는 광경은 매우 고압적이고 주객이 전도된 느낌을 지울 수가 없다. 행정조직의 편제는 5경, 15부, 62주이다. 5경은 상경(용천부), 중경(현덕부), 동경(용원부), 남경(남해부), 서경(압록부)을 말하며, 상경이 길림 동경성이라는데 일치하고 있다. 다른 경우는 아직 정설이 없으나 대체로 중경이 간도 서고성자, 동경이 간도 휘춘, 남경이 함남 함흥, 서경이 통화 임강이라는 편으로 기울고 있다.[8)]

5. 고려의 천도

(1) 도성의 입지

고려의 수도는 개경(현재 개성)이다. 태조 왕건에 의해 송악 남쪽에 도읍을 정한 다음 개성군을 합병하여 개주라 칭하였으며 935년 신라를 복속한 후 국도가 되었다.

북쪽은 천마산, 그 남쪽에 진산인 송악산이 있고, 동남쪽에 용수산, 서남쪽에 진봉산이 있으면서 산세가 아름답고 남쪽에 한강이 흘러 평야를 이루나 예부터 풍수지리상 길지(吉地)로 알려져 있다. 그래서 고려의 송도가 자리한 듯하며, 지금의 경기도 북서부에 위치한 도읍지로서 역사적으로 부소갑, 송악, 개주, 개경, 송도 등으로 불리었다.

태조 왕건이 송악으로 수도를 옮긴 이유는 궁예의 연고지인 철원을 탈피함으로써 관민의 기풍을 쇄신하자는 것이었다. 송악은 태조 왕건 자신의 유서 깊은 출신지였을 뿐만 아니라 지리 도참설에서도 신성시하였던 한수이북(漢水以北)의 명도였기 때문이라고 보여진다.

고려의 수도인 개경에는 성문인 나성만해도 24개이며 총 둘레가 23km이다. 개경

8) 윤정섭, 『도시계획사 개론』, 문운당, 1987, pp.42~44.

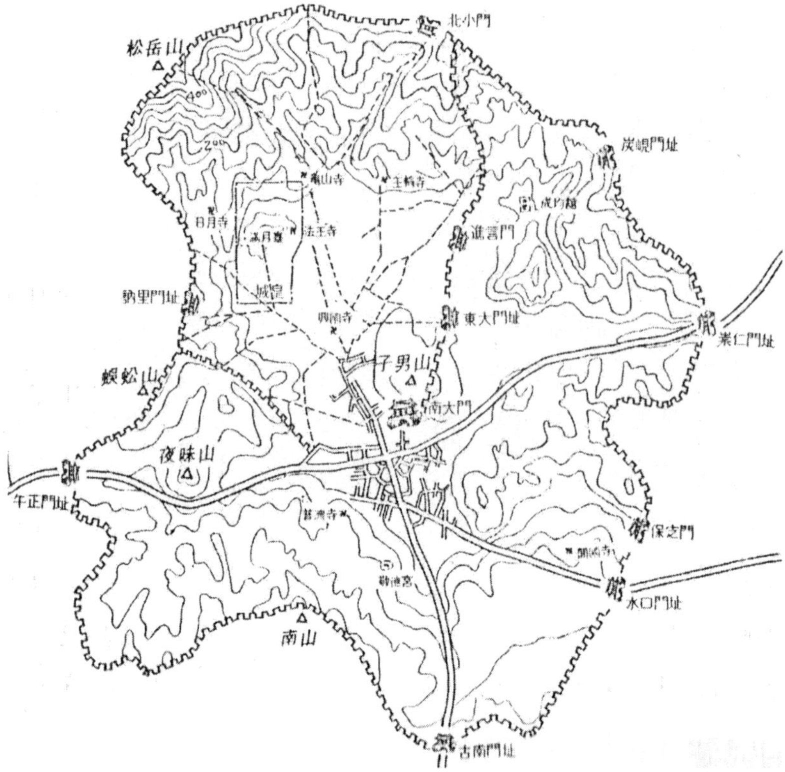

(그림 2-15) 개경 시가도

은 왕성, 내성, 나성으로 나뉘는데 왕성은 궁성과 황성으로 나뉜다.

궁성은 만월대이고 황성은 관청 또는 다른 궁궐을 감싸고 있는 성벽이다. 궁성의 성문은 4개, 황성은 20개로 총 24개소의 성문으로 되어있었으며, 총 둘레가 23km로 조선시대 한양의 17km보다 훨씬 큰 것을 알 수 있다.

개경으로 천도 이후 약 90년에 걸쳐 수도의 건설이 계속되었으며, 시가지는 크게 5부(동, 서, 남, 북, 중)로 나누고, 이를 다시 35방과 344리로 구분하였으며, 시가지 남쪽의 평지에는 시장이 설치되었는데, 방문에는 간판을 붙였고 전성기에는 장랑이 1000여 개, 대창고가 100여 개에 이를 정도로 방대한 시가지가 형성되었다. 거리의 주변에는 민가들이 수십 채씩 밀집하여 약 40만 명의 인구가 취락을 형성하였다. 신분 차이에 의한 거주지의 제한은 없었으며, 관리들은 동, 북부에 상공업 종사들과 일반인들은 시장 주변에 많이 거주하였던 것으로 추정된다.

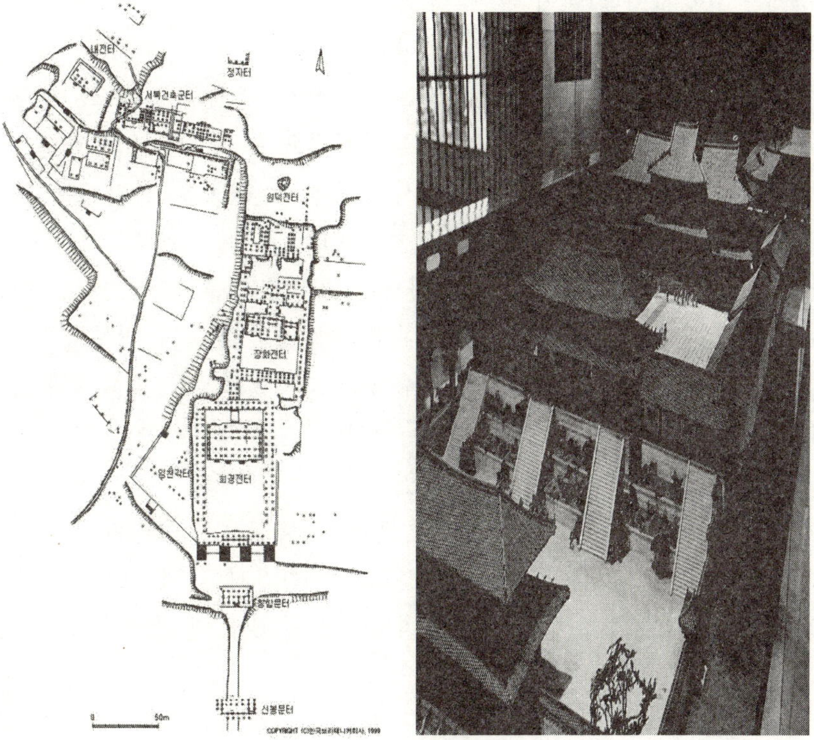

(그림 2-16) 만월대

(2) 시가지 형성과 읍성

고려시대 개경의 제1번화가는 황성의 정문인 광화문에서 나와 동쪽의 관청거리를 지나며 남쪽으로 남대가가 있었고 이 길이 나성의 서문인 선의문과 동문인 숭인문으로 이어져 동, 서 간선도로와 만날 때까지 이어지는데, 이곳이 바로 개경의 중심가인 십자로이다.

남대가에는 시전의 긴 행랑이 좌우로 늘어서 있었으며, 남대가 북쪽에는 흥국사라는 큰 절이 있어서 이 곳 남대가 주변에는 관리와 상인을 비롯한 여러 계층의 많은 사람들이 모여 살았던 것으로 보인다. 십자가의 동서 방향의 도로를 따라서는 배천이라고 불리는 개천이 흐르면서 운치를 자아냈으며 청계천의 모습과 흡사하였다. 그 옆 길가에는 여러 종류의 상점이 자리하고 있었고, 십자가로 주변에는 봉은사, 보제사 등 사찰이 있었다. 특히, 고려의 수도 개경에는 수백 개의 크고 작은 사찰이 있었으며, 그중에는 규모가 수천 칸에 이르는 것들도 있었다. 태조 때 10찰 창건을 시작으로 개경에는 끊임없이 사철이 창건되었으며, 이 사찰들은 고유의 종교적 역할과 함께 도시계획에 있어서 결정적인 역할을 했다.

고려시대 지방행정의 중심지로서 5도호부와 일반 행정의 거점으로서 8목이 설치되었다. 부, 목의 밑에는 군, 현, 진으로 나누어졌으며, 개경부근의 13현은 특별행정구역으로 취급하였고, 중간적 행정기구로서 충숙왕 이후에 5도제가 성립되어 5도에 파견된 관찰사가 해당지역의 수령을 통괄하였으며, 북방의 변경지역은 동, 서의 양계(兩界)로 나누어 진(鎭)이 설치되고 병마사가 파견되어 군사와 행정을 맡았다.

고려 현종 때 축성된 경주읍성은 성내에 80개소의 우물과 연못 1개소가 있었으며 동서남북에 4대문이 있고 동서와 남북을 잇는 십자형의 주도로를 중심으로 질서정연한 시가지로 구성되었다. 읍성의 입지는 평지이고 성곽의 평면 형태는 정방형이며 가구도 규칙적인 격자형 패턴으로 구성되었다.

고려 말에 축조된 전주읍성은 주위의 크고 작은 산으로 둘러싸인 분지의 하천변에 위치하고 있으며 평면 형태는 다른 읍성들과 마찬가지로 네 모서리를 약간 굴린 정방형으로 각 방위에 맞추어 대문이 배치되었고 약 6km의 둘레에 2.4m 높이의 석성(石城)으로 되어있다.

고려시대에는 군사적인 역할 수행과 공납물의 수송을 위하여 전국 각 처에 역, 관, 보 등이 설치되어 지방과 수도를 연결하는 교통망을 구성하였고, 대표적인 육로의 교통수단이자 통신수단이었으며 역로는 대로, 중로, 소로의 3등급으로 나누어 역정을 배치하였다.

12세기 초 송나라 서긍이 쓴 고려도경에는 개성의 집들에 대해 벌집이나 개미구멍 같았다고 하였으며, 부잣집은 기와지붕으로 10호 중 1~2호 뿐이었다고 기록되어 당시의 주거형태가 매우 빈약하게 표현되고 있다. 이 시대 주거 양상은 서민주택도 수혈주거가 일반적으로 사용되지 않았으며 관리나 부유한 사람들은 기와지붕에 상당히 크고 호화로운 저택을 짓고 살았던 것으로 보인다. 이 시기에 우리나라 고유 난방방식인 온돌난방방식이 일반화되었다.

(3) 강화도 천도

고려중기 말엽에 몽고에 대한 항전을 결의하고 강화로 도읍을 옮긴 것은 고종 19년(1232)이다. 방어 군을 선발하여 궁궐을 지었고, 천도한 후에는 개경에 버금가는 본격적인 궁궐과 각종 건조물이 세워졌다.

천도문제가 조정에서 공식적으로 논의되기 시작한 것은 몽고의 대군이 요동을 점령하고 압록강 하류를 건너 고려를 침공한 직후이다. 강화천도가 기록상으로 표면화되기 시작한 시기는 고종 18년 12월경으로 당시 최우는 승천부 부사 윤린과 녹사 박문의의 보고에 따라, 피난지로서 강화도의 적합성여부를 살펴보게 하였다. 조신들의 절대적인 반대에도 불구하고 최우는 사제에서 직접 회의를 주관하며 천도론을 확정시키고자 하였다. 고종 19년에 천도정책이 확정되는 데 이때에도 여전히 반대론이 제기되었으며 그 내용은 몽고에 대한 소극적 화친론과 적극적 대결론이었다.

유승단이 몽고와의 화친론을 들고 나와서 천도론의 허실을 지적하고 그것이 단지 소수권력층과 관료들의 파란 행위로 전락하게 되자 천도가 오히려 백성들을 엄청난 환란과 곤경에 빠지게 하였으며, 김세충에 의해 제기된 것이 몽고와의 대결을 전제로 하는 개경 고수론이다. 최우는 김세충을 참형에 처하는 동시에 천도를 결정하게 된다.

강화 천도론을 추진하여 결의하게 명분을 확보할 수 있게 된 배경에는 몽고가 고려에 대해 보여준 고압적 태도와 무례한 행동이 고려의 반몽 의식을 자극한 점을 들 수 있다. 고종 6년 강동성 전투로 인한 여몽관계 성립 직후 몽고 사신 등은 관복에 무장도 풀지 않은 채 전상에 올라가 왕의 손을 잡고 문서를 전달하는 등 방자한 태도를 보였다. 몽고의 방자한 태도는 당초 고려가 몽고에 대해 가지고 있던 가장 나쁜 선입관을 확신시켰으며 그로 인한 자존심의 손상은 고려의 반몽 의식을 강화시켰다.

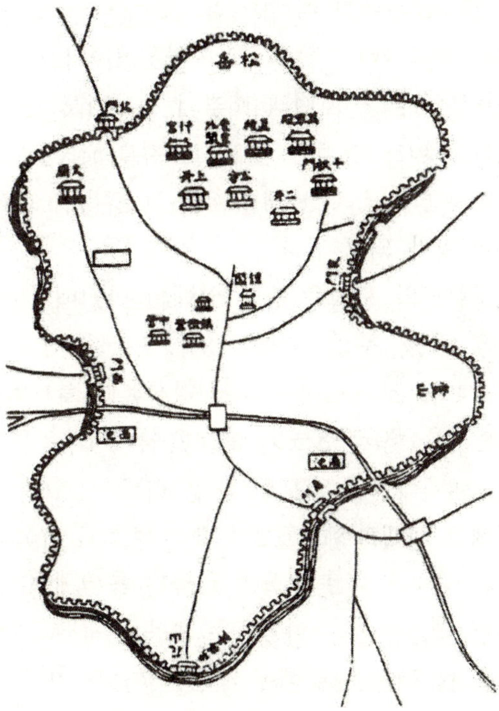
(그림 2-17) 강화도

또한 몽고는 고종 12년까지 공물 징수를 위한 사신을 매년 수차례 파견하여 과중한 조공을 징수하였고, 1차 침략 이후에도 일방적으로 막대한 조공을 요청하였다. 고려에 대한 몽고의 요구가 단순한 공물의 징수에 끝나지 않고, 강제 징집에 까지 미침으로써 고려를 압박하였다. 또한 그들의 정복사업에 필요한 조정군을 파견하여 줄 것과 왕족 및 대관의 동남, 동녀 각 500명씩을 인질로 보내고 공장, 자수부인을 징발하여 줄 것을 강요하였다. 이것도 몽고의 1차 침략 이후 몽고의 고려에 대한 정치적 영향력이 강화되었음을 나타내는 것이다.

최우의 강화에 대한 관심은 1차 침략이 종식되기 이전인 고종 18년에 이미 나타나 특별히 강화도를 살펴보도록 하였다. 몽고침략의 대응책으로 해도입보(海島入保)가 활발히 이루어졌는데 바로 해도입보 차원의 천도지로서 강화는 적합한 조건을 갖추었다. 강화도의 입지적 조건에 대해서는 첫째 수전(水戰)에 취약한 몽고군의 약점을 이용할 수 있는 도서(島嶼)라는 점이며, 육지와 근접해 있으면서도 조수간만의 차와 조류 등으로 방어적 입지상 유리한 점, 개경과의 근접성과 지방과의 연계성을 들 수 있다. 강화도 천도 이후 천도를 주재한 최우에 대한 칭송과 천도의 의의는 높이 평가되었다. 이규보는 우리의 사직을 완전히 보위할 수 있게 한 것이 오로지 최우의 공로라 했고, 지극히 어려운 천도를 신속하게 단행해서 우리나라가 일찍이 변화하지 아니한 것이 그의 공적이라 찬미하였고, 최자는 강화도 천도가 천혜의 요새와 방어시설이 완비되어 비록 부안과 시호라 하더라도 능히 날아들지 못하고 엿 볼 틈이 없다고 하였다.

이처럼 입장과 관점을 완전히 달리한 근래의 역사가들에 이르기까지 강화 천도는 높이 평가 되고 있다.

강화도의 도성은 송악 아래의 만월대와 비슷한 국세(局勢)를 택하였고, 이곳의 궁궐은 내성, 중성, 외성이 3중으로 쌓아졌는데, 여지승람의 기록에는 내성은 둘레 약 3,874척으로서 조선시대의 내성과 일치하며, 중성은 둘레 17,800척인 토성으로 구축하였고, 외성은 둘레가 37,070척이었다.

고려시대에는 수도인 개경 외에 서경(평양), 남경(한양), 동경(경주)을 두었으며 3경제를 채택하였다. 그 이유는 연기사상(延其思想)에 근원이 있는 것으로 보인다. 서경은 고구려 멸망 후 약 2세기동안 폐허상태였으나 태조 왕건은 북방지역의 개발 거점으로 삼았으며, 남경은 문종 21년에 신궁을 창건하였으나 규모가 작았으며, 숙종 9년(1104년)에 정식으로 개궁(開宮)되었다. 동경은 신라가 멸망한 후 고려의 융화정책으로 지방자치도시의 성격으로 남아 있다가 940년 대도호부로 승격되었으며 동경유수(東京留守)라 하여 3경 중의 하나가 된다.

6. 조선의 한양 천도

(1) 천도의 배경과 입지

태조 이성계는 조선왕조를 창건한지 26일 만에 도평의사사에게 한양으로 천도할 것을 지시 하였다. 삼사우복사 이괄로 하여금 한양에 보내어 고려왕조의 난궁이었던 한양부의 궁실을 수리하게 하는 등 천도를 강행한다. 태조 이성계가 천도를 서둘렀던 배경에는 새로운 왕조 탄생에 즈음한 군신상하의 심기일전을 위함이며, 고려시대부터 풍미한 풍수도참설이 작용한 것으로 보여 진다. 또한 조선왕조의 창건과정에 있어서 정치적 문제, 즉 정몽주 등 전조 중신들의 살해문제와 왕씨 일족들의 추방 등, 정치적 불안감은 천도를 서두르게 한 원인이기도 하다. 태조실록에 보면 한양은 옛날부터 표리상응(表裏相應)의 승한형세로 전해오며, 사방으로 거리가 평균하고 수륙교통이 좋으니, 이곳에 도읍을 정하여 후세에 길이 전함이 참으로 하늘과 사람의 뜻에 합하는 일이라 하고 있다. 한나라의 수도를 결정함에 있어 교통문제는 중요한 비중을 차지한다. 그 당시 물류수단은 육운보다 해운에 더 큰 비중을 두고 있으므로 수운 조건이 송도보다 한양이 유리하였다는 것이 한양천도의 경제적 이유라고 말할 수 있다.

태조3년 (1394) 9월초에는 신도궁궐 조성도감을 설치함과 동시에 종묘사직과 궁궐, 관아, 도로 등의 계획을 작성케 하여, 같은 해 10월에 각조마다 송도에 잔류시키고 백관유사를 대동하고 천도를 단행한다. 이 당시는 전제국가 시대였고, 모든 권력은 임금으로부터 나오는 체제였다. 한성시가지 계획에 있어 도성건설이나 시설배치에 있어서도 왕궁을 중심으로 한 종묘와 사직의 배치가 중요시 되었다.

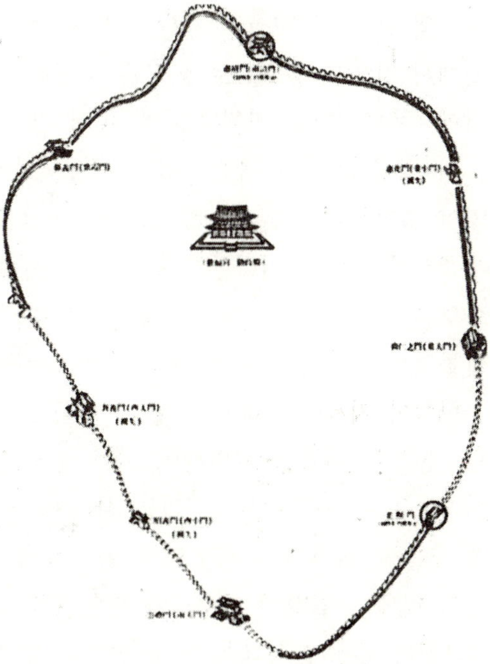

(그림 2-18) 서울 성곽
(자료: 김의원, 『한국국토개발사연구』, 대학도서, 1983)

태조가 한양천도를 실시 한 후 30여 년간에 걸친 신수도 건설의 막이 열린다. 30년이 걸렸다고 하는 것은 도성 내 간선 가로망 개설이 늦어진 때문이며 궁궐, 종묘, 사직, 성곽, 개천, 도로 등 건설해야 할 시설의 양이 방대하였을 뿐 아니라 태조 5년(1396년)의 왕자의 난과 그에 이은 개경천도, 한성이도 등의 정정불안, 그리고 국사사정 및 세역동원의 한계 등을 들 수 있다.

한성에 정도한 입지선정은 풍수도참설이 그 근거가 되었으며 종산인 북한산으로부터 뻗어 나온 북악이 주산이 되어 북쪽을 받치고, 동쪽으로는 낙산이 청룡이 되며, 서쪽으로는 인왕산이 백호가 되어 시가를 에워싸 경계를 형성한다. 북악을 마주보고 있는 남산이 남쪽의 경계로 위치하며, 그 중앙을 청계천이 흘러나가 한강에 합류하고, 한강 너머 관악산이 조산으로 되어 남쪽에서 받쳐주는 지리적 형상을 띄고 있다. 한성은 분지 지형으로 방어 면에서 안성맞춤이었고, 공간구조도 이러한 입지조건에 순응하는 형태로 결정된 것이다. 이 도성 조성의 원리는 정도계획 당초부터 정립되어 있었으며, 궁궐 조사 시 도로지기를 결정하고 오라는 명령을 받은 권화중, 정도전 등이 그 내용을 계획하여 태조에게 바쳤다. 설명에서 궁궐 부지가 좁다하여 그 남쪽에 현방의 산을 주맥으로 하고, 임좌 내향에 종묘의 터를 정하고, 그 동편 800m쯤 되는 곳에서 지세가 좋으므로 이곳을 궁궐터로 정하며, 차방이산을 주맥으로 하고, 임좌내향에 종묘의 터를 정했다고 한 데서 알 수 있다.

이 한성 조성의 계획원리가 무엇이었던가에 관해서는 왕조실록에 명기를 해두지 않아 명확하지는 않다. 하지만 왕도 건설에 궁궐을 사이에 두고 좌묘우사(좌측종묘, 우측사직단)한 것이라든가 간선가로 개설에 앞선 한성부의 가로제도 보고에서 도성 도로는 주례 다관에 의하면 장인들이 국도 내 동서남북에 각각 아홉 줄 씩의 도로를 만들었는데 이는 주례 다관 고공기에 의한 것으로 판단된다.

한성이 지세는 남북에 높은 산악이 솟아 있고 서쪽에는 소구가 연속되어 있는가하면, 동쪽은 비교적 평탄하여 마치 농구(농기구)의 키를 동쪽으로 향한 것 같은 형태이다. 육수(육지의 물)는 이들 산에서 소계(소하천)를 흘러 개천(청계천)에 합류하고 성 중앙을 통해서 동쪽으로 흘러내려 현재 중랑천과 합류하여 한강에 이른다. 국초천도 때에는 일정한 하수구가 없었던 것으로 판단되며, 그 이유는 태조실록에 도성을 축조하는 대목에 동대문 옆에 천류가 흐르는 곳에 수문을 만드는 공사가 다른 공사의 배나 힘이 들었다는 기록으로 보아 여러 갈래의 실개천이 있었으나 그 중 가장 낮은 지대(청계천)는 제방도 없이 황량한 상태로 방치되어 있었던 것으로 판단된다.

(2) 공간과 성곽 형태

한성은 주요 기능과 배치가 주례 고공기와 풍수도참설에 바탕을 두고 이루어졌으며, 진산인 백악을 배경으로 경복궁을 노단으로 앉히고 부 주산인 응봉산을 배경으로 창덕궁을 배치한 다음 경복궁 동쪽인 연화방에 종묘를 건설하고, 경복궁 서쪽인 인달방에 사직을, 경복궁 전면에 6조를, 그 후면에 시전을 배치한 것이다.

도성계획수법은 한성의 지리적 여건에 의해 고대 중국의 기능배치방법을 변형하여 배치한 것으로 보인다. 왕궁의 위치가 중앙이 아니라 북쪽으로 옮긴 대신 왕궁의 북편에 있어야 할 시장이 중앙으로 옮겨진 것이다. 세종실록에 의하면 세종 10년(1428년) 조선 초기의 인구수는 약 11만~12만 명 정도였으며, 조선 후기 정조 13년(1789년)에는 20만여 명으로 증가하였다.

간선도로도 남북 3행의 형태를 하지 않고 있으며, 도성에는 12개문이 있지 않았고 도성의 형태도 중국식인 정방형이나, 장방형이 아니므로 한성부의 계획자인 정도전 등이 중국식을 기초로 독자적인 계획수법을 사용하였다. 한성은 내성의 성격이 아니고 왕궁도 기단을 조성하지 않았으며, 주위의 산성이 외성의 역할을 담당하였다.

성곽의 둘레는 약 17km에 달하고 높이는 12m로 지형이 험한 곳에는 석성을 쌓았으며, 평탄한 곳에는 토성을 쌓았다. 전체적인 배치형태는 원형에 가까우며, 성의 안팎을 연결하는 출입문으로써 8개소의 문(4대문, 4소문)이 방위에 맞춰서 배치되었다.

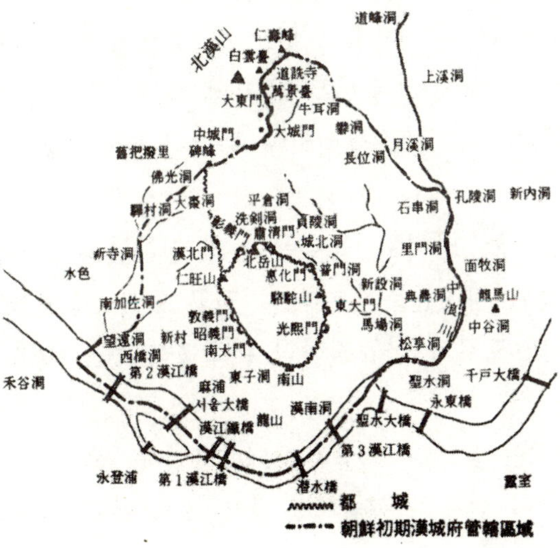

(그림 2-19) 조선 초기 한성부 관할구역
(자료: 김철수, 『도시계획사』, 기문당, 1997.)

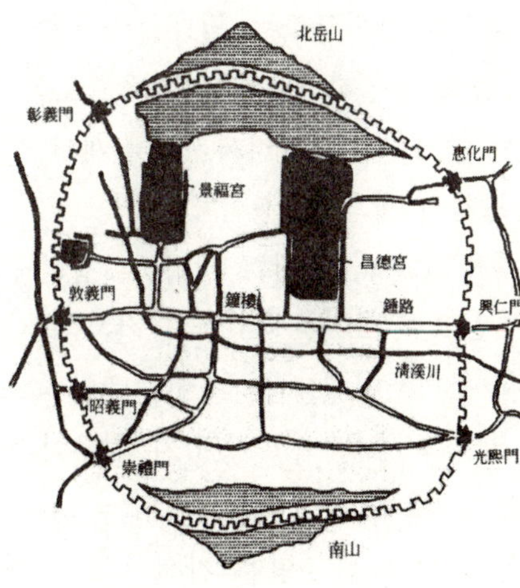

(그림 2-20) 한성의 가로도로망

그 중에 2008년 방화범에 의해 화재로 소실된 국보1호 숭례문(남대문)과 홍인문(동대문)은 가장 큰 성문으로 중층의 문루를 만들었다. 축성양식을 보면 태조 때에 시공된 성벽은 대체적으로 가공하지 않은 크고 작은 자연석을 불규칙하게 혼용하여 쌓았으며, 기초석은 대형 돌을 사용한 곳이 많고, 벽면은 대체로 수직면을 이루고 있다. 한성부의 성벽은 험준한 곳은 높고 낮은 모양의 지형에 따라 계단식으로 축조하여 변화감을 느낄 수 있는 성곽의 미를 형성하고 있다.

(3) 시가지 형성과 도로망

한성은 아름다운 주위 환경을 배경으로 궁궐과 관아를 중심으로 배치하였으며, 광화문, 육조거리의 정치적인 중심부와 남대문로에 이르는 T자형 지역의 상업중심 영역으로 나눌 수 있다. 중심부의 가로망은 격자형으로 하였으나 전체 시가지는 지형지세에 따라 불규칙한 곡선도로와 막다른 골목길들이 사용되었다. 명당의 터에 경복궁과 창덕궁을 배치하였는데, 경복궁의 둘레는 2.4km, 담장이 높이가 3.6m이었으며, 동서남북에 문이 있었다. 한성의 상설시전은 4차에 의한 공사로 광화문 네거리에서 동대문까지, 남대문에서 종로 네거리까지, 종로3가에서 돈화문까지 총3,300여 간이 건립되었고, 여기에 육조거리의 행랑이 연결되어 도시 내 중심가로 체계가 완성된다. 주요 간선도로는 홍인문(동대문)에서 시작되어 종묘 앞과 종로를 지나 경희궁 앞에서 약간 굽어져 돈의문(서대문)에 이르러 한성을 남북으로 구분하고 있다.

남북의 간선도로는 남대문에서 시작하여 곡선을 이루고 있으며, 종로와 연결되어 T자형을 형성하고 있다. 북쪽으로는 경복궁 앞에서 광화문 네거리까지와 창덕궁 앞에서 종로3가 네거리까지의 2개의 간선로가 3교차를 형성하여 동, 서간의 주축도로(종로거리)에 연결된다.

주요 도로의 끝에는 경복궁, 창덕궁, 경희궁, 남대문, 동대문 등의 건물들이 노단을 이루었고, 주요 간선도로의 좌우에는 계속된 행랑건축이 이채를 띄고 있다. 주택가는 매우 무질서하였는데, 조선시대의 주택가의 도로가 불규칙적인 미로형인 것은 시가지가 많은 구릉을 끼고 있었기 때문이다.

도성 내 도로의 폭은 대로는 18m, 중로는 5.0m, 소로는 3.4m이었다. 조선 후기 한성의 시가지 유형은 간선가로가 확연하여 현재의 세종로는 50m 이상이었고 종로는 30m의 폭을 가진 도로로 형성되어 있었다.

도성내의 하수로는 기복이 심한 산간의 분지에서 성내로 흐르는 물줄기가 청계천

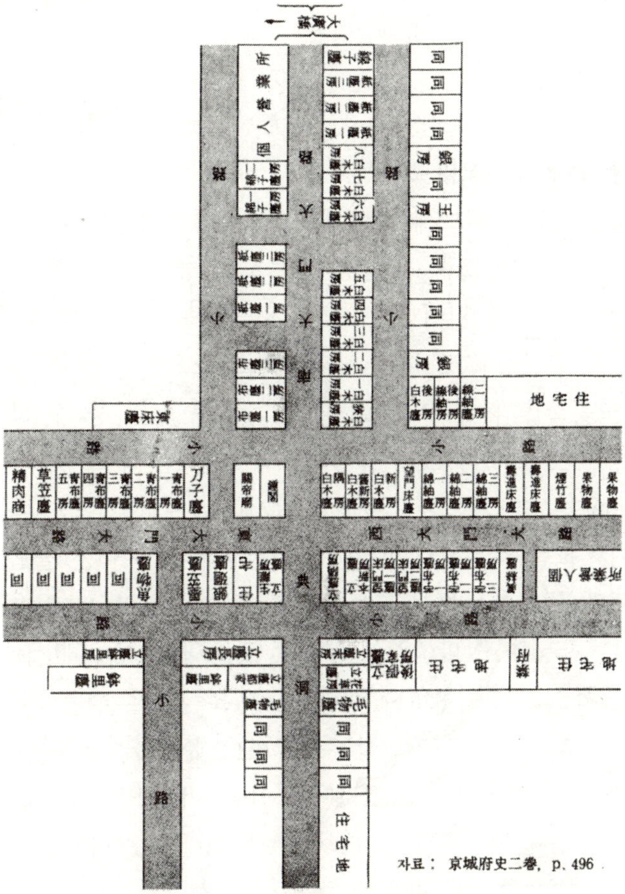

(그림 2-21) 조선말기 시전배치도
(자료: 김철수, 『도시계획사』, 기문당, 1997.)

이라는 본류를 이루어 동쪽으로 흘러 성 밖으로 흘러갔으며 북쪽의 궁궐을 비롯한 각방과 남산의 북쪽에서 흘러내리는 우수와 오수를 처리할 수 있는 기간 하수구로 정비하여, 최근까지 서울의 주요 하수구 역할을 하였다.

조선 건국 이래 한성은 연산군 10년(1504년)부터 창덕궁을 넓히고, 창덕궁 후원을 들여다 볼 수 있는 주위의 높은 건축을 없애기 위해 2년 여 동안 도성 내, 외에 있는 민가 1만 호를 헐어 버렸으며, 전체 주민 20% 이상이 희생당했다.

1592년 임진왜란으로 전국토가 황폐하였지만 한성의 피해는 이루 말할 수 없이 컸다. 남산 일대의 일부 건축물을 빼고는 종묘를 비롯한 세 궁궐, 종각과 종로 이북의 집들이 불에 탔고, 화재를 면한 주요 건축물은 남대문, 돈화문, 홍화문, 명정문과 명

정전 등 6개소에 불과하였다. 한성이 꾸준히 복원되어 지난날의 모습을 찾는 데는 150년이 소요되었다.

7. 식민지 시대의 도시계획

본 내용은 식민지 시대 도시계획으로 천도론과 직접적인 관계는 없으나, 향후의 행정수도를 위한 백지계획과 행정복합도시의 계획에 간접적 영향을 주었다고 판단된다. 또한 조선의 천도와 행정수도를 위한 백지계획을 연계시킬 수 있는 가교적 역할을 할 수 있어 간단하게 내용을 소개하고자 한다.

(1) 일본의 조선통치시기

일본은 1868년에 명치유신을 시작으로 근대적 국가로 발돋움하기 시작하였으며, 8년 후인 1876년, 그들은 강화조약이라는 불평등조약으로 개항을 강요하고, 1910년 강점에 의한 한일합병을 성취하였다.

그 이전 1904년 제국이 대한방침과 대한시설강령결정에 따라 합병 이전에 실리를 추구할 계획을 가지고 있었다. 대한시설강령결정 내용에는 방비를 완수하는 데 필요한 군 정주를 위한 연안에 군격 상 필요한 지역을 수용하는 것은 당연한 권리이고, 외정을 감독할 것이며, 재정을 감독할 것과, 경부선, 경의선, 경원선 및 원산에 이르는 철도 등 교통기관을 장악할 것, 통신기능을 장악할 것 등의 내용을 담고 있었다.

1단계는 1910년에서 1920년까지로 이 기간에는 토지조사사업의 완료로 착취의 기틀을 확립함과 동시에 도로, 항만, 철도, 통신 등 산업개발의 기초적 준비공작기이며, 일본상품이 판매시장으로서 지위를 확보한 시기이다.

2단계는 1920년부터 1931년까지로 일본 수요충족을 목적으로 하고 있으며, 우리나라는 조선시대 이래 유지해 온 국가 단위의 경제구조와 체계가 완전히 해체되는 비운의 시기였다.

3단계는 1931년 만주 사변을 계기로 해서 남농북공 정책에 따라 조선을 공업화하는 단계로 볼 수 있다. 따라서 그들은 자원정책적 차원에서 지하자원개발을 강화하여, 대륙침략을 위한 일본과 만주를 연결하는 이른바 대륙루트 형성기라 볼 수 있다.

4단계로 대륙 전진병참 기지로서의 기능강화를 위해 각종산업, 특히 중화학공업을 통한 국방기초 산업발전기라 할 수 있다.

5단계는 통제 경제 시대로 물자 부족으로 인한 철근 공급불능으로 죽근공사를 해야 하였으며, 시공 중인 대규모 수리사업 등은 중단되고 철근 같은 자재가 필요하지 않는 소유지 사업으로 전환된다.

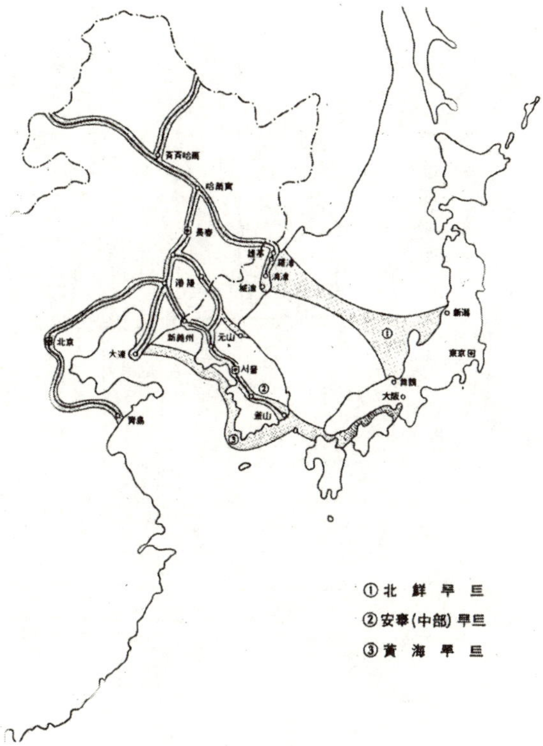

(그림 2-22) 일본의 대륙루트

일제강점기에는 통감부가 개설된 1906년부터 3·1운동이 일어난 1919년까지로 헌병정치, 토지조사사업, 회사령이 시행된 시기이며 도시화의 정체기라 할 수 있다.

1920년대 도시화율은 4.86%였으며, 문화정치를 시작한 1920년부터 1930년까지의 10년간을 헌병이 경찰로 바뀌고 회사령이 폐기되면서, 우리 손으로 산업을 일으켜야 한다는 민족기업이 태동하는 시기이다. 서울에 인구 집중현상이 나타나기 시작한다.

1930년대 도시화율은 9.2% 수준이었으며, 만주사변이 일어난 1931년부터 1945년 8·15광복까지의 시기는 중일전쟁과 제2차 세계대전에 따라 한국이 주요산업을 군수경제체제로 재편성하였으며, 창씨개명, 징병제 등을 강요하던 시기이다. 1945년 도시화율은 23%로 증가하였다.

(2) 시구 개정 사업

1910년 한반도 식민지화를 달성한 일제는 수많은 법령을 동시에 발표함으로써 식민통치의 기틀을 잡아갔으며 그들에게 중요한 사안은 통치기구 정비와 치안 확보였다.

1912년 조선총독부는 지방의 중요한 시가지 시구개정 또는 확장을 하려고 할 때에는 그 설명서 및 도면을 첨부하여 미리 허가를 받아야 한다는 훈령 제9호를 시달

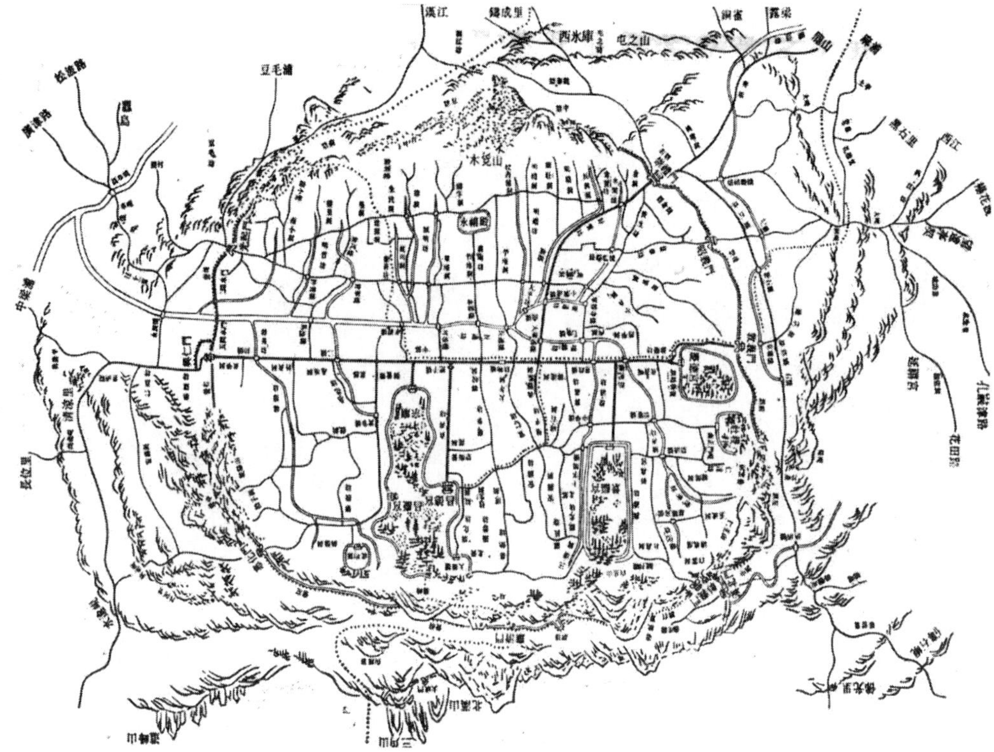

(그림 2-23) 경성시구개수노선

한다. 이 훈령은 20년 이상 이 땅 안의 시가지를 개조하고 규제하는 근간이 되었다. 예나 지금이나 전제독제체제라고 볼 수 있다.

조선총독부는 시구개정에 관한 훈령을 총독부 제78호로 경성시구개수상정노선 31개를 발표한다. 그 내용은 광화문에서 현 세종로 거리에 이르는 노선, 폭원 30칸, 남대문에서 남대문정차장에 이르는 노선, 폭원 19칸을 비롯하여 폭원 15칸 노선이 현재 태평로, 종로, 남대문로 3개의 노선, 율곡로, 우정국로, 을지로, 돈화문로 및 대학로 일부와 훈련원로, 폭원 10칸 노선이 6개, 폭원 8칸 노선이 15개였다.

이렇게 경성시구개수노선을 발포한 총독부는 1913년 이후부터 1929년까지의 연장 21,325m의 도로와 225㎡의 광장을 조성하였다. 창덕궁과 종묘를 절단하여 돈화문 앞에서 이화동에 이르는 도로를 신설하는 등의 예외가 있었기는 하나 거의 조선시대로부터의 기존 도로에 따라 노선의 직선화, 소폭확장, 주요 도로의 보차도 구분이었고, 교통량이 가장 빈번한 구간에는 아스팔트 포장을 하였다.

여기에서 특기할 사항은 일제하 경성시가지내의 도심부에 관한 계획사업은 이 시구개수가 처음인 동시에 마지막이었다는 점이다.

1936년의 시가지 계획령 아래서는 변두리 각 지역에 토지구획정리 사업의 실시가 있었을 뿐이며 도심부에 있어서는 아무런 사업의 집행이 없었던 것이다.

일제하 경성의 도심부는 1928년경에 이른바 시구개수사업으로서 마무리되었고 그 후의 변화는 광복 후 특히 6·25사변 후의 복구사업까지 기다려야 했던 것이다.

(3) 광복 이후에서 현대

36년간의 식민지 지배에서 벗어나 광복이 되었으나, 한반도의 남·북을 점령한 미·소 양국에 의해 각기 군정이 실시되었다. 사회의 혼란은 거듭되었고 1948년 남·북한이 외세와 연계하여 독자적인 정부를 수립하게 된다. 그 이후 1950년 6·25전쟁이 발발하면서 모든 산업시설과 건물, 도로가 파괴되어 전 국토가 초토화되는 사태에 이르며 8·15광복 후부터 1960년대까지 해방으로 인한 귀환 상경 인구로 인하여 1960년대 도시화율은 37.2%로 상승하였다. 이 시기는 사회적 혼란과 절대적인 재정 부족 등으로 인해 일부 전쟁복구사업을 제외한 계획적인 도시개발은 전혀 이루어지지 못했다.

5·16군사혁명 이후 군 주체 세력들은 공화당정권을 수립하여 1962년부터 4차에 걸친 경제개발 5개년 계획을 추진하였다. 정부의 경제개발정책은 외국의 자본 도입과 공업의 우선적 발전, 수출에 역점을 두었고, 빈곤 극복과 경제적 안정을 갈망하는 전 국민의 노력에 힘입어 우리나라의 경제수준은 현저하게 향상되었다. 이러한 경제성장은 도시화로 연결되어 1970년대에는 도시화율이 50.1%, 19개시에 달하여 도시화시대의 막을 열었고, 1990년대에는 81.9%에 달하여 본격적인 도시화시대로 돌입하였다. 그러나 이 과정에서 인구의 과도한 수도권 집중과 동남해안 공업도시의 성장에 따른 국토공간 구조의 불균형을 초래하였다.

(4) 현대 도시계획으로의 전개

급격한 도시화로 각종 도시문제가 심각해졌다. 이에 따라 근대적인 법제도라 할 수 있는 도시계획법과 국토건설종합계획법이 제정되었으며, 우리나라의 도시 및 지역계획체계는 새로운 전환기를 맞이하게 된다. 이후에 수차례에 걸친 도시계획법 개정과 도시 개발 및 정비를 위한 관련법들이 제정됨으로써, 대도시의 인구집중 방지와 주변의 자연환경보전을 위한 개발제한구역(greenbelt)이 지정되었다. 이 법을 근거로 한 신도시개발과 도시재개발이 추진되었으며, 도시설계와 영향평가 등을 통해 보다 구체적인 시가지 개발과 규제가 가능하게 된다.

1960년대 이후 많은 대학에 도시계획 관련 학과가 설립되고 전문가가 배출되었으며 정부 기구와 연구기관의 설립은 수준 높은 도시계획 수립에 크게 기여하였다. 1994년 지방자치시대의 출범으로 지역의 문화와 특성에 맞는 도시계획이 강조되었으며 각 지방자치단체에 도시경영마인드가 도입되어, 민간개발 활성화를 도모하였고, 지속가능한 도시설계와 계획과정, 주민참여 등이 새로운 도시계획 이슈로 대두되고 있다.

8. 우리나라의 수도 이전계획

우리나라를 흔히 반도국가 또는 한반도라고 한다. 한반도의 지리적 위치는 북쪽으로 중국과 러시아에 접해 있으며 동, 서, 남쪽으로는 바다로 둘러싸인 협소한 면적의 국가이다.

국토 면적으로 비교해 보면 중국은 한반도의 약 43배 크기, 몽골은 16배의 크기이다. 그리고 일본만 해도 한반도의 4배의 크기임을 간과할 수는 없다.

역사적으로 많은 외침을 피할 수 없었는데 서기 917년부터 지금까지 무려 148회에 걸친 주변 국가들의 침입이 있었다. 이것은 평균 7년에 한 번씩 전쟁을 겪은 셈이 된다. 이렇게 열악한 주변 정세의 여건 속에서도 오늘날 굳건히 약진할 수 있었던 이유는 외침에 대비하는 강한 국민성을 들 수 있다. 반면 외부로부터의 침입을 거듭 맛보아야만 했던 국민들의 생활속에 안정을 보장하기 위해서는 인력으로는 할 수 없는 불가사의한 힘을 믿고 거기에 의존하려 했던 지정학적 풍수신앙이 있었다. 역사적으로도 왕도를 결정하는 요인으로 크게 작용되기도 했으며 천도의 조건이 되기도 했다.

9. 행정수도 백지계획

(1) 추진배경

'행정수도 건설을 위한 백지계획'은 1977년 당시 박정희 대통령의 지시로 수립되었고, 약 2년간에 걸쳐 300여 명의 관련 전문가들이 연구에 참여하였다. 이 보고서는 1979년 10월에 완성되어 대통령에게 보고되었지만 10·26 사건으로 백지계획 자체는 보고서 이름대로 전면 백지화되었다. 백지계획에 의하면 행정수도의 건설은 잠정적·임시적인 성격이 뚜렷하다. 즉 임시행정수도는 남북통일이 될 때까지 국가 통치의 행정 및 국제적인 외교·문화·예술 분야에서 중추적인 기능을 담당하게 된다. 이와 같은 임시행정수도의 건설 목적은 다음과 같이 크게 세 가지로 요약된다.

첫째, 변화하는 국제 정세에도 북한의 무력도발에 대한 위협은 변함이 없어서 침략행위를 사전에 막아보려는 적극적 방어의 개념과 함께 체제상의 우위를 확보하여 통일에 대비한 여건을 마련하기 위해서이다. 특히 북한의 지상화력 사거리 내에 위치한 서울에는 당시 600만 명의 시민들이 거주하고 있어 방위 전략상의 취약성을 사전에 제거할 필요성이 강하게 제기되었다.

둘째, 서울의 무질서한 과밀 성장과 국토의 불균형 발전 요인을 해소하기 위해서이다. 당시 서울의 도시기능은 인구 과밀화로 한계 상황에 도달하여 생활환경의 악화와 각종 사회문제를 경험하고 있었다. 또한 국가 관리 기능과 생산 활동의 비능률화가 현실화되면서 장기적인 문제를 고려하게 되었다. 이러한 서울로 초집중 현상은 취업·교육·문화생활을 서울로 더욱 집중시키는 악순환의 결과를 가져왔고, 과거 정책의 실패를 경험한 정부는 행정수도를 이전하여, 문제점을 해결하는 동시에 국토의 균형 발전이 가능하다고 판단했던 것이다.

셋째, 행정수도의 건설을 통해 내수(內需)를 진작시키고 지속적인 경제성장에 대비하며, 복지형평과 성장효과의 확산을 촉진하기 위해서이다. 또한 경제 및 사회적 여건이 성숙해지면서 행정수도를 스스로 건설할 수 있다는 자신감의 표현이기도 하였다.

(2) 입지선정 과정

행정수도의 입지선정은 다음과 같이 4단계 과정으로 진행되었다. 먼저 1단계에서는 행정수도 입지에 적합한 범역을 설정하였다. 여기에서 범역이란 행정수도 입지에 적합한 범위를 모두 포함하는 지역을 말하는데, 결과적으로 충청도 지역에서 입지 가능한 모든 후보지를 선정하였다. 이러한 결과로 2단계에서 충청권 내에 10개의 후보지가 도출되었다. 3단계에서는 선정된 10개의 후보지를 여러 세부항목으로 1차 평가하였으며, 4단계는 1차 평가 결과 높은 점수를 받은 후보지만을 대상으로 세부항목

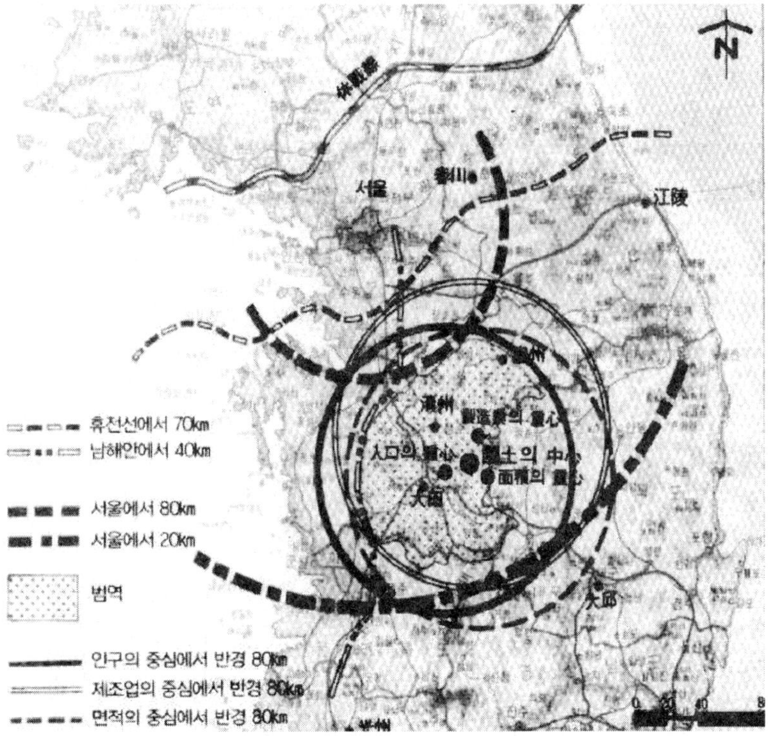

(그림 2-24) 행정수도 입지의 범역설정(백지계획)

과 현지조사를 통해 2차 평가하였다.

당시 백지계획을 수립하였던 기획단은 행정수도 입지선정의 1단계, 즉 범역을 설정하는 과정에서 행정수도가 갖추어야 할 조건으로 다음과 같이 다섯 가지를 제시하였다. 첫째, 방위성을 고려하여 휴전선에서 70km 이상, 해안선에서 40km 이상 떨어진 지역이어야 한다. 둘째, 서울과의 거리를 고려하여 서울에서 140km±60km 이내에 위치한 지역이어야 한다. 셋째, 국토의 중심성을 고려하여 국토면적・인구・산업 중심점에서 반경 80km 이내에 위치한 지역이어야 한다. 넷째, 지역적 중심성을 고려하여 지역적 중립성이 확보될 수 있는 곳이어야 한다. 다섯째, 개발권역상의 잠재력을 고려하여 독립적인 도시로서 발전의 여지를 확보할 수 있는 지역이어야 한다.

위와 같은 조건을 만족하는 범역에서 다시 지형 및 면적, 기존 도시와의 관계, 국가 중요정책사업과의 상충성 등을 고려하여 천안・진천・중원・공주・대평・부강・보은・논산・옥천・금산지구의 10개 후보지를 선정하게 되는데, 이 과정이 행정수도 입지선정의 2단계이다. 3단계 과정에서는 9가지 기본항목과 30가지 세부항목을 작성하였다.

백지계획에 관련된 내용은 본서 제5장에서 자세하게 설명하기로 한다.

〈표 2-1〉 행정수도 후보지 1·2차 평가항목 비교 (백지계획)

<table>
<tr><th rowspan="2">기본항목</th><th colspan="4">세부항목</th></tr>
<tr><th colspan="2">1차 평가</th><th colspan="2">2차 평가</th></tr>
<tr><td>(1) 위치</td><td colspan="2">1) 국토의 중심성
2) 서울과의 거리
3) 개발권역상의 잠재력</td><td colspan="2"></td></tr>
<tr><td rowspan="2">(2) 개발 가능성</td><td>지형적 기준</td><td>4) 표고차
5) 기복량
6) 경사도</td><td colspan="2" rowspan="2">1) 토지이용 가능성 2) 복사면율
3) 대지조성 용이도
4) 지하구조물 구축 용이도
5) 토양 6) 가용지의 분포형태</td></tr>
<tr><td colspan="2">7) 확장 가능성</td></tr>
<tr><td rowspan="3">(3) 지세</td><td>자연경관</td><td>8) 주변산세
9) 식생</td><td colspan="2" rowspan="3"></td></tr>
<tr><td>배산임수</td><td>10) 배산
11) 임수</td></tr>
<tr><td colspan="2">12) 입지 전통성</td></tr>
<tr><td rowspan="3">(4) 교통</td><td>철도</td><td>13) 접근성
14) 전국과의 연결성</td><td colspan="2" rowspan="3"></td></tr>
<tr><td>고속도로</td><td>15) 접근성
16) 전국과의 연결성</td></tr>
<tr><td colspan="2">17) 항만 18) 공항</td></tr>
<tr><td>(5) 용수</td><td colspan="2">19) 수량 20) 수질
21) 수원과의 거리</td><td colspan="2">7) 수위 고저차
8) 지하수</td></tr>
<tr><td>(6) 배수 및 하수</td><td colspan="2">22) 오염적 측면
23) 지형적 측면</td><td colspan="2">9) 토질적 측면
10) 처리 방식</td></tr>
<tr><td>(7) 지장물 및 보상</td><td colspan="2">24) 취락 25) 농경지
26) 지하자원</td><td>보상물</td><td>11) 대규모시설물 12) 묘지
13) 땅값 14) 소유형태</td></tr>
<tr><td rowspan="2">(8) 도시방호 및 방재</td><td colspan="2" rowspan="2">27) 주변지형
28) 항로와의 관계</td><td colspan="2">15) 엄폐도</td></tr>
<tr><td colspan="2">16) 자연재해</td></tr>
<tr><td>(9) 관광자원 및 역사적 사상</td><td colspan="2">29) 문화재 및 사적지
30) 관광자원</td><td colspan="2">17) 역사적 사상</td></tr>
<tr><td>(10) 도시건설자원</td><td colspan="2"></td><td colspan="2">18) 노동력 19) 서비스
20) 골재원 21) 동력 공급</td></tr>
<tr><td rowspan="3">(11) 기상</td><td colspan="2" rowspan="3"></td><td colspan="2">22) 풍향 23) 대기순환 24) 강수</td></tr>
<tr><td>기온</td><td>25) 겨울 26) 여름</td></tr>
<tr><td colspan="2">27) 안개 28) 일조시간
29) 맑은 날 수</td></tr>
</table>

(3) 백지계획의 필요성

새로운 도시건설 단계에서는 지리적 위치와 가용재원 규모가 결정되어 있어서 이러한 현실적 여건들이 계획 구상을 제약한다. 처음부터 이러한 현실적인 제약조건이 주어진 상태에서의 신도시 계획과정은 불가피하게 각종 현실적 이해관계를 타협하는 과정이 꼭 필요하다.

그러나 한 나라의 새로운 수도를 건설하는 것과 같은 국가적으로 중대한 과업에서는 통치권의 성격, 역사적 이상, 문화적 상징 등과 같은 것에 대한 가치 정립이 선행

기술·두뇌·돈 총동원 理想鄕건설

行政수도 건설을 위한 「白紙計劃」 <3>

중심지구 稀代의 걸작품

가로수樹種까지 고심…交通·편의시설 완벽

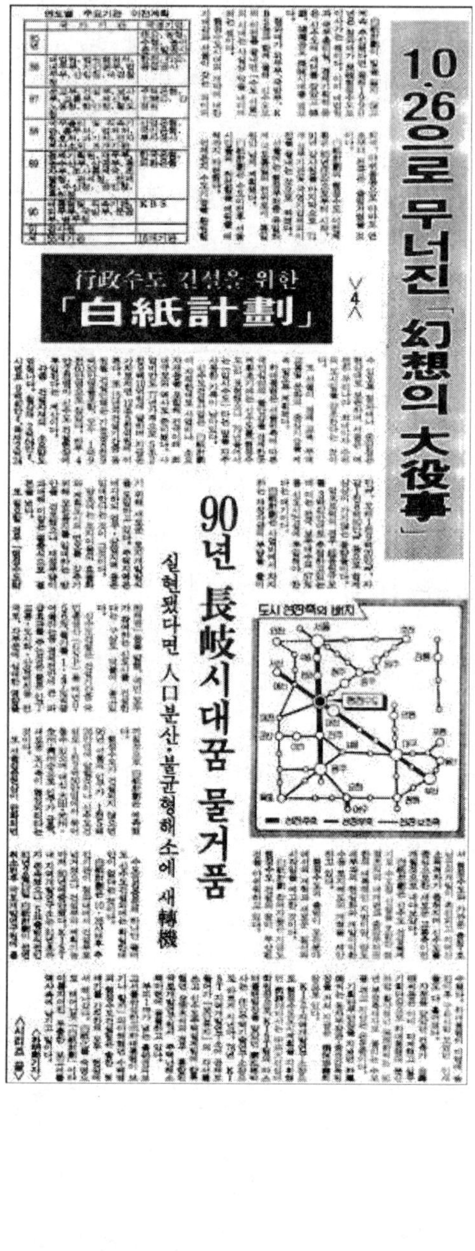
10·26으로 무너진 「幻想의 大役事」

行政수도 건설을 위한 「白紙計劃」 <4>

90년 長岐시대꿈 물거품

실현됐다면 人口분산·불균형해소에 새轉機

75년 「鎭海첫구상」후 極秘진행

行政수도 건설을 위한 「白紙計劃」

適地물색하라 JP에 特命

서울서 1시간 후보지선정

바로 여기…제2서울 찾았다

行政수도 건설을 위한 「白紙計劃」

1차후보엔 選定도 안돼

飛龍隱山形 명당…朴대통령 헬機답사후 落點

(그림 2-25) 국내 4대신문 백지계획 스크랩

되어야 하나, 당대 현실적인 여러 가지 제약조건들이 계획의 기본방향과 전제를 좌우하게 할 수는 없다. 따라서 이 같은 과업을 위한 백지계획은 현실적인 제약조건을 고려하여 분석하고, 그것을 조형적으로 또는 기능적으로 구현하여 구체화해 보기 위한 수단이 된다. 신도시계획의 규범적인 가치정립에 1차적인 필요성이 있는 것이지만, 한편 도시건설 과정을 가장 체계적이고 효율성 있게 하는 기술적 합리성을 확보하기 위한 기법이기도 하다. 주어진 현실적 여건들을 일단 도외시하고 도시의 전체적인 골격과 필요한 모든 기능을 기술적 합리성과 효율성에 따라 구상하는 동시에 가능한 모든 대안을 평가해 봄으로써 그 도시개발의 최적 대안과 방법을 생각해 볼 수 있게 하는 것이다. 그리고 한걸음 더 나아가서 그 도시 내의 각 기능과 부분 간의 상호관계에 대한 계획도 구상해 봄으로써 도시의 전체적 능률성과 쾌적성을 종합적으로 도출할 수 있게 한다.

(4) 계획과정의 특성

외국의 신수도 계획에 대한 자료에 의하면 입지를 상정한 후 입지적 조건에 알맞은 도시기본계획을 수립하고, 이를 실천에 옮기기 위해 일련의 관련시책의 발전이라는 형식을 취하는 것이 일반적 계획과정이었다. 그러나 국내의 경우 이러한 일반적인 계획과정을 거치지 않은 백지계획으로서 다음과 같은 몇 가지 특성이 있다.

① 시계열적 일관성

백지계획 수립을 위한 준비로부터 기본계획의 작성, 건설, 이전, 하나의 도시로서 완성단계에 이르기까지는 시계열적 일관성을 가지고 전개되었으며, 모든 과정이 일체적 연관성에서 이루어졌다.

② 계획과정 개방성

백지계획은 자유로운 사고로 가능한 모든 대안을 상정할 수 있었다는 점에서 자유개방형 계획 과정이었다. 자유개방형 계획은 피상적으로 볼 때 일사불란성은 없지만 계획과정의 경직성을 탈피하고 쇄신적인 사고를 가능케 하며, 언제든지 상황변동에 따라 신속하게 대처할 수 있는 것이 장점이자 특성이다.

③ 장기 종합성

최소한 10년 이상을 두고 다루어야 할 일련의 도시적 현상들을 하나의 계획 과정으로 다루었다는 것이 특성이다. 이는 장기적이면서도 종합적이라는 점에서 더욱 어려움이 있으며, 부분상호간에 시간적 차원을 감안한 계획과정으로 체계화시켰다는 것이 특성이다.

④ 치밀성

백지계획의 수립과정에서 학계 전문연구기관을 포함하여 총 50여 개 팀의 검토가 부문별로 이루어졌으며 상호조정, 보완문제가 생겼을 때 그 자체를 하나의 연구과제로 발전시킴으로써 계획과정 속에 보완조정을 통한 환류작용이 있어 왔다. 계획과정을 중복 이행되도록 하여 치밀한 계획내용이 만들어지도록 하였다는 것도 특징이다.

⑤ 비개인화

도시계획과 특정계획과는 밀접한 관련이 있다. 그 결과로 20세기에 들어와 건설된 외국의 신수도에는 계획적 영웅이 탄생하였고, 특정 도시의 기본계획뿐만 아니라 계획과정 자체에 개인적 성향이 강하게 작용하였다.

국내 신수도의 경우 특정 개인적 성향이 부각되는 계획은 존재하지 않았고 존재할 수도 없었다. 이러한 의미에서 본 백지계획은 보다 객관적이고 설득력이 있는 계획과정의 전개가 이루어질 수 있었다. 변형과 타협의 과정을 통해 끝까지 계획의 개인화를 지양하였다.

이는 '누구의 계획'이란 작명을 남기지 않았다는 점에서 가장 민주적인 계획과정이었다.

⑥ 상향성

전체에서 부분으로 가는 하향적 사고가 아니라, 부분의 종합이 전체를 이룰 수 있는 상향적 사고와 계획이 적용되었다. 이러한 상향적 접근은 부분 계획의 귀속성을 탈피시킨다. 부분과 전체가 동시에 시작함으로써 상향적 조정이 가능할 뿐 아니라 시간을 절약할 수 있다는 장점도 있다.

⑦ 주체성

우리의 지혜와 기술 자원으로 이룩하고자 하는 주체성으로 계획을 수립함으로써 한국적 도시가 지니는 구조적·조형적·전통적 특성을 가장 잘 살릴 수 있다는 계획능력의 자주성과 주체성은 지금까지 지녀온 특성이었고 앞으로도 계속 살려나가야 할 장점이다.

(5) 계획의 수립체계

1) 계획 수립체계의 개요

계획 수립체계는 도입과정, 전개과정, 종료과정으로 대별할 수 있다. 도입과정은 신수도건설에 대한 역사적 결단을 하게 된 상황의 분석과 판단, 이에 따른 수도건설의 이념과 목표의 정립, 실현가능성, 전통적인 추구의 가치판단, 경제·사회발전 차원의 장기 전망이 포함된다. 정책적 논리가 필요하며, 과학적 합리성보다는 자기 확신과 판단에 의해 논리가 펼쳐지는 과정이다.

다음으로 전개과정에서는 역사의 시간적 흐름에서 신수도건설이 불가피하다는 판단이 나오고 이념과 목표를 세워 이를 어떻게 현실적으로 구현시킬 것이냐에 대한 합리적인 수단을 추구하는 과정이다. 어디에 신수도를 입지시킬 것인가, 신수도의 물리적·사회경제적 기본구조는 어떠한 모습을 띠어야 할 것인가, 어떠한 지원 조치를 할 것인가, 관련 분야에 미치게 될 파급현상들을 어떻게 최소화시킬 것인가에 대한 고민 속에서 전개되는 가장 핵심적인 과정이다. 본 백지계획은 입지선정, 도시기본구조계획, 건설 및 지원계획 이렇게 크게 세 가지로 구분되어 작업이 추진되었고 상호조정이 이루어졌다.

끝으로 종료과정에서는 전개과정에서 확정된 계획을 사업화시켜 실행으로 옮기는 과정이다. 시공, 인력과 자원의 동원, 기술적 타당성을 검증하여 구체화시켜 진행하는 과정이다.

2) 계획 수립체계의 특성

① 자유로운 사고전개

제약조건이 없는 상황 속에서 이루어진 계획이었다.

② 보안유지

철저한 보안유지와 불필요한 외부의 간섭을 배제할 수 있었다. 단점이기도 하나, 어느 누구도 전체의 내용과 작업의 진행을 정확하게 인지하지 못한 채 각자의 연구에만 집중할 수 있도록 편제되었다. 이는 수평적인 작업체계였다.

③ 여건변화에 대한 신속한 대처

모든 것이 유동적인 개방적 사회현상에 대응하여, 계획 체계 자체가 여건변화에 신속하게 대처할 수 있도록 의도하였다. 경제·사회발전의 장기 전망 역시 백지계획을 처음 착수하였을 당시와 많이 달라졌다. 연간 10%의 경제성장에 따른 신수도계획 수정이 불가피할 것으로 전망되고 있으며 이에 따른 정부의 투자방향도 검토되어야 할 단계에 왔다.

1980년대에는 경제발전뿐만 아니라 정치발전의 과제와 더불어 행정수도 건설이라는 강력한 '리더십'을 필요로 했다. 이러한 여건변화에 대처하기에 본 백지계획은 아직 경직화되지 않았으며 수정 보완의 가능성을 스스로 지니고 있다.

10. 참여정부의 신행정수도 추진계획

(1) 기본이념

국민통합, 국가균형발전 그리고 동북아경제중심을 포괄하는 '상생과 도약'으로 설정

① 상생 : 지역간·세대간·계층간 갈등이 해소되고 사람과 자연이 공존하며 전국이 고루 잘사는 '조화로운 한국'

② 도약 : 세계 일류국가로서 진취적인 기상으로 동북아 경제발전에 핵심적인 역할을 하는 '역동하는 한국'을 바탕으로 신행정수도를 '대한민국을 상징하는 미래 지향적이며 지속가능한 도시'로 건설하고자 한다.

〈표 2-2〉 신행정수도 기본이념

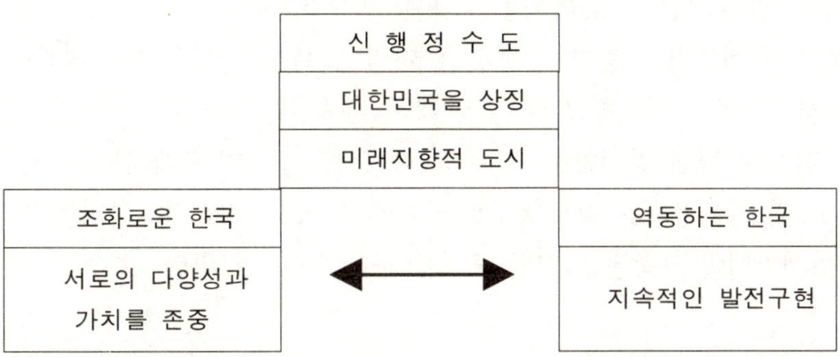

(2) 신행정수도의 미래상

1) 국민통합과 균형발전을 선도하는 정치·행정도시

대외적으로는 대한민국을 대표하면서 우리의 경제·사회·문화적으로 발전을 상징하며 국민의 자긍심을 제고하고, 대내적으로는 국가 중추 관리기능을 이전·수용하여 수도권 과밀을 해소하고 국가균형발전을 선도하며, 전국 주요도시 어디서나 2시간 이내에 쉽게 접근할 수 있어 모든 국민이 질 높은 공공 서비스를 고르게 향유

하고자 한다.

2) 자연과 인간이 어우러지는 쾌적한 친환경도시

산·하천 등 자연환경이 상호 연계되는 생태 네트워크를 통해 생태계의 다양성·순환성이 확보되어 자연과 도시환경이 상호 조화되고, 자연지형을 최대한 보전하고 공원·녹지 등 오픈 스페이스를 충분히 확보하여 주민들이 녹색도시 속에서 자연을 체험하도록 한다. 환경오염을 최소화하면서 에너지와 자원을 절약하는 도시공간구조와 교통체계를 통해 다음 세대도 쾌적한 환경을 공유하고자 한다.

3) 편리성과 안전성을 함께 갖춘 살고 싶은 인간존중도시

모든 주민이 공공시설과 편익시설을 이용하는 데 불편함이 없도록 시민친화적인 생활서비스를 제공하고, 도보와 자전거로도 도시의 어느 곳이나 갈 수 있고 활기차며 다채로운 도시생활 속에서 걷고 싶은 도시를 만들며, 국가 안보를 고려하고 각종 재해와 재난에 대비한 방호·방재 체계가 완비되어 주민들이 안전하게 생활을 영위하고자 하였다.

4) 문화와 첨단기술이 조화되는 문화 · 정보도시

지역문화와 세계문화를 함께 수용하며 지역의 특성과 아름다운 경관이 살아있는 개성 있는 도시문화를 연출하고, 다양한 계층의 주민들이 공동체 의식을 제고해 나가면서 문화 활동에 직접 참여하는 등 주민간의 교류가 활발하게 한다. 그리고 국내외 어느 곳과도 원하는 정보를 실시간으로 교류할 수 있어 지식정보사회를 선도하고, 첨단 도시운영시스템이 구축된 디지털 도시를 구축하고자 하였다.

(3) 도시개발 유형과 기능

1) 기존 도시와 일정 거리를 유지하여 연담화 우려가 없는 자립형의 '신도시형'으로 개발

수도권 인구분산 효과, 기능수행의 효율성, 정체성 확보 등을 종합 검토한 결과 신행정수도는 '신시가지형'보다는 '신도시형'이 적합하다고 판단하였다.

2) 행정수도로서 위상에 걸맞게 정치 · 행정 등 국가중추관리기능을 이전

외교 및 국제교류기능을 유치하기 위해 외교단지 조성지원, 컨벤션센터 설치 등을 추진한다.

도시의 활력을 유지하고 자족능력을 확보하기 위해 문화·교육·업무 등 다양한 기능을 유치하되, 수도권 공장의 이전이나 전통 제조업의 입지는 제한하고자 하였다.

〈표 2-3〉 도시개발 유형의 장·단점

	신도시형	신시가지형
장점	· 계획적 개발로 효율적인 도시 기능 유지 · 기존 도시와 연담화 방지 · 신행정수도의 상징성 확보용이	· 기존 도시기반시설 이용으로 개발비용 및 개발규모 최소화 · 단 기간내 개발가능
단점	· 대규모 토지매입, 광역기반 시설구축 등 높은 개발비용 · 장기간의 건설기간 소요	· 기존 도시의 과밀초래 · 기존 도시기반시설의 부담 가중

(4) 도시의 규모

1) 인구와 면적

① 신행정수도의 적정 인구 규모는 50만 명 수준을 최적 대안으로 설정
50만 명 이상 규모는 인구 분산효과는 있으나, 충정권내 도시체계와 부조화 및 안정적인 용수공급에 부담을 초래할 우려가 있고, 50만 명 이하 규모는 충청권내 기존 도시체계와 조화되나 인구 분산효과 및 자족기능의 확보가 미흡하다.

② 주거지 인구밀도는 주거의 쾌적성, 국내외 사례, 토지이용의 효율성 등을 고려할 경우 300~350인/ha 수준이 적합하며, 쾌적한 주거환경 등을 고려할 때 저밀도 개발이 바람직하나 가용 토지가 부족한 현실을 감안하여 중저밀도 수준으로 개발하고자 하였다.

③ 인구 50만 명과 주거지 인구밀도 300~350인/ha를 고려하면 도시의 개발에 6,600~8,300만㎡(약 2,000~2,500만 평) 내외의 토지가 소요될 전망이다.

2) 단계적 개발

① 일시적인 도시건설에 따른 부작용을 최소화하고 장기간에 걸친 도시성숙 과정 등을 감안하여 단계적 개발을 추진
주요 국가기관 입지지역을 중심으로 먼저 개발에 착수하고 광역·간선교통시설 및 초기 입주민을 위한 시설을 완비하고, 공급 처리시설 등 도시기반시설은 단

계적인 개발규모에 맞게 건설한 후 인구유입과 도시발전에 따라 단계별로 확장하고자 한다.

② 계획적인 개발이 완료된 이후에는 도시의 외연적 확장을 최대한 억제
불가피하게 추가적인 인구 유입이 예상되는 경우에는 인근 도시 등을 계획적으로 정비하여 개발 수요를 흡수한다.

행정복합도시의 자세한 내용은 본서 제6장에서 자세히 언급하기로 한다.

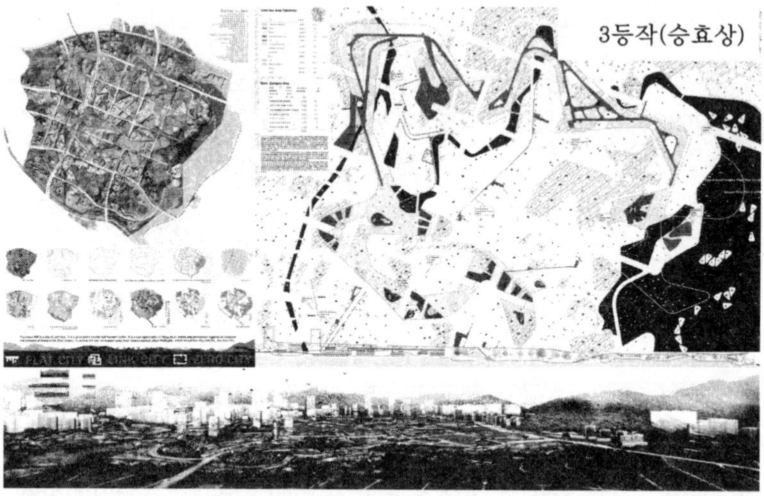

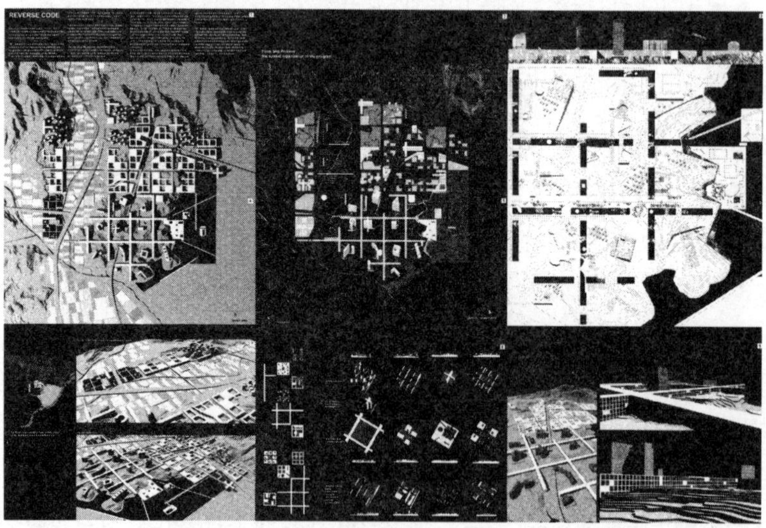

(그림 2-26) 신행정수도 현상 공모안

11. 신행정수도 위헌결정

수도 분할은 수도 이전에 비해 국가기관의 이전 규모가 축소되었음에도 불구하고, 연기·공주의 신도시 개발 규모나 비용은 여전히 수도 이전 때와 동일한 수준이다. 애당초 연기·공주의 개발예정지역 2,210만 평과 주변지역 6,780만 평을 합친 총 8,980만 평은 이전 대통령의 집터를 닦기 위해 마련한 것이었다. 그런데 국무총리만의 집터를 닦기 위해서도 여전히 같은 면적이 필요하다고 한다. 비용도 정부예산의 상한을 8조 5천억 원으로 규정하였지만, 애당초 수도 이전 때의 정부예산 11조 원과 총 개발비용 40조 원대(46조 원)와 비교하여 별반 큰 차이가 없다. 수도 이전은 무산되었지만, 국민은 자신들의 주머니에서 거의 동일한 수준의 돈을 내 주어야 한다.

문제는 수도 이전과 거의 같은 비용을 쏟아 붓는 수도 분할이 국가의 장래를 생각할 때 수도 이전보다 더 위험한 실험이라는 데 있다. 그러나 더욱 중요한 것은 한 나라의 수도에 관한 사안은 국가 백년대계와 직결된 흥망성쇠의 문제이기 때문에 이러한 문제가 발생할 확률이 1%라도 된다면, 그것은 국가적으로 엄청난 손실을 가져온다는 점이다. 따라서 정부 스스로 이러한 문제가 발생할 가능성은 전혀 없을 것이라고 자신 있게 대답할 수 없다면, 이 문제에 대한 해법은 위험한 국가적 실험에 따른 손실을 고스란히 떠안게 될 국민의 의사를 분명히 반영하여야 한다.

수도 이전에 대한 헌법재판소의 위헌결정은 한 나라의 수도에 관한 사항은 국민에게 직접 그 의사를 물어보아야 할 만큼 중요한 국가 중대사라는 의미로 겸허하게 받아지고 있다.

(그림 2-27) 자료: 『신동아』, (2004. 12)

정리한다면, 세계지도를 펼쳐보면 쾌적한 온대지방에 비교적 많은 국가들이 몰려있다. 각국의 수도는 지리적으로 사람들이 거주할만한 지역 어디에서나 접근이 용이한 중심부에 위치하고 있다.

우리나라는 북위 33°~43°에 걸쳐 있어 한반도 어느 지역이나 4계절의 구별이 뚜렷하여 살기 좋은 기후조건을 갖고 있기 때문에 다른 요소가 도시형성의 중요한 결정요인으로 작용할 것이다.

조선시대에 한양을 도읍으로 정하게 된 여러 가지 배경 가운데 하나가 지리적 중심에 위치하였다. 이점은 각 지방과의 소통이 원활하다는 것인데 장래 통일한국의 거시적 관점에서 바라본다면 지역적으로 너무 편향되지 않으면서 지금까지 쌓아 온 수도의 힘을 결집시킨다는 의미에서 서울은 여전히 효율적인 기능을 갖고 있다.

오늘에 이르기까지 서울을 중심으로 산업전반의 네트워크를 구성하였으며 서울이 곧 수도라는 관념이 굳어진 것은 부인할 수 없는 사실이다. 주변 국가는 물론 다른 대륙과 교류를 담당하였던 허브(hub)로서의 기능은 행정부처의 일부를 다른 장소로 이전한다고 해서 큰 변화가 없을지도 모르지만 행정적인 뒷받침이 약화되고 업무처리 시간이 길어지는 등 비생산적 요인들이 나타날 것이다. 그리고 인적자원의 움직임이 의도한 바와는 다른 양상을 보이며 미처 예상하지 못한 변화로 인하여 국력의 낭비를 초래할 수도 있다.

그러므로 행정수도이전계획은 많은 시간을 투자하여 충분히 검토하고 더 좋은 방안이 있다면 수정할 필요도 있다.

제3장

외국의 천도사례

제3장 외국의 천도사례

1. 일본의 천도

(1) 천도의 역사

1) 아스까(飛鳥)시대에서 나라(奈良:헤이죠쿄)시대까지

수도는 국가의 역사를 반영한다. 일본 최초의 국가인 와노나코쿠(倭奴國), 야마코쿠(邪馬國)의 옛 이야기를 제외하더라도 일본의 고대 역사는 그 자체가 천도의 역사다. 문화의 개신(改新) 이후에도 100년 동안 10여 차례 천도가 이루어졌다. 수도는 글자 그대로 천황의 궁, 주거를 포함하고 있다. 국가의 영역과 천황을 중심으로 중앙정권을 둘러싼 정정(政情)이 불안정하여 천황 궁전의 위치를 바꾸는 것은 대단한 의미가 있다.

역사서에 의하면 아스카(飛鳥)지역의 여러 궁궐은 지역내에서 이동·이전이 이어졌다. 타이카(大化) 원년(645년) 소가(蘇我)를 멸망시킨 천황 중심의 신정권은 고대 전제 통일국가를 건설하려고 구세력권과 함께 아스카를 떠나 나니와(難波) 지역에 새로운 도시를 구축하였다. 이곳은 대륙문화를 전수할 수 있는 좋은 지역이고 대화의 개신에 의한 천황중심, 좌대신 우대신 및 새로운 관제의 관료군을 갖춘 신정치기구가 배치되었다. 신 권력은 공지공민, 토지, 백성의 지배를 확립하면서 중앙집권체제를 수립하였다. 나니와쿄(難波京)는 대륙, 수 및 당나라의 도성제를 모방하였지만, 일본 최초의 수도로 추정된다.

효덕(孝德)천황 사망 후, 667년 황태자 형제들은 수도를 오츠(大津)로 이전했지만 여기에 대한 상세한 내용은 지금까지도 밝혀지지 않았다. 그리고 몇 번의 전쟁 후 오아마(大海人) 텐무천황(天武天皇)이 아스카 원궁에서 즉위하고, 저습지 대규모 토목공사를 통하여 아스카경(飛鳥京)을 창건하였다. 몇 차례 수장의 자리 이전에 힘을 얻어 국가 영역이 확대되고, 그로 인하여 국가 기구 역시 팽창하여 수도라는 규모의 체제를 갖추었으며, 그 최초가 후지하라쿄(藤原京, 694년)이다.

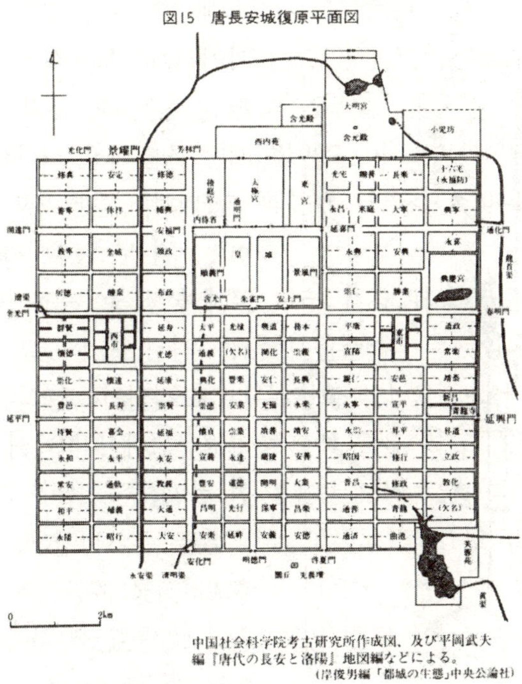

(그림 3-1) 당 장안성 복원 평면도

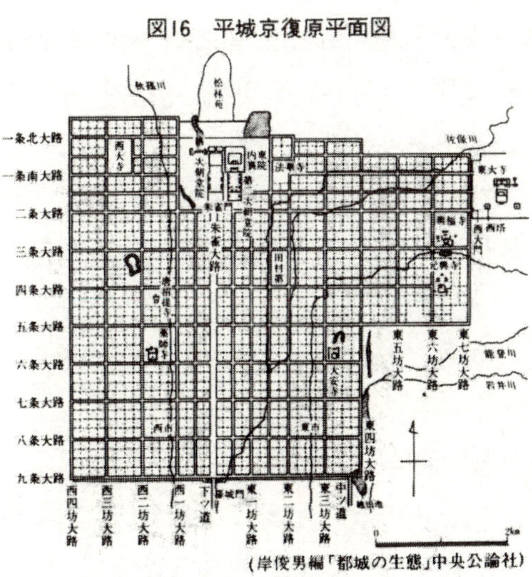

(그림 3-2) 평성경(平城京) 복원 평면도

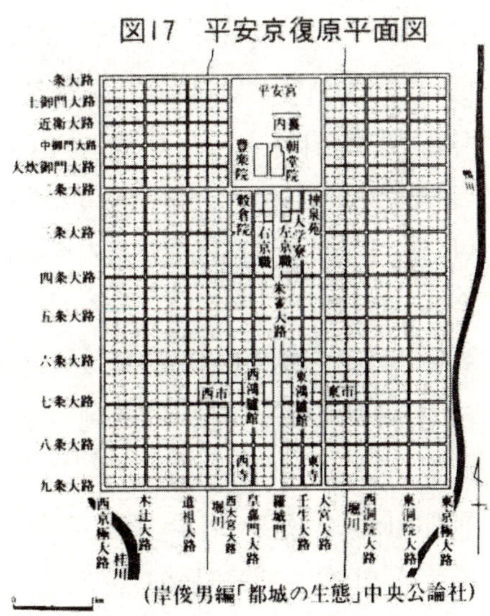

(그림 3-3) 평안경(平安京) 복원 평면도

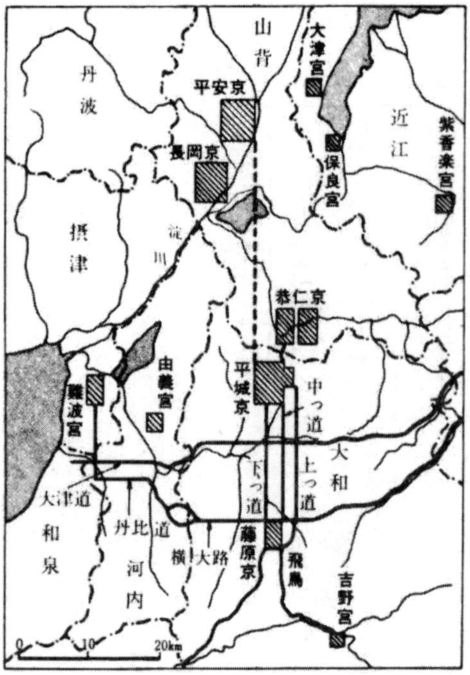

(그림 3-4) 고대 궁도(宮都) 위치도

최근 발굴에 의하면 후지하라쿄는 지금까지 알려진 이상의 수도로서 도성이 있었던 것 같다. 7세기 말 중앙과 지방의 관제가 정리되고, 천황을 중심으로 한 2궁 8성(태정, 신시 2궁, 중무, 이부, 치부, 민부, 병부, 형부, 대장, 국내 8성)의 관료제가 만들어지고, 율령정치가 완성되었다.

수도는 중국의 신선(神仙) 사상을 도입하고, 고대 도성에서 볼 수 있는 전형적인 정연한 격자형으로 계획 조성되었다.

북쪽 중앙에 천황의 주거와 정무를 보는 후지하라궁(藤原宮)을 배치하고, 여러 사찰과 도시, 궁에 부속한 서민이 주거할 수 있는 건축물이 조성되었다. 후지하라경은 국가의 중심이고, 후지하라경을 둘레로 국가를 집약시키고 고대국가의 중앙집권적인 체제를 형성하였다.

이 정도 규모의 국가단계에서는 이전을 전제로 한 수도가 아니라, 정착하려는 강한 요구를 반영하는 것이다. 그것을 분명히 제시한 것이 후지하라경 다음의 헤이죠쿄(平城京, 710년)이다. 당시 천도론자인 후지하라(藤原不比等)에 의하여 평성경 천도의 절차를 밟게 되었다. 그 후 공인경(恭仁京, 740년), 자향낙경(紫香樂京, 742년)의 2개 가상천도가 행해졌지만, 평성경은 고대 국가의 절정이었으며, 후지하라경은 3대 16년 간 계속하여 대규모 정착지로 발판을 마련한 고대 사신상응(四神相應)의 영광스러운 도시였다.

화동(和銅) 3년(710년) 봄에 나라(奈良)로 향하는 천도 행렬은 자신감에 넘쳤으며 '희망찬 나라의 길'이라는 구호에 따라 북상했다.

고대 최고 전성기는 7대 70년 간 계속된 나라(奈良)의 시대이자 수도가 있었다.

겐메이(元明) 천황 이후 원정, 성무, 효겸, 부인, 광인, 황무의 7대에 걸친 천황의 수도로서 화려한 텐표(天平) 문화의 꽃을 피었고 70년 간 번영을 지속하였다.

나라(奈良) 분지의 북측에 위치한 평성경은 등원경과 같이 조방제를 나타내는 격자형으로 구획되었으며 동서 5.9km, 남북 4.8km 규모의 평면으로 추정된다. 헤이죠(平城) 천황릉은 수이닌(垂仁) 천황릉, 어개산의 삼신산을 배경으로, 평성경은 율령제를 구현하였으며, 북의 중앙에 궁성을 두고 거기서부터 똑바로 남하하는 중심축(주작대로)을 따라 거리가 우경과 좌경으로 분리되었다. 좌경은 또 하나의 구획된 외경을 부속시키고, 좌우대칭의 평면형으로 독특하게 펼쳐 있다. 이 수도에는 토다이지(東大寺)를 비롯한 많은 사원, 귀족의 저택, 관리・서민의 주택, 그리고 시장 등이 있었으며 수도에 부합하는 도시경관을 창출하였다.

일본의 고대 도시는 대륙의 도성, 특히 당나라의 도성인 쵸안(長安)을 모방하여 만들어졌다. 쵸안은 동서 9.4km, 남북 8.2km, 북의 최고의 깊숙한 곳에 타이쿄쿠(太極宮), 황성을 두었으며 여기서부터 남문으로 직진하는 폭 150m 도로에 의하여 장방형의 도성을 좌경, 우경으로 정확하게 대칭 격자형으로 축성하였다. 장안은 고대 세계 유일의 웅장한 도시이다.

고대 일본은 대륙의 제도와 문화를 유입하여 만들어졌지만 도시계획에도 대륙의 생각을 여러 곳에 반영하였다. 북측에 불로불사의 삼신산을 배치하는 신선사상. 동서남북의 사방을 4신산으로 구분하여 4신에 상응하는 시진소오(四神相應), 엄밀히 말하면 좌우대칭의 방법을 원칙으로 일본 고대 국가의 수도가 만들어졌다.

평성경은 장안을 모방하면서도 외경을 두고, 좌우대칭으로 분배하는 점이 재미있다. 대륙의 도성과 다르고, 성벽에 도시를 두지 않았던 것도 일본적이다.

하루하루 화려하게 연출된 나라(奈良) 수도에서도 권모술수가 휘몰아쳤으며 부패타락의 그늘진 부분도 나타나고, 봄날 화려한 꽃향기처럼 나가오카쿄(長岡京)을 거치면서 헤이안쿄(平安京)로 국가의 수도 자리를 이전하였다.

2) 헤이안(平安)시대부터 에도(江戶)시대까지

천도가 이루어졌던 예를 거시적으로 살펴보면, 천도를 둘러싼 커다란 상황 변화라는 것이 필히 존재하지만, 동시에 천도와 관련된 사람들과 조그마한 사건에 의해서 가끔 대사업의 계기가 된다.

헤이안쿄(平安京)로 천도는 천황의 후계자인 황태자의 병과 황실 가족의 계속적인 죽음이 겹쳐서 칸무(桓武) 천황이 적지 않은 불안에 휩싸였다고 전해지고 있다. 그 불안을 해소하고 평원을 기원하여 '헤이안쿄(平安京)'가 조성되었다고 전해진다.

평안경은 율령제에 근거한 고대 최후 도시로써 동서 4.5km, 남북 5.2km의 범위로 고대 축성기술이 집약되었으며, 깊이가 있는 격자형 계획으로 실현되었다.

현재 궁중 행사도 거슬러 올라가면 평안시대, 특히 중기 이후의 의식이 전승된 것이다.

그렇지만 수도의 위치에 대한 다른 견해를 보면, 수도는 특히 위치에 따라 에너지를 분출하는 경우가 있다. 어느 시기가 경과하면 잠재력이 없어지고 무질서가 증가하여 사회 흐름에 리듬이 깨지는 경우가 발생한다. 이것을 인문학적으로 말하면 말기에 나타나는 유혈부패의 사회상이다. 거기에 다른 곳으로 이전하려는 새로운 기운이 조성되고, 이를 이용하여 전체 사회가 활력을 회복하여 국가는 정치와 문화에 새로운 힘을 얻게 된다. 그 차이가 크면 클수록 새 출발하려는 의도가 높아진다. 또 사람의 마음에 의하여 새로운 사건이 시작될 때도 있다. 천도란 단순한 장소를 바꾸는 것만이 아니라, 인간심리에 심층적인 리듬과 부합하는 것이기 때문에 때로는 국가의 변모와 탈피의 명확한 지지점이 되기도 한다.

이처럼 고대의 천도이야기는 혈투가 벌어지는 무장투쟁을 동반하는 싸움이 계기가 되어 전국시대의 수도이야기가 전개되기도 한다. 그 결과 군웅이 할거하던 몇 몇의 공민국가의 수장 자리를 통일한 봉건국가의 새로운 수도로 가마쿠라(鎌倉), 오사카(大坂)를 경유하여 에도(江戶)로 정해졌다.

헤이죠쿄・헤이안쿄시대 일본의 인구는 600만~800만으로 짐작된다. 농업화 사회의 진전으로 고대국가가 다음 세대를 향하여 대변모하는 기초가 되었다. 고대 공지(公地)제도를 전개하여 개간지의 사유화와 일반화로 새로운 계급이기도 한 무사계급이 출현하고 새로운 권력기구가 국가체제를 형성하였다. 지방에 거점을 둔 무사계급은 많은 충돌을 반복하였으며 보다 큰 공간을 지배하려고 패권경쟁을 일삼았다. 그 중 가장 큰 충돌은 킨키(近畿)생활권과 칸토(關東)생활권과의 충돌이다. 중세 수도 이야기를 거시적으로 보면 서에서 동으로 생활권의 이동 구도가 이행되는 것으로 이해된다. 헤이안(平安) 말기에 겐페이(源平) 전투에서 겐지(源氏)의 승리는 새로운 생활권이 고대 생활권에 대한 최초의 승리이며, 전쟁 결과로 가마쿠라(謙倉) 막부가 성립(1192년)되고, 관동생활권의 신수도 성립이 그것을 단적으로 나타내고 있다. 타이라노키요모리(平淸盛)가 기획한 후쿠하라쿄[福原京, 1180년, 고베(神戶) 구시가지에 몇 개월 있으며 헤이안(平安)에 복원한 도시]의 실패와 대조된다.

국가의 이중 구조로, 가마쿠라를 2개 도시 중 하나라고 말할 수 있지만, 이것은 고대 도시의 기본적인 점과 다르며, 광대한 산지를 배경으로 하여 전투상 유리한 위치가 선택되었다. 세 방향의 구릉지로 감싸 앉고 깊숙한 곳에 수호신이기도 한 츠루가

오카하치만궁(鶴岡八幡宮)과 막부를 두고, 관인과 상인의 주거를 시가지에 만들기도 했다. 가마쿠라는 교통 요지이지만 항구를 구축하여 수도다운 구도를 보여 주었다. 가마쿠라 시대에서 남북조 및 전국시대는 변동의 시대로서 강한 상징성을 갖춘 천황 중심의 권력이 새로운 체제와 여러 기관과 거리를 두는 것처럼 되었으며, 수도는 무로마치막부(室町幕府, 1333)시대에 쿄툐(京都)와 요시노(吉野) 2개소로 정하였다. 노부나가(信長) 후 히데요시(秀吉) 시대에 이르러 각지에 거점을 둔 지방권력이 하나로 통일되었지만, 그 공간영역은 현재 일본 열도와 거의 동일하다. 그리고 그 수도가 근세도시, 아즈치(安土, 1576)와 오사카(大坂, 1582)였다. 도시 중심에는 여러 무사계급의 암투에서의 승자로서 최고 권력자를 과시하는 거대한 성곽을 만들었으며, 몇 겹으로 둘러싼 석단, 하얀 벽으로 축성한 텐슈카쿠(天守閣)을 허공에 두어 위세를 떨치는 장엄한 건축을 이루었다. 이 성곽이 그 시대의 정치권력을 집약하는 정청이며 그 규모는 도시 그 자체였다. 격동하는 무장 세력과의 싸움에서 승리하면 그대로 수도 구현의 모티브가 되고, 성곽 모습이 분명하게 만들어졌다.

봉건사회라는 피라미드형의 강한 시스템의 지지점은 나라(헤이세이쿄), 쿄토(헤이안쿄)라는 내륙형이 아닌 바다에 면한 위치에 정하는 흥미진진한 점도 있었다. 바다를 통하여 들어오는 외국과 어떻게 대응할 것인가, 넓게 연결할 것인가, 폐쇄할 것인가, 시대 권력자에게는 중요한 문제였다. 관서지역을 거점으로 히데요시(秀吉)는 국토 중앙에 위치를 결정하였으며, 관동지역을 생활권으로 한 이에야스(家康)는 섬나라인 일본을 폐쇄하는 결정을 선택하였다. 히데요시(秀吉) 정권을 무너뜨리고 근세봉건국가의 최고 권력가가 된 도쿠가와 이에야스(德川家康)는 1603년 에도(江戶)에 거주지를 정하여 막부체제의 완성하였지만, 섬나라 일본의 특성을 최대한 이용하여 국토의 안전 경영을 도모하였다. 강한 쇄국정책을 펼치며 국토의 강한 피라미드 구조의 유지로 바다가 얼마만큼 중요한 탄력을 갖는 지를 이 체제의 정책 수립자들은 이해하였다. 넓은 평야와 항구를 갖는 신수도인 에도(江戶)의 토지는 폐쇄된 봉건사회의 순환에 수레바퀴의 역할을 했으며 그 역할의 결과에 의해서 사람과 경제는 크게 집중되었다. 에도 전성기에는 인구 100만을 넘었고, 당시 세계 최대 도시 중 하나였다. 이후 인구가 집중되었지만, 일정 규모로 유지되었다. 인구가 일정 규모로 유지된 이유는 3,000만 국토인구가 각지에서 농업활동을 하였고, 지방 지역별로 산재한 정주거점이 있고, 인구를 그곳에 정착시키는 힘이 작동하였기 때문이다. 도시 그 자체는 시가지 규모가 보행체계를 갖기 위한, 당시 도시공간의 한계라 생각된다.

이와 같은 도시의 확장을 규정하는 것은 사람과 공간의 결합 원칙에 의하지만, 100만 명이라는 대규모 사회의 질서를 유지하는 것은 도시유지관리 측면에서 어려울 수도 있다. 100만 명의 도시는 식량의 문제, 한 장소에 밀집한 거주로 대규모 재해 증가의 문제, 사회적 불안의 증대 등 여러 가지 사회문제를 내포하고 있다. 특히 화재는 에도에서 많이 발생한 재해였다.

거기에 에도막부(江戸幕府)는 강력한 권력을 배경으로 주민의 신분계급화를 철저하게 실행하였다. 군사력을 중심으로 한 권력구조에 의하여 인간이 사는 장소에 지역지구제를 설정하고, 몇 단계의 중첩된 인구 피라미드형에 의하여 하부구조의 감시를 강화하여, 100만 명 사회를 유지하였다. 자유롭게 생활하는 인구가 아니라 관리된 인구 집단이라고 할 수 있다.

여기에 발생하는 인구집중화 대책으로 에도 막부는 강력한 대응을 하였는데 지방에서 에도로 이주하는 것을 엄격하게 금지하는 정책을 시행하였다. 또한 이 시대의

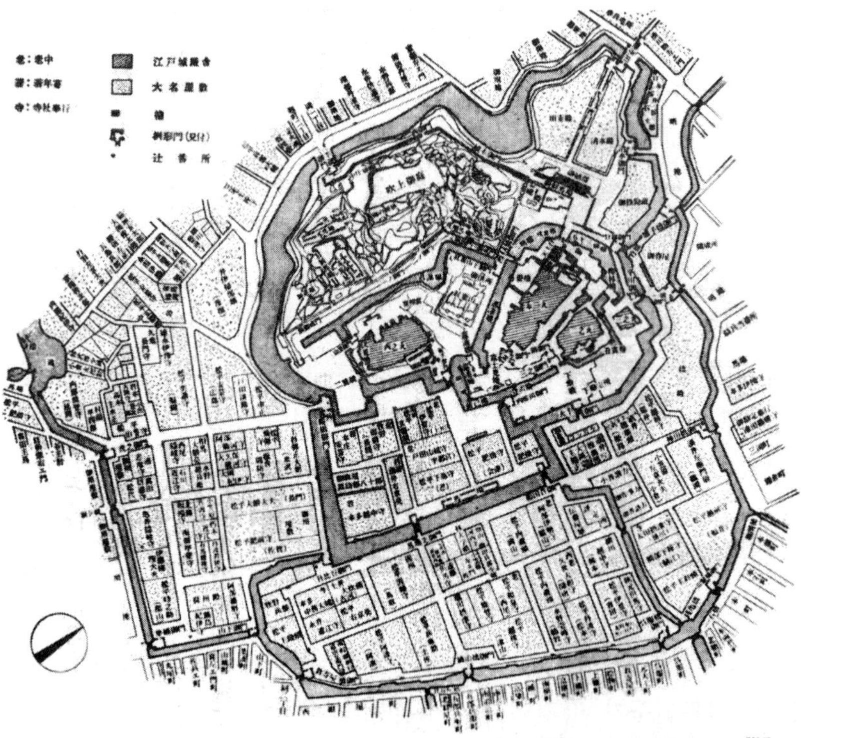

(内藤 昌「江戸と江戸城」鹿島出版

(그림 3-5) 에도(江戸)성 내곽 전도

도시는 이상할 정도로 고밀 도시였으며, 에도 전성기에는 56㎢ 지역에 130만 명, 마을 9㎢ 지역에 60만 명 등, 인구밀도가 6~7만 명/㎢으로 경이롭게 집중하는 현상을 나타내고 있다. 이것이 또 상호 감시를 효과적으로 했을지도 모른다. 사람과 사람이 중첩되면서 사람이 밀집 밀착한 사회 구조에 의하여 100만 명의 도시가 유지되었다. 에도시대의 시민문화는 고밀도 사회의 문화 전형이다.

봉건시대의 실질적인 수도인 에도의 중심은 말할 필요도 없고 그 외에도 에도 성곽이 있었다. 큰 건물과 여러 건물들이 건설된 중앙의 에도 성은 중핵으로써 최고 권력자인 장군의 거처이며 동시에 중앙청사 이었다. 여기에 노년층과 청장년층들이 막부의 강요로 배치되면서 국사, 정사 및 국가의 최고 결정이 이루어졌다. 그렇지만 200년이 흐르는 동안 쇄국정치인 봉건 피라미드 구조는 일본을 세계의 대 변화에 직면하게 만들었다.

3) 메이지(明治)시대에서 현대까지

메이지(明治) 유신을 경계로 국가의 근대화를 수도 만들기의 과정이라고 한다면, 근세 봉건사회의 토대 위에 고대 중앙집권체제를 세우는 것이었다.

가장 상징적인 것으로 에도 성을 황거(皇居)로 하고, 에도(江戸)가 도쿄(東京)로 변모하였다. 이 기간에 교토(京都)를 상징하는 신흥세력이 천도를 제기한 것은 시대의 조류였다. 오랜 기간 잠자고 있던 교토의 수도화는 새 시대를 리드하는 에너지를 상실하였다.

천도 수순으로 케이오(慶応) 4년(1868년) 7월, '동국 제1의 대진'에서 에도를 동경으로 바꾸고, 9월 개원으로 일세일원제(一世一元制)를 정하였다.

메이지 원년(1868년) 10월 명치천황이 에도 성에 입성하여 황거로 정하고, 도쿄로 개칭하고, 일시적인 수도도 결정한 이후 메이지 2년 3월에 이 지역을 도쿄라고 부르면서 근대국가의 수도가 되었다.

메이지정부에 의해 국가의 중심지로 최대 축적을 갖는 도쿄는 통일을 한층 강화하기 위한 최적지였다. 이 지역은 문호개방에 의해 들어오는 전 세계적 차원의 격동과 대응하기에 알맞은 위치였다.

메이지정부는 이후 근육형인 발상을 갖고, 강함을 다투는 국내외의 상태에서 수도의 크기가 강함을 상징하였다. 그 이후의 동경은 팽창과 확대를 쉴 사이 없이 계속해 왔다. 정치와 군사, 정치와 경제의 유착관계가 그 이유이며 결과이기도 하다.

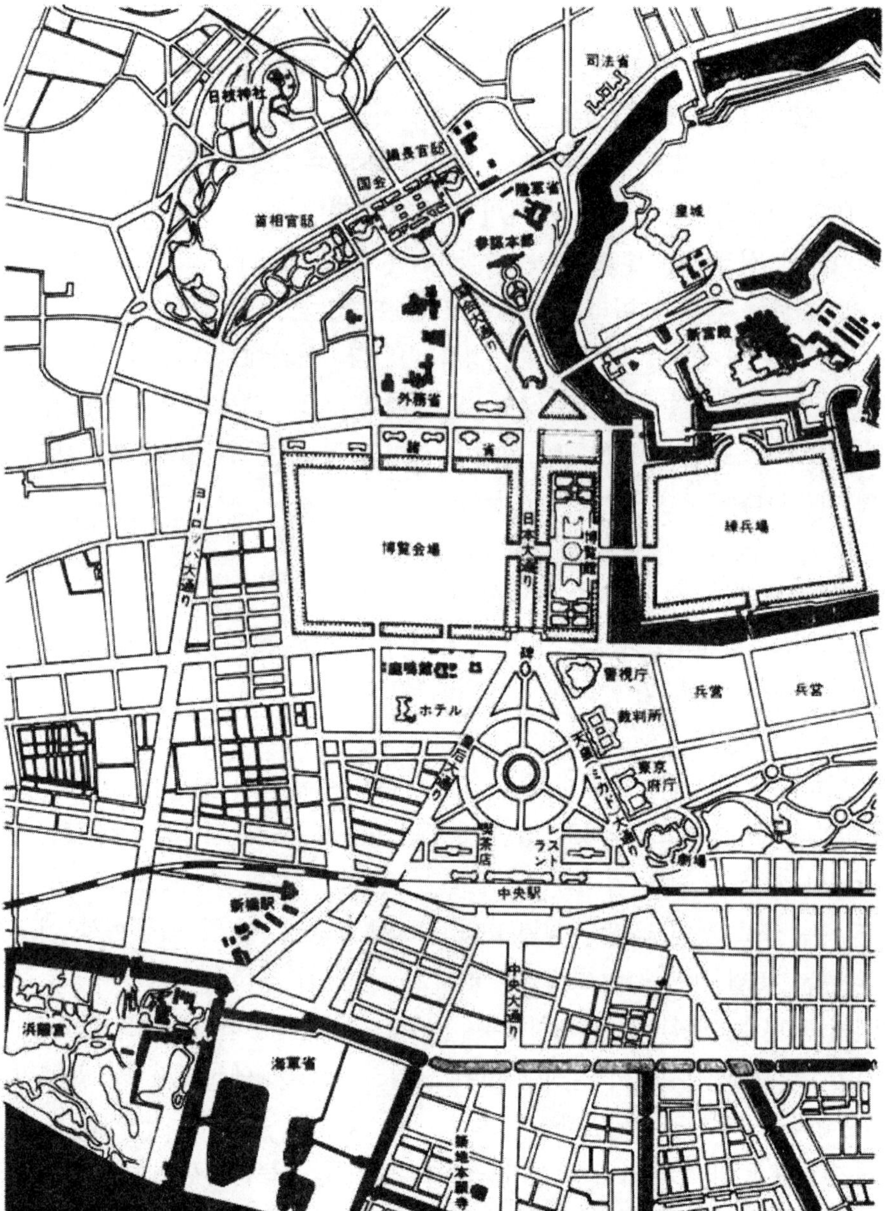

(그림 3-6) 궁청(宮廳) 집중 계획안

거대화 사상은 이 시기를 계기로 역사의 전면에 등장해왔으며 '기계' 라는 인간의 발명물과 연계하여 한층 위력을 발휘하였다. 동경의 시가지 확대 경과를 보면 그 자체가 기계적인 도입의 역사이기도 하다. 근대화 100년을 지난 현재 다이토쿄는 인구

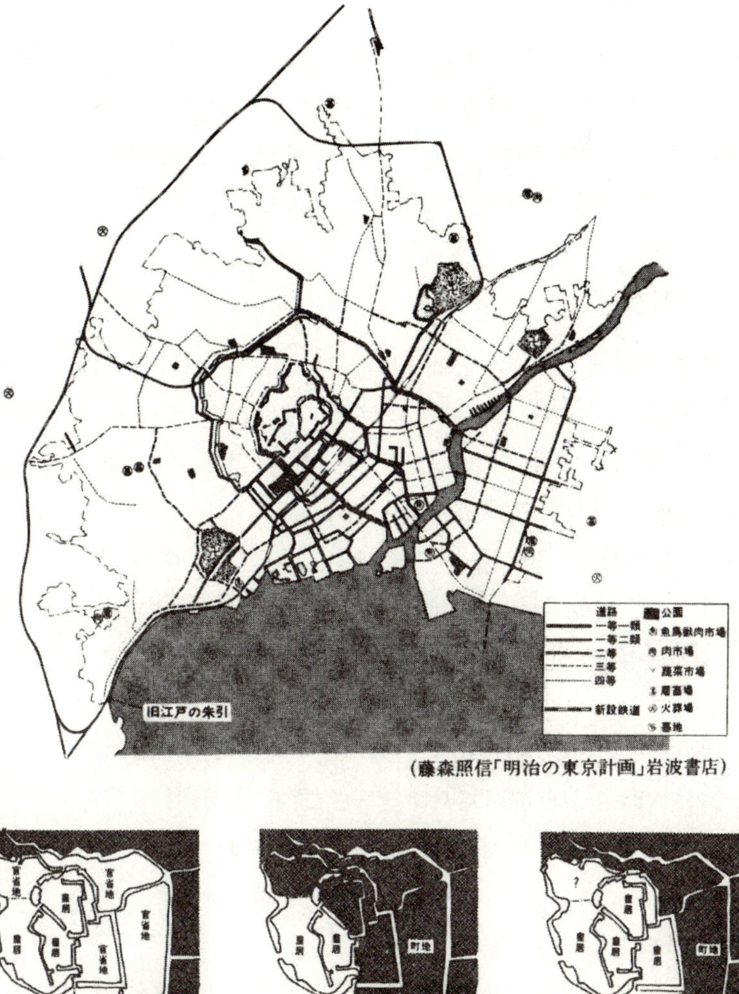

(藤森照信「明治の東京計画」岩波書店)

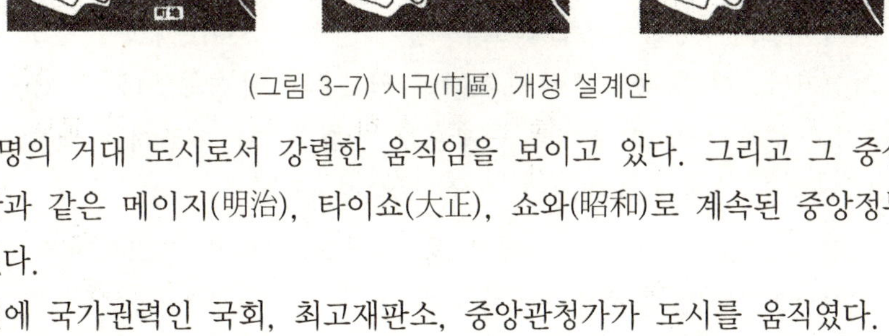

(그림 3-7) 시구(市區) 개정 설계안

3,000만 명의 거대 도시로서 강렬한 움직임을 보이고 있다. 그리고 그 중심에 강력한 자기장과 같은 메이지(明治), 타이쇼(大正), 쇼와(昭和)로 계속된 중앙정부의 소재지가 있었다.

황실 밑에 국가권력인 국회, 최고재판소, 중앙관청가가 도시를 움직였다. 정치거점인 심층부에는 경제를 지탱하여온 기계의 신에 의지하여, 자연을 무시하면서 거대 신앙으로 유지된 대규모 수도 동경은 그 거대한 규모에 의해서 자멸의 길을 걷기 시작했다는 점이 아이러니하다.

수도는 외관상의 번영 속에 그림자가 드리워지고, 그것은 이상할 정도로 빠른 속도로 확대되었다. 수도 이외에 지방에서도 그것이 역설적인 형태로 나타나기도 한다. 국가의 역사란 수도가 만들어지는 것과 같다. 또한 수도의 위치에 대해서는 국가의 역사 속에서 여러 종류의 격동하는 징조들이 대두되기도 한다.

(2) 다양한 천도론

천도론은 시대 변화에 따라 수도와 국가 국토문제의 불안정 상태 속에서 야기되며 많은 의견이 도출된다. 고대 일본에서 역사상 행해졌던 수많은 천도의 예를 본다면 현재 천도문제가 반복하여 논의 대상이 되는 것은 현재 수도 동경과 근대국가 일본의 상황에 큰 문제가 발생하였다고 볼 수 있다.

일본의 수도, 토쿄를 순회하는 천도론 역시 지금까지 여러 의견이 대두되었지만, 국가의 조직이 크게 변화되는 시기에 더욱 활발히 논의되었다. 이와 관련하여 막부 말기 이후의 천도론을 크게 다음 세 가지 시기(대)로 구분하여 소개한다.

- 막부체제부터 명치정부시기(막부 말기부터~메이지 초기까지)
- 천황제국가의 수도시대(메이지시대로부터 전쟁 중까지)
- 민주주의 제도하에서 수도시대(전후부터 현재까지)

1) 막부체제부터 메이지정부시기

이 시기에 일본은 역사적 대변혁의 시기로 봉건사회로부터 근대국가로, 쇄국에서부터 개국으로, 농업사회에서 공업사회로 변천하는 대변혁의 시기이다. 이 시기에 봉건사회의 실질적 수도인 에도는 토쿄라고 명칭이 변경되고 이 명칭을 갖고 근대적 체제를 정비하였지만, 이 변곡점에서 대표적인 천도론이 표명되었다. 논점은 근대국가의 중심 권력이 되는 천황의 황거를 근본으로 하고, 천황 거주지인 교토(京都)와 실질적인 수도 에도를 어떻게 정립시킬 것 인가가 문제였다.

이와 관련한 천도론의 선구는 18세기 중반 에도 국학자 카모노마부치(加茂眞淵, 1697년~1769년)의 '수도 옮기기' 및 19세기 초기 사토노부히로(佐藤信淵, 1769년~1850년)의 '우다이콘도비책(宇內混同秘策)' 이 있다.

에도 중기의 국학자 카모노마부치는 수도와 에도를 견문하면서 동쪽나라가 갖는 강점을 고려하여 황실의 권위를 재정립하기 위하여 '지금의 수도는 천황이 있어야할 장소이므로 수도를 동쪽으로 이전하여야 한다' 라고 동쪽나라의 천도를 논하고 있다.

에도 후기의 경제학자 사토노부히로는 『우다이콘도』에서 에도와 나니와료쿄(浪華兩京論)를 제창하였다. 우다이콘도에서는 황국의 임무로 세계를 통일하는 것을 지적하고 있지만, 이것을 제외하더라도 오사카와 에도를 비교하고, 토지 규모가 작은 오사카보다는 광활한 토지를 갖고 비옥한 땅인 관동지역에 우선 왕도를 건설해야 한다고 하고 있다. 또한 '오사카도 또한 천연의 대도시가 되려면 서쪽의 수도로서 별개 도시가 되어야 한다'고 주장하였다. 에도시대의 두 개의 대도시를 왕도와 별도의 도시를 두고 국가를 통치하는 발상이었다.

메이지 유신기의 천도론은 마치 교토, 오사카, 에도 3개의 천도론이었지만, 천도의 앞날을 둘러싼 2종류로 의견이 나뉘어졌다. 하나는 교토에 가까운 오사카이며 다른 하나는 에도였다.

양 계파는 민심의 안정과 신시대 구축의 거점을 확보하기 위하여 교토를 떠나기에 앞서 천도할 곳의 조건으로써 기존 집적이 있는 두 개의 대도시, 즉 오사카와 에도를 착안한 것은 일치하였다. 게다가 두 개 도시의 입지조건, 자연지리, 경제 또는 전략적 조건의 우열에 대하여 공적인 논의가 교환되었다. 그 중에 시대의 실력자인 오쿠보토시미치(大久保利通)에 대해 마에지마히소카(前島密)의 에도 천도를 설명할 켄파쿠쇼(建白書, 1868년)는 당시의 상황을 반영하고, 특히 미래에 대한 선견지명을 갖고 있다.

그 백서 내용 중 6개 항목의 논지를 살펴보면 다음과 같다.

① 제국도시는 간척 후 국가의 지리적 중심을 에도로 한다.

② 앞으로 발전하는 운송의 편리를 위하여 대규모 항만을 갖는 에도가 오사카와 비교했을 때 우수하다.

③ 에도는 지세가 광활하여 대제국 수도로써 창건하기에 적합한 지역이다.

④ 오사카는 도로가 협소하며 개조하는 데에 많은 비용을 필요로 한다.

⑤ 무사계급의 주택 등 에도의 축척물을 그대로 활용할 수 있다

⑥ 오사카는 그 자체로도 현상 유지 발전이 가능하지만 막부를 잃은 에도는 제국도시로 되지 않는 시기에는 쇠퇴 가능성이 크다. '다행히 제국도시로 이동한다면 많은 시민들이 안도하며, 밖으로 세계 저명한 대도시로써 보존할 뿐만 아니라 황거의 위상에 맞는 국제 또는 경제적 관찰 측면에서 가볍게 논할 문제를 배척할 수 있다'

라고 하였으며, '에도 천도는 유리하고, 화려한 측면에서 더 할 말이 없다' 라고 역설하였다.

당시 대변혁기에서 민심의 안정은 천도의 조건으로 매우 큰 일이므로 동쪽의 불완전한 상황 속에서 서쪽에 다소 약점이 있다고 하더라도 관동 지방의 민심을 장악하는 것이 천하를 통치하는 데 필요하며, 산죠나네토미(三條實美)의 에도 천도 이유에도 잘 표현되어 있다. 또한 국토 개발 여력은 관동이 큰 의미가 있다고 인식되었다.

오키타카토(大木喬任), 에토신페이(江藤新平) 등의 동서 두 개의 수도를 병행하는 논의도 있었지만, 이러한 것들은 어느 지점에서 다른 지점으로 이전하는 과정에서 당연한 논점이었다. 결국 마에지마(前島)의 창건백서가 권모술수 정치로 이와쿠라토모미(岩倉具視) 등을 움직여서 케이오(慶應) 4년(명치 원년) 7월, '에도를 동경으로 한다' 라는 천황의 칙서에 의해 에도 천도가 결정되었다.

2) 천황제국가의 수도시대

동쪽 수도인 동경은 천황제국가로써 신체제가 확립되면서 명실상부하게 새로운 체제를 정비하는 시기를 맞는다. 이 기간에 수도 동경의 공간은 구미 도시계획 기술을 도입하여 에도의 봉건적 도시구조를 해석하고, 히비야(日比谷)에 관청을 집중시켜서 국제사회와 대등한 모습으로 제국도시의 형태를 추구하였다. 일본이 공업형 사회로 변모해가는 과정이다.

팽창하는 토쿄는 시구개정(市區改正)이라는 도시계획제도도 설정되고, 문제를 고민하면서 근대도시 동경으로 출발하였다. 시구개정에 의한 토쿄 개조는 타이쇼(大正) 12년(1923년)의 관동대지진에 의한 붕괴로 심한 타격을 받게 되었다. 그렇지만 지진 복구는 역설적으로 동경의 융성과 확대를 가져왔다.

쇼와(昭和) 시기에 돌입하면서 인구증가를 배경으로 일본은 공업형 사회에 맞는 국토를 개발했지만, 외부로 눈을 돌려 주변 제국으로 침략을 도모하는 한편, 수도 동경은 중앙집권국가의 정점으로 강화가 지속되었다. 세계대전을 일으키고 전쟁으로 말미암아 많은 사람이 사망했으며 도시와 농촌은 황폐화되었다. 동경 역시 전후 폐허로 초토화되었다.

명치초기로부터 다이세이의 대지진까지 시기에도 극소수의 의견으로 천도론이 거론되었다. 홋카이도(北海道)와 마츠모토(松本)가 천도의 적지로써 거론되었다. 홋카이도는 북방영토・홋카이도 개척의 일대 전기로 '홋카이도 신도부의 건립, 별궁의 설치도 있을 수 있다는 취지' 라는 설(오사카 아사히신문. 메이지 23년), 신슈마스모도(信州松本)의 '황거를 적군으로부터 지키려면 토쿄는 군사적으로 불리하다' 라는 나가노현(長野縣)의 한 민간인의 제안(메이지 23년) 등이 있었다.

또한 나카하시노리츠구(中橋德次) 등의 오사카로 천도(메이지 30년)가 다시 거론되었다. 제국도시 토쿄의 건설이 외국의 수도와 비교했을 때 모든 것이 빈약하다는 모리오가이(森鷗外), 코다로한(辛田露伴)의 동경론도 발표되었다.

타이쇼(大正) 9년, 도시계획법이 시행된 직후 관동대지진이 발생하였으며 지진 공포 속에서 당연히 천도 여론이 있었다. '제국도시 부흥과 천도론으로 국민 다수의 희망을 받아들여라' 라는 오사카 아사히 신문은 대재앙이 적은 쿄토(京都)로 수도를 환원시켜야 한다고 주장하였다.

한편 '천도는 단연코 불가' 라는 나이토코난(內藤湖南)은 대동경 부흥책을 오사카 마이니찌 신문에 게재하여 대항하였다. 논지는 동경시민의 불안을 내세우는 것이 아니며 에도-동경 이래에 제국도시로써 만들어진 거대한 축척을 재생하려는 획책과 토쿄 개조강화를 도모하는 절호 기회라는 이유로 천도 부정론이 대두되었다. 결국 '토쿄을 부흥시켜야 한다' 라는 칙서에 의해 천도론은 퇴조되었지만 지진과 수도동경의 관계는 심각하게 논의되고, 오늘날까지 지진에 대한 불안은 계속되어 왔으며 아직도 논쟁은 남아있다.

재해와 도시, 대재해와 수도와의 관계에서도 재차 심각한 경험을 했던 것은 제2차 세계대전 중이다. 이때도 천도론이 있었지만 논의는 극소수였었다. 위험 분산을 위하여 공장 이전, 인구는 원격지로 소개 분산되었지만, 공습이 심한 전쟁 말기에 국방상 정부 중추기능의 이전도 거론되었다.

토쿄는 전쟁 직전(1941년) 700만 명이 거주하는 대도시였지만, 대규모 밀집 사태의 억제, 방재에 취약한 점이 전쟁에 직면해서 당연히 큰 문제로 대두되었다. 직접 토쿄로부터 천도를 주장하지는 않았지만, 도시계획가인 이시카와 히데아키(石川榮耀)의 대도시한도론(大都市限度論) 『대동경 국토계획적 처리 보고서』(1941년)는 국토계획에서 대도시인 수도문제의 위상을 정립하고 기능분산을 제창하였다. 같은 도시학자 오쿠이 후쿠타로(奧井復太郎)는 『국토계획과 대도시』(1941년)에서 분산론을 서술하였다. 이시카와가 지적한 천도문제가 종래 황도 또는 제국도시라는 관점에서 대도시문제, 동경으로 인구 집중문제를 제언하였고, 이 지적은 현재 문제의식과 직접적으로 연계되었다.

3) 민주주의 제도하에서 수도시대

이 시기에 수도문제는 전쟁부흥기, 고도경제성장기, 경제안정기의 시기로 구분하여 논할 수가 있다.

① 전쟁부흥기

1945년 8월 패전 후 평화를 표방하는 신 헌법이 제정되고 국회, 정부, 최고재판소는 동경에 두었으며 동경은 민주주의 국가의 수도가 되었다.

패전 직후 동경의 인구는 350만 명으로 격감하였으며, 최대의 도시재해 상황을 나타내었다. 전쟁직후 일본은 이러한 도시를 재건하는 것이 큰 과제가 되었으며 동경의 전쟁부흥계획은 신정부에 의해 지시되었다. 그것은 구획정부를 기초로 한 것이지만 『과대도시 억제와 병행하여 지방중소도시의 진흥』을 기본목표로 표방하였다.

일본건축학회(1945년)는 국토계획과 대도시 재해의 취약성 해소를 위한 '대도시 팽창 억제와 중소도시 및 농촌의 진흥'을 정부에 건의하였다. 동경의 전쟁부흥계획은 대도시 억제론을 세우고, 환상녹지대와 녹지지역제도를 포함하여 방재상 이상적인 계획이었지만, 급속한 인구집중으로 이 계획은 무력화되었다. 동경의 인구는 1955년

〈표 3-1〉 일본 고도성장기의 동경도시론과 천도론 주장내용

시 기	주장론	발표자	주장이론
1958년	동경만 매립계획	주택공단 (카노히사아키라)	신동경건립:동경만의 50%매립하고 황거는 하아마로 이전하고 에도성은 중앙공원으로 개방
1959년	신 동경계획	산업계획학회 (대표-마츠코토야스사에몬)	신 동경계획:토쿄에 물을 담은 댐을 건설하고, 대단위 인공 섬을 동경 만에 둔 대규모 매립계획
1960년	고원지대 천도	고시코헤이	중앙고속 도로변의 고원지대로 천도
1959년	요코하마 천도	츠루시게토	오코하마로 천도
1961년	후지산 천도론	이소무라에이이치	동경을 매립하지 않고 교통이 편리한 토지(국유지), 일본의 상징인 후지산 근처 임야 4800만 평(15,840hpa)에 국회, 최고재판소, 황거, 정부 기관 등을 이전
1961년	하마마쓰 우츠노미야 천도론		천도지를 아마마쓰 혹은 우츠노미야로 이전 주장
1961년	신관청도시 구상	수도권정비위원회	학원도시구상 시안과 병행하여 하마나 호수를 가상한 신 관청 도시구상

800만 명으로 전쟁 전의 인구 수준을 넘어섰다.

급격한 인구집중현상은 결국 동경에 새로운 정비수법을 요구하게 되었으며 전쟁 전과 전쟁 중에 제기된 위성도시론, 분산론을 포함하여 수도권 차원에서 수도문제 논의가 일반화하기 시작하였다. 1956년에 수도권정비법이 성립되었으며, 수도권정비위원회가 구성되고, 수도권기본계획의 수립과 제도가 정비되었다.

② 고도경제성장기

급격한 인구증가가 지속되어 수도 동경의 적극확대론과 재개발론, 억제론, 수도기능 이전론, 천도론과 같은 다양한 논의가 민관의 양방향으로부터 제시되었으며, 동경도시론은 화려하면서도 융성하게 거론되었다.

토쿄구부로 집중하는 인구와 산업 및 기능은 토쿄의 재개발 필요성이 대두되었으며, 지속적으로 제시된 것은 토쿄만 매립 계획이다. 1958년에 우선 동경만의 반 정도(동경구부의 1.5배)의 땅을 매립하여 신동경을 건설하는 거대한 계획이다. 이 계획을 작성한 주택공단 총재 카노히사아키라(加納久朗)는 에도 성이 봉건시대의 산물이

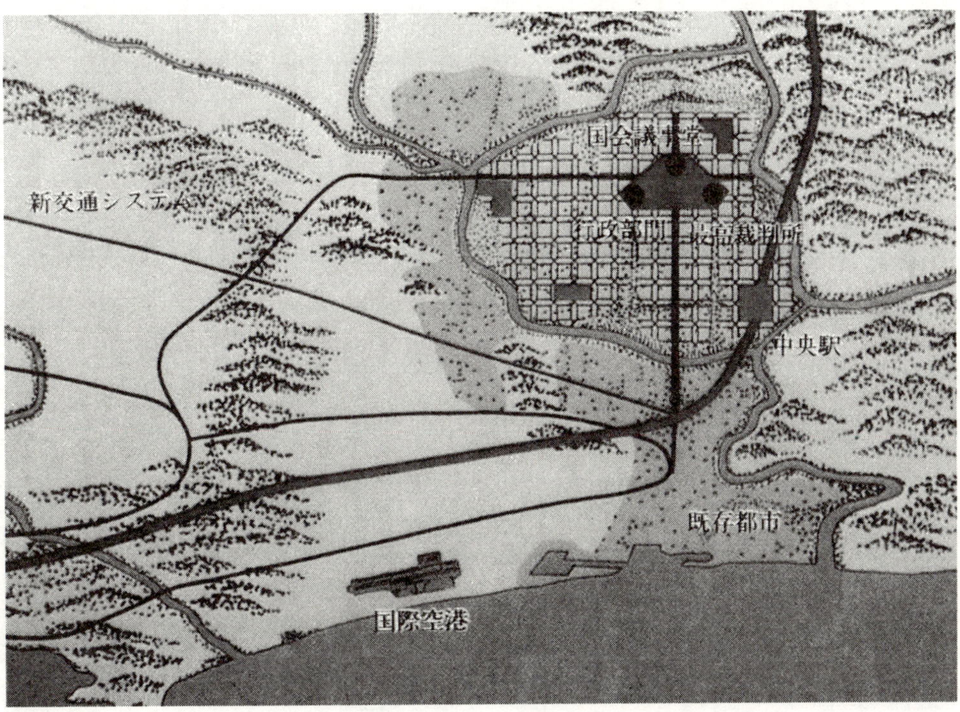

(그림 3-8) 기존도시와 인접한 궁성 모델

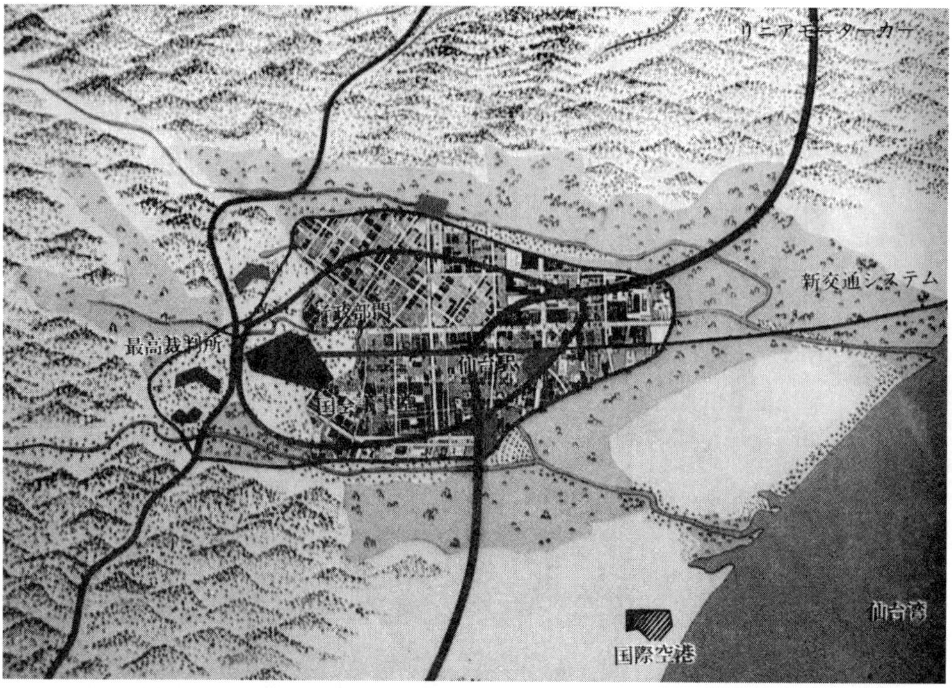

(그림 3-9) 기존도시 매립형 궁성 모델

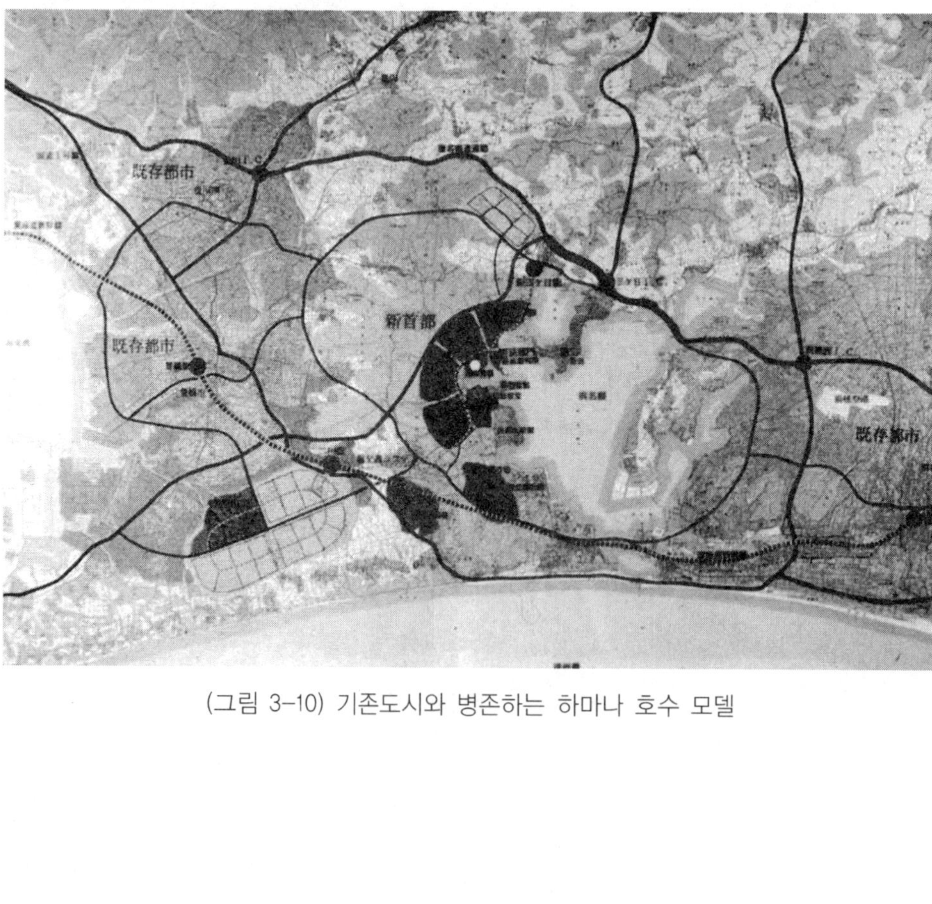

(그림 3-10) 기존도시와 병존하는 하마나 호수 모델

(그림 3-11) 북경 마스터 플랜 상

상 : 북상경 마스터플랜

하 : 북상경, 국회의사당을 중심으로 한 호수 주변에 수도기능을 배치하고 있다.

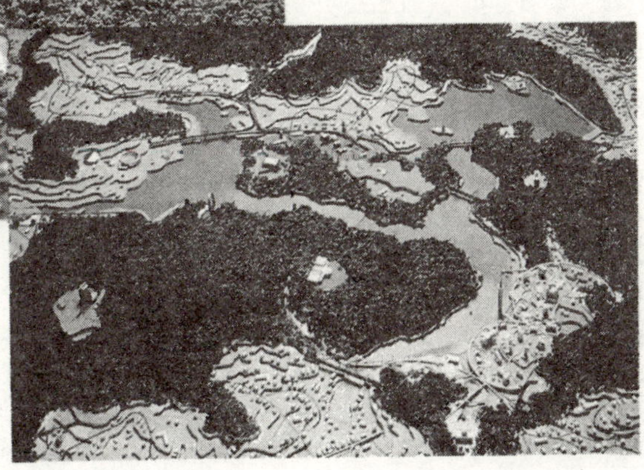

북상경,중앙관청가로부터 영빈관 대사관지역을 조망하고 있다.

(그림 3-12) 북상경·국회의사당을 중심으로 한 호수의 주변 기능배치안

므로 황거를 하야마(葉山)로 이전하고, 그 곳을 중앙공원으로 개방하여야 한다고 했다.

고도경제성장기를 맞은 일본은 동경도시론과 아울러 천도론이 〈표3-1〉과 같은 여러 가지 설들로 제기되었다.

이러한 천도론 실현을 접근시킨 것은 그 시대에 정부실력자 코노이치로(河野一郎, 건설성장관)로 제1기(6년간) 국회, 사법부, 행정부의 모든 중앙기관, 인구 30만 명(2,800ha), 제2기 부속기관 등 관련시설, 인구 20만 명(1,500ha), 합계 50만 명(4,300ha), 이전비용 1조 3000억 엔, 기타 재원을 정량화하였고, 하마나 호수 주변에 몇 개의 후보지 중에 신수도의 장소가 상정되기도 하였다.

이런 50만 가상 신도시는 확대되어 100만 도시가 될 계획안으로 발전되기도 하였다. 이에 대한 새로운 지지층도 있고 과밀해소를 위한 천도찬성론이 계속되었다. 동시에 신수도 유치운동이 일어났으며 코노, 하마마쓰, 하마나코, 후지산록 등이 후보지로 거론되었다. 코노(河野) 구상은 1955년 천도론의 꽃이었지만, 코노이치로(河野一郎)의 갑작스런 사망으로 정부에 의한 천도 구상은 신중하게 되었고, 이 과정에서 정부 중추에 강력한 추진자가 필요하다는 것을 느끼게 되면서 1968년 사토 내각이 주재한 '21세기 일본 국토와 국민생활의 미래상'을 추구할 현상설계가 시행되기도 하였다.

1965년 일본은 경제의 고도성장 상승기였고, 교통의 발달로 토카이도 신칸센, 토메이(東名)・메이신(名神) 고속도로 개설은 토쿄와 나고야, 긴자의 2대 도시권을 긴밀하게 하였으며, 일본 국토는 토카이도 메갈로폴리스 시대라고 불리어졌다. 1969년에 신 전국총합개발계획이 확정되고, 개발가능성을 전 국토로 확대하여 정부 주도로 강력히 전개되었다.

1968년 사토(佐藤) 내각의 현상설계 시행은 〈표 3-2〉와 같이 여러 단체에서 '21세

〈표 3-2〉 현상설계에서 제안된 계획안

연구단체	연구내용
탄게켄조 그룹	토쿄에 대하여 동경만을 대상으로 개조하여 국토 주축으로 토카이도 메갈로폴리스 강화안
스스키 그룹	동해도로의 사람과 물자의 집중경향을 인정하면서 3대 도시에 신도시를 포함하여 기능분산을 도모하였다.
와세다 그룹	토쿄 집중, 메갈로폴리스 집중의 폐해를 설명하고, 21세기 일본 국토상으로 정보・교통의 네트워크 시티(network city)를 상정하여 시대의 변곡점을 표현하는 천도론을 전개

기 일본 국토와 국민생활의 미래상'에 대하여 천도론을 주장하기도 하였다.

각 그룹들의 주장은 천도가 국가의 큰 변환점인 것처럼 천도론 그 자체가 국가나 국토의 변화와 보조를 맞추면서 등장하였다. 전쟁 후 주장은 모든 것이 토카이도 메갈로폴리스 내에 있는 것이 특색이지만, 토카이도 메갈로폴리스가 긍정적으로 주목되어 이것이 일본의 경제를 지탱하는 중심이 된다는 생각은 1950~1960년대 전반의 논리였다는 것도 우연한 것은 아니다. 이 시기에 다룬 내용은 후진지역이었으며 토카이도 메갈로폴리스 내에 어디에도 좋다고 한다는 주장이 대두되는 시기였다.

그러나, 수년 내에 국토 과소 과밀의 폐해가 큰 문제가 되었다. 자연이 점차로 소실되는 토카이도 메갈로폴리스라는 과밀한 인공 세계는 사람이 사는 장소로써 상당한 위험을 내포하는 것이 분명해 졌으며, 이 지역 외에 소위 후진지역이 국가 장래에 중요한 장소라는 인식이 고양되었다. 와세다 그룹은 태평양 메갈로폴리스 내에 수도의 장소가 한 번도 가설로 대두되지 않았음에도 불구하고 이러한 배경이 있다는 것을 내세웠다.

이러한 과밀을 벗어난 '나가노현 마스모도설(長野縣松本說)'은 최후까지 유력한 안이었으며, 나가노 현은 전쟁 말기에 수도의 근간으로 예정된 일은 있었지만, 그것과는 별개로 일본 내륙의 위치는 국토의 기하학적 중심과 국가위상에 천도의 중심성이라는 점에서 말하면 가장 이해하기 쉬운 계획안이기도 하였다.

와세다 그룹이 북상천도론에 불을 점화한 것처럼 국토의 존재를 둘러싸고 심포지움이 열렸지만, 메이지 이래 제도를 재수정해야 한다는 도주제론(道州制論)(아시하라 요시시게, 1971년)도 제시되었다. 미래론이 비관론과 낙관론을 교차하면서 점차적으로 전개되었지만 그 중에 하나가 타나카카쿠에이(田中角榮)의 일본열도 개조론(1972년)이다. 주요 취지는 '공업배치와 교통·정보통신의 전국적인 네트워크 형성을 테마로 하고, 사람과 돈, 물자의 유통을 거대도시로부터 지방으로 역류시키는 지방 분산을 추진하는 것'이다. 공업의 지방 분산으로 지방도시를 육성하는 구도는 구상 직후에 오일 쇼크로 인하여 일본은 공업형 사회에서 정보형 사회로 변모하여 후퇴하게 된다.

정부의 책임자에 의한 개조론은 전국적인 지가앙등을 초래했으며 토지문제가 일본에서 기본적인 중요한 문제라는 것을 입증시켰다. 공업재배치형의 국토균형론이 환경파괴, 공해문제에 직면하여 돌파구가 보이지 않고 신 전국총합개발계획 역시 새로 써야할 형편이다.

③ 경제안정기

오일 쇼크로 일본 경제가 세계경제와 직접적으로 연결되고, 그 변동이 국민생활에 밀착 파급된다는 것을 많은 사람들이 깨닫게 되었다. 이 충격으로 일본 경제성장은 급격하게 감소되고 공업형태의 국토개발 속도는 저하되었다. 전쟁부흥, 경제우선의 국토정책도 목표가 크게 변경되었고, 천도문제, 수도 기능의 문제가 포함되었다.

1977년에는 신 전국총합개발계획을 대신하는 지방정주구상을 근간으로 제3차 전국총합개발계획이 국토개발계획으로 발표되었다. 생활과 생산과 자연환경의 조화를 갖는 지방정주권이라는 생각을 바탕으로 수도기능 이전의 가능성에 대하여 검토가 심도있게 논의되었다.

앞서 천도에 관해서 카네마루신(金丸信) 건설부장관과 수도권정비위원회에 의한 천도 조사 비용의 요구(1973년)가 있었으며, 또한 카네마루신, 무라타케이지로(村田敬次郎) 등의 요구에 의하여 국회 초당파 의원들로 구성된 신수도문제위원회가 설치되었다. 1976년에는 건설성에 의한 타치카와(立川)로의 수도 기능을 일부 이전하는 것도 검토되었다.

1974년에 국토계획조직을 위하여 국토청이 탄생하였으며, 수도권정비위원회는 국토청 대도시권국이 되었지만, 1978년에 대도시권국은 이것을 취합하여 천도(遷都), 분도(分都), 전도(展都), 개도(改都), 휴도(休都)라는 5개의 수도 이전안이 제시되었다.[1)] 이것을 근간으로 하여 1979년에는 대도시권국에 수도개조계획 조사위원회가 설치되고, 수도기능을 이전하여 전체를 재배치하는 문제가 본격적으로 거론되었다.

---

1) 수도의 이전 방식을 보면 다음과 같이 구분, 정리할 수 있다.

① 천도 : 지금까지 국가의 수도로서 기능을 일괄해서 완전히 신수도로 그 기능과 분할을 이전하는 것을 말한다.

② 분도 : 수도기능의 일부를 분산 이전해서 재배치하여 이전으로 인한 도시정비 핵으로 상징하는 것을 말한다.

③ 전도 : 국가기능의 일부 또는 민간 관련 부문의 일부로서 특히 도심부에 있는 정부기관을 수도권의 외곽으로 옮기는 것을 말한다. 가령 본청의 일부를 지방의 지분부국 등으로 정부기관을 이전 재배치함으로써 수도 기능의 존재를 전국적인 관점에서 국토의 균형발전에 관여케 하는 것이다. 즉, 일점 집중에서 이핵원리로 유지하는 것을 말한다.

④ 개도 : 수도기능의 일부를 개조해서 공간기능을 일신시키는 취지가 강하며 국민의 의식을 개혁하면서 신시대의 개혁방안을 모색하는 것을 들 수 있다.

⑤ 휴도 : 물이나 전력 사용이 피크를 이루는 하절기 또는 과밀 현황이 극한 상황에 달할 경우 도시 활동이 저하된다. 도시기능이 상실되어 그 역할 수행능력이 없는 것으로서 수도기능이 일시 정지되는 상황을 들 수 있다.

1981년에는 국토청이 수도기능 이전조사를 공포하였다. 조사의 성과를 취합하여 1985년에 공포된 수도개조계획은 수도기능 일부 이전을 목표로 전도·분도로 시작하고, 이것이 제4차 수도권기본계획, 제4차 전국총합계획에 도입되어 전개되었다. 1987년 신 경제성장기에도 국내외의 경제난은 엔고현상, 돈이 남아도는 현상, 무역마찰, 지가앙등 그리고 더욱 토쿄인구 집중이라는 사태를 유발시켰으며 천도론이 재차 거론되는 상황이 되었다.

(3) 천도의 필요성

현재 일본은 제3의 혁명인 정보혁명이 진행 중이며, 일본은 오랜 역사 속에서 농업혁명, 산업혁명에 이은 정보혁명이 일본 사회구조와 국토구조를 변혁시킬 것으로 예상된다. 특히 동경 일극 집중에서 다극 분산형 국토로 변환하는 것을 국가의 정책으로 지향하며, 그 방책으로 정부기관의 일부 분산, 전·분도가 국가계획에 포함되어 그 실시를 향하여 빠른 속도로 진행되고 있다.

중추적 수도기능을 최종적으로 동경에 둔 상태로 끝날 것인가, 혹은 전·분도 연장선상에서 천도를 행할 필요가 있는가, 전·분도 구상의 진전 효과를 예상할 시간이 필요하다. 동경 일극 집중의 폐해는 날마다 광범위하게 퍼져가고, 새로운 관동대지진도 최근 동경을 직격한다는 확률이 높아지고 있다.

국가의 장래상에 결정적으로 관계된 천도의 필요성을 심각하게 생각하는 것은 의미가 있다. 따라서 천도의 필요성으로서 다음의 제반 사항을 파악한다.

① 최근 예상되는 대지진의 재해 대응

대지진의 대응은 가상수도, 제2수도 설정 및 건설을 포함하여 긴급을 요한다.

② 토쿄 대도시권의 과밀과 한계성에 대한 토지문제 대응

동경 과밀피해가 대두되는 것은 자주 있는 일이다. 토쿄 도심부는 이상할 정도로 혼잡이 계속되고, 이곳에 살고 있는 사람들의 심신은 극도로 피로하다. 도심부 집중구조를 갖는 토쿄권은 정전과 기타 조그마한 상황까지도 파급을 불러일으킨다. 일상생활에서 물 부족, 교통 혼잡, 주거난 등으로 심각한 사태가 계속되고 있다.

최근 토지의 이상한 가격상승도 있었으며 여기에는 많은 사람들이 살 수 없는 사태까지도 발생하고 있다. 동경 일극 집중의 최대 요인은 수도 기능을 다른 곳으로 이

전하는 것 이외에 기본적으로는 해결할 방법이 없는 것이 아닌가 의문을 갖게 한다.

③ 정보혁명으로의 대응(국토의 균형있는 발전과 다극분산형 국토 만들기의 대응)

동경 일극 집중에서 다극 분산형 국토를 지향하는 것은 일본이 공업화 사회로부터 정보화 사회로 크게 변화하는 것이다. 공업 분산만 아니라 사람과 정보를 분산하는 것이 필요한 것이다. 그렇기 때문에 중추적인 정보기능으로 어떤 수도 기능을 동경으로부터 탈출시키며 새로운 형태로 국내외에 변동기에 대응할 수 있는 정치기구를 국토위에 구축할 필요가 있다.

④ 민심 일신

일본이 21세기에 새로운 국가로 변모하려는 탈피의 거점을 만든다는 것, 즉 천도란 평화적으로 민심을 일신하여 새로운 국가 만들기의 활력을 창출하는 것이기도 하다.

(4) 천도와 전국 총합개발계획

현재 동경에는 국회, 최고재판소, 중앙성청의 전국적 통치기능에 직접 종사하는 공무원 등 약 6만 명, 외국정부공관, 도도부현(도시군구) 사무소나 공사공단 등 정부기관의 직원 약 5만 명, 게다가 정당본부, 노동조합, 경제단체 등 각종 전국적 조직의 직원 약 3만 명, 합계 14만 명 정도가 수도 기능과 직접 관련하여 종사하고, 가족 및 관련 서비스 인구를 포함하면 대략 약 50만 명이 이전 검토 대상이다.

이전 방법은 이들을 대상으로 일괄하여 신수도를 건설하는 천도방식과, 이들 대상을 적지에 분산배치하는 분도방식이 있지만, 해외 선례를 감안하며 일본 실태와 장래 전망에 비추어 현실적으로 가능한 방식을 탐구하여야 한다.

천도 방식은 수도 기능의 일체성이 보전되어야 한다. 그 기능 효율성으로의 영향이 없어야하는 반면 새로운 형으로 신수도의 구심점을 생기게 할 가능성이 있다는 것, 또 신수도에 알맞은 도시집적을 지지하기 위하여 상당한 국토자원의 부존을 요하는 것에서 입지 선택이 큰 과제가 될 것이다. 이외에도 천도가 달성되기까지 막대한 투자와 기간을 필요하다는 것, 이전의 수순 등의 문제가 있다.

한편 분도의 방식일 경우에는 분산 배치하는 기능의 종류, 규모, 입지가 문제이지만 중추기능의 지역적 분산에 의해 구심적 구조로 변화를 가져오는 것이 기대된다.

반면 수도기능이 분산 배치되어서 정보의 거점(Key Station)으로 동경의 역할이 증대되는 것도 생각할 수 있다. 더욱이 경제·행정 제도의 운용에 큰 영향을 주고 동시에 기능의 효율성에 문제를 일으킬 우려가 있다. 이의 극복을 위해 교통·통신 미디어의 기술발달과 정치·행정제도, 운영 측면에서 개선 및 연구가 향후 과제다.

2005년 말부터 지가 폭등을 발단으로 동경문제의 심각화에 대하여 매스컴에서 천도문제가 제시되었다. 신문, 잡지, 라디오, TV 등에서 신·구 천도론을 여러 각도에서 보도하며 일종 천도론 붐을 일으키고 있다.

한편 천도문제에 지방자치체나 민간단체도 강한 관심을 표하고 있다. 오사카 권이나 중부권에서는 재계가 중심이 되어 천도문제의 심포지움을 열어 오사카나 나고야 주변으로 수도기능 이전을 강하게 요청하였다. 동북에서는 앞서 언급한 4전총, 대도시 문제 워킹그룹의 센다이 중도의 제안에 힘을 얻어 다양한 방식으로 천도문제가 논해졌다.

그 외 전도·분도의 진전을 감지하여 전국의 지자체는 '고향창생', '지역의 활성화'를 위해 유치하려 움직이고 있다.

이러한 분위기에 덧붙여서 4전총 - 「동경 1극 구조를 배제하고, 다극분산, 국토의 균형있는 발전」을 열거한 국토계획 - 의 실현을 담당한 타케시타(竹下) 수상도 일찍이 1성청 1기관의 수도기능 이전을 주장하고, 검토해야 할 이전 대상기관을 30개에서 150개 정도까지 확대하였다. 타케시타 수상은 중장기적 과제로써 천도에 대해서 검토할 것을 국회 등에서 주장하였다. 현재 제기된 전도〈동경 23구에 있는 정부 1부 기관을 동경 60km 권내, 예를 들어 다이칸(大幹), 호리와에 옮기는 것〉, 분도(동경 60km 권외, 예를 들어 센다이(仙台)나 아오모리(青森)에 옮기는 것)에 앞서 천도까지 생각하는 분위기가 현 수상에서 읽을 수 있다.

정부책임자가 이 분위기에 가담하여 초당과 국회의원단으로 신수도문제간담회가 움직이기 시작하고 자민당내부에서도 수도기능 이전에 대해서 조사회가 만들어져 다수의 여당의원이 참가하여 3년 후에 일정 결론이 날 조짐이다. 임시행정추진심의회의 토지대책검토위원회도 천도의 검토를 정부에 촉구하였다.

이처럼 일본 천도는 21세기를 앞두고 수도기능 이전, 즉 천도문제는 국정상의 큰 테마 이유로 부상하고 있는 상황이다. 천도론이 이렇게 큰 화제가 되고 있는 배경은, 역시 최근 동경문제일 것이다. 동경으로 1극 집중은 이제는 어쩔 수 없는 정도이며 단적으로 토지문제로 집약되고 있다. 주택지가 동경 23구에 평당 1천만 엔, 상업지는

1억 엔이나 하는 사태는 이상하다고 말할 수밖에 없으며, 동경은 과밀 혼잡의 일상화로 사람들의 정신도 이상해지고 있다. 지방도 경제의 국제화, 엔고현상으로 수출에 의지하는 지장산업은 타격을 받았다. 경제의 소프트화 속에서 농업도 1.5차 산업도 힘든 상태이다. 천도에 의탁하여 국토 및 지역이 시끄러운 것도 이해가 된다.

동경 1극 집중은 역시 해가 되는 것일까, 이것도 「국토의 균형있는 발전」의 형태로 이해할 수 없는 것일까, 의문점에 대해서 생각해 볼 필요가 있다. 이 구도를 무너트림으로 일본 전체가 약체화되어서는 안 되기 때문이다. 현재 구도를 더욱 강화하여 비슷한 형으로 확대해 나아갈 경우에 대해서도 충분히 검토해 둘 필요가 있다고 생각된다.

국토의 「균형있는 발전」은 동적인 균형, 즉 역동적인 균형이다. 이후 세계의 대변동에 맞춰 어떠한 움직임이 일본의 국토상, 국가상으로 볼 것인가라는 점에서 동경 1극 집중문제 그리고 천도문제가 밀접하게 연관되어 있다.

〈표 3-3〉 일본 전국 총합개발계획 목표

차수	시 기	개발 목표
1차	1전총(1965년)	국토이용의 균등화 → 과소, 과밀문제 해소, 지역간 격차 해소
2차	2전총(1969년)	국토의 동해도 메갈로폴리스 이용 → 국토7블록 구분 이용계획교통, 통신, 관민일체의 대규모프로젝트 실시
3차	3전총(1977년)	계속 국토이용의 균형화 → 생산환경과 생활환경, 자연환경이 조화된 인간의 종합 거주장(정주권)
4차	4전총(1997년)	EKRMR 분산형 국토 형성 → 교류를 위한 네트워크 효과에 의해 지역의 활성화

2. 중국의 천도

(1) 개요

세계 주요 문명들은 대체적으로 보아서 강(江)을 중심으로 한 농경생활을 기초로 하여, 자신들의 영역을 보전하고 확장하면서 점차로 도시적 공동체를 형성하였다. 철기를 사용하게 되면서 세력화되고 지배체계를 이루어 국가를 만들게 된다. 세계의 주요 문명국가 중에서 기록으로 전하는 5천년의 역사를 가진 중국은 그 대표적인 사례라고 할 수 있다. 먼저, 중국의 개황을 살펴보면 다음과 같다.

중국의 위치는 위도상으로 북쪽으로 북위 53°31'선에서, 남쪽으로 북위 3°24'선까지, 경도상으로 동쪽으로 동경 135°2'선에서, 서쪽으로 동경 73°40'선의 범위에 위치하고 있다. 남북간의 위도차가 49°에 이르고 그 직선 거리가 약 5,500km에 달한다. 동서간의 경도는 62° 차이가 나고, 그 직선 거리가 약 5,200km로써 4시간 이상의 시차가 발생할 정도이다. 중국의 영토 면적은 약 960만㎢ 정도로, 한반도의 44배이며, 러시아, 캐나다 다음으로 세계 3위의 넓은 영토를 보유한 국가이다. 2005년 말 기준, 인구는 13억 756만 명에 달한다.[2)]

중국의 기후는 전형적인 계절풍 기후와 대륙성 기후, 다양한 기후의 특징이 있다. 중국 대부분의 지역에서는 겨울에는 대륙의 한랭 고기압으로, 여름에는 해양의 열대성 저기압 계절풍 기후를 나타내고 있으며, 세계 동일 위도상의 다른 지역과 비하여 두드러지는 대륙성 기후를 나타내고 있다. 광활한 국토에는 다양한 기후를 내포하고 있으며, 최북단 북위 53°선 지역은 한온대에 속하고, 최남단 북위 4° 부근 지역은 적도기후에 해당한다. 청장고원지역은 연중 겨울이고, 남쪽 남사군도의 여러 섬들은 연중 여름이다. 운남 중부지역은 연중 봄철 기후이고, 그 외의 대다수 지역은 계절풍 기후의 영향을 받아 전형적인 사계절을 나타낸다.

중국의 지형은 그 국토가 광대하고 오랜 세월을 거치면서 불규칙한 지각작용과 외부작용으로 형성된 다양한 지질현상을 나타내고 있다. 세계에서 해발 8,000m가 넘는 봉우리 12개 중에서 7개가 영토내에 포함되어 있고, 대체적으로 서고동저(西高東低)의 지형구조를 띠고 있다. 그래서 중국의 대표적인 장강(양쯔강), 황하강이 서쪽의 청장고원에서 발원하여 동쪽의 해양으로 흐르고 있는 것이다.

중국의 강과 호수는 영토만큼이나 넓은 면적을 가진다. 강의 전체 길이는 42만km 정도에 이르고, 담수 면적은 약 170만ha, 양식 면적은 약 50만ha 정도나 된다. 수력자원이 매우 풍부하여 수력 전력생산량이 세계 최고이다. 중국의 4대 강(江)으로는 장강(長江), 황하(黃河), 흑룡강(黑龍江), 주강(珠江)을 꼽을 수 있는데, 그 중에 장강은 전체길이가 6,300km이고 유역 면적이 약 180만㎢로 아시아 최대의 강이며, 세계에서 세 번째로 큰 강이다. 또한, 중국은 세계에서 호수가 많은 나라 중의 하나이다. 호수의 총면적이 80,000㎢ 정도이고, 자연호 2,800여 개 중에서 13개소는 호수 면적이 1,000㎢를 상회하는 것들이다. 호수는 외류호(外流湖)와 내륙호(內陸湖)로 나누어

2) 중국개관 자료인용, 『외교통상부 지역외교 동북아시아 정무, 한· 중관계』, 2008. 3.

볼 수 있는데, 대다수가 담수호(淡水湖)이다. 외류호 중에서 강서(江西)의 파양호(鄱陽湖), 호남(湖南)의 동정호(洞庭湖), 강소(江蘇)의 태호(太湖)와 홍택호(洪澤湖)는 중국의 "4대담수호(四大淡水湖)"로 분류된다. 내륙호는 함수호(鹹水湖)가 대부분인데, 청해호(青海湖)는 중국 최대의 내륙호이고, 그 면적이 4,583㎢에 달한다. 그 외의 대규모 내륙호에도 흥개호(興凱湖), 호륜호(呼倫湖), 납목호(納木湖) 등이 있다. 최근 국내에서 거론되었던 대운하 사업계획을 고려해 볼 때, 중국에는 세계 최대 길이의 경항운하(京杭運河)가 있다. 남쪽 항주시(杭州市)에서 출발하여 북쪽 북경(北京)에 이르는데, 그 길이가 무려 1,794km에 달한다. 춘추시대 말기 오(吳)나라가 제(齊)나라를 공격하면서, 양주 부근에서 만든 수로를 시작으로 하여, 수나라의 고구려 침공작전, 원나라 친정시기의 대규모 수로 확장을 거치면서, 현재의 경항운하 윤곽이 형성된 것이다. 근대 산업문물이 밀려들어 오면서, 철도운수의 등장으로 그 효용성이 떨어졌지만, 중화인민공화국 정권 이후 다시 수로를 확장하고 갑문을 증설하였다. 이것은 북방의 물부족 문제를 해결하기 위하여 추진된 인공운하 건설정책이었다.

(2) 중국의 역사, 정치, 문화, 경제

1) 중국의 역사

① 고대의 중국

· 고대 문명기 〈구석기시대, 약 180만년 전~3만년 전 전후〉

중국의 대표적인 고대 문명으로, 구석기(舊石器) 시대의 황하문명(黃河文明), 장강(長江)문명, 랴오허(遼河) 문명을 꼽을 수 있다. 신석기(新石器) 시대의 양사오 문화(仰韶文化), 룽산 문화(竜山文化)는 상(商)나라와 주(周)나라의 청동기(青銅器) 문화로 발전되었다. 이외에도 만주지역에 홍산 문화(紅山文化), 화남지역에 인문도 문화(印文陶文化)가 있었다. 황하강, 장강, 요하 유역에서 태동한 여러 문화는 서로 영향을 미치면서, 융합되어 중국 문화의 기초를 만들게 되었다.

· 삼황오제(三皇五帝) 시대 〈B.C. 21세기~B.C. 16세기〉

중국 민족의 탄생과 관련된 전설시대를 말한다. 삼황(三皇)은 수인씨(燧人氏), 복희씨(伏羲氏), 신농씨(神農氏)였고, 오제(五帝)는 황제(黃帝), 전욱(顓頊), 제곡(帝嚳), 요(堯), 순(舜) 이었다. 삼황(三皇)시대 이후에 오제(五帝)시대로 전개되었는데, 삼황

오제의 전설은 신화라고 하지만, 그 내용 중에 불의 사용, 농경사회, 제위계승 등은 신석기 시대에서 청동기 시대로 진행되어 가고 있음을 암시한다.

· 하(夏) 왕조 〈B.C. 21세기~B.C. 16세기, 수도; 안읍(安邑)〉

중국 역사에서 최초의 왕조라고 알려진 국가이다. 전설로 알려진 우왕(禹王) 이후, 걸(桀)에 이르기까지 17대, 400여 년간 지속되었다. 하(夏) 왕조는 하남성 서부의 낙하(洛河)유역과 숭산 서북쪽 낙양평원의 동측에 거주하였고, 우왕의 아들 계(啓)의 집권시기에 제위 세습체제가 시작되었다. 농업, 목축업 중심의 농경사회였고 청동기를 사용하였다. 걸(桀)의 집권시기에 군주의 폭정과 사치, 방종은 사회적 분열을 야기하였고, 상(商)나라의 탕왕이 침입하여 멸망하였다. 고고학적 사료가 부족하여 입증되지는 않은 전설의 국가이다.

· 상(商) 왕조 〈B.C. 16세기~B.C. 1,066년, 수도; 호경(鎬京)〉

여러 읍(邑), 국(國)과 같은 도시국가들 중에서 상읍(上邑)이 번창하여 주변의 약소한 도시국가들을 규합한 중국 최초의 왕조이다. 그러나 하(夏) 나라의 경우와 같이, 실제성을 입증할 만한 고고학적 사료가 부족하다.

· 주(周) 왕조 〈B.C. 1066년~B.C. 221년, 수도; 서안(西安)→낙양(洛陽) 천도〉

중국 역사상 가장 오랜 기간 동안 유지한 왕조로서, 철기주조 문화가 시작되고, 고대 이후 근세, 현대로 이어지는 중국문화의 기반이 되었다. 기원전(B.C) 771년 유왕때, 견융의 침입으로 도읍을 서안(西安)에서 낙양(落陽)으로 천도한다. 천도시점을 기준으로 이전을 서주(西周), 이후를 동주(東周)로 나누어 구분한다.

· 춘추전국시대 〈B.C. 770년~B.C. 221년〉

주(周)왕조의 동천(東遷), B.C. 770년)에서 진(秦)나라의 통일(B.C. 221년)까지의 약 550년간 시대를 말한다. 춘추시대에는 서주를 비롯한 크고 작은 140여 국이 있었다. 춘추시대의 열국들은 국가체제가 아니라 주나라 붕괴 이후에 호족세력들이 각자 할거하여 독립한 무리였다. 서주시대에 국가의 주권은 서주왕실에게 있었고, 열국들은 완전한 주권을 인정받지 못하였다. 춘추시대에서 전국시대로 발전하는 과정은 열국들이 자신들의 주권을 확립해 가는 과정으로 이해할 수 있다. 열국들은 주 왕실의 천자 깃발을 차지하여 주권을 인정받으려고 하였다. 공자의 유위(有爲)사상, 노자의 무위(無爲)사상도 이 시기에 나타났다. 그래서 열국들의 전투에서도 전쟁의 규모는 소규모였고, 기사도정신과 비슷한 군례(軍禮)를 중요시 하였다. 이러한 시대적 풍모는 전국시대(B.C. 476~B.C. 221)에 들어서 사라지고, 잔인한 전쟁과 수십만 대군의 접전, 무차별적인 군역 징집과 같은 혼란의 시대상으로 나타났다.

· 진(秦)왕조 〈B.C. 221년~B.C. 206년, 수도; 함양(咸陽)〉

진시황제(秦始皇帝)는 강력한 중앙집권적 통치를 하였다. 군현(郡縣)제도, 각 지방국의 문자폐지, 소전체(小篆體) 통용, 화폐 도량형 통합을 단행하였다. 유생들의 비난과 시위를 무력진압하는 분서갱유(焚書坑儒)를 자행한다. 만리장성 수축과 아방궁과 여산릉(驪山陵) 신축 등, 방대한 토목공사로 인하여 백성들의 생활이 피폐해졌다. 진시황의 사후(死後)에 전국에서 반란이 일어난다. 반란군 중에서도 항우(項羽)와 유방(劉邦)의 군대가 두드러졌는데, 항우군(項羽軍)과 유방군(劉邦軍)의 전쟁에서 유방군이 승리하여 3대 15년 동안의 진(秦)왕조는 멸망하였다.

· 한(漢)왕조 〈B.C. 202년~A.D. 220년, 수도; 장안(長安)→ 낙양(洛陽) 천도〉

유방(劉邦)은 장안(長安)을 도읍으로 정하고, 군국제(郡國制)를 실시한다. 이후, 어린 황제가 등극하면서, 외척과 환관의 정치개입으로 정국은 혼란으로 접어든다. 왕망(王莽)은 정권을 장악하여 신(新)국을 장안에 세우지만, 국내외 정세불안은 지속된다. 전한(前漢)의 6대손 유수(劉秀)가 정국혼란을 평정하고 광무제(光武帝)로 등극하여 후한(後漢)을 낙양(落陽)에 건국한다. 후한말기에 환관과 외척의 암투, 지식층의 탄압, 농민 빈곤문제가 커지면서, 184년 황건적의 난이 일어나 후한이 패망하였으며, 이후 중국은 삼국시대로 분열된다.

② 중세의 중국

· 삼국시대 (A.D. 220년~265년)

가) 위(魏) 〈수도; 업(鄴) → 낙양(洛陽) 천도〉

후한왕조에 대한 반란군 동탁(董卓)이 낙양 점령 이후, 황제폐위 감행에 대한 반발이 일어난다. 산동(山東)에 있던 조조(曺操)가 동탁(東卓)의 군대를 토벌하고 후한의 헌제(獻帝)를 옹립한다. 조조는 기주목사 원소와 화북지방을 양분하여 관리하지만 대결하게 되고, 조조가 화북지방의 지배권을 행사한다. 220년 조조의 아들 조비(曺丕)는 후한 왕조를 강압하여 제위를 양위받고, 낙양(落陽)으로 천도하며 위국(魏國)을 칭하여 건국한다. 군사적, 경제적 기반을 갖추기 위하여 병호제(兵戶制), 둔전제(屯田制), 구품관인법(九品官人法) 등을 시행해서 삼국 중에서 가장 강력한 국가로 발전한다.

나) 촉(蜀) 〈수도; 성도(成都)〉

형주목사 유표에게 식객으로 있던 유비는 제갈량의 협조를 얻어 형주를 손에 넣게 된다. 유비는 한(漢)의 정통성을 계승한다는 의미로 도읍을 성도(成都)에 정한다. 삼국 중에서 국토면적이 가장 적지만 정통성 회복을 주창하였고, 위나라를 수차례 공격하였으나 위나라 사마씨(司馬氏家)의 방어로 위나라 정벌은 실패로 돌아간다.

다) 오(吳) 〈수도; 남경(南京)〉

오나라의 손권은 위나라의 오왕(吳王)의 신분이었다. 스스로 연호를 만들고 남경(南京)에 도읍을 정하여 오나라를 건국한다. 유비와 대결하여 형주를 얻고, 양쯔강 중하류 유역을 세력권에 넣는다. 위나라의 사마염이 제위를 양위 받아 진(晉)나라를 세운다. 280년 오나라는 사마염의 침입으로 패망한다.

· 진(晉)왕조 〈A.D. 265~420〉

사마염이 진왕조를 개국한 진무제이다. 진무제는 위나라 시대에 종친세력의 약화로 권신이 발호했던 점을 감안하여 전국의 요지에 일족들을 왕으로 봉한다. 지방군대를 해산하고 지방의 지사들은 행정권만을 행사하게 된다. 진무제의 분권적 봉건제도는 결국 지방 제왕들의 할거를 초래하게 된다.

가) 서진, 西晉 〈A.D. 265~316, 수도; 낙양(洛陽)〉

사마염이 낙양에 도읍을 정하고 진왕조를 개국한 이후, 팔왕(八王)의 난, 영가(永嘉)의 난이 겹쳐, 남흉노에게 패망하기까지의 시대를 말한다.

나) 동진, 東辰 〈A.D. 317~420, 수도; 건강(建康)〉

서진 왕조가 패망하자, 사마 씨의 일족인 사마 예(司馬睿)가 양쯔강 이남을 영토로 하는 동진(東晉)을 건업에 건국하고 419년 군벌 유유(劉裕)에게 제위를 강탈당하여 패망한다.

· 수(隨) 왕조 〈A.D. 581~618, 수도; 장안(長安), 부도; 낙양(洛陽)〉

360여 년 위, 진 남북조시대를 통합 한 것은 수(隨)왕조의 양견이다. 양견의 딸이

북주 무제의 황태자비가 된다. 황태자가 즉위하면서, 양견의 세력도 커진다. 어린 정제가 즉위하고, 전권을 양견이 이양 받아 수나라를 장안에 개국하게 된다. 수양제 시대에는 물자가 풍부한 낙양을 동도(東都)라 하여 부도(副都)로 정한다. 요서(療西)지방으로 진출하는 고구려를 공략하였지만, 살수에서 대패한다. 이후, 고구려원정을 위한 병참전략으로 낙양에서 북경에 이르는 대운하 토목공사를 단행한다. 3차례에 걸쳐 고구려원정을 시도하지만 모두 실패하고, 민생이 피폐해져 전국적으로 반란이 일어난다. 태원유수 이연에게 패망한다.

· 당(唐) 왕조 〈A.D. 618~907, 수도; 장안(長安)〉

수나라 말기 전국 도처에서 반란이 일어나자, 이연은 세 아들의 현명한 전략으로 당 왕조를 장안에 개국한다. 태종 이세민은 3성6부제를 기본으로 한 중앙집권적 제도를 실시한다. 외부로 영토를 확장하는 전성기를 맞지만, 고구려원정에 실패한다. 의종 때 관동지구에 수재, 한재가 이어지면서, 희종 때 황소의 난이 발발한다. 희종은 돌궐 이극용의 원군에 의지하고, 이극용은 주전충과 난을 진압하지만, 주전충의 욕심이 지나쳐 이극용을 물리치고 세력을 장악한다. 당 소제가 주전충에게 피살되면서 당 왕조는 290년간 20대의 왕조를 마치게 되고, 이후 5대10국 시대가 전개된다.

· 5대10국(五代十國) 시대 〈A.D. 907~960〉

당(唐)왕조 멸망 이후, 송(宋)왕조가 건국되기까지의 정치적 격변기를 말한다.

가) 5대 ; 후량, 후당, 후진, 후한, 후주

나) 10국 ; 오월, 민, 형남, 초, 오, 남당, 남한, 북한, 전촉, 후촉

· 요(療) 왕조 〈A.D. 916~1125, 수도; 북경(北京)〉

A.D. 9세기 말, 당나라가 쇠약해진 틈을 타고 네이멍구 시라무렌강 유역에서 발흥한 거란족의 국가이다. 8부로 구성된 부족체제였는데, 부족장 야율아보기가 거란족의 칸으로 즉위하게 되면서 국가체계를 확립하게 되었다. 중국식으로 황제라 칭하고, 상경임황부(上京臨黃府, 療寧省 巴林左旗)에 도읍을 정하였다. 2대 황제 태종 때, 후당(後唐)의 석경당 장군을 도와 후진(後晋)의 건국에 공을 세워, 그 대가로 만리장성 이남의 연운16주를 이양받았다. 이후, 국호를 요(療)라 칭하였다. 6대 황제 성종 때, 송(宋)을 공략하여 유리한 조건의 화친을 맺었다.(淵의 盟約) 이후, 송나라와의 무역

하게 되면서, 중국식 문물을 도입하게 되고 발전을 이룩하였다. 보수-개혁간의 갈등, 황실내부 권력다툼으로 내란이 발발하였다. 요(療)왕조의 혼란한 틈을 이용하여, 만주지역 아골타의 완옌부 세력이 점차 커져 독자적으로 국호를 금(金)이라 칭하고 개국을 선언하였다. 금(金)나라와 송(宋)나라간에 대요협공조약(對療協攻助約)을 맺고 요나라를 압박하였다. 요(療)나라의 마지막 황제 천조제(天祚帝)는 피신하고, A.D. 1125년 요나라는 멸망하였다.

· 서하(西夏) 〈A.D. 1032~1227, 수도; 흥경부(興慶府)〉

중국대륙의 서북부 오르도스와 간쑤지역 티베트계 탕구트족의 왕조이다. 5대10국시대의 혼란기에 독립하여 무리를 형성하였으나, 송(宋)나라에서 이덕명(李德明)을 서평왕(西平王)으로 봉하여 관계를 유지하였다. 원래의 명칭은 대하(大夏)였고, 중국 고대왕조 '하(夏)'와 구분하여 서하(西夏)라고 불렀다. 송과 교역이 번성해지면서, A.D. 11~12세기에는 동서교역을 중계하였고, 불교문화, 유목, 농경문화가 반영된 독특한 문화를 발달시켰다. 서평왕의 아들 이원호(李元昊)는 서하문자(西夏文字)를 만들어 보급하였고, 송나라의 문물을 들여왔다. 경종(景宗) 이원호는 스스로 황제라 칭하고 대하국(大夏國)의 황제임을 선포하면서 송나라에 바치는 조공을 중지시켰다. 독자적인 연호를 사용하고, 수도를 안읍(安邑)에서 흥경부(興慶府, 지금의 療寧省 銀川)로 천도(遷都)하였다. 송나라 인종은 서하의 이원호를 인정하지 않았고 서하정벌을 추진하게 되어 '송하전쟁(宋夏戰爭)'이 발발하게 되었다. 서하군의 기동력과 전략으로 송나라 군대를 물리쳤다. 당시 송-서하-금나라의 긴장된 국제정세 속에서 전쟁으로 인한 백성들의 궁핍함이 커져가자, 송-서하관계는 화친(和親)관계로 변모하였다. 서하는 다시 송나라와의 교역이 활발해지면서 문화발전을 거듭하였다. 북방 내몽고에서 세력을 키운 칭기즈칸의 세력이 침입하였고, 황제의 딸을 보내 정략결혼을 시켜 일시적으로 혼란을 가라앉혔다. 몽고와의 화친은 몽고-서하 연합군의 금(金)나라 협공을 요구하였고, 국력은 날로 쇠약해져서 A.D. 1227년 서하국은 몽고군에게 멸망하게 되었다.

· 금(金) 왕조 〈A.D. 1115~1234, 수도; 북경(北京) → 개봉(開封)천도〉

만주의 여진족의 영도자인 고려인 아골타가 세운 국가이다. 만주지역에서 고구려, 발해, 요나라의 지배를 받다가, 요나라의 지배가 약해지면서 세력을 키워 송나라와 동맹을 맺고 요나라를 멸망시킨다. 이후, 송나라와 불화가 생기면서, 송의 수도 개봉을 공격하여 송을 양쯔강 이남으로 밀어낸다. 선종 때, 몽고군의 침입으로, 수도를 북경에서 개봉으로 천도한다. 애종 때 몽고군과 남송군의 연합 공략으로 120년의 금 왕조 역사를 마치게 된다.

· 송(宋) 왕조 〈A.D. 960~A.D. 1279. 수도; 개봉(開封) → 임안(臨安)천도〉

5대의 후주 세종이 죽은 뒤, 그의 부장(部將)인 조광윤(趙匡胤)이 군부를 배경으로 제위에 오른다. 즉위 이후, 부장들의 횡포에 회의를 느껴, 무관을 멀리하고 문관을 우대하는 문치주의 시대를 주창한다.

가) 북송(北宋) 시대 〈A.D. 960~1127, 수도; 개봉(開封)〉

태조 조광윤은 문치주의 시대를 열지만, 1126년 정강(靖康)의 변(變), 끊임없는 법당간의 당쟁으로 정국은 혼란해진다. 만주에서 봉기한 여진족의 금나라가 침입하여 패망한다.

나) 남송(南宋) 시대 〈A.D. 1127~1279, 수도; 임안(臨安), 지금의 항주〉

금나라의 침입으로 강남의 임안으로 천도한다. 관료들 사이에서 주전론(主戰論)이 대세였으나, 유약한 송나라는 금나라와의 전쟁에서 매번 패한다. 군비가 늘어나게 되자 세금부담이 커지게 되어 반란이 일어났다. 1078년 원풍(元豊)의 관제개혁으로 재상권이 강화되면서, 천자의 권한은 형식화되고 기강이 문란해진다. 모든 사회적 질서가 혼란스러운 때에 몽고군의 침입으로 패망하게 된다.

· 원(元) 왕조 〈A.D. 1271~1368, 수도; 북경(北京)〉

유라시아대륙 북방초원에 기반을 둔 유목민족이 발흥하여 세운 국가이다. 13세기초 칭기즈칸이 건국하였고, 쿠빌라이칸의 시대에는 동아시아 전역의 영토를 점령하였다. 속국의 왕실자손을 인질로 송환하고, 정략결혼, 군역부과, 경제수탈 등의 방법으로 군림하였다. 쿠빌라이칸은 유목의 전통을 고집하였고, 칸국들의 위에 군림하면서, 오고타이의 왕 카이두는 반대 세력을 구축하여 대항한다. 쿠빌라이칸의 사망 이후, 저항은 계속되지만 카이두의 사망 이후 칸국들의 친교가 다시 회복된다.

· 명(明) 왕조 〈A.D. 1368~1644, 수도; 남경(南京) → 북경(北經)〉

명나라시대는 중국이 서양의 문물과 교류하면서 근대화되는 중요한 성장, 변혁기였다. 100년간의 몽고지배를 받던 한족의 항쟁이 지속되던 14세기 중엽, 원나라에 항거한 한족의 무리 중 홍건적에 가담하여 두각을 나타낸 주원장(朱元璋)이 백련교도(白蓮敎徒)의 뒷받침으로 세력을 키워 양쯔강 하류지역을 점령한다. 금릉(金陵, 지금의 남경)에 도읍을 정하고, 한족의 부흥을 주창한다. 몽골적 요소제거, 한족사회로의 적응을 목표로 하였고, 권력이 일부관료에게 집중되는 것을 막기 위하여 노련한 중신들을 멀리하였다. 중앙부서인 6부를 황제직속기관으로 하였고, 군사는 5군도독부, 감찰은 도찰원을 거쳐 황제에 직속되도록 개편하였다. 궁중제도를 간소화하고, 환관세력의 팽창을 억제하였다. 황제의 독재권한이 강화된 것이다.

군(軍)제도는 당나라의 모병제(募兵制)를 개선하여 징병한 군호(軍戶)를 정하는 위소제(衛所制)를 채택하였다. 명 태조 주원장이 죽고, 성조(成祖)는 대몽골 전략상 북경(北京)으로 천도하였다. 강남지방과의 연결을 위해 대운하를 개수하고 조운법(漕運法)을 제정하여 재정적 기반을 공고히 하였다. 논공행상(論功行賞)에 따라 환관을 중용하고, 밀정정치를 시행한다. 밀정과 환관의 부정으로 정세가 동요되었고, 내정불안을 외부로 전환하기 위하여 몽골, 만주지역을 수차례 공략하여 북으로 흑룡강, 귀주까지 영토를 확장하고, 남으로 티벳, 월남을 병합하였다. 전후(戰後), 대규모 상선 행단을 조직하고 왕홍경, 정화를 서역 여러 나라에 파견하여 국위선양과 무역진흥을 꾀하였다. 16세기에 들어 무종은 환관 유근에게 전권을 맡기면서 내정이 혼란스러워졌다. 그 다음의 세종은 도교를 맹신하게 되면서 국고를 탕진하였고 알탄이 이끄는 몽골족이 북경 인근까지 침입하며, 남쪽에서는 왜구(倭寇)가 창궐하였다.

16세기말, 신종은 장거정(張居正)을 등용하여 중흥을 도모하였다. 은납세법을 확립하고, 화이허 강, 황하 강 치수공사 등의 치적을 쌓지만, 장거정이 죽고 난 뒤, 다시 환관이 등용되었다. 조선에서 임진왜란이 발발하여 파병을 하자 세금이 증가되고, 태자 책봉문제로 당쟁이 일어나 내외정치상황이 파탄에 이르렀다. 1627년 의종은 환관세력을 제거하고, 당쟁을 수습하지만 도처에서 농민반란이 봉기하였다. 이자성의 농민 반란으로 수도 북경이 함락되고, 의종은 자살하였다. 농민군 진압에 개입하게 된 청(淸)나라 군대는 점차 명(明)의 전 국토에 세력을 확장하였다.

③ 근대의 중국

· 청(淸) 왕조 〈A.D. 1644~1911, 수도; 북경(北京)〉

조선의 임진왜란으로 만주에 대한 명의 통제력이 느슨해진 틈을 타서, 건주좌위(建

州佐衛)의 수장(首長) 누르하치가 여러 부족들을 통일하고 후금(後金)의 국호를 내세워 선양에 도읍한다. 명나라는 후금과의 하르후 전투에서 패배하여 요하의 동측을 내어주게 되며 청 태종은 조선, 내몽골을 침략하여 영토를 넓히고, 국호를 대청(大淸)으로 개명한다. 명나라의 농민반란 진압에 개입하면서 중국 본토지배의 대의명분을 거머쥔다. 강희제는 전 중국을 통일하고, 러시아와 네르친스크 조약을 맺어 동진, 남하하는 러시아를 견제한다.

옹정(雍正), 건륭(乾隆) 시대에 이르러, 오늘날 중국 영토의 조형이 확립된다. 건륭 말년에 변방에서 이슬람교도 먀오족 등의 반란이 일어나고, 후베이성(湖北) 등 5개성에서 10년간에 걸친 백련교(白蓮敎)의 난이 발발한다. 청나라 군조직 8기(八旗)의 무력함과 관료정치의 부패가 폭로된다. 더욱이 서구 제국주의 열강이 동방으로 세력을 넓혀 오면서, 결정적으로 청왕조의 쇠퇴를 가져온다. 1840년 영국과의 아편전쟁 패배로 청나라의 문호가 개방되면서, 프랑스, 미국, 러시아도 반식민지적인 개입을 해온다. 아편전쟁과 태평천국의 난, 양무운동과 청일전쟁의 패배, 전통개혁을 주장하던 변법자강운동과 수구파의 대립, 외국 열강군대의 베이징 주둔은 청나라 국운의 쇠퇴를 가져온다. 멸만흥한(滅滿興漢)의 민족주의는 반-봉건적인 민족자본과 결합하였고, 쑨원(孫文)이 주도한 중국혁명동맹회는 신해혁명(辛亥革命, 1911)을 성공시킨다. 1912년 청 왕조의 마지막 황제 선통제(宣統帝) 푸이의 퇴위로 청(淸)왕조는 종국을 맞는다.

· 중화민국 〈A.D. 1912~1916, 수도; 북경(北京)〉

쑨원을 중심으로 한 신해혁명의 성공 이후, 1911년 12월 쑨원(孫文, 손문)은 지지세력을 규합하여 중화민국의 임시 총통에 오르고, 1912년 1월에 중화민국 건국을 선언하였다. 당시, 청(淸)왕조의 총리대신이었던 위안스카이(袁世凱, 원세개)와 세력이 대등하였다. 쑨원은 재정적 기반이 약하였고, 위안스카이는 영국의 지지를 받으면서 황제 즉위를 도모하였다. 위안스카이의 황제 퇴위 조건으로 쑨원은 임시 대총통직을 위안스카이에게 일임하였다. 그러나 위안스카이는 황제 복귀를 시도하여 1915년 12월 황제에 즉위하였다. 격렬한 반대로 83일만에 황제 자리에서 물러났고, 2개월 후 위안스카이는 사망을 하였다. 이후, 중국은 군벌의 통치와 공산당 세력의 등장 시기로 접어 들었다.

· 중화인민공화국 〈A.D. 1949~현재, 수도; 북경(北京)〉

위안스카이의 사후에 뤼위앤홍(黎元洪, 여원홍)이 대총통에 취임하였다. 국무총리 돤치루이(段祺瑞, 단기서)에게 실권이 있었고, 북양군벌도 일본과 영·미의 지원을 등에 입은 세력으로 분열되었다. 북양군벌의 5·4운동 강제진압, 쑨원을 중심으로 한 국민당의 광둥군 정부 설립, 코민테른 대표 마링(Maring)과 마오쩌둥(毛澤東, 모

〈표 3-1〉 중국의 역대 국가와 수도, 연대

국가		수도	年代
황하문명		神話時代	
삼황오제			
하		安邑	B.C. 21-B.C 16세기
상		豊京, 鎬京	B.C. 16세기-B.C. 1,066
서주	주	西安	B.C. 1,066-B.C. 771
춘추	동주	下都(燕), 邯鄲(趙), 臨淄(齊), 故城(韓), 淹城(淹) / 洛陽(成周)	B.C. 770-B.C. 476-B.C. 221
전국	동주		
진		咸陽	B.C. 221-B.C. 206
전한	한	長安	B.C. 206-A.D. 8
신	한	長安	A.D. 9-23
후한	한	洛陽	A.D. 25-220
위 / 촉 / 오	삼국시대	鄴→洛陽 / 益州(成都) / 建業(南京)	A.D. 220-265
서진	진	洛陽	A.D. 265-316
오호십육국 / 동진	진	5胡16國 / 建康(南京)	A.D. 317-420
송	북위 / 남북조시대	宋 / 平城, 洛陽 / 南北朝時代	南朝 A.D. 420-589
제	북위	南齊 / 平城, 洛陽	
양	동위북제 / 서위북주	梁 / 鄴 / 長安	北朝 A.D. 386-581
진	동위북제 / 서위북주	陳 / 鄴 / 長安	
수		長安, 洛陽(東都)	A.D. 581-618
당		長安	A.D. 618-907
요	오대십국	上京(北京) / 開封, 洛陽	
서하 / 금	북송, 남송 / 송	興慶府 / 上京(北京) 中都(開封) / 開封 抗州(臨安)	A.D. 970- 1,234
원		北京	A.D. 1,271-1,368
명		金陵(南京), 鳳陽, 北京	A.D. 1,368-1,644
청		北京	A.D. 1,644-1,911
중화민국		北京	A.D. 1,911-
중화인민공화국	중화민국	北京 / 南京	A.D. 1,949-

(음영) 천도 실시

택동)을 비롯한 지역대표 13명이 모여 결의한 중국공산당 세력의 대두 등과 같은 정치, 사회적인 격동기를 맞았다. 이후, 제1차 국・공합작의 결렬, 장제스 국민혁명군의 북벌, 장제스의 국민당 정부와 중국공산당의 내전, '용공항일(容共抗日)'을 협정한 제2차 국・공합작, 중일전쟁의 본격화가 일게 되었다. 1937년 7월 '노구교(蘆溝橋)사건'과 같은 해 12월 '난징대학살'이 발발하였다. 1941년 1월 '환난(皖南)사변'을 계기로 제2차 국・공합작은 결렬되었다. 이후, 중일전쟁은 1945년 8월 일본의 무조건 항복으로 종전되었다. 전후 처리 문제를 둘러싸고 국민당과 공산당의 대립이 커지면서, 1946년 7월 국공내전이 본격화되고, 마오쩌둥의 홍군(紅軍) 세력이 전승(戰勝)을 거듭하였다. 국민당 정부는 수도를 난징에서 충칭과 청두(成都)로 옮겨 다니다가, 1949년 12월 타이완(臺灣)으로 피난하였다. 결국, 1949년 9월 중국인민정치협상회의에서 중앙인민정부위원회의 주석에 마오쩌둥이 선출되었다. 1949년 10월, 마오쩌둥은 베이징 톈안먼(天安門, 천안문) 광장에서 중화인민공화국의 건국을 선포하였다.

2) 중국의 정치체제

① 중국의 정치사상

가) 마오쩌둥 사상

마오쩌둥(毛澤東, 모택동) 사상은 그가 중국공산당 당원으로 활동하던 시절부터 중화인민공화국 건국에 이르는 혁명의 실천과정을 바탕으로 하여, 마르크스-레닌의 공산주의 사상을 중국식으로 개편한 정치사상이다. 마오쩌둥의 신민주주의론에서 혁명의 주도 계급을 농민, 노동자, 소자산계급, 민족자산계급으로 분류하여 정하고 있다. 이것은 기존 공산주의 혁명주체에 농민과 자산계급을 추가하여 중국식으로 정치사상을 적용한 것이다. 마오쩌둥의 집권말기에 계속혁명론, 문화대혁명[3]의 주창은 중국사회에 혼란을 초래하였다. 마오쩌둥 사상은 중화인민공화국의 건국이념과 중국을 지도하는 통치이념이 되었지만, 사회주의 건설을 위해서는 부족한 사상이었다. 후계자

3) 계속혁명론 : 마오쩌둥이 집권말기에 계급모순이 사라질때까지 혁명을 계속해야 한다고 주창한 계급투쟁론.

계급투쟁론 : 마오쩌둥이 재산의 불평등한 소유에 따라 유산계급이 무산계급을 착취한다고 바라본 마르크시즘에다가 추가하여 권력의 불평등한 관계에 따라 착취가 이루어지는 모순개념과 해결방법을 제시.

문화대혁명 : 마오쩌둥의 계급투쟁론을 중심으로 하여, 1966년에서 1976년까지 중국사회를 혼란케하여 중국을 정체 및 후퇴시킨 정치사건.

덩샤오핑(鄧小平, 등소평)이후, 마오쩌둥 사상의 재평가의 필요성이 남게 되었다.

나) 중국식사회주의

현대 중국의 정치, 경제사에서 중요한 전환점으로, 1978년 덩샤오핑의 '중국식사회주의 건설' 정치노선의 표방을 들 수 있다. 중국식사회주의[4] 핵심내용은 '사회주의 초급단계론'[5] 이다. 즉, 자본주의가 성숙하면 사회주의를 거쳐 공산국가로 이전해간다는 마르크스・레닌 공산주의 이론과는 달리 중국은 발달된 자본주의 단계를 거치지 않았기 때문에 사회주의 초급단계가 필요하고, 이 단계에서 자본주의 사회가 달성한 고도의 생산력 수준에 도달에 해야 한다는 것이다. 이 단계를 1949년부터 2050년까지 약 100년으로 설정하여, 사회주의 현대화의 실현을 목표로 하고 있다. 현대화의 3단계 발전전략으로, 1단계를 온포(溫飽)단계로 정하여 1990년까지 먹고사는 문제를 해결하고, 2단계를 소강(小康)사회의 달성단계로 정하여 2000년까지 개발도상국 수준에 도달하고, 3단계는 2050년까지 사회주의 현대화의 기본적 실현을 목표하고 있다.[6]

덩샤오핑의 사회주의 현대화는 공유제와 노동에 따른 분배를 위주로 하는 사회주의의 주요특성을 유지하면서, 경제발전을 달성하여 궁극적으로 중간 선진국 수준의 공동 부유를 실현하려는 목표를 가지고 있다. 덩샤오핑의 사후, 쟝쩌민(江澤民, 강택민) 집권기에도 중국식사회주의건설 노선은 계승되어, 쟝쩌민의 '3개 대표론'으로 나타났다. 3개 대표론은 중국공산당이 선진 자본주의사회의 생산력 발전을 대표하고, 인민의 선진문화건설을 대표하며, 인민의 근본 이익을 대표한다는 것을 주요내용으로 하고 있다. 여기에는 중국공산당의 통치적 지위의 유지와 자본가계급을 포용하려는 의도가 내포되어 있다.

② 중국의 정치제도

중국의 정치제도는 인민대표대회 제도, 공산당 중심의 다당합작제도, 정치협상

---

4) 중국식사회주의 : 마르크스・레닌 공산주의 사상 원리를 중국의 상황과 결부시켜야 한다는 정치사상. 즉, 중국의 국정(國情)이 계속 변화하기 때문에 중국식사회주의도 변화할 수 밖에 없다는 유연한 정치이념

5) 사회주의초급단계론 : 중국사회주의의 주요모순을 계급간의 모순으로 바라본 것이 아니라, 낙후된 생산력과 인민의 물질문화에 대한 욕구 사이의 모순으로 파악하여 국정(國政)에 반영시킨 정치이념

6) 사회주의 현대화를 위하여 '하나의 중심・두 개의 기본점'이라는 노선을 정하고 있다. 하나의 중심은 경제 건설을 중심으로 하는 것이고, 두 개의 기본점은 개혁개방의 견지와 4항의 기본원칙을 말한다. 여기에서 4항의 기본원칙은 마르크스・레닌주의・마오쩌둥 사상의 견지, 사회주의 노선의 견지, 인민민주독재의 견지, 공산당 영도의 견지를 말한다.

제도의 3가지 기본제도로 규정할 수 있다. 인민대표대회는 중국 헌법에서 정한 인민민주독재 국가규정에 따른 사항을 실행하는 기관이다. 전국인민대표대회는 성급(省級, 성・자치구・직할시) 인민대표대회와 인민해방군에서 선출한 대표로 구성된다. 헌법상 최고의 국가권력기관이다. 현・자치현・구가 설치되지 않은 시・향・민족향・진의 인민대표대회의 대표는 직접선거로 선출한다. 지역별, 직능별, 민족별로 구성되고 5년 임기제이다. 전국인민대표회의 상무위원회에서 모든 업무를 관장하고, 전국인민대표회의의 권한은 입법권, 임면권, 감독권, 예산심의 및 국가중대사안의 결정권을 가지고 있다. 공산당 중심의 다당합작제도는 중국적 현실을 반영한 중국공산당 중심의 다당합작제를 기본으로 하고 있다. 중국공산당이 전국의 인민을 단결시켜 혁명에서 성공하여 신중국을 건설하고 부강한 국가의 건설을 이끌어야 한다는 중국적 현실을 위하여 중국공산당은 8개의 중국민주당파들[7]과 협력하여 중국을 통치한다는 제도이다. 실제로는 중국공산당 일당독재의 유명무실한 다당제도이다. 정치협상제도는 중국공산당의 지도하에 각계인사들이 중국인민정치협상회의에 모여 주요정책 결정을 위해 협상하고 집행을 감독하는 제도이다. 위원의 임기는 5년이고, 전국인민대표대회와 함께 개최된다.

3) 중국의 문화

① 통일된 다민족국가

중국은 중국정부가 인정하는 56개 민족으로 구성된 다민족 통일국가이다. 각 민족마다 고유의 전통문화를 가지고 있다. 중국대륙의 영토가 넓은 만큼, 문화도 다양하고 복잡하게 나타난다. 소수민족들 중에 한족(漢族)이 전체인구의 92% 정도를 차지하고, 그 외 소수민족 인구가 전체인구의 8% 정도이다. 이들 소수민족들은 5개 자치구, 30개 자치주, 124개의 자치현에 분포하여 거주하고 있다. 소수민족 저마다 고유의 언어와 문화, 관습을 유지하면서 지역의 환경에 적응하면서 살고 있다. 중국내 소수민족에 대한 문제로 달라이라마를 중심으로 한 티베트족의 독립을 들 수 있다. 1950년 중국공산당의 티베트 침공이후, 중국의 티베트에 대한 종주권과 티베트의 자치권을 인정하는 내용의 조약이 체결된 것이었다. 중국헌법에 한족을 비롯한 여러 소

7) 중국민주당파(中國民主黨派) : 중국국민당혁명위원회, 중국민주동맹, 중국민주건국회, 중국민주촉진회, 중국농공민주당, 중국치공당, 구삼학사, 대만민주자치동맹

수민족은 차별받지 않는다는 조항이 명시되어 있기 때문에, 소수민족들은 자치를 시행할 수 있고 저마다의 고유 언어와 문자, 종교, 관습을 지켜오고 있다. 중국공산당의 중국식사회주의 사상 속에서 다양성과 복잡성이 존재하는 것은 내부적 모순을 인정하는 것이고, 또한 중국이 유지될 수 있는 근본적인 힘이라고 할 수 있다.

② 중국의 문화정책

중국공산당의 개혁개방 정책에 따라 자본주의 문화시장이 형성되면서 점차 사회주의 시장경제의 중요한 부분을 차지하게 되었다. 이것은 중국 국민의 정신문화에 주요한 영향을 미치고 있다. 중국공산당은 사회주의 시장경제체제의 정책에 따른 문화정책을 표방하고 있다. 사회주의와 자본주의 이념 공존에 따른 문제점은 현대 중국사회의 당면 과제이다.

〈표 3-5〉 중국의 문화정책

구 분	중국의 문화정책
원 칙	–인민을 위해 복무하고 사회주의를 위해 복무한다. –'백화제방', '백가쟁명'의 방침을 따른다. –두 손을 움켜쥐되, 한 손에는 번영을, 다른 손에는 관리를 움켜쥔다.
목 표	–중화민족의 우량한 사상, 문화전통을 계승하고 발양한다. –세계 각국 선진문명 성과를 적극 흡수한다. –사회주의 정신문명의 수준을 높여 개혁개방과 현대화 건설에 유리한 환경을 창조한다.
중점사업	사상선전사업의 강화, 군중문화사업 강화, 문화시장 관리강화, 문화체제개혁 심화, 문화교류 활동강화, 문화시설의 건설강화, 문물보호와 관리강화

4) 중국의 경제

① 사회주의 계획경제시기 (1949년~1978년)

1949년 중화인민공화국의 건국 이후 마오쩌둥(毛澤東, 모택동)은 스탈린(Stalin)의 사회주의 계획경제 모델을 도입하였다. 사회 전반에 걸쳐 남아있는 봉건적, 자본주의적인 소유경제를 중앙집권적 사회주의 계획경제체제로 대대적인 개혁을 단행하였다. 마오쩌둥의 평균주의를 극복하고 경제회복을 고려한 류사오치(劉少奇, 유소기)와 덩사오핑(鄧小平, 등소평)의 경제회복 장려정책이 시도되었지만, 낙후한 경제를 벗어날 수 없었다.

〈표 3-6〉 중국 사회주의 계획경제 정책의 추진과정

계획경제정책의 추진과정	주요 내용
회복기 (1949~1952)	–중일전쟁, 내전수습을 마치면서 경제가 회복되는 시기
개조기 (1953~1956)	–제 1차 경제개발 5개년계획수립, 소련 경제모델 도입, 소유제 개혁단행, 사회주의3대개조 완성
대약진기 (1958~1960)	–대약진운동전개, '사회주의건설총노선'제기 · 도시–노동력위주의 철강산업 등 중공업발전 · 농촌–인민공사화운동, 급진적 집체화 추구 (자연재해와 정책의 맹목적 성격으로 실패)
조정기 (1961~1965)	–덩샤오핑의 '흑묘백묘론(黑猫白猫論)'정책추진
문화대혁명기(1966~1976)	권력투쟁 발발〈마오쩌둥 측근의 좌파가 류사오치, 덩샤오핑을 주자파(走資派)로 비판〉, 좌파노선의 영향으로 중국경제 가 마비상태 전락
양약진기 (1976~1978)	洋躍進期, 마오쩌둥 사후, 그의 노선을 계승한 화궈펑 집권기, 대약진방식 유지, 서구자본과기술 일부도입

② 사회주의 시장경제시기 (1978년~현재)

덩샤오핑(鄧小平, 등소평)의 개혁개방 정책이 1978년 11기 3중전회의에서 채택되면서, 중국역사에서 중대한 전환점을 맞게 되었다. 덩샤오핑의 개혁개방 정책은 사회주의 계획경제와 자본주의 시장경제를 결합한 것으로, 사회주의 시장경제 체제로 운용되었다.

대내개혁은 단계적으로 추진되었는데, 1차적으로 농업분야 개혁(1979년~1984년)을 추진하였다. 농가생산책임제(家庭聯産承包責任制), 향진기업(鄕鎭企業)을 도입하여 농민소득을 향상시켰다.

2차적으로 도시 상공업분야로 개혁을 확대하였다. 권한의 지방이양, 기업경영책임제도, 이개세(利改稅)제도 실시, 금융, 유통, 노동 등에 대한 경제 전반에 걸쳐 개혁을 단행하였다.

대외개방은 국제대순환이론[8]에 입각하여 연해발전전략(沿海發展戰略)으로 중국경제성장을 견인하기 위하여 단계적으로 연해지역을 개방하였다. 연해지역 개방이 완료되면서 사연(四沿)개방[9]이 추진되고 2000년 서부대개발정책 발표, 2001년 베이징올

8) 국제대순환이론 : 연해지역을 개방하여 선진자본과 기술을 도입하여 국내의 풍부한 노동력, 천연자원 등과 함께 결합시켜 노동집약적 산업을 자본기술 집약적 산업으로의 변화를 목적으로 하는 경제 발전전략.

림픽유치 및 WTO(세계무역기구) 가입이 이루어진다. 이러한 덩샤오핑의 개혁개방정책에는 난제(難題)도 뒤따랐다. 1988년 경제 과열과 인플레이션으로 인한 물가상승과 부정사건 등으로 사회주의 표준논란을 제기하는 '성사성자론(姓社姓資論)'이 대두되기도 하였다.

〈표 3-7〉 연해개발전략에 따른 연도별 개방연해지역

구 분	개방연해지역
1980	선전, 주하이, 산터우, 샤먼 등 동남연해지역 4개도시 (경제특구지정)
1984	천진, 상해, 대련, 진황도, 연태, 청도, 연운항, 남통, 영파, 온주, 복주, 광주, 담강, 북해 등 14개 연해항구도시
1985	장강삼각주, 주강삼각주, 민동남지구, 환발해지구 개방 (경제개방구지정)
1986	랴오둥(요동)반도, 산둥(산동)반도, 발해만지역
1988	해남도를 해남성으로 승격 (경제특구지정)
1989	상해 포동지구 (경제특구지정)

(3) 중국 역사 속의 수도이전

기록으로 전하여 내려오는 중국의 5천년 역사는 그 영토가 광대한 만큼, 복잡하고 다양한 역사이다. 중국 역대왕조의 수도이전(首都移轉) 배경과 그 추진과정을 기록한 사료(史料)의 수집에 한계가 있어, 본 절에서는 시・공간적(時・空間的) 범위로, 한(漢)나라 왕조의 개국 역사와 함께 전한(前漢)시대와 수도 장안(長安), 후한(後漢)시대와 수도 낙양(洛陽)에 대하여 정리하여 보았다.

1) 한(漢)나라 왕조의 개국

① 진(秦)왕조의 분열과 한초전(漢楚戰)

전국시대(全國時代, B.C. 476~B.C. 221)를 통일한 진(秦, B.C. 221~B.C. 206)나라의 진시황(秦始皇)[10]은 중국 역사상 최초로 '황제(皇帝)' 칭호를 사용하면서, 중앙

9) 사연(四沿)개방 : 국경을 따라 개방하는 연변(연변), 강을 따라 개방하는 연강(연강), 철로를 따라 개방하는 연로(연로) 개방전략

10) 진시황(秦始皇, B.C. 246~B.C. 210) : 성(性)은 영(瀛)이고, 이름은 정(政)이다. 영정은 전국시대 말기 진나라 왕으로 13세에 왕위에 올랐고 21세에 국정을 운영할 정도였다. 그가

집권적 관료제도를 수립하여 통일정책과 지배체제를 강화하였다. 북방 흉노족의 침입에 대비한 만리장성의 수축과 함께 수도 함양(咸陽)에 아방궁(阿房宮), 여산릉(驪山陵) 신축을 위한 무리한 공역징발, 분서갱유(焚書坑儒)[11] 단행은 제후세력들과 백성들의 불만을 높이는 결과를 초래하였다.

B.C. 210년 진시황이 돌연 사망하게 되었고 진나라 정국의 혼란 속에서 함양에 입성한 항우는 초(楚)왕조의 회왕(懷王)을 의제(義帝)로 옹립하였고, 회왕은 임(지금의 호남성 임현)에 수도를 정하였다. 또한, 진(秦)왕조의 평정에 동참하였던 지방 6개 왕족과 제후 18명에게 지방 영토를 나누어 분봉하였다. 척박한 한중(漢中, 지금의 섬서성 남부)지역의 호족으로 임명된 유방은 불만을 가지게 되었고, 다른 제후들간에도 충돌이 일어나기 시작하였다. 정국이 혼란스러지자, 항우가 의제(義帝)를 살해하는 사건이 일어났다. 유방은 이를 명분삼아 군대를 일으켜, 관중(關中)을 병합하고, 제후세력들을 규합하면서 세력을 키워 항우에게 도전을 하였다. 정국은 구 귀족세력을 대표하는 항우군(項羽軍)과 신흥 농민세력을 대표하는 유방군(劉邦軍)으로 나뉘게 되었다. 바로 이 정국이 역사적으로 유명한 '한초전(漢楚戰)'이다. 약 5년 간의 전쟁 속에서 항우군(項羽軍)이 우세하였으나, 항우는 B.C. 202년 해하(垓下, 현재의 안휘성 영벽현)전쟁에서 유방에게 결정적으로 대패하게 된다.

② 한 고조(漢 高祖)의 제도정비

한 고조는 개국공신 제후들에 대한 처우로 진(秦)왕조의 관료제도를 모방하여 중앙집권적인 전제체제로 정비하였다. 진(秦)나라 시대에 강행됐던 군현제(郡縣制)[12]의 실패로 항우(項羽)의 과거회귀적인 봉건제(封建制)를 절충하여 군국제(郡國制)를 실시

38세되던 해 전국시대를 통일하였다. 11년 동안 제위에 있었고, 여산〈驪山, 지금의 시안(西安) 동쪽 린퉁현〉에 묻혔다. 그의 황릉은 발굴되지 못하였지만, 여산 능묘 옆의 진시황릉 병마용은 '세계 8대 기적'으로 불리면서 1987년 유네스코지정 세계문화유산에 등재되었다.

11) 분서갱유(焚書坑儒) : 진시황은 원래 한비자(韓非子)의 법가사상(法家思想)에 관심이 많았다. 법가 출신의 이기(李期)를 승상으로 중용하고, 법가적 정책을 추진하자, 유생(儒生)들의 비방이 일어났다. 당시 호족들이 다스리던 지방국에서도 불평의 사료가 많게 되었다. 승상 이기(李期)는 정치적 안정을 위하여, 진시황에게 강력한 법가적 단행을 건의하였고, 진시황은 이를 받아들여 진기, 농학, 의학서 등만을 남기고 모든 서적을 소각하였다. 유생들이 진시황의 분서갱유, 지나친 토목공사 강행 등을 이류로 비평이 거세지자, 유생 460여 명을 잡아 생매장한 사건이다. 이 사건이후, 법치에 의한 일사불란한 중앙집권체제를 시행할 수 있었다.

12) 군국제(郡國制)~군(郡)은 중앙에서 직접 통치하고, 국(國)은 분봉을 받은 동성제후(同性帝后)들이 다스리는 지방자치제도를 말한다.

하였다. 또한, 군사제도는 중앙군과 지방군으로 구성하였다. 중앙군은 수도 장안의 수비를 맡았고, 남군과 북군으로 나뉘었다. 지방군은 각 군으로 나누어 편제하였고, 군수 책임아래 대수가 관리하였다. 병과에 따라 보병(步卒), 촌관(村官), 기병(綺士), 구선사(構船士)로 나뉘었다. 외침을 당하거나, 대외정벌과 같은 유사시에는 중앙에서 병권(兵權)을 위임받은 장군이 지방군을 통솔하였다. 한대(漢代)에 처음으로 둔전제(屯田制) 실시되었다. 변방의 병참지원을 위하여, 변방에 하서사군(河西四郡)을 설치하고 농민을 중심으로 한 둔전병(屯田兵)을 두어 둔전(屯田)을 시행하였다. 이것은 자체 군량과 경비를 조달할 수 있는 병참제도였다.

2) 전한(前漢) 시대(B.C. 206~A.D. 8)와 수도-장안(長安)

① 전한초기(前漢初期)의 정국불안과 문·경제(文·景帝)시대의 태평성대

개국초기의 전한(前漢)은 오랜 전란으로 인해 국력이 쇠약하였다. 한고조(漢高祖) 유방의 마차를 끄는 말의 색깔을 맞추지 못할 정도였고, 조정 중신들이 우마차를 타고 다닐 정도였다. 한고조는 백성에게 부담을 주지 않는 경제정책을 실시했지만, 한초전(漢楚戰)을 겪고 경험도 많았던 제후(諸侯)들은 넓은 영지와 병력을 소유하고 자치(自治)를 하는 독립국의 면모를 갖추고 있었다. 한고조는 후환을 염려하여, 주요 이성제후(異姓諸侯) 7명을 여러 가지 수단과 방법으로 축출하였다. 그 제위에 동성제후(同姓諸侯) 유씨일가(劉氏一家)로 봉분을 하고, 백마지서(白馬之誓)[13]을 공포하였다. 일시적으로 한고조는 정권을 안정시켰고, 제위 12년(B.C. 195)에 이르러 사망하였다. 한고조의 뒤를 이은 태자(太子) 유영(劉盈)이 혜제(惠帝)로 즉위하였으나, 유약하여 모후(母后)인 여후(呂后)가 정치를 섭정(攝政)하였는데 이 과정에서 많은 불만이 있었으며, 여후(呂后) 병사(病死) 후에 수도 장안(長安)에서 진평(陳平), 주발(周鉢) 등이 군권(軍權)을 장악하고 여씨일가(呂氏一家)를 몰락시켰다. 이어 한 고조의 서자(庶子)이고 성격이 후덕한 대왕(代王) 유항(劉恒)을 추대하여 황위를 계승토록 하였는데, 이 사람이 한 경제(漢 景帝)였다. 훗날 한 문제(漢 文帝)시기에 동성제후왕(同姓諸侯王)이고 당형(堂兄)이었던 오왕(吳王) 유비(劉濞)를 중심으로 한 오초7국(吳楚七國)의 반란이 일어나기도 하였다. 장군 주아부(周亞夫)의 반란진압 이후, 한 문제(漢文帝)는 제후세력을 크게 축소시켰다.

---

13) 백마지서 (白馬之誓)~유씨 아닌 제후왕은 모두 배격한다는 의미

한 왕조(漢 王朝)는 명실상부한 중앙집권적인 전제체제를 확립할 수 있게 되어, 한 문제(漢 文帝, B.C. 179~B.C. 157)와 그의 아들 한 경제(漢 景帝, B.C. 156~B.C. 141)시대에 태평성대를 누렸다. 문・경제(文・景帝)는 깨끗한 정치를 펼쳤다. 한 문제(漢 文帝)는 성격이 후덕(厚德)하여 선정(善政)을 실시하였는데, 요역과 부역을 줄여 백성을 쉴 수 있게 하는 정책을 펼쳤다. 12년간 농지조세를 징수하지 않았고, 수리사업을 펼쳐 농업 수확을 늘렸다. 한 고조(漢 高祖)의 둔전정책(屯田政策)을 계승하여, 변방에 백성을 이주시켜 자력방비를 할 수 있게 하였다. 문・경제(文・景帝)시대 40년 동안 전란은 발발하지 않아, 인구수가 늘어나게 되고, 경제가 부흥하여 대부호와 상인세력이 성장하였다. 국력이 커지면서 사치와 낭비가 만연되기 시작하자, 소작농은 몰락하고, 호족세력이 형성되기 시작하였다. 이후, 한 무제(漢 武帝)가 위대한 치적(治積)을 남길 수 있었던 밑바탕이 이 시기에 형성된 것이다.

② 한 고조(漢 高祖)의 개도(開都) - 장안(長安)

〈장안(長安), 지금의 섬서성(陝西省), 서안(西安), 면적; 약 9900㎢, 인구; 약 230만 명, 1998년 현재〉

한 고조(漢 高祖, 劉邦)은 B.C. 202년에 중국을 통일하고, 수도(首都)를 장안(長安)으로 정하였다. 장안성은 지금의 섬서성(陝西省) 서안(西安) 서북쪽 약3km지점에 위치하고 남쪽에는 중난산이 있는 관중분지의 중앙부에 자리하고 있다. 황하강의 지류인 위수(渭水)의 남측 강가에 자리잡고 있다. 장안성과 면해 있는 위수의 북측 강가에는 진(秦)왕조의 수도 함안성(咸安城)이 위치하고 있다. 유방(劉邦)은 북방에 대한 수도방어와 남방 광야로의 교통이 편리한 지리적 이점을 고려하여 위수 남측에 한(漢)왕조의 수도를 정하였다. 또한, 유방은 진나라 말기 위수(渭水) 북측 함양성의 소실과 잔여세력 결집을 위하여, 위수 남측에

(그림 3-21) 장안 구시가 주변 성벽

남아있는 진시황의 별궁지를 활용하여 수도 장안(長安)을 건설하였다. 이것은 유방이 새 왕조를 창건할 당시, 건재한 제후세력들과 전란으로 피폐해진 백성들을 노역으로 징발할 수 없는 상황을 고려하여 신속한 국가체제 확립과 경제상황에 맞게 장안성(長安城)을 건조하였다.

장안성은 3단계로 나누어 건설된 것으로 볼 수 있다. 한 고조(漢 高祖)시기에 장락궁(長樂宮)을 건조하였는데, 이것은 진대(秦代)의 이궁(離宮)였던 흥락궁(興樂宮)을 개축한 것이었다. 장락궁의 서쪽에 미앙궁(未央宮)을 세웠고, 장락궁과 미앙궁 사이에 무기고(武器庫)를 만들었다. 한 혜제(漢 惠帝) 시기에 성벽을 축조하였고 시장(市場)을 동시(東市)와 서시(西市)로 나누어 열었다. 한 무제(漢 武帝)시기에 장락궁의 북쪽에 명광궁(明光宮)을 세웠고, 미앙궁의 북쪽에 계궁(桂宮), 수북궁(修北宮)을 세웠다. 서쪽 성밖에는 건장궁(建章宮)을 세웠고, 상림원(上林苑)을 확장하고 비명지(昆明池)를 조성하였다. 한 무제(漢 武帝) 시기에 이르러 장안성의 대략 규모가 건설되었다. 장안성의 동측 성벽길이는 약 6,000m, 서측 성벽길이는 약 4,900m, 남측 성벽길이는 약 7,600m, 북측 성벽길이는 약 7,200m로 성벽의 총길이는 약 25,700m의 규모였다.

장락궁과 미앙궁이 세워진 다음에 성벽을 쌓았다. 위수(渭水)의 영향으로 굴곡진 곳과 경사지가 많다. 성벽은 전체를 황토로 다져서 축성하였고, 높이가 12m, 하부 폭이 12~16m였다. 한서 혜제기에 의하면, 장안 600리 내의 농민과 각 지방의 노예들이 축성에 동원되었는데, 14~15만 명이 1개월 동안 한쪽 성벽만을 축성할 수 있을 뿐이어서, 사방의 성벽을 쌓는데 대략 5년의 세월이 걸렸을 것으로 추정된다. 성벽의 바깥쪽에 해자(垓字)를 돌려서 팠고, 그 너비가 8m, 깊이가 3m였다. 장성문(章城門) 전면의 해자 위로 나무다리를 설치하여 출입을 편리하게 하였을 것으로 추정된다. 또한, 성 전체에는 12개의 성문이 있었고, 3개씩 사방에 배치되었다. 각 성문에는 3개의 문길이 있었고, 각 문길의 실제 너비는 모두 6m로, 수레 4대가 지나갈 수 있는 너비였다.

장안성의 평면계획은 방형을 기본으로 한 정방형을 하고 있다. 이것은 주례고공기(周禮考工器)[14]의 영향을 받은 것인데, 장안성 내부 가로망[15]은 8개의 대로(大路)가

14) 주례고공기 (周禮考工器) : 중국 주(周)나라 시대에 만들진 고전 기술서인 '주례(周禮)' 중의 한 편을 말함. 왕궁 조영(王宮造營)·수레·악기·병기(兵器) 등에 관한 기술(技術)이 수록. 중국 최고(最古)의 기술서(技術書)로서 고대의 물질 문명을 연구하는 데 필요한 문헌. 진시황의 분서로 소실된 것을 한나라때 6편으로 재편함.

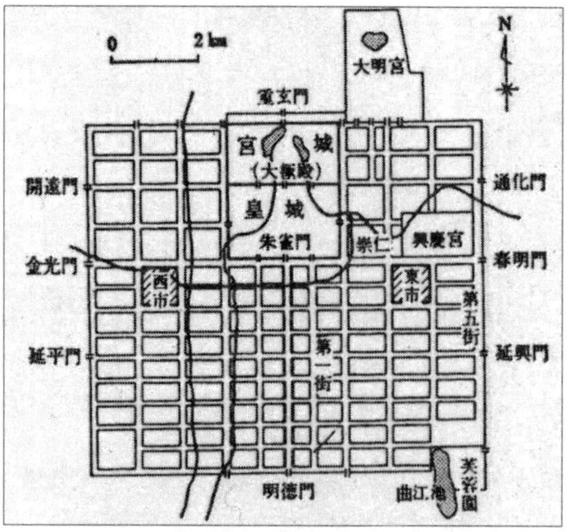

(그림 3-22) 장안성

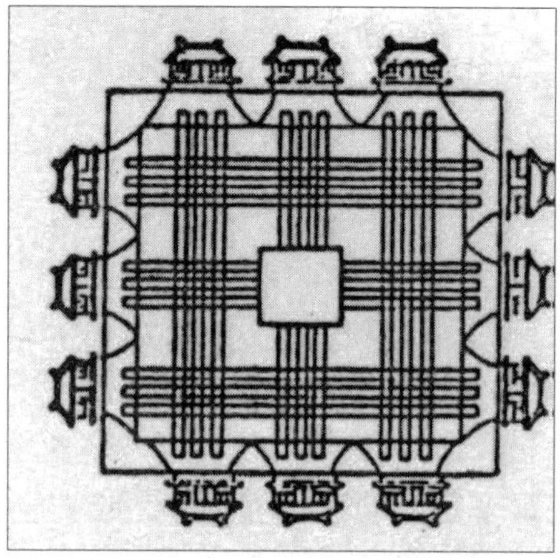

(그림 3-23) 주례 고공기(周禮 考工器)

직교상으로 서로 엇갈리면서 정자로(丁字路), 십자로(十字路)를 형성하였다. 대로의 길이는 달랐으나, 모두가 너비 45m로 일치하였다. 각 대로는 3개의 평행하는 도로의 형식이었고, 그 사이에 너비 90cm, 깊이 45cm인 2개의 배수구가 있다. 가운데 도로는 '치도(馳道)' 라 하여, 황제만이 다닐 수 있었고 일반 관리와 백성은 그 좌우의 길을 사용하였다. 장안성의 배수시설은 성문 밑 지하에 배수로를 만들었다. 성 내부에 고인 물이 대로의 양측 편 도랑을 거쳐 성문 지하의 배수로를 통하여 성벽 밖의 해자로 흘러 나가게 되었다. 또한, 성벽을 쌓을 때, 5각형 혹은 원형의 도제수관(陶製水管)을 성벽의 기초에 묻어 배수 작용을 돕도록 계획하였다.

장안성은 왕망(王莽)의 신(新)왕조 말년에 전화(戰禍)로 크게 파괴되었고, 중국 역사에서 한(漢)나라 이후 당(唐)나라에 이르기까지 1,000년이 넘는 역대 왕조들의 수도 역사를 가지고 있다. 후한, 위진 남북조, 5호16국시대, 서위, 북주, 수(隨)왕조시대를 거치면서 개축되었다. 서역교류가 활발해진 당(唐)왕조시대에 장안(長安)이 서역에까지 알려지게 되었다. 당(唐)왕조시대에 장안의 인구는 100만 명 규모였고, 동서길이 약 10km, 남북길이 약 9km에 달하는 시가지를 형성하였다.

15) 장안성 내부 가로망은 당(唐)왕조시대에는 중앙의 주작대로를 중심으로 하여, 11개의 남북가로와 14개의 동서가로가 격자형의 가로망으로 구성되었다. 이들 가로(街路)에 의해 108개의 방(坊, 지금의 街區)으로 구획되었는데, 각 방(坊)의 내부에는 폭 15~20m의 십자로와 4개의 대문이 배치되었다. 상류층의 주거지역은 도성의 북측에, 하류층의 주거지역은 서측에 위치하고 있다. 당(唐)왕조시대의 도성, 궁궐, 누문가로(樓門街路) 등의 도시 구성요소의 계획원리 및 건축사상은 고구려, 백제, 신라, 발해, 일본 등 동아시아 국가들의 도시계획에 영향을 미쳤다.

3) 전한(前漢)의 멸망과 신(新)왕조의 흥망 (A.D. 8~23)

① 외척세력의 전횡과 왕망(王莽)의 황위(皇位) 찬탈

한(漢)무제(武帝)의 사후(死後), 일시적으로 곽광(霍光), 상관걸(上官桀), 김일제(金日磾)의 내조체제(內助體制)가 형성되었다. 세력 다툼에서 외척 곽광이 세력을 압도하면서, 내조정치가 외척정치(外戚政治)로 변모하게 되었다. 곽광 사후, 곽씨일가(霍氏一家)의 몰락으로 나이 어린 선제(宣帝)가 황제에 등극하였으나 외척과 환관(宦官)의 정치세력 다툼 속에서 이러한 정국이 계속되었다.

원제(元帝) 시기에 원제가 총애하던 왕씨(王氏) 후궁을 황후(皇后)로 봉하면서 왕씨일가(王氏一家)의 정계진출이 시작되었다. 왕황후(王皇后)의 소생이 태자가 되어 성제(成帝)로 즉위하였다. 왕황후(王皇后)가 왕태후(王太后)로 되면서, 왕씨일가의 세력이 더욱 상승되었고, 점차 군권(軍權)을 비롯한 중요 관직을 장악하였다. 이러한 왕씨일가의 권력체제에 불안감을 느낀 한(漢) 종실(宗室) 유향(劉向)의 상소문은 무시되고, 장기적으로 외척 왕씨일가의 권력시대가 지속되었다. 왕태후(王太后)의 동생 왕만(王曼)의 아들 왕망(王莽)의 세력이 커지게 되면서, 왕망은 왕씨일가의 반대세력을 배척하고 권력을 독점하는 구도가 되었다. 당시 전한시대에는 참위사상(讖緯思想)이 성행하였고, 부명(符命)은 천의(天意)를 대변하는 것이었다.

왕태후도 이를 점차 인정하였고, 이 부명(符命)에 근거를 두고 왕망 스스로 섭황제(攝皇帝)라고 하였다. 그에 따라 천자(天子)의 예복(禮服)을 입고, 모든 제례(祭禮)와 정무(政務)를 천자(天子)의 예(禮)를 따라했다. 한 고조묘(漢 高祖廟)에서 동합(銅盒)을 발견하였는데, 그 안에 왕망이 진황제(眞皇帝)가 되어야 한다는 내용의 책서를 근거로 하여 자신은 천제(天帝)의 부명(符命)을 받았기 때문에 진황제(眞皇帝)가 마땅하다고 주장하고 왕태후(王太后)에게 인정을 받아냈다.

신(新)왕조는 이렇게 건국되었다.(A.D. 8) 신(新)왕조의 건국으로 인하여, 고조(高祖) 유방(劉邦)이 세운 한(漢)왕조의 역사를 전한(前漢), 서한(西漢)과 후한(後漢), 동한(東漢)[16]으로 구분하게 된 것이다.

---

16) 왕망의 신(新)왕조 건국 이전의 한(漢) 왕조의 수도(首都)는 중국대륙 중심부의 서측편 장안(長安)이었다. 신(新)왕조 멸망이후, 한(漢) 왕조의 광무제(光武帝)가 중국대륙 중심부의 동측편 낙양(洛陽)으로 수도(首都)를 정하였다. 역사학자들은 한(漢)나라 왕조의 역사를 전한(前漢)또는 서한(西漢)시대와 후한(後漢)또는 동한(東漢)시대로 나누어 구분하고 있다.

② 왕망(王莽)의 개혁실패와 반란

한(漢)왕조의 황위(皇位)를 찬탈한 왕망은 주례(周禮)의 실천은 황제의 당연한 의무라 하고, 정치·경제·사회분야 등에 대한 개혁을 단행하였다. 정치적으로 황제를 정점으로 하는 관제개편으로 중앙집권체제의 일원적 통치를 시도하였다. 사회·경제적으로 신화폐를 주조하여 화폐개혁을 단행하였다. 전국의 토지를 왕전(王田)이라 하고, 국유로 전환하는 내용의 토지개혁도 단행하였다. 빈민구제를 목적으로 사대제도(賒貸制度)를 실시하였고 전매를 중심으로 한 통제경제정책을 실시하였다. 그러나 정책과 제도를 관장할 만한 관료가 없었고, 복고적인 유가사상만이 왕망의 실체였다. 왕망은 대외정책에서도 한(漢)왕조가 주변민족 군장(君長)들을 왕(王)으로 칭하던 것을 후(后)로 낮추었다. 당시 주변국으로는 북방의 흉노(匈奴), 운남(雲南), 고구려(高句麗), 서역(西域)의 왕조가 있었는데, 왕망의 오만함에 반기를 들고 전란이 일어났다. 고구려 역시 왕망의 출병요청을 거절하였다. 당시, 신(新)왕조의 경제는 호족(豪族)과 대상인(大商人)에게 집중되어 있었고, 백성들은 빈곤의 깊은 늪에서 고통받고 있었다. 또한, 왕망의 한왕조 황위(皇位) 찬탈에 반발감을 참고 있던 한(漢)황실(皇室)의 종친(宗親) 유현(劉玄)이 경시군(更始軍)을 조직하여 신(新)왕조를 멸망시켰다. 왕망(王莽)의 신(新)왕조는 16년 만에 종말을 맞았다.(A.D. 23)

4) 후한(後漢, A.D. 24~220)의 건국과 수도-낙양(洛陽)

① 광무제(光武帝)의 후한(後漢) 재건

왕망(王莽)의 신(新)왕조 축출에 공헌하였던 세력들 중에서 전한(前漢) 경제(景帝)의 육대손(六代孫)이었고, 남양(南陽-지금의 하남성 남양현)의 호족(豪族)이었던 유수(劉秀)의 세력이 가장 컸다. 유수(劉秀)의 군대는 적대세력을 평정하고, 중국대륙을 다시 통일하였다. 유수(劉秀)가 바로 중국역사에서 유명한 후한(後漢)시대 광무제(光武帝)이다.

광무제는 한(漢)나라를 계승한 후한(後漢)왕조의 통치체제를 대체적으로 전한(前漢)시대의 제도를 답습하였고, 제후(諸侯)들의 봉지를 전한시대에 비하여 작게 하였다. 전한시대 제후세력의 할거를 기억하였기 때문이었다. 전란과 흉년, 기근으로 고통스런 백성들에게 전세(田稅)를 1/30만 받았다고 한다. 전한시대와 같이 유학(儒學)을 국가의 사회지도이념으로 재확립하고, 태학(太學)을 설립하고 오경박사(五經博士)를

두었다.[17)]

② 명・장제(明・章帝)시대의 융성기

광무제의 사후(死後) 태자 장(莊)이 즉위하였는데, 그가 명제(明帝, A.D. 58~75)였고, 18년 동안 재위하였다. 명제의 사후, 태자 달(炟)이 즉위하였는데, 그가 장제(章帝, A.D. 75~86)였으며, 12년 동안 재위하였다. 명・장제(明・章帝) 제위 30여 년 동안에는 국정이 안정되고, 전란이 없었다. 명・장제는 광무제의 관제를 계승하였고, 황권구축과 말기시대에 유행하는 참위설(讖緯設)을 단속하여 민심안정에 노력하였다.

광무제는 개국 후, 외척(外戚)정치를 하였으나, 명・장제는 외척정치를 배척하였다. 전한(前漢)시대에 외척정치로 인한 패망의 역사를 잘 알고 있었다. 유학을 장려하였는데, 황제가 유학을 직접 공부하니, 전국에 독서인구가 증가하였다. 장제(章帝) 때 '백호강진(白虎講秦)'은 경전해석의 토의내용을 수록하여 편찬한 것이었는데, 훗날 반고(班固)가 개편하여 '백호통(白虎通)'을 펴낼 수 있었던 것은 후한(後漢)시대 유학(儒學)의 발전이 있었기 때문이었다.

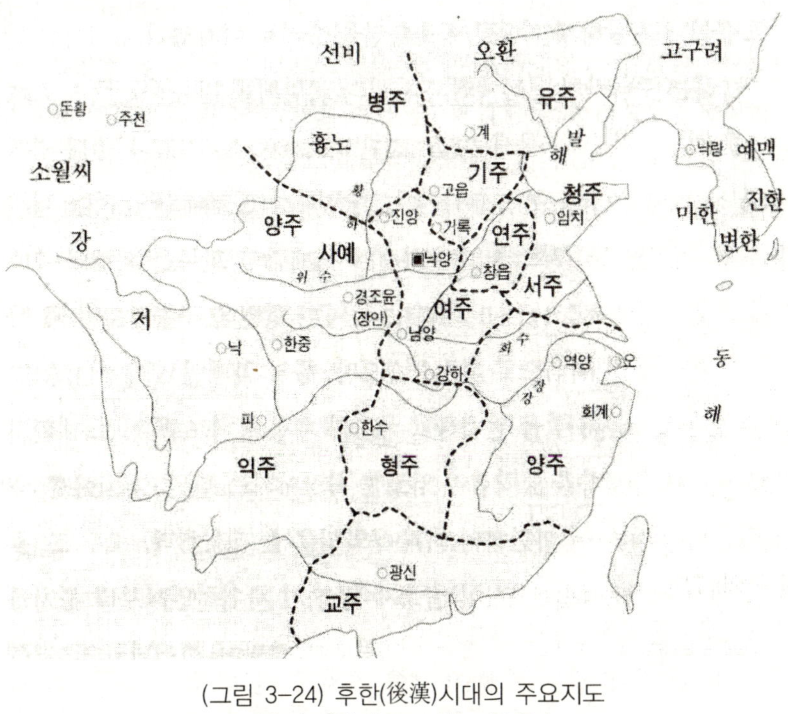

(그림 3-24) 후한(後漢)시대의 주요지도
〈출처: 『한권으로 읽는 중국』〉

17) 李春植, 『中國史 序說.』, 교보문고. p135.

③ 후한(後漢)의 멸망 - 황건적의 난과 지방호족의 할거(割去)

후한의 6대 황제 화제(和帝) 때부터 나이 어린 황제가 즉위하면서 섭정(攝政)으로 인한 외척세력과 그 견제 속에서 대두된 환관세력 간에 정권 다툼으로 인하여 국정이 혼란해졌다. 환제(桓帝), 영제(靈帝) 시기에 환관세력들에 의한 2차례 당고(黨錮) 이후, 지식인층에 대한 탄압이 극심해졌다. 환관들의 정치세력은 국정에 깊게 자리를 잡게 되었다.

이러한 상황 속에서, 감숙성(甘肅省) 서남부와 사천성(四川省) 일원에 분포하여 거주하던 선족들이 호족들의 학정에 못견뎌 반란을 일으켰다. 당시, 농민들의 빈곤과 군비부담 고통은 농민들을 불안과 절망으로 내몰았다. 농민들의 좌절된 심리를 이용하여, 하북성(河北省) 거록인(鋸鹿人) 장각(張角)이 주도하여 일어난 반란이 황건적(黃巾敵)의 난(亂)이었다.[18] 말기적인 종교사상과 결부된 정치혁명운동으로 확대된 황건적의 난은 수십만의 무리로 확대되어, 군현의 관청을 방화하고 약탈하면서 전국적으로 확산되어갔다. 환관세력의 외척인 하진(何進)을 대장군으로 하여, 토벌군을 편성하였는데, 당고의 형을 풀어 황포고, 장온, 동탁 등이 활약하여 여러 차례 황건적을 토벌하였다. 완전하게 황건의 무리를 소탕할 수 없게 되자, 지방호족의 권한과 군비를 확대하면서, 중앙의 환관세력에 맞서게 되는 형국의 지방호족 할거와 성장으로 나타났다. 후한시대 중국대륙은 위(魏), 촉(蜀), 오(吳)의 삼국시대로 분열하였고, 후한(後漢)의 헌제(獻帝)는 위(魏)나라 조조(曹操)의 아들 조비(曹丕)에게 선양하게 되면서 종국을 맞게 되었다.(A.D. 220)

④ 후한(後漢) 광무제(光武帝)의 천도(遷都) - 낙양(洛陽)

낙양 (洛陽, 지금의 뤄양, 면적; 약 15,200㎢, 인구; 약 600만 명, 1998년 현재)

광무제(光武帝)는 후한(後漢)의 재건을 위하여 수도(首都)를 전한(前漢) 수도 장안(長安)에서, 낙양(洛陽)으로 천도(遷都) 하였다. 왕망(王莽)의 신(新)왕조를 멸하면서, 장안은 크게 훼손되어 건무 원년(建武 元年, A.D. 25) 낙양에 도읍을 정하게 되었다.

낙양은 중국의 7대 고도(古都) 중의 한 곳으로, 황하강의 지류인 뤄허강(洛河) 유역에 자리하고 있는 분지형 고도(古都)이다. 동주, 후한, 위, 서진, 북위, 수나라 왕조의 수도였다. 1,000년이 넘는 도성 역사를 가지게 된 이유는 북쪽으로 방산, 남쪽

18) 李春植, 『中國史 序說』 교보문고. p.171.

으로는 낙하가 흐르고 있는 천혜의 요새이자, 교통의 요충지였기 때문이었다. 서주시대에 성주성이 축성되었고, 전국시대에 낙하의 북쪽에 있다고 하여 낙양이라 불리게 되었다. 서한시대에 낙양성은 서주시대의 성주성을 토대로 한 것이었고, 동한시대 광무제가 수도를 정하면서 새로 성벽과 성문을 축조하여, 건무(建武) 14년(A.D. 38) 낙양성이 완성되었다.

낙양성 전체의 평면형태는 기본적으로 장방형이다. 남북 길이가 9리이고, 동서의 길이가 6리여서, '구륙성(九六城)' 이라 불렸다. 낙양성 내부의 남궁(南宮)과 북궁(北宮)은 주요 궁전이었다. 광무제는 남궁의 각비전(却非殿)에 거주하였고, 계속적인 궁궐재건을 지속하여 건무 14년(建武, A.D 38) 남궁의 중심부 '前殿'이 완성되었다. 남궁은 남북 길이가 약 1,300m, 동서길이가 약 1,000m 정도의 광대한 장방형의 궁전터였다. 후한 명제(明帝) 영평(永平) 3년 (A.D. 60)에 북궁의 축조가 시작되어, 영평(永平) 8년(A.D. 65)에 완성되었다. 북궁의 '덕양전(德陽殿)'은 그 높이를 40리 밖에서도 볼 수 있을 정도였다고 한다. 장안성의 장락궁과 미앙궁은 성의 남쪽 부분에 배치되어, 좌우로 병렬 배치되었는데, 낙양성의 남궁과 북궁은 앞뒤로 배치하여, 남궁과 북궁 사이를 복도로 연결하여 황제의 안전한 이동을 고려하였다. 도성(都城)의 절반 면적을 궁궐이 차지하는 토지이용은 양한대(兩漢代)의 공통점이었다. 서한(西漢)의 장안성과 마찬가지로, 황토를 판축하여 쌓은 토성이지만, 매우 견고하였다. 12개의 성문을 동서남북에 골고루 성문을 배치한 장

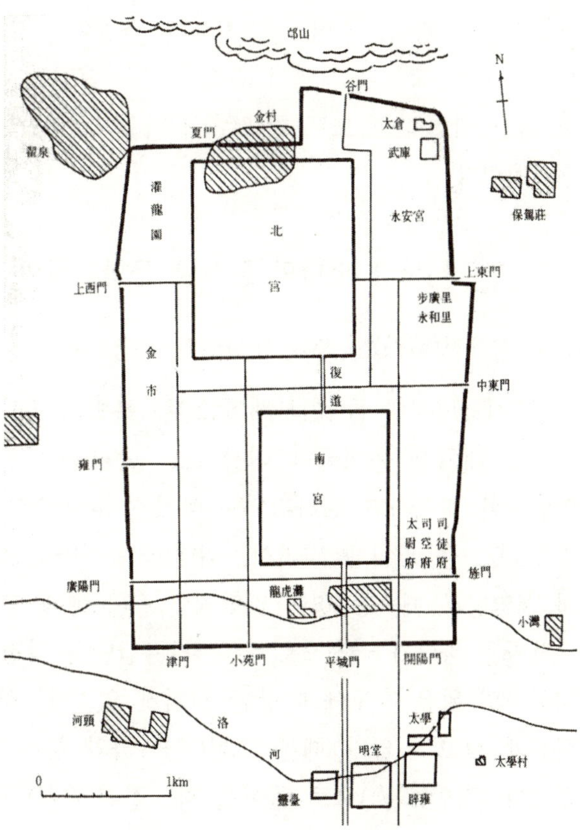

(그림 3-25) 後漢時代 낙양성 평면도
〈출처; 漢代 考古學 概說〉

안성과 달리, 낙양성에서는 동측 벽과 서측 벽에는 각각 3개를, 남측 벽에는 4개를, 북측 벽에는 2개의 성문을 배치하였다. 낙양성 내부에는 동서 및 남북방향의 대로 5개가 있었다. 그 길이는 차이가 있지만, 몇몇 대로의 너비가 20m인 것을 제외하고, 대체적으로 대로의 너비는 40m 정도였다. 서한 장안성 내부의 대로의 경우처럼, 낙양성 내부의 대로 역시 3개의 병행하는 도로로 나뉘어졌다. 중앙부 도로는 관료층에서 거닐고, 좌우측 도로는 평민들이 거니는 도로로 사용되었다. 낙양성 안팎에 시장이 있었고, 성 내부에는 금시(金市), 성 밖에서는 남시(南市)와 마시(馬市)가 있었다.[19]

A.D. 190년에 황건적을 소탕하는 데 공을 세운 동탁(東卓)이 헌제(獻帝)를 협박하여 장안(長安)으로 천도(遷都)하고, 낙양성 안팎의 모든 궁궐과 인가를 불태우는 사건이 발생하였다. 그 불길이 3일 동안 계속되었고, 도성 낙양은 폐허가 되었다. A.D. 196년, 헌제(獻帝)가 다시 낙양으로 돌아왔을 때는 양민들의 주거지마저도 폐허가 되어 있었다. 당시, 후한 말기시대는 환관이 권력을 장악하고, 호족세력이 할거하여, 위, 촉, 오 3국으로 분열이 시작되었다. 후한의 헌제(獻帝)는 조조(曹操)의 위협을 받고 다시 허현(許縣)으로 천도(遷都)하였다. A.D. 220년, 위나라 조비(曹丕)는 후한을 멸망시켰다.

5) 한(漢)나라 시대의 동서양 문화교류와 과학발전

① 비단길(緋緞路, Silk Road)과 문명교류

전한(前漢)시대 한(漢)무제(武帝)는 북방의 흉노에 대한 무력진압을 계획하였다. 공동으로 대처할 동맹국의 대상으로, 대월국(大月國)을 고려하였다. 일찍이 흉노에게 억압당한 과거사가 한나라와도 비슷한 나라였다. 장건(張騫)이 자원(自願)하여 서역행(西域行)을 떠나게 되면서, 위대한 동서양의 문명교류 역사가 시작된 것이었다. 1차 서역방문 때, 100명이 떠났지만, 흉노에게 붙잡혀 죽고, 장건 역시 12년 동안 포로생활을 하다가 극적으로 탈출하는 험난한 역경을 거쳐서 대월국(大月國)에 이른다. 대월국의 왕은 흉노에게 당한 과거가 있었다. 하지만 대하국(大河國)을 정복하고 평화롭게 살고 있었기 때문에 한(漢)나라와 동맹을 맺고 흉노(匈奴)를 공격할 의사가 없었다. 장안(長安)으로 돌아올 때, 장건(張騫)과 호복당(胡僕堂) 2명만이 살아 돌아왔다. 2차 서역방문 역시 흉노와 공동으로 맞설 동맹국 상대로 오손국을 향해 떠났

19) 王仲殊 著, 姜仁求 譯, 『漢代 考古學 概說』, 學研文化社. 1993, p.57.

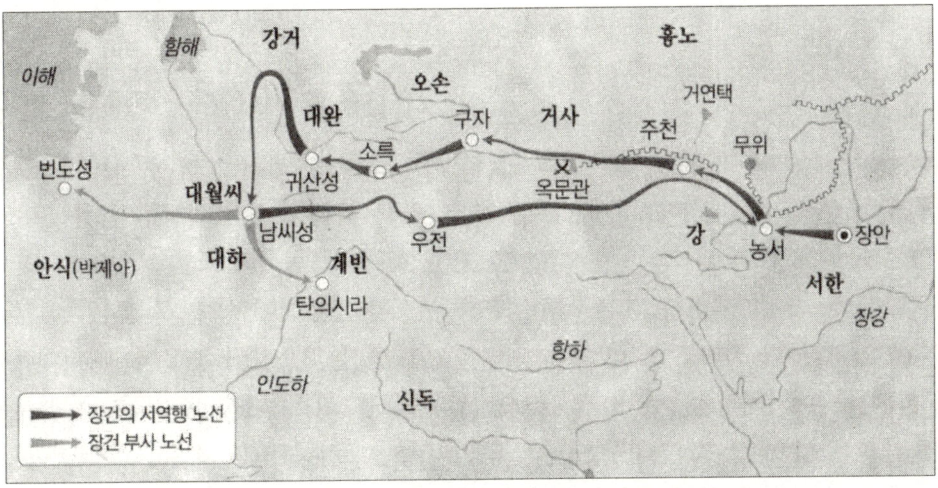

(그림 3-26) 장건이 서역으로 간 노선〈출처; 中國文明大視野-1〉

다. 대월국과 원한관계가 있었던 오손국은 흉노의 배후지역 이리강 유역에 위치하고 있었으나 오손국 왕은 흉노를 두려워하여 동맹을 맺지 못하였다. 한무제가 서역에 공식적으로 사신을 파견한 것은 중국역사에 처음 있는 일이었다. 장건은 비록 외교 성과를 거두지는 못하였지만, 중국의 비단을 서역에 전파하였다. 로마에까지 한나라의 비단이 무역되었고, 그로 인해 로마의 황금이 크게 부족해질 정도로 대단한 관심을 끌었다. 장건은 서역에서 대완마(大宛馬)[20], 목숙(牛馬의 먹이, 콩과의 일년초), 포도 등을 중국에 들여와 경제와 문화교류에 크게 기여하였다.

② 종이의 발명과 천문학의 발전

가) 채륜(蔡倫)의 종이 발명

종이가 사용되기 이전에, 3500여 년전 은, 상나라 시대에는 거북등껍질이나 짐승뼈에 갑골문을 새겼다. 상, 주나라 시대에는 청동기에 보존문자를 기록하였고, 죽간(竹簡)을 사용하기 시작하였다. 죽간은 글쓰기가 편하고, 재료수집과 휴대성이 좋아 진(秦)나라 이후에도 많이 사용되었다. 춘추시대에는 돌에 문자를 새겨 넣는 것이 성행하였다.

전한시대에 경제와 교육이 발달하였지만, 문자를 기록하는 재료는 죽간과 비단종이 뿐이었다. 후한시대 궁궐의 내시였던 채륜은 황제의 전용 물건들을 만들면서 장인들

20) 대완마(大宛馬) : 서역에서 들여온 말. 이후 중국 여러나라의 기병전력이 증강되었다.

과 자주 접촉을 하던 중에 마(麻)에서 거친 종이를 만들던 옛 기술을 가지고 나무껍질, 폐기된 마(麻), 낡은 천, 버려진 그물 등을 원료로 한 저렴하고 내구성있는 종이를 발명하였다. 전국적으로 채륜의 제지술을 이용하여 종이를 만들게 되었고, 이후 '채후지(蔡候紙)'라고 부르게 되었다. 또한, 채륜의 제자 공단(孔丹)은 청단나무를 이용해서 '사척단(四尺丹)'으로 불리는 종이 중의 명품 선지(宣紙)를 발명하였다.

나) 장형(張衡)의 혼천의, 지동의 발명

장형(張衡, A.D. 78~139)은 후한(後漢)시대 유명한 과학자였고, 문학에도 재능을 가지고 있었다. 장형은 학자 집안 출생이었지만, 집안이 일찍 몰락하여 낙양(洛陽)에서 스승을 모시고 유학생활을 하였다. 벼슬보다는 학문에 관심이 많아, 문학과 천문학에 흥미를 가지고 있었다. 장형의 재능은 천문학에서 더욱 두드러졌는데, 세계 최초로 수력으로 움직이는 혼천의(渾天儀)와 지진 발생 위치를 측정할 수 있는 지동의(地動儀)를 발명하였다. 천문학 서적 '영헌(靈憲)'을 펴내기도 하였다.

(4) 현재 수도의 모습

1) 베이징 개관

〈지금의 북경(北京) 면적 ; 약 17000㎢ 인구 ; 약 1390만 명, 2000년 현재〉

베이징(北京, Beijing, Peking)은 중화인민공화국의 수도이다. 중국의 국토면적은 957만 2900㎢이고, 베이징의 면적은 약 1만 6800㎢ 정도이다. 2006년 8월 현재, 중국의 인구는 약 13억 1400만 명으로 전 세계 인구의 약 22% 정도를 차지하고 있다. 베이징의 인구는 약 1400만 명 정도이다. 정치 중심 성향의 도시이고, 공식행정 명칭은 베이징직할시(北京直轄市)이다. 허베이성(河北省) 중앙부에 위치하고 있으며, 10구(區) 9현(縣)의 행정구역으로 편제되어 있다. 가로(街路)가 직교하고 규칙적인 바둑판 형상을 나타내는 직교상 도시(直交狀 都市)이다.

2) 자연환경

광대한 화북평야의 북부에 샤오우타이산, 쥔뚜산, 옌산산 등 평균표고 400~500m 높이의 산지에 의해 동, 서, 북 3면이 둘러싸여 있고, 주머니 모양의 '베이징만(北京灣)'으로 불리는 평지형 분지에 자리하고 있다. 하이허 강(海河)의 지류인 융띵 강(永

定河), 차오빠이 강(潮白河)이 각각 북서쪽, 북동쪽 산지에서 분지로 흘러들고 있는데, 베이징성(城)은 두 하천의 중간에 위치한다. 여름에 고온다우하고, 겨울에 한냉건조한 대륙성기후이다. 1월 평균기온은 영하 5도, 7월 평균기온은 26도, 연평균기온은 11~12도, 연평균 강수량은 630~640mm 정도이다. 이웃한 텐진(天津)과 비교하면, 연강수량이 100mm 정도 더 많으나 겨울철 혹한일수는 5일정도 적은 편이다. 산으로 둘러싸인 베이징의 평지형 분지는 여름철 남동계절풍과 겨울철 북서계절풍의 영향을 다소 적게 받기 때문이다. 도읍지로서는 적합한 장소인 셈이다.

3) 역사

화북 대평원과 북방의 산간지대를 잇는 교통의 요지이다. 진, 한, 당 왕조에 이르기까지 동북변방의 정치, 군사상의 요지 기능을 하였다. 요, 금, 원, 명, 청 왕조의 수도였던 곳이다. 주머니 형상의 평지를 중앙으로 하여, 북쪽에 옌산산, 동쪽에 샤오우타이산, 서쪽에 쥔두산으로 둘러싸여 있다. 하이허 강의 지류인 융띵 강이 북서쪽에서 흘러들고, 북동쪽에서는 차오바이 강이 흘러들고 있다. 이 2개의 강 중간지점에 베이징성이 위치하고 있다. 베이징의 연평균 기온이 11~12도 정도인 것은 분지를 둘러싸고 있는 산지가 여름에는 남동계절풍을 막고, 겨울에는 북서계절풍을 막아 주기 때문이다.

원(元) 왕조의 쿠빌라이칸은 대도(大都, 지금의 북경)를 건설하면서, 외성(外城)의 규모를 동서 길이 약 6,600m, 남북 길이 약 7,400m, 총 11개의 성문을 만들었다. 도시의 가로는 격자형을 유지하면서, 50개의 방(坊)을 조성하였다.

도시 공간구성의 특징으로는, 첫째, 태액지(太液池)를 중심으로 한 3개의 궁전 배치는 몽고 유목민족문화의 영향을 받아 이루어진 것인데, 이는 중국 고대 도성에서 일관되게 사용된 기법이다. 둘째, 중국의 전통적인 도성계획기법인 주례고공기의 공간구성원리를 그대로 받아들여 성내의 주요건물을 배치하였다. 셋째, 성 안의 가방

(그림 3-27) 북경 자금성

(街坊)은 북송시대의 배치방식을 답습하였고, 수로를 통하여 도시에 물자를 공급하였다. 당시 북경에는 규칙적인 방형(方刑) 혹은 구형(矩刑)의 택지에 전통주택이었던 사합원(四合院)이 건축되었다. 건축물들은 위계성, 대칭성, 중심성의 개념으로 배치되고, 정원은 내부 지향적으로 조성하여 주택의 프라이버시(privacy)와 안정된 가정 분위기를 띠고 있다.

현재 정치중심의 베이징, 경제중심의 상하이와 같은 중국의 국토이용 구도는 과거 수(隨), 당(唐) 왕조시대에 정치수도 장안(長安), 경제수도 낙양(洛陽)과 같은 국토이용과 상통하는 것이다. 수양제, 당태종이 고구려 침공 당시, 고구려 원정의 전진기지 역할을 한 곳이기도 하다. 역사 속에서 베이징의 지명은 연경, 중도(금나라), 대도(원나라), 북경(명나라), 북평(중화민국)으로 불렸다.

4) 산업

중국 공산당권 수립 이후, 시가지 서부에 스징산 제철소 및 징시 탄전을 중심으로 한 대규모 철강 콤비나트가 형성된다. 인구가 밀집되고, 산업이 발전되면서 시가지 동부, 남부, 북부에도 신규 산업시설이 건설된다. 베이징시의 전력은 스징산 화력발전소, 꽌팅댐(융띵강 상류), 미윈댐(차오빠이강 상류), 스싼링댐, 화이로우댐(원위강 상류)에서 공급된다.

5) 교통

중국 주요 간선철도의 기점이 되는 교통의 요충지이다. 철도노선으로 티벳, 윈난성을 제외한, 중국 전역의 자치구 중심지와 연결된다. 징산선, 징꽝선, 징빠오선, 징청선, 징퉁선, 징후선, 펑사선, 따타이선은 대표간선노선의 명칭이다. 국제철도는 베이징~모스크바, 울란바토르, 평양, 하노이로 이어지는 노선이 있다. 1970년, 베이징시 내부에 지하철이 전장 23km 길이로 처음 개통된다. 시 외곽에 베이징 국제공항이 있고, 베이징의 외항 역할을 하는 톈진신항이 있다. 톈진항은 중국 연안의 각 성(省) 및 아시아와 유럽 등으로 연결되는 베이징의 해상무역 전진기지이다.

6) 교육, 문화

베이징은 중국 최대의 학술 및 문화의 중심지이기도 하다. 중국과학원의 각 연구소, 베이징대학, 칭화대학, 베이징사범대학, 중국인민대학, 중국민족학원 등 20여 개의 대학, 전문학교가 입지하고 있다. 문화시설로는 전국 최대 규모의 베이징 도서관,

고궁박물원, 민족문화궁, 혁명박물관, 역사박물관, 중국인민혁명군사박물관이 있다. 기념비적 건축물로 인민대회당, 역사박물관, 혁명박물관이 있다. 주요 문화재로는, 쯔진성(자금성, 紫禁城), 태묘(太廟; 제왕가의 종묘), 사직단(社稷檀), 뻬이하이(北海)공원, 징산(景山)공원, 국자감(國子監), 공자묘(孔子廟), 융허궁(라마교 사원), 이허원, 샹산공원, 워포절, 십산릉(十三陵), 지하궁전, 만리장성, 쥐융관, 빠따링(八達嶺) 등으로 유명하다.

7) 도시계획

청(淸)왕조의 멸망 이후, 20세기 초반 북경의 도시구조는 큰 변화를 한다. 서구 열강제국의 도시 시설들이 도입되기 시작하는 데, 환성(環城)철도가 놓이고, 동, 서, 북 3면의 성벽이 모두 철거되었다. 1930년대에는 신화가(新華街)가 건설되고, 동서방향으로 장안가(長安街)가 성 밖으로 확장되었다. 서구 교통시설의 도입은 도시구조를 새롭게 변모시켰다.

1949년 중화인민공화국이 건국을 선포하고, 북경은 지금의 정치수도로 자리하게 되었다. 당시의 도시인구는 130만이었고, 기존 북경성 주변 주거지역에 분포하여 거주하였다. 북경 도시 내 주요지구의 환경개선정책이 1950~1960년대에 추진되었다.

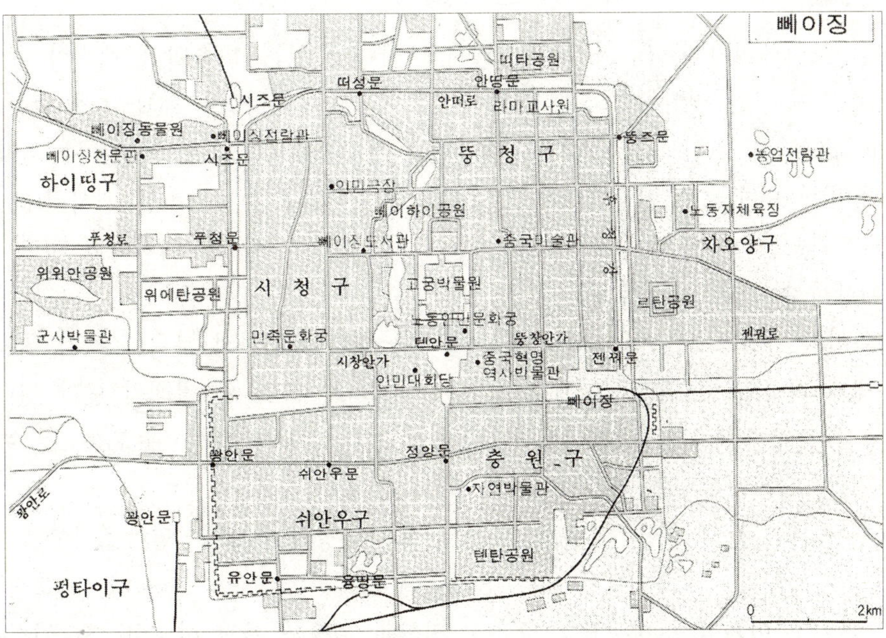

(그림 3-28) 베이징 시가약도

새로운 중국공산당 정권의 치세와 경제개발을 위한 개혁정책이 진행되었고, 그 과정 속에서 오랜 역사문화 유산이 손실되었다. 이 시기에 도시계획 수립을 위한 기본체제가 도입되기 시작하였다. 1950년대의 도시계획에서는 기존의 도시구조를 유지하면서, 근린주구개념이 도입되었고 지하철 시설공사가 시작되었다. 1980년대의 도시계획에서는 현대적 도시구조 건설에 따른 환경보전을 위한 계획이 수립되었다. 역사문화재 주변에는 문화재보호지구를 지정하고, 그 규정을 마련하였다. 1991년 북경 총 규칙에서는 기존의 북경성 지역을 5가지의 고도제한지구를 지정하였고, 시가지가 번창하여 확장되면서 기능에 따라 배치하는 분산집단식(分散集團式) 도시계획을 마련하였다. 2008년에 들어서면서, 중국공산당의 권력자 후진타오는 최근 제3의 경제엔진 구상을 가시화하였다. 베이징의 외항 기능을 하는 톈진에 중국의 제11차 5개년계획(2006~2010년) 기간 중에 연평균 17%의 경제성장을 이룩하겠다는 전략으로 하이 신구개발 정책을 발표하여 세계적인 이목을 모았다.

3. 미국의 천도

(1) 개요

미국은 북아메리카대륙의 캐나다와 멕시코 사이에 있는 48주와 알래스카 및 하와이의 2주로 구성된 연방공화국이다. 정식 명칭은 아메리카합중국(United States of America)으로, 약칭은 U.S.A.이다. 전체 면적은 951만 8323㎢이며, 인구는 3억 382만 4000명(2007년)으로 인구밀도는 31.1명/㎢이다. 캐나다(Canada), 멕시코(Mexico)와 접하고 있으며, 북아메리카(North America) 대륙의 가운데 위치하고 있다. 동부에는 애팔래치아 산맥, 서부에는 로키 산맥, 중남부에는 미시시피 강, 북동부는 5대호, 하와이와 알라스카는 미국 본토에서 떨어진 태평양 연안과 북극에 각각 위치하고 있다. 세계 각국의 이민들과 노예로 이입된 아프리카 흑인 및 원래의 토착 인디언들로 이루어진 복합민족국가로서 다양한 인종분포로 인해 문화적·종교적으로 특색은 명확하지 않으나 모든 문화가 조화롭게 어우러져 있다.

1776년에 독립한 미국은 임시 수도인 뉴욕, 잠정적 수도인 필라델피아를 거쳐, 1791년 워싱턴시를 수도로 선정하고, 1800년에 천도하였다. 약 200년의 비교적 짧은 역사를 가지고 있지만 세계적으로 중추적 역할과 위상을 가진 미국의 수도이전에 대한 배경 및 과정과 함께 워싱턴시의 현재 모습과 내용을 살펴보고자 한다.

(2) 미국의 역사, 정치, 문화, 경제

1) 미국의 역사

(그림 3-29) 조지 워싱턴

콜럼버스에 의해 발견되어 1492년 10월 12일 이후 미국으로 건너왔던 사람들은, 영국에서 종교의 자유를 찾아 건너온 청교도와 가난했던 영국인, 사업가, 면죄를 제의받은 범죄자들이었다. 이들은 본국에 충성을 맹세하고 그들의 명령에 따랐으나, 후에는 본국과의 세금 문제 등으로 인해 본국과 마찰을 일으키다가, 1776년 6월 7일 영국의 식민지 정책에 대항하여 영국에 전쟁을 선포하게 된다. 워싱턴을 총 사령관으로 하는 독립군은 1776년 7월 4일 독립선언서를 발표하고, 독립전쟁초기의 지구전 전략과 프랑스 해군의 지원에 힘입어 요크타운전투에서 영국을 격퇴하였으며, 1783년 9월 3일에 프랑스 파리에서 미국의 독립이 승인되었다.

최초 13개주에서 시작했던 미국은 여러 정책과 밀려오는 이민자들을 기반으로 해서 서쪽으로 팽창해 나간다. 토머스 제퍼슨은 프랑스의 나폴레옹으로부터 루이지애나 매입(Louisiana Purchase)을 통하여 국토를 두 배로 늘리며, 미국은 점점 하나의 국가로서의 모습을 갖추어나간다.

1860년에 발발한 남북전쟁은 미국 산업 발전에 큰 영향을 주었다. 이 전쟁에서 공업 국가를 지향하던 북부의 자본주의 세력이 농업 국가를 지향하던 남부 지주 세력을 격파함으로써, 남북 전쟁 이후의 미국 산업은 공업 중심으로 움직이게 되었다.

제1차 세계대전 동안 이후 전쟁 물자를 팔아 수입을 올렸던 미국 공장의 부도와 검은 목요일(Black Thursday)에 일어난 악명 높은 1929년의 대붕괴(The Great Crash 1929)로 세계는 대공황에 휩싸이게 되었다. 그러나 과도한 전쟁 배상금을 떠맡았던 독일에 의한 제2차 세계대전을 승리로 끝낸 미국은 크게 부상하였다. 자본주의 국가인 미국과 영국, 사회주의 국가인 소련 사이의 불안정한 전시동맹관계가 해체되었고, 이에 양측은 서로의 세력이 극대화 되는 것을 막기 위해 여러 전략을 사용하기에 이른다. 미국, 영국과 소련은 세계 각지에서 서로를 제압하기 위해 권력을 행사하였고, 한국과 독일이 분단에 이르는 결과를 낳기도 한다.

현대에 이르러 미국이 강대국임을 내세워 세계 평화를 책임지겠다고 표방하고, 이에 거슬리는 여러 나라에 대항하여 전쟁을 일으켰다. 동시에 내부적으로도 정치적, 경제적 정책을 통해 성장을 거듭하였다. 세계 평화를 위협하는 국가들에 대항하여 이라크 전쟁 등을 일으켰고, 이에 반발하는 세력들에 의해 많은 테러의 위험에 노출되었다.

2) 미국의 정치

미국의 정치체제는 대통령중심제로서 행정부와 입법부, 사법부로 권력이 분리되어 있으며, 세 기관은 상호 견제와 균형을 이루면서 독립적으로 운영되고 있다.

대통령은 행정부의 수반이며 내각을 통솔한다. 임기는 4년이고, 3선은 금지되어 있다. 대통령이 공석일 경우에는 부통령이 취임하게 되고, 대통령과 부통령이 공석일 경우 하원의장이 그 직위를 계승한다.

합중국 의회는 상원과 하원의 양원제로 구성되어 있다. 상원의원은 각 주에서 2명씩 선출하며, 정원은 100명이다. 임기는 6년이며, 2년마다 3분의 1이 다시 선출된다. 하원의원은 상원의원과 달리 10년마다 행하는 인구조사에 근거하여 각 주의 인구수에 비례하여 1명에서 53명(캘리포니아주)까지 선출된다. 임기는 2년이고, 정원은 2006년 기준으로 435명이다. 정부의 법률안이 법적으로 효력을 갖기 위해서는 연방하원과 상원을 통과하고 대통령의 승인을 얻어야 한다. 미국의 정당체제는 민주당과 공화당의 2개의 주요 정당으로 구성되어 있다. 양당은 다양한 계층으로부터 지지를 얻어 광범위한 정치적 견해를 수렴하고 있으며, 연방과 주 정부를 장악하고 있다.

현재 미국 외교의 기본은 세계적 지도국으로 군사·경제 안보이익과 관련된 국제문제에 적극 참여하겠다는 자세를 취하고 있다. 세계평화와 질서 유지에 미국이 주도적 역할을 하기위하여 민주주의 확산을 통한 시장개방, 강력한 군사력으로 미국안보를 유지한다. 또한 해외시장을 개방해서 수출을 증대하여, 미국 국민의 고용창출을 달성하려 하고 있다.

3) 미국의 문화

미국은 다인종·다민족 국가인 만큼 자유와 평등을 헌법에 밝히고 있지만 백인들

(그림 3-30) 국회의사당의 과거와 현재모습

의 우월성과 인종에 대한 차별의식, 특히 흑인과 황인종에 대한 차별의식이 문제가 되기도 한다. 역사 초기에 종교상의 자유를 찾아 대서양을 건너온 초기 이민자들은 실용주의적 경향이 강하였으며, 목적의식을 가지고 있었다. 그들은 독립전쟁, 남북전쟁 등 많은 전쟁을 거쳐 민주주의에 바탕을 둔 자본주의를 발전시켜 왔다. 개인주의와 개신교정신을 바탕으로 한 자본주의로 인해 사회계층의 수직이동이 심한 나라이다. 또한 고유의 언어와 문화관을 가지고 있었으나 빠르게 미국사회에 동화되면서 문화를 새롭게 형성하였다. 미국적인 사고와 양식은 건축, 미술, 문학, 음악 등 다방면에서 표출되었으며, 특히 전 세계적으로 영향력을 가지는 것은 대중음악과 영화를 들 수 있다. 미국의 대중음악과 영화는 풍부한 자본과 뛰어난 기술을 바탕으로 세계 각국의 문화에 빠르게 흡수, 발전되었다.

미국의 철학은 처음에는 유럽에서 건너올 때부터 가졌던 엄격한 청교도정신이 강하였다. 이후 자유주의적인 경향이 나타나 에머슨에 의해서 대표되는 초월주의가 대두하기도 하였다. 그 후 다양한 사상이 출현하였으나, 오늘날 미국 기계문명의 밑바탕에는 지금까지도 실용주의가 엄존하고 있다.

4) 미국의 경제

선진무역경제를 표방하는 미국은 국민총생산(GNP)에 있어 세계 최강의 경제대국이며 1인당 국민소득에 있어서도 최고 수준에 속한다. 1997년 현재 국민총생산액은 7조 1880억만 달러로 2위 이하의 자본주의 주요 선진국(독일·일본·프랑스·영국·이탈리아·캐나다)의 합계보다도 많다. 1인당 국민소득에 있어서도 1979년에는 1만

630달러, 2007년 현재 1인당 국민소득이 4만 4385달러로 여전히 세계에서 가장 부유한 나라의 하나로 군림하고 있다.

산업별 취업인구비율은 농림·수산업 4.3%, 광업 0.7%, 제조업 25.1%, 건설업 6.5%, 운수·통신업 6.6%, 도·소매업 25.3%, 공공서비스업 31.5%로, 농림·수산업 인구의 비율이 낮고 공공서비스업의 인구가 많아 그만큼 도시적 산업에 집중도가 높다.

미국의 부(富)는 부분적으로 풍부한 천연자원에 힘입고 있다. 인구는 전 세계의 5% 수준이지만 석탄·구리·원유 생산량은 전 세계의 거의 1/5을 차지한다. 농업 부문을 보면, 옥수수는 세계 총생산량의 1/2, 쇠고기·돼지고기·양고기는 1/5, 밀은 1/10 이상을 차지한다. 그러나 천연자원이나 농업생산물보다는 고도로 발달된 공업에 더 많이 의존하고 있다.

수출액은 전 세계 총량의 10% 이상을 차지한다. 미국 기업에 의한 해외 직접투자는 캐나다와 라틴아메리카 등의 국가에서 뿐만 아니라 유럽과 아시아에서도 경제를 좌우하는 매우 중요한 역할을 한다.

(3) 수도이전의 배경 및 결정

1) 워싱턴 D.C. 개요

메릴랜드주와 버지니아주의 접경에 위치한 미국의 수도인 워싱턴시(Washington, District of Columbia)의 전체 면적은 179㎢이며, 인구는 57만 2059명(2000년)에 이른다. 워싱턴시의 정식명칭은 '워싱턴 컬럼비아 특별구'이며, 워싱턴 D.C.로 약칭된다.

(그림 3-31) 워싱턴 D.C. 전경

워싱턴시는 자치권이 보장된 주(state), 카운티(county), 또는 자치시(municipality)와는 다르게 1973년까지 연방정부 및 의회에 의해 직접 통치되어 오다가 1973년 워싱턴시 자치법의 인준과 함께 제한적인 자치권이 주어졌다. 수도로서의 역사적, 문화적, 자연적 자원들을 보호하기 위하여 연방의회는 1952년 수도계획법에 의해 수도권을 설정하기도 하였다. 1800년에 당시의 수도 필라델피아로부터 천도한 이래 미합중

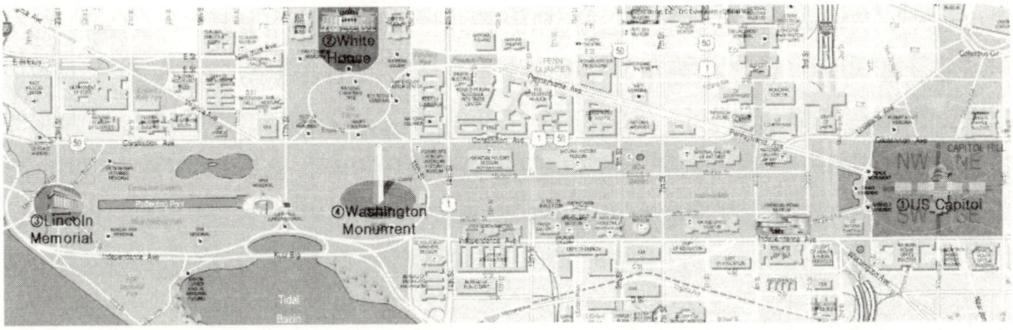

(그림 3-32) 워싱턴 D.C. 지도

국 및 세계의 정치, 외교의 중심지이다.

현재 워싱턴시에는 미국 정치기구의 중추부는 물론, 세계 각국의 대사관과 은행, 국제통화기금 등의 국제기관이 자리잡고 있어, 세계적인 도시로서도 확고한 위치를 차지하고 있다. 아울러 백악관 건물과 푸른 녹음이 어우러져 수도로서 아름다운 도시 중의 하나이기도 하다.

시가지는 넓은 도시들이 방사상과 바둑판 눈금의 격자 모양으로 정연하게 구획되어 있고 고전풍으로 통일된 건축물들은 뉴욕과는 대조적인 경관을 지니고 있는 것이 특색이다.

2) 수도이전의 결정과정

① 수도이전의 배경

1789년 조지 워싱턴 장군이 초대 대통령에 선출되면서 취임식을 한 뉴욕이 미국의 첫 수도였다. 영국과의 독립전쟁에서 승리한 미국이 국가의 기틀을 만들어가면서 봉착한 가장 큰 걸림돌은 13개 주를 연대감이 강한 한 나라로 어떻게 묶느냐 하는 것이었다. 각 주의 독립성을 나름대로 인정하면서도 연방국가의 초석이 되는 확고한 중앙 정치체제를 구축하는 것이 가장 큰 과제였다. 이에 대해 각 주의 독립성을 보장하려는 남부의 공화주의자와 강력한 중앙정부를 구상한 북부의 연방주의자로 나뉘어 대립되었고, 워싱턴 정부의 내각 또한 지역적으로 남부를 대표하는 국무장관 제퍼슨과 북부를 대표하는 재무장관 해밀턴으로 구성되어 있었다.

독립전쟁 당시 미국은 독립한 후에 갚는 조건으로 국내외에 5천만 달러 정도의 채권을 발행하였는데, 재무장관인 해밀턴의 금융계획은 연방정부의 부채 외에 각 주가 안고 있는 부채도 연방정부가 떠안아 모두 갚아버리자는 것이었다. 이 같은 채무 상환계획은 연방정부의 신뢰를 확고하게 높이고, 정부의 권한을 강화하기 위한 구상이었다. 이 같은 계획에 초대 국무장관인 토마스 제퍼슨과 제임스 매디슨이 반대하였다. 남부 버지니아주 출신인 제퍼슨과 매디슨은 민주주의적 공화주의자로서, 이미 연방정부의 권한이 너무 강했기에 연방정부의 힘을 더 키우기 위한 해밀턴의 채무상환계획에 제동을 걸었다. 이에 해밀턴의 금융 계획은 제퍼슨과 매디슨의 만만치 않은 저항에 부딪쳐 진전을 보지 못했다.

② 수도이전의 합의 및 결정

1790년 6월, 금융계획을 놓고 갈등을 벌이던 해밀턴, 제퍼슨과 매디슨은 제퍼슨의 초대로 참석한 저녁만찬에서 수도 이전을 합의였다. 제퍼슨과 매디슨은 초대 수도가 뉴욕에 자리잡은 것을 못마땅하게 생각하고 있었고, 남부 출신답게 연방 정부의 수도를 남부에 두어야 한다고 주장해왔다. 뉴욕은 상업의 중심지로서 수도로 정하기에는 품격이 떨어진다는 게 이들의 입장이었다.

해밀턴은 제퍼슨의 동의를 얻기 위해 남부가 요구한 수도이전을 승인하여 주는 조건으로 채무인수법안의 통과를 요청하였다. 제퍼슨과 매디슨은 해밀턴으로부터 수도를 포토맥 강변으로 옮긴다는 약속을 받고 법안에 동의해 주었다. 3인의 만찬에서 이뤄진 합의에 따라 한 달도 안 돼 수도이전법과 주 정부의 부채이관 관련법은 상·하 양원을 통과했다. 새로운 수도를 건설하기 전까지 임시 수도를 전통의 도시 필라델피아로 옮기기로 했다. 해밀턴은 펜실베니아주정부에게도 연방정부의 부채인수 계획에 동의한다는 조건으로 임시 수도를 필라델피아로 옮기기로 했던 것이다.

워싱턴으로의 수도이전은 이처럼 정치적 타협에 의하여 이루어진 결과이기도 했지만 식민지시대의 틀을 바꾸려는 혁신이기도 했다.

③ 수도의 입지선정

포토맥 강가에 수도를 건설하기로 결정했으나, 보다 정확한 위치선정은 대통령으로 선출된 조지 워싱턴이 했다. 1790년 의회는 초대 대통령 조지 워싱턴에게 10평방마일 이내에서 수도의 위치를 결정할 수 있는 권한을 위임했고, 이에 따라 워싱턴은 현재의 워싱턴시를 선정하여 국회의 동의를 얻었다.

워싱턴시는 기존의 조그마한 시가지 알렉산드리아와 조지타운을 포함하는 사방 10마일의 정방형 형태로 구획된 지역으로서 나지막한 구릉지가 펼쳐진 포토맥 강과 애

(그림 3-33) 초기의 워싱턴 전경 스케치

너코스티아 강이 합류하는 지점에 위치하고 있다.

워싱턴이 수도를 선정하는 데 있어서 중요시했던 점은 미국 영토의 지리적 중심에 위치하고, 항해 가능한 수변공간을 만드는 것을 건설의 원칙으로 세웠다. 애너코스티아 강과 합류하는 저습계곡인 현재 위치는 강을 이용해서 주요 담배시장인 조지타운

〈표 3-8〉 미국 수도이전의 경위

연 도	주 요 내 용
1775	미국 독립전쟁
1776	독립선언
1783	파리조약에 의하여 독립 승인
1787	필라델피아에서 헌법회의를 열고 연방헌법을 제정
1790	의회는 초대 워싱턴 대통령에게 26㎢를 초과하지 않는 범위 내에서 수도의 구체적인 위치와 경계선을 결정하는 최종 권한을 부여함
1791	프랑스인 랑팡에게 연방수도 건설 부지와 도시설계를 담당하게 함 메릴랜드주와 버지니아주 사이에 위치한 포토맥 강 하구지역 부지를 연방수도로 선정
1792	앙팡은 토지분양시점을 앞두고 도시계획안을 예정시간 내에 작성하지 못한 책임으로 해임, 엘리코트가 이를 대신하여 자신의 수정도시계획안을 발표
1861 ~ 1865	남북전쟁
1871	공공시설사업 위원회 설립, 대대적인 공공시설사업 프로그램 진행
1880	워싱턴에 새로운 수도 건설

까지 연결될 수 있다는 것이 큰 장점으로 떠올랐다. 지리적으로 13개 주의 중심에 위치하는 한편 조지 워싱턴 생가(生家)가 가까이 있어 상징성과 기념성을 동시에 갖춘 곳이었다.

3) 워싱턴 D.C.의 도시계획

수도 워싱턴시의 건설사업은 새 정부 최대의 사업이었다. 1789년에 이미 프랑스인이었던 앙팡(Pierre Charles L'Enfant)이 워싱턴대통령을 만나서 새로운 수도의 계획을 세우고 싶다는 뜻을 밝힌다. 앙팡은 원래 프랑스인으로 파리에 있는 프랑스 왕립 예술건축학교를 나와서 1777년 22살의 나이로 미국에 도착해서 워싱턴 밑에서 영국군과 싸웠던 사람이다. 이후 미국에 정착해서 뉴욕에 있는 페더럴 홀(Federal Hall)을 설계하는 등 건축가로서의 명성을 얻어가고 있었다. 제퍼슨(1943~1826)의 주도로 1790년 워싱턴시 계획안이 발표하였고, 제퍼슨은 필라델피아를 모델로 삼아 완벽한 그리드패턴을 구상했다. 1791년 워싱턴은 앙팡을 도시 설계관으로 임명을 하게 되고, 의회도 3명의 감독관을 임명하였다. 앙팡은 임명되자마자 제퍼슨(Thomas Jefferson - 미국 3대 대통령)이 준 지도를 가지고 이 지역에 도착해서 도시를 구상하기 시작했다. 내셔널 몰(National Mall)이나 미연방의회에서 백악관(White House)를 잇는 펜실베니아 애버뉴(Pennsylvania Avenue)도 이 때 앙팡에 의해서 모두 구상된 것이다.

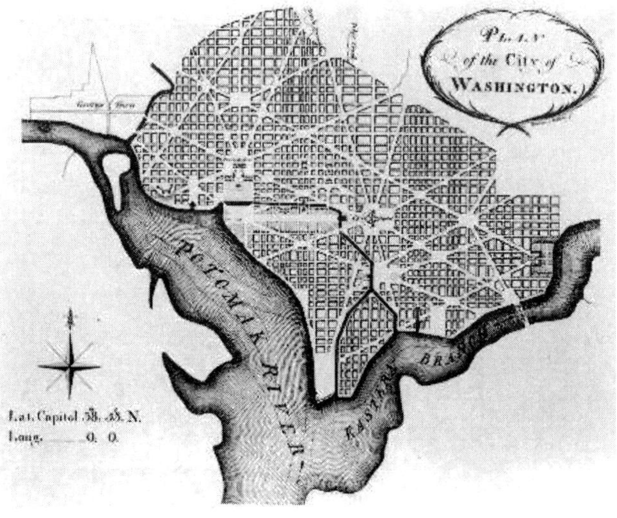

(그림 3-34) 앙팡의 워싱턴 기본계획

민주공화의 국책이념 구현을 위해 젠킨스 언덕에 돔형의 국회의사당을 상징적으로 입지시키고, 서편으로 2km 떨어진 지점에 백악관을 정해놓은 뒤 도시를 계획하였다. 아울러 개방적인 도시공간을 유도하면서 수도가 갖는 상징성을 어느 정도 유지하기 위해 프랑스의 베르사이유와 샹젤리제 대로, 로마의 포폴로광장, 스페인광장 등을 수용하여 강력한 시각 축을 이루고 광장 기념물, 공공건물, 대규모 녹지대를 끌어들였다. 후일 몰(mall)이 되는 녹지공간을 포함해 유보지 성격의 공지도 대규모로 계획해 장래 개발에 대비하였다.

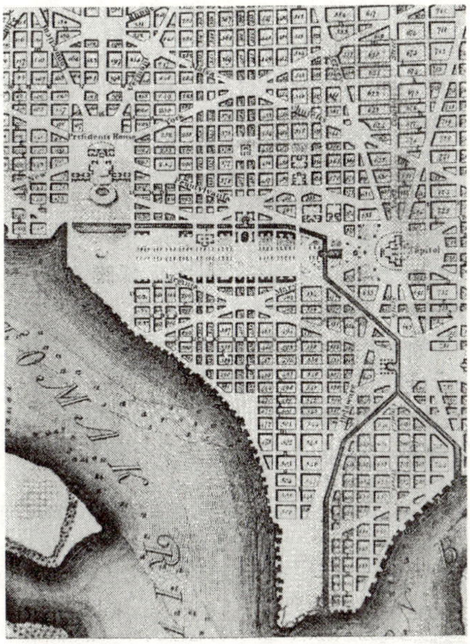

(그림 3-35) Andrew Elicott에 의해 수정된 워싱턴 평면도

국회의사당과 링컨기념관을 잇는 나무그늘이 있는 산책길을 중심으로 양편에는 대통령의 집무실인 백악관과 제퍼슨기념관을 배치했다. 국회의사당에서 링컨을 마주볼 수 있도록 한 것은 국회의원들이 "자유"와 "평등"의 정신을 망각하지 않도록 하기 위함이었다. 대통령 집무실인 백악관에서 미국 법의 기초를 만든 제퍼슨기념관이 내려다보이는 것은 대통령과 법을 어겨서는 안 된다는 점을 상기시키기 위함이었다. 곧, 권력을 법이 견제하도록 한 것이다. 포토맥 강을 따라 워싱턴은 아름답게 디자인 되어 있다. 그런 아름다움 뒤에는 이처럼 미국을 지탱하는 정신도 숨어 있다. 앙팡의 표현에 따르면 워싱턴시의 계획은, "이것은 전체의 규칙성을 깨어 시각적인 연관성을 줌으로써, 중요한 장소 사이의 거리를 짧게 하고, 두 장소간의 시계를 연결시키기 위한 것"이었다.

이러한 구상 아래 의사당, 백악관, 공공건물, 가로 등이 조성되면서 1800년 수도를 이전하게 된다. 이어 대영 전쟁 시 영국군에 의해 피해를 입고, 건설이 일시 중단되기도 했으나 바로 재건되었으며, 남북전쟁을 치른 뒤 1860년대 중반에 이르러 본격적으로 도시가 꾸며지게 되었다. 워싱턴은 대규모로 끌어들인 충분한 녹지공간으로 인해 지금도 활력있는 녹색도시로 평가받고 있다.

초기의 수도는 민의가 아닌 법령에 따라 건설된데다 황폐한 허허벌판에 세워진 것이나 다름 없었기 때문에 여러 가지 어려움이 있었다. 토머스 제퍼슨 대통령이 임기를 마칠 무렵인 1808년의 워싱턴 시 인구는 5,000명도 안 되었다. 1814년 수도는 일시적으로 조지 콕번 제독이 이끄는 영국 침략군의 손에 넘어갔다. 콕번 제독은 백악관·국회의사당·해군무기고를 불태우도록 명령했다. 수도가 파괴된 데 대해 분노를 금하지 못하던 미국인들은 더 이상 수도를 옮기자는 움직임을 일으키지 않았다. 영국군의 침략을 겪은 워싱턴은 명목상의 수도가 아니라 국민들로부터 인정받는 수도가 되었다. 남북전쟁 역시 워싱턴을 확고한 수도의 위치로 끌어올리는 계기가 되었다. 당시 영국군은 여러 차례 수도를 공략하려 했고 수도를 사수하려는 연방정부의 노력은 많은 사람의 공감을 얻었다.

(4) 현재의 수도의 모습

1) 워싱턴 D.C.의 현황[21)]

워싱턴시의 행정구역은 DC ST § 1-101[22)]에 의해 메릴랜드주가 미국연방정부를 위해 양도한 영토로 규정되어 있다. 현재 워싱턴시는 선거구, 근린지역, 경찰순찰지역, 우편지역 등으로 시의 행정구역을 결정하고 있다. 이 중 일반인들에게 가장 널리 알려진 행정구역은 North-East(NE), North-West(NW), South-East(SE), South-West(SW)의 4개 구역이다. 워싱턴시의 영향력은 1790년에 설정된 컬럼비아 특별구로 계속 확대되어감에 따라 연방정부의 규모와 영향력을 비롯하여 시 중심부의 물리적 환경도 복잡하게 변하였다. 그에 따라 교외지역으로 연방정부의 기능과 기관들이 점차 분산되었고, 계획의 시행결과 교통문제도 어느 정도 해결이 되고, 업무와 상업기능이 분산되었다.

(그림 3-36) 백악관 전경

21) 중앙대학교 산학협력단 국가정책연구소, 『행정중심복합도시의 지위·관할구역 등에 관한 연구』, 2007

22) 워싱턴D.C. 자치법 DC ST § 1-101 : 콜럼비아 연방지구는 메릴랜드주가 미국의 수도로 사용될 영토로서 연방정부에 양도한 지역으로, 포토맥 강과 그 안의 섬들까지 포함한다.

현재의 워싱턴시 재정비계획에서는 새로운 공공건물들이 기존의 연방정부 및 역사적 건축물들과 조화되면서 기능적인 면을 강조하였다. 또한 중심가에는 보행자용 산책로와 앙팡 플라자가 설치되었고, 지하철도 개통되었다. 시가지는 국회의사당과 대통령 관저인 백악관을 중심으로 넓은 도로들이 방사선으로 뻗어 있으며, 도로들은 바둑판 모양으로 교차되어 있다.

워싱턴시의 대표적인 건축물로는 백악관, 국회의사당, 워싱턴기념탑, 제퍼슨기념관, 링컨메모리얼, 최근에 만들어진 프랭클린 루즈벨트 대통령기념관 등이 있다. 그 밖에 각종 박물관이 있는 스미소니언 협회, 국립미술관, 국립공문서보관소, 국립자연사박물관, 국립아메리카 역사박물관, 국립항공우주박물관이 있다.

2) 도시 공간 구조

① 도시의 기능적 측면

· 포토맥강 주변에는 공공기관과 워싱턴기념탑 등의 중심적 공공기능을 배치하고 북측에 업무기능을 배치하여 균형감을 중요시하였다.
· 도시내부의 관점에서 보면, 워싱턴시는 낮에는 정치·행정의 도시이지만 밤에는 텅 빈 도시가 되어 범죄 발생률이 높고, 가난한 흑인들이 도심에 거주하며 빈민촌을 형성하고 있다. 또한 주택의 슬럼화가 진행되어 이너시티(Inner city)문제를 안고 있다.

(그림 3-37) 링컨기념관

(그림 3-38) 제퍼슨기념관

(그림 3-39) 방사직교형 도시 워싱턴

② 도시의 형태적 측면

· 개방적인 도시 공간 창출과 수도의 상징성을 유지하기 위해 국회의사당이 있는 캐피탈 힐을 중심으로 정부기관과 각종 박물관이 체계적으로 배치된 방사·격자

형 도시이다.

· 방사형도시에는 방사동심원형(同心圓型)과 방사직교형(直交型)이 있는데, 미국의 수도 워싱턴은 대표적인 방사직교형이다. 워싱턴의 가로는 직교형이 많으나, 방사형의 사선(斜線)가로가 이와 교차하고 있다. 따라서 방사상의 기점이 되는 중심부는 팔방으로 통할 수 있어 매우 편리하나, 도처에 다차로(多叉路)가 형성되어 있어 자동차의 소통이 어렵다.

(5) 수도이전의 성과

수도 건설과정에서 책임자들의 무모한 계획과 불법적인 지출, 과잉 초과사업비 등의 문제점이 나타나기도 하였다. 그러나 미국의 수도이전은 첫째, 미국 정치를 상징하는 기념도시로 성장하는 데 기여를 하였고, 둘째, 독립을 상징하는 연방수도로 통합을 상징하는 역할을 하였다.

천도 당시 연방 공화국의 중간지점으로 권력분점을 위한 국토의 지리적 중심부에 위치하여, 행정수도로 건설된 지 약 200년이 경과한 지금 워싱턴 DC는 세계의 정치, 외교 중심지로 발전했다. 또한 핵심적인 거점 도시로 성장하여 행정기능뿐만 아니라 경제, 사회, 문화적인 중심지로 자리 잡아 명실 공히 국가의 기능을 수행하고 있다.

워싱턴은 상당 수준의 기반 시설 투자와 인구 및 경제 활동이 궤도에 오르기 위해서 독립적인 신행정수도가 갖는 조성기간의 장기성, 조성 후에는 상당 수준의 중심기능 수행능력을 보유하게 되는 등의 특성을 잘 보여주는 사례라고 할 수 있다.

4. 독일의 천도

(1) 개요

독일의 전체 면적은 약 357,000㎢로 한반도의 1.5배에 이르며, 지역적으로 각기 다른 특색의 북부, 중부, 남부의 3개 지역으로 나뉜다. 북부지역은 북해와 발트해에 접하고 있는 저지대이고, 중부지역은 산악으로 형성된 해발 1,000m 정도의 고원으로 삼림이 풍부한 구릉지대로 유명한 흑림과 같은 대규모 산림군이 펼쳐지는 지역이다. 남부지역 또한 높은 산악지대로, 알프스 기슭을 따라서 펼쳐진 고원과 함께 보덴호 등 수려한 경관의 호수들이 산재해 있는 아름다운 곳이다. 이처럼 남쪽의 알프스에서 북쪽의 북해로 경사져 있는 남고북저의 지형적 특징으로 라인강 등 주요 하천이 북쪽으로 흐른다.

인구는 8,260만여 명(2003년)으로 인구밀도는 231.4명/㎢이다. 정식 명칭은 독일연방공화국(Federal Republic of Germany)이다. 북쪽으로 북해・발트해(海)에 면하고 덴마크와 접하며, 동쪽으로 폴란드・체코, 남쪽으로 오스트리아・스위스, 서쪽으로 프랑스・룩셈부르크・벨기에・네덜란드와 접한다.

이전에 프로이센의 왕도였던 베를린은 독일 민족이 오랜 열망 끝에 비스마르크의 주도로 통일을 이룩한 1871년부터 제2차 세계 대전의 패전으로 분할 점령이 된 1945년까지 74년간 독일의 수도였다. 베를린은 유럽의 북부 평원의 중심부에 위치하고 있는 동・서 유럽의 교역의 요충지로, 19세기 후반 독일이 후발 산업국으로 부상하면서 한때 유럽의 수도로 불리기도 했다. 나치 정권이 연합국에 패배하여 국토가 분열되면서 동독의 수도는 동베를린에 눌러 앉았지만, 서독의 수도는 본으로 옮겨야만 했다. 폭격으로 폐허가 된 베를린은 전후 미국과 소련의 경쟁적 지원으로 빠르게 재건되었으나, 동서 각축장으로서 한때 소련이 서베를린을 봉쇄하는 등 미・소 간의 신경전은 치열하였다. 1961년 동베를린 주민들의 탈출을 막기 위해 '베를린 장벽'이 설치되면서 베를린은 냉전의 상징이자 '정부 없는 수도', '과거와 미래만 있고 현재는 없는 도시' 라는 평가를 받기에 이르렀다. 더욱이 전쟁과 분단을 초래한 나치의 수도였기 때문에 독일 역사에 있어 비문명적 억압과 공포, 그리고 수모를 연상시키는 도시로도 여겨졌다. 하지만 1989년 말 견고하게만 생각되었던 베를린 장벽이 무너지면서 통일의 첫걸음을 내딛게 되었다.

1999년 9월1일 독일이 연방 수도를 옮기면서 '베를린공화국(Berliner Republik)' 시대를 맞이하였다. 베를린으로의 천도는 동서독의 분단으로 상징되는 전후 냉전체제의 종식을 의미하기도 하지만, 다른 한편으로는 21세기를 준비하고 이를 향해 나가는 독일 민족의 역사로 평가되고 있다.

분단이 통합으로 치유되면서 베를린은 통일 독일의 수도로 복귀하고, 서서히 유럽 정치의 중심지이자 거대 메트로폴리스로서, 동서를 연결하는 개방 도시로서의 면모를 찾아가고 있다. 특히 독일의 일부 대기업을 비롯하여 세계적인 다국적기업들과 금융기관들이 베를린으로 본사를 옮기거나 이곳에 유럽을 총괄하는 지점을 설치하고 있다. 정치 권력뿐만 아니라 경제적 힘도 베를린으로 점차 집중되고 있다.

이와 같이 거대 도시로 발돋움한 베를린이 수도로 결정되기까지는 그렇게 순탄하지만은 않았다. 통독의 수도를 '본이냐? 베를린이냐?'를 놓고 심각한 국론분열 양상을 초래하였던 것이다. 그러면 어떻게 독일 국민은 이 어려운 난관을 슬기롭게 극복하고 의견을 통일할 수 있었는지 살펴보고, 다가올 한반도 통일을 전망해 보고자 한다.

(2) 독일의 역사, 정치, 문화, 경제

1) 독일의 역사

① 분단 전 독일의 역사

중앙아시아의 유목 민족인 훈족이 서쪽으로 이동하면서 게르만족의 한 분파인 동고트족을 공격하게 되자, 게르만족의 대이동이 시작(375년)된다. 게르만의 침입에 시달리던 서로마제국이 멸망한 후, 로마의 땅에 세워진 여러 게르만의 나라들 중 가장 강했던 프랑크족은 지금의 프랑스 지방으로 이동하였고, 클로비스가 메로빙거(Merovinger) 왕조(481~751)를 열어 프랑크왕국을 세웠다. 카롤링거(Carolinger) 왕조(751~843)를 지나 카롤루스 대제 때 유럽 최대의 왕국이 된 프랑크(Frank) 왕국은 카롤루스 대제의 사후 장남 로타르가 황제 칭호와 함께 중프랑크(이탈리아 및 로트링겐)를, 차남 카롤루스 2세가 서프랑크를, 삼남 루드비히 2세가 동프랑크를 차지하였다. 이후 베르뎅(Verdun)조약(843년)과 메르센(Mersen)조약(870년)에 의해 국경이 확정되어, 프랑크 왕국은 동프랑크(독일 지역), 서프랑크(프랑스 지역), 이탈리아 북부로 나누어졌다. 이는 오늘날 독일, 프랑스, 이탈리아 등 삼국 형성의 기초가 되었고, 신성 로마 제국의 성립과 해체를 거쳐 프로이센에 의한 독일 통일로 독일 제2제국이 성립(1871)되었다. 독일제국의 팽창주의적 대외정책 추진으로 제1차 세계대전이 발발(1914)하였고, 1918년 11월 패전 이후 황제가 퇴임하면서 독일제국은 해체되고, 바이마르 공화국(1919~1933)이 수립되었다. 바이마르 공화국이 극도의 혼란에 달해 있을 때 등장한 급진정당 나치스의 히틀러는 집권 후 억압과 폭력의 독재 국가로 만들었다. 그에 의해 일어난 제2차 세계대전(1933~1945)의 패전으로 독일은 다시 연합국에 의해 분단(1945~1990)되었다.

② 분단과 통일

제2차 세계대전의 패전 후 독일은 미·영·불·소 4대 전승국에 의해 분할점령이 되었으나 미·소의 영향력 하에 동·서독으로 재편되었다.

전후 통일 독일 정부 수립을 위한 동·서 간 교섭을 시도하였으나 실패하고 냉전이 고착화되자 1949년 미국 점령지역인 서독은 통화 개혁을 단행, 경제 통합을 실시하였으며, 1949년 5월 잠정 헌법인 "기본법(Grundgesetz)"을 제정하고, 1949년 9월 21일 독일연방공화국(BRD, 서독)을 수립하였다. 이에 대해 소련 점령 지역도 1949년 10월 7일 독일민주공화국(DDR, 동독) 수립을 선포함으로써, 독일은 동·서독 양진영으로 분단되었다.

1954년 체결된 파리 협정이 1955년 발

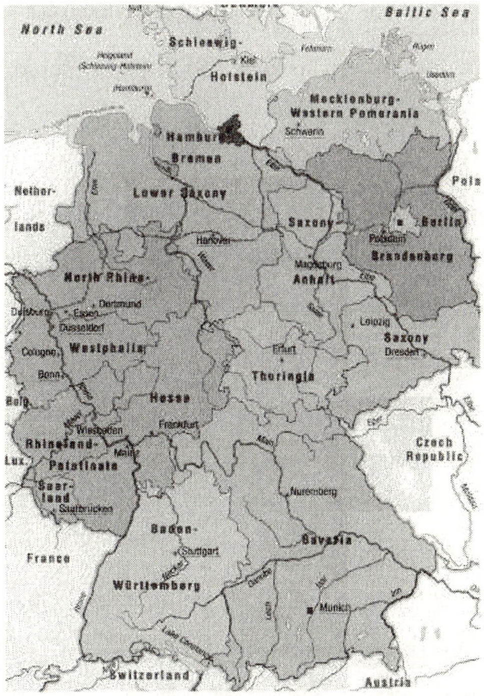

(그림 3-40) 독일의 지도

〈표 3-9〉 독일의 역사

게르만족 대이동과 로마제국의 멸망 ⇨ 프랑크왕국의 흥망 ⇨ 신성로마제국 성립과 해체 ⇨ 프로이센 등장과 독일통일 ⇨ 독일제국과 1차 세계대전

- 프랑크왕국의 흥망
  - 메로링왕조 (481~751)
  - 카롤링거왕조 (751~843)
  - 베르뎅 (843), 메르센조약 (870)
- 신성로마제국 성립과 해체
  - 신성로 (제1제국) (962~1806)
  - 라인동맹
  - 비엔나회의 (1815)
- 프로이센 등장과 독일통일
  - 프로이센 (비스마르크의 소독일주의)
  - 독일 제2제국 (1871)

⇩

독일통일 시대 ⇦ 제2차대전 이후 정세 및 독일 재통일 (1945~1990) ⇦ 나찌즘의 등장과 제2차 세계대전 (1933~1945) ⇦ 바이마르 공화국의 수립과 시련 (1919~1933)

- 제2차대전 이후 정세 및 독일 재통일
  - 독일연방공화국 (서독)
  - 독일민주공화국 (동독)
- 나찌즘의 등장과 제2차 세계대전
  - 독일 제3제국: 히틀러
  - 패전 후 미영불소에 의한 분할점령

효되고 미국이 물러감에 따라, 서독의 주권은 회복되었다. 1969년 10월 사회민주당(SPD)의 빌리 브란트 수상 등장과 함께 서독정부는 "동방정책(Ostpolitik)"으로 소련, 동구권과의 관계 개선 및 동독과의 교류를 과감히 추진하였다. 1972년 12월 동, 서독 간 기본 조약을 체결하고 유엔에도 동시 가입(1973.9.) 함으로써 양 독 간의 공존 관계를 이룩할 수 있었다. 동방 정책에 바탕을 둔 서독정부의 부단한 노력으로 대 동독 교류 및 협력강화와 특히 고르바쵸프 집권 이후의 동구의 개혁 및 1989년 11월 베를린 장벽 붕괴로 양 독 간 통일 무드는 급속히 고조되었다. 이에 따라 1990년 8월 31일 양 독 간 통일조약 서명 및 1990년 9월 12일 전승 4개국에 대한 독일 통일을 양해하는 조약("2+4"조약)의 서명을 통해, 1990년 10월 3일을 기하여 독일의 통일이 완성되었다.

2) 독일의 정치체계

역사적으로 독일은 중앙집권제도가 아닌 수많은 영주 국가로 구성되어 각 지방의 고유문화를 발달시켜 왔다. 제2차 대전 후 독일 공화국의 출범 시 이러한 역사적인 전통을 되살려 연방 공화국(Bundesrepublik)을 수립하여 연방 정부와 주정부(통독이전 서독 11개 주정부, 통독이후 16개 주정부)를 구성하였다.

독일의 국가 원수는 연방대통령(Bundespraesident)으로, 국가를 대외적으로 대표하는 지위에서 나오는 권한, 그리고 절차적이고 형식적인 임면권 등 극히 제한적이고

(그림 3-41) 1990년 10월 3일 베를린 제국 의사당 건물 앞에서의 통일 축제

상징적인 권한만을 가지며, 국정에는 간접적인 영향력만을 행사한다.

입법에 있어서 연방 법률 제정권은 연방하원과 연방상원이 공유하고, 법률안 제출권은 일정 수(26명) 이상의 하원의원, 상원, 연방정부 모두에 있는데, 연방정부 제출 법률안은 상원의 심의를 거치게 되어있고, 상원의 법률안은 연방 정부를 경유하여 하원에 제출케 되어 있다.

사법부로서의 연방헌법재판소(Bundesverfassungsgericht)는 기본법 제92조에 의거 설치되는 헌법 기관이며, 최고 법원으로 2개의 부(Senat)로 구성되어, 제1부는 기본권 침해 문제를 취급하고 제2부는 연방과 주정부 또는 주정부간의 분쟁을 관할한다.

1990년 10월 3일, 통독과 더불어 연방에 편입된 구동독지역 5개 주를 포함한 16개 주는 고도의 자치권과 광범위한 입법권을 가지고 있으며, 각 주는 기본법의 테두리 내에서 독자적인 주 헌법을 가지고 주 의회 선거에서의 다수당이 주정부를 구성한다. 독일은 이러한 연방 제도를 통하여 국정 운영에 국민의 의사가 수시로 직접적으로 반영되도록 하며, 수평적이고 수직적인 권력의 분산을 추구함으로써 정치적 경쟁력을 강화하고 문화적, 사회적 다양성을 추구하고 있다.

3) 독일의 문화

독일의 문화는 각각 독특한 지방색을 보이면서 세계적으로 높은 수준을 유지하고 있다. 독일의 문화 중심지는 특정한 몇 개 도시에 국한되어 있는 여러 다른 나라와 달리 지난 날의 분권주의 역사적 배경을 반영하여 전국적으로 퍼져 있다. 이는 일찍이 제후들이 그들의 거주지를 문화 중심지로 만들고자 노력했고, 이를 의식 있는 시민 사회가 이어받았기 때문이다. 지방도시에도 대학・오페라하우스・교회 등의 문화 시설이 갖추어져 있다.

독일의 문학・예술은 독일 고전주의와 낭만주의가 개화했던 18, 19세기 및 바이마르공화국시대에 절정기를 이루었다. 독일의 20세기를 대표하는 문학가로는 F.카프카, T.만, R.M.릴케, B.브레히트 등을 꼽을 수 있다. 현대의 독일은 출판과 도서의 나라로서 매년 10월에 세계에서 가장 규모가 큰 프랑크푸르트도서전이 열린다. 독일의 예술문화는 문학보다는 음악이 대표적이다. 19세기 유럽음악의 지배적 지위를 확립한 독일음악의 기반은 그 원류인 바흐에서 오늘에 이르기까지 역시 중소도시나 궁정에 산재하고 있으며 지방의 시민 생활에 뿌리 내린 다원적인 음악 환경이야말로 독일 음악의 좋은 기반이다. 오늘날 독일에는 3,000개 이상의 박물관과 160개의 공립극장, 190개의 사립극장, 50개의 지방극장, 50개의 문화 오케스트라가 있으며 40개의 축제가 개최된다. 쾰른, 뒤셀도르프, 카셀은 현대 예술의 중심지로 유명하다.

근대 유럽의 새로운 정신을 성립시킨 루터, 서유럽 근대 귀족 사회를 철저하게 허무주의로 부정한 초인(超人) 철학의 니체, 변증법적 유물론에 의하여 자본주의를 부정한 마르크스 등은 독일을 대표하는 철학자다. 외국과의 문화교류는 76개국에 141개가 있는 괴테-인스티튜트, 독일학술교류처(DAAD), 알렉산더 훔볼트 재단, 대외관계연구소(fia)등 국가가 정책적으로 육성하는 문화와 함께 자율적이고 대안적인 단체들이 담당한다.

4) 독일의 경제

독일은 1994년 현재 GNP 기준 세계 제3위, 무역액 기준 세계 제2위인 경제 강국이다. 독일은 제2차 세계대전 후의 이른바 '서독경제의 기적'이라고 일컬어졌던 경제부흥기를 거쳐 1980년대 후반에 국민총생산은 세계 4위를 기록하기에 이르렀다. 현재 독일은 1975년 창설된 서방경제선진국 정상 모임인 G7의 일원으로 프랑스와 함께 EU의 중추세력을 형성하고, 세계경제를 좌우할 만한 경제력을 축적하고 있다.

통일 이후 독일정부는 구동독경제의 전면적인 개편을 위해 시장경제질서 도입, 시장기능과 개인 창의력 발휘여건 조성, 기업구조 조정을 위한 한시적 국가재정지원의 원칙을 세우고, 이를 위해 정책조정을 단행하였다. 기본방향은 국가가 직접 관여하여 조정하기보다는 자생력 있는 기업을 지원하여 사유화함으로써 전반적인 시장경제의 여건을 조성한다는 것이었다.

독일 경제는 1993년 마이너스 성장 이후 94년에 2.9% 성장으로 회복세를 보였으나, 마르크화 강세와 높은 임금인상, 조세부담 증가 등으로 성장세가 둔화하였다. 95년 GDP는 1.9% 성장에 그쳤으며, 96년 상반기까지 침체국면이 계속하였으나, 96년 하반기 이후 마르크화의 안정, 낮은 임금 인상률·이자율 등에 힘입어 회복세를 보이고 있다.

산업구조는 여타 선진 국가와 마찬가지로 3차 산업의 비중이 점차 커져가는 현상을 보이고 있다. 70년대 후반에는 전통적 강세분야인 제조업이 국내총생산의 2/5 이상을 차지하였으나, 80년대에 들어 40% 이하였던 3차 서비스산업 비중이 95년에는 총 GDP의 50%에 이르렀으며, 제조업은 34.6%, 농림 수산업은 1.1%로 산업구조의 변화가 진행되고 있다.

(3) 수도이전의 배경 및 결정

1) 독일 도시 베를린과 본

① 베를린(Berlin)

베를린은 독일 동부, 바르샤바-베를린 주곡(主谷)의 저지(低地)에 있다. 배가 다닐 수 있는 슈프레강(江)이 사행(蛇行)하면서 시가지를 관류(貫流)하다가 시가지 서부에서 하펠강과 합류한다. 넓은 숲과 많은 호수를 안고 있어 도시 미관이 뛰어나고, 또 '베를리너 루프트(베를린의 공기)'라 할 정도로 공기가 맑다.

베를린의 옛 영광은 1945년에 끝났으나, 이 도시는 제2차 세계대전으로 인한 파괴를 극복하여 재건되었고 놀라운 경제 발전을 이룩했다. 제2차 세계대전 후 독일이 양분되면서, 이 도시는 완전히 독일민주공화국(동독)의 영토로 둘러싸이게 되었다. 베를린은 둘로 갈라진 독일의 현실을 그대로 반영했다. 동(東)베를린은 동독의 수도로 지정되었고, 서(西)베를린은 지리적으로 서독 본토로부터 격리된 채 독일연방공화국(서독)의 주(헌법상 실제 주로 편입된 것은 아님)가 되었다.

이런 특이한 상황은 1961년에 세워진 콘크리트 덩어리였던 베를린 장벽에 의해 상징·심화되었고, 40년 이상 베를린을 동서 양 진영의 끊임없는 대치 현장으로 만들었다. 1989년 말에 일어난 동독 공산주의 정권의 급작스런 몰락과 그에 따른 베를린 장벽의 개방은 예기치 않게 베를린이 다시 전체 독일의 수도가 될 수 있는 전망을

(그림 3-42) 베를린 시내

낳게 했다.

1990년 재통합 조약규정에 따라 이곳은 전쟁 이전 상태로 복구되었고, 이어 통일 독일을 구성하는 16개 주 중 한 주로 지정되었다. 이 같은 일련의 흐름은 그것이 지니는 정치적 중요성 외에, 베를린이 다시 유럽 제1의 문화·상업 중심지가 될 것을 예고했다.

② 본(Bonn)

본은 독일연방공화국(서독)의 임시수도였다. 라인강이 라인협곡을 이탈하여 쾰른 저지(低地)로 흘러내리는 부근의 기슭에 위치한다. 원래 한적한 소도시였으나, 1949년에 임시수도가 된 뒤 급격히 발전하여 주변으로 도시가 확대되었다. 특히 국도 9호를 따라 남부지역의 도시화가 현저해서, 1969년에는 바트고데스베르크와 그 주변 지역을 합병하였다.

본의 옛 시역(市域) 안에는 라인 강변에 국회의사당이 신축되고, 관청가인 코블렌츠가에 대통령관저·수상관저와 몇몇 정부기관 외에 많은 정부기관이 바트고데스베르크를 비롯한 시 주변지역에 산재되어 있다. 쾰른과의 사이에는 1932년에 완성된 독일 최고의 아우토반(자동차 도로)이 통하고, 코블렌츠와의 사이에는 관광선이 운항된다. 시내에는 로마네스크 양식의 뮌스터 교회(11~13세기), 쾰른 선거후(選擧侯)의 성이었던 프리드리히빌헬름대학(1818), 라인 향토박물관, 알렉산더대왕 박물관, 바로크 양식의 시청 청사, 베토벤의 생가, 콘서트홀인 베토벤 홀 등 역사적인 건물과 문

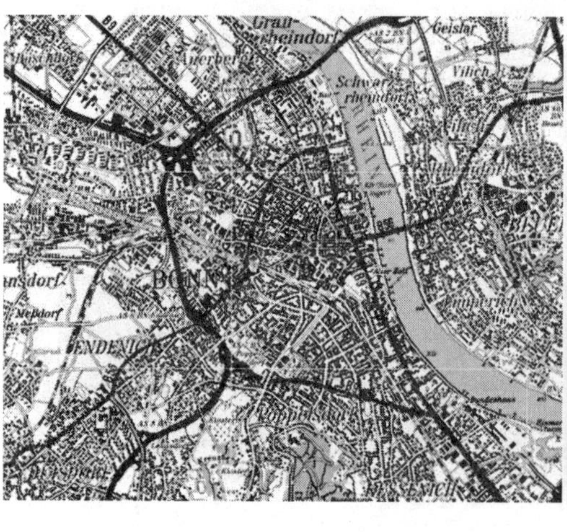

(그림 3-43) 본(Bonn)의 지도

(그림3-44) 본(Bonn)의 전경

화시설이 있다.

본은 일찍이 켈트인의 취락이었으나, 1세기 중엽에 로마의 성채 '카스트라 보넨지아(Castra Bonnensia)'가 설치되어, 오늘날의 본의 도시명의 기원이 되었다. 로마의 도시로서의 본은 자주 만족(蠻族)의 침해를 받았고, 특히 민족 대이동의 혼란기에는 철저히 파괴당했으나, 그 뒤 프랑크족 지배 아래 게르만의 도시로서 재생, 복구되었다. 1244년 쾰른의 대주교에 의해 도시권(都市權)이 부여되고, 쾰른 선거후인 대주교가 그곳에 궁전을 둠으로써 크게 번영하였다.

1801~1804년은 프랑스령, 1815년에 라인란트와 더불어 프로이센령이 되고, 빌헬름 3세에 의해 대학이 신설되어, 19세기에는 독일 문화 생활의 한 중심지가 되었다. 제2차 세계대전 후, 1949년에는 이곳에서 제헌의회가 열려 독일연방공화국이 성립되고, 본은 그 임시수도로 정해졌다.

2) 수도이전 입지 논쟁

① 분단시절 서독의 임시수도 입지 논쟁

제2차 세계대전 이후 동서독으로 분단되면서, 동독은 동베를린을 수도로 계속 유지하였으나, 서독에서는 정치지리학적인 이유로 서베를린을 대신할 임시수도가 논의되었고, 임시수도로서 가장 강력한 후보지는 프랑크푸르트였다.

프랑크푸르트는 역사적으로 볼 때, 19세기 시민운동을 주도하였고, 제국연방의회가 입지한 정치적 도시였다. 또한 교통의 중심지, 경제 및 문화의 대도시로서 최적의 수도 입지조건을 갖추고 있었다. 그러나 당시 연방참의원 의장이었던 아데나우어가 인구 20만 명의 중소도시인 본을 임시수도 후보지로 거론하면서 프랑크푸르트와 수도 입지에 관한 논쟁이 시작되었다. 1949년 11월 의회에서 투표한 결과 200 : 176의 차이로 본이 독일의 임시수도로 결정되었다. 이러한 결정은 통일 후 베를린으로 다시 수도를 이전하기 위해서는 임시수도로는 중소도시인 본이 적합하다는 것과 전쟁으로 인한 도시의 훼손이 적었다는 것이 설득력이 있었다. 이러한 표면적인 이유 외에 영국군이 그들의 관할구역에 수도가 지정되기를 원했고 아데나우어 연방참의원 의장의 강력한 로비가 적지 않은 영향을 끼쳤다.

② 통일 후 연방수도 입지 논쟁

1989년 11월 9일 동서독을 가르던 베를린 장벽이 무너진 뒤, 1990년 10월 3일 동독이 서독의 일부로 '흡수통합'됨으로써 독일은 통일을 이룩하였다. 이와 함께 장차 연방수도를 어디에 둘 것인가 하는 문제가 제기되었다. 1989년까지 분단되었다가 1990년 재통일이 이루어지면서 독일민주공화국(동독)은 독일연방공화국(서독)을 계승할 것을 선언하였다. 이러한 계승의 기초가 된 것은 통일조약(1990)이라 불리는 양국간의 합의에 의한 것이었는데, 이 조약에는 베를린이 독일의 수도임이 명시되어 있었다. 역사적 관점에서도 이는 지극히 자연스러운 것이었으므로 통일조약에 대한 양국의 결정은 어렵지 않게 이루어졌다.

그러나 통일조약은 국회의사당과 정부가 입지하게 될 도시에 관해서 언급하지 않았다. 동독의 대표자들은 통일협약에서 국회와 정부가 베를린에 입지한다는 내용을 선언하라는 그들의 요구를 지속적으로 관철시키지 못했고, 이에 관한 결정은 차후로 미루어졌다.

동독은 통일조약(Einigungsvertrag)의 조건으로 수도를 베를린으로 이전할 것을 요구하였으나, 과반 이상의 서독의원들은 본이 계속 수도로 남기를 주장하였다. 통일조약 2조 1항에는 '독일의 수도는 베를린', 2조 2항에는 '의회와 정부의 입지는 통일이 완결된 이후 결정된다.'라고 명시되어 있다. 즉 공식적인 수도는 베를린으로 결정하였지만, 실질적인 행정수도는 본이 될 수도 있다는 여지를 남겨 놓은 것이다. 이후 당파를 초월하는 베를린-본 수도논쟁이 시작되었다. 수도논쟁의 초점은 통일 독일의 새로운 정체성 확립과 40년간 본을 중심으로 형성된 물리적 이해관계 등에 있었다.

본과 베를린은 지리적 위치와 역사와 전통에 있어서 서로 상반되는 도시였다. 본과 베를린은 각기 독일의 서방화와 동방화를 상징하고 있었다. 천도를 둘러싼 지정학적 논의에서 또한, 베를린이 통일독일의 전체 국토공간에서 지나치게 동쪽으로 치우친 외곽부에 위치하고 있다는 주장과 본이 지나치게 서쪽에 자리 잡고 있다는 주장이 충돌하였다. 게다가 베를린이 철의 장막이 사라진 동·서유럽의 중심이 될 수 있다는 주장에 대해, 본이야말로 전후 반세기 동안 유럽통합을 성공적으로 추진해 온 수도라는 주장이 맞섰다.

이처럼 수도의 입지선정을 둘러싸고 한 치의 양보도 없이 전개된 쟁론을 더욱 더 복잡하게 한 것은 정당 간의 대립을 넘어서, 같은 정당과 정파 내에서도 의견이 나뉘는 대립양상을 띠었기 때문이었다. 양쪽 모두 명분은 있으나, 압도적으로 승복시킬 만한 결정적 설득력을 갖추지 못한 채, 이해관계의 대치는 심화되었다. 결국 1991년 6월 20일 연방의회에서 통일독일의 수도입지를 어디로 할 것인가를 표결로 처리하게 되었다.

3) 천도의 결정

베를린 천도를 주장한 의원들은 1949년 이래 통일독일의 수도는 베를린이라는 정통성에 대한 역사적 합의와 본을 임시수도로 결정할 당시의 국민적 합의에 대한 정치적 신뢰를 지켜줄 것을 요구하였다. 또한 베를린으로의 결정은 동서간의 정치적, 사회적, 심리적 통합을 실현하는데 있어서 어떤 것으로도 대체될 수 없는 중요한 수단임을 주장하였다. 따라서 통일과정에서 동독이 직면하게 될 여러 발전 문제를 거리상 멀리 떨어져 있는 본보다 베를린이 효과적으로 해소할 수 있을 것이라는 관점이 제시되었다.

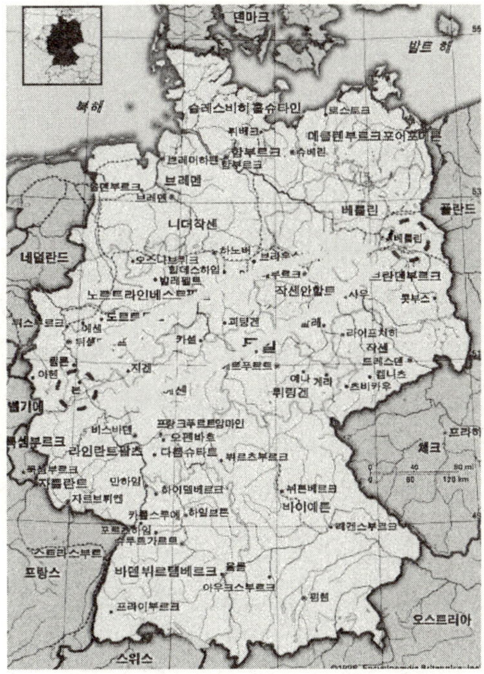

(그림 3-45) 베를린과 본의 상반된 입지

그럼에도 본을 지지하는 의원들은 베를린의 중앙집권에 대한 부정적 이미지와 천도로 인한 통일비용으로 국가재정을 한층 더 압박하여, 동독지역의 도약을 저해할 것이라고 주장하였다. 의회 안팎의 격렬한 논쟁과 여론의 지대한 관심 속에서 베를린-본 수도논쟁은 1991년 6월 연방의회 투표에서 337 : 320의 근소한 차이로 베를린이 수도로 결정되면서 마무리 되었다. 이토록 근소한 차이로 본이 선전한 것은 대부분의 하원의원이 이동에 따르는 개인적 이동이나 이와 관련된 재정적 비용지출을 최소화하고 싶어했던 것이 작용했다. 이것

〈표 3-10〉 베를린-본 수도이전 논쟁

구분	베를린	본
장점	- 독일의 정통적인 수도로서 분단 및 통일의 상징 - 통일 독일의 새로운 출발점 - 동서유럽의 정치, 경제, 문화, 교통의 집결지 - 대도시로서 집적이익	- 전후 서독의 정치적 중심지로 성공적인 발전 - 동서 화해의 중심지 - 지방자치와 지방분권의 상징도시
단점	- 권력의 중앙집권화 - 히틀러의 제3제국 수도로서의 역사적인 오명 - 비싼 이전비용	- 수도기능이 강조된 불균형적인 도시구조 - 서독의 정치문화가 강조되어 구동독 국민에게 거부감 형성 - 통일독일의 정체성을 형성하기에 부적합

이 40년간 자유민주주의 법의 지배를 받아온 도시로서 본이 갖는 상징적 중요성에 관해 제기된 의문보다도 더 큰 것이었다.

결국 독일 수도로서의 전통적인 위상, 통일독일의 정체성, 구동독의 정치 및 경제 체제를 서독체제로 통합하기 위한 정책적 필요에 의해 베를린이 통일독일의 수도로 결정되었다.

(4) 수도이전의 추진과정

베를린으로의 이전 준비과정에서 대통령, 하원의회 및 연방정부를 수용하기 위한 많은 장소들은 대부분 기존에 존재하는 건물이나 이를 수선한 건물을 이용하여 이전에 소용되는 비용을 최소화하도록 하였다. 또한 위축된 주택시장에 압력을 가하지 않고 수도에 정부 공무원들의 새로운 거처를 마련하는 작업을 포함하여, 정부 공무원들의 이전에 관한 종합적인 여건을 명확히 파악하였다. 연방정부의 내각은 일부분은 베를린에 입지하고 본에는 소수 기관만을 입지시키기로 결정하였다. 이에 따라 1994년 3월 연방의회의 비준을 거친 '베를린과 본에 관한 법'(Berlin-Bonn Laws)에서는 16개 연방부처 중 6개 부처가 본에 잔류하고, 10개 부처가 베를린으로 이전하도록 규정하였다.

본과 베를린에 정부기능을 분산시키기로 한 것은 정책구역에 따라 결정되었다. 본에서는 연구, 교육, 과학, 환경 및 개발정책분야가 정책 우선구역으로 선택되었으며, 다른 정책구역들은 베를린에 입지하게 되었다.

연방정부는 1991년 국회의사당을 따라 베를린으로 이전하기로 결정하였고, 1998년부터 2000년에 걸쳐 본에서 베를린으로 이전하였다. 독일연방공화국의 대통령은 1994년 최초로 베를린에 공식적인 거처를 마련하였다. 1994년 말, 연방정부는 프로젝트관리와 정부시설의 이전과 관련된 모든 특정 업무에 관한 조정을 담당하는 특별

〈표 3-11〉 독일의 수도 기능 분산

베를린(10개)	본 (6개)
외무부, 내무부, 법무부, 재무부, 경제·기술부, 노동·사회부, 가족·노인·부인·청년부, 건설·국토·교통부, 정부홍보처, 총리실	국방부, 식료·농림부, 보건부, 환경·자연보호·원자력안전부, 교육·연구부, 대회협력개발부

※ 연방정부의 이전 구상에 따르면 총리실과 정보홍보처를 포함한 10개의 연방부처는 베를린으로 이전하고, 본에는 그 연락사무소를 두도록 하며, 본에는 6개의 연방부처가 잔류하고, 베를린에는 그 연락사무소를 두도록 함

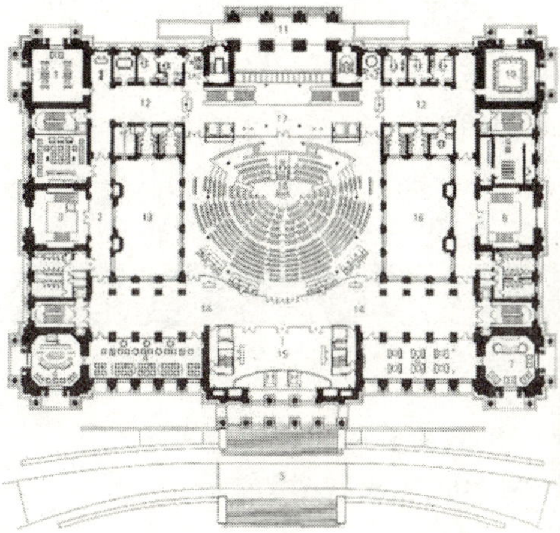

(그림 3-46) 연방의회 평면도

(그림 3-47) 연방의회 전경

조정관으로 전 연방건축부장관인 퇴퍼 교수를 지명하였다. 그는 수도이전에 관한 정치적 수준의 준비뿐만 아니라, 이전 일정 및 소요비용에 관한 제한 등에 관한 책임 및 본의 재 부흥에 관한 업무까지도 담당하였다. 특히 본 지역에 관한 배상문제, 이전의 국회의사당의 재사용문제, 특정 정부부처의 입지에 관한 준비 등에 관한 내용까지도 포함하는 것이었다. 16개주의 대표자들로 구성된 상원의회가 사용하는 국회의사당의 두 번째 회관은 1996년 9월 27일의 투표에서 결정된 바에 따라 베를린으로 이전하게 되었다. 제2차 세계대전 말기에 일어난 손상과 1960년대의 대수선 이후, 옛 독일 제국의회 건물은 국제공모를 통해 노먼 포스터에 의해 다시 개조되었고, 연방의회가 입주하게 되었다.

EU 가입국가들 대부분이 중앙집권국가이지만, 독일의 경우 연방정부는 16개의 주로 구성되어 있고, 베를린도 이처럼 하나의 국가로서의 자격을 갖는 도시들 중의 하나이다. 그래서 원칙적으로 연방정부의 건축프로젝트 역시 민간의 프로젝트와 동일한 규제를 받게 되어있다. 베를린은 연방정부의 영토가 아니기 때문에 베를린시 행정부와의 긴밀한 협조에 의존하게 된다.

대규모 공항, German Telecom, German Post, 다른 기업 설립 프로젝트, 새로운 대학의 설립 등으로 본 지역은 기반시설의 설치에 관한 프로젝트에 많은 연방기금을 지원받았다. 보상의 대가로 28만 명의 인구를 지닌 소규모 도시인 본은 약 120만 마르크의 보조금을 지원 받았다. 전체적으로 추산해보면 약 12,000개의 일자리가 베를린으로 이동하였지만, 본은 그 이상의 것을 얻을 수 있었다.

1999년 9월 연방의회와 행정부의 이전으로 물리적 측면의 천도는 종결되었다. 독일은 원래의 수도로 다시 환도하는 의미로서, 새로이 수도를 건설한 것이 아니라 기존 대도시로의 기능이전, 즉 정부 행정부처 분산이전의 한 사례가 되고 있다.

〈표 3-12〉 독일 수도이전의 경위

연 도	주 요 내 용
1945	제 2차 세계대전 패전 및 분단
1949. 5. 10	서독의회에서 연방기관의 소재지로 본을 결정
1970	서독-NRW주-본 간에 서독 수도로서 본 건설을 위한 재정협약
1980	서독-NRW주-본 간에 서독 수도로서 본의 추가적인 건설을 위한 재정협약
1989	서독수도 40년, 베를린 장벽의 붕괴(11.3)
1990. 7. 1	경제통화사회연합을 골자로 하는 독일통일조약
1990. 8. 31	동서독간 조약에 의해 베를린이 통일독일의 수도로 결정 - 통일독일의 수도로 베를린 명시 - 정부 및 의회소재지는 통일이후 결정하기로 명시 (본-베를린 수도이전 논쟁 본격화 계기)
1990. 10. 3	동독의 독일연방 가입 (공식적 독일 통일의 날)
1991. 6. 20	연방의회에서 베를린으로 연방의회, 정부 이전 결의
1992. 8. 25	수도조약 체결 (연방정부-베를린, 연방정부-브란덴부르크 주 간의 협력계약)
1994. 4. 26	베를린 천도에 대한 원칙과 세부계획 및 본과 베를린과의 지속적 정치행정기능의 역할 분담 규정. 본을 연방도시로 지정 (Berlin-Bon Gesetz)
1994. 5. 6	베를린-본 법(Berlin-Bon Gesetz) 공포
1994. 6. 29	본의 경제사회적 재구조화를 위해 28억 마르크의 연방정부 투자 결정
1999. 8. 31	연방의회 및 정부, 베를린으로 이전완료

(5) 현재의 수도 모습

통일독일의 수도를 본이 아닌 베를린으로 결정한 것은 단순히 한 국가의 수도로 선정되었다는 사실 이상의 의의를 갖는다. 많은 문제점이 야기되었으나 수도 이전으로 인해 본이 가질 수 없는 역할과 위상을 베를린이 갖게 될 것이라는 기대가 지배적이다. 통일독일의 수도 선정과 천도의 배경에는 베를린이 단순한 국가 정치행정상의 중심지라는 기능을 수행하는 것 이외에 또 다른 비전과 의지가 숨어 있다고 볼 수 있으며, 곧 이러한 전망은 실천을 통해 하나씩 현실화 되고 있다.

베를린으로의 수도 이전은 해결해야 할 몇 가지 과제를 갖고 있으며 이를 정리해 보면 다음과 같다.

첫째, 이질적 체제의 통합에 따른 다양한 문제 해결을 요구한다.

지난 2001년 5월 연방총리가 베를린에 신축된 총리공관에 입주하면서 베를린 천도가 사실상 마무리되어 연방수도로서의 기틀을 잡게 되었다. 통독 이후 베를린 전역은 사실 건축 현장이었으며, 이미 도시경관에 뚜렷한 변모가 나타나고 있다.

구 제국의회 건물은 지상 40m 높이의 투명한 유리 돔을 얹은 모습으로 다시 등장하였고, 이를 중심으로한 연방지구에는 본에서 이전해 온 행정관청과 기관들이 하나하나 자리 잡고 있다. 일부 독일 대기업과 다국적기업들도 베를린에 자리 잡고 있다.

수도의 신속하고 효율적인 개발을 담보하기 위해, 베를린 시의회는 1993년 6월 도심부를 '도시개발지구'로 선포하여 지가의 안정을 기하고 계획절차를 정비하였다. 하지만 갑작스러운 통일로 주택공급 부족으로 인한 임대료의 급상승 등 주택시장이 불안해지고, 산업구조의 전면적 재편과정에서 발생한 대량실업 문제로 사회적 긴장이 고조되었다.

그러나 1999년 수도이전이 완료되면서 1990년대 초기와는 다른 현상이 나타나고 있다. 도심지역의 각종 대규모 개발사업들이 완료되면서 외교관, 각종 협회 본부, 방송사, 기업, 상가들이 도심지에 집중되었고, 통일 이후 교외화 현상으로 계속 감소했던 인구는 2001년을 기점으로 증가 추세로 반전하고 있다.

사실 통독에도 불구하고 지난 십수 년 간 두 도시구역은 독자적인 노선을 밟아 왔다. 주민들의 일상생활과 사고방식에 있어서도 뚜렷한 단절현상이 나타나고 있다. 현

(그림 3-48) 독일 국회의사당

(그림 3-49) 포츠담 광장 전경

〈표 3-13〉 독일 수도이전 추이 (베를린-본)

구분	건 설 시 기	인구규모 (만명)		면적(㎢)		주요기능				연방공무원수 (인)
		계획인구	최근 인구	초기 면적	최근 면적	의회	행정	사법	기타	
베를린	연방의회이전결정 및 잔류부처결정 (1991) 수도계약체결 (1992)	-	3,277 ('87)			○	○		직접고용 (36,128) 직간접고용 (43,753)	4,600(연방의회관련) 7,300(연방정부관련) 25,000(매스컴, 로비스트, 경제단체, 대사관 등)
본	임시수도 (1948) 연방수도 (1971)	7 ('49) 18 ('69) 27.65 ('87)	29.74 ('92)	30	140 ('69)	○	○	○	독일연방 공화국미술관, 독일연방공화국 역사박물관, 본 교육대학	연방최고관청 외에 137개 기관위치

재 통독은 40여 년간 서로 다른 이념과 체제하에서 성장해온 기존 도시구조상의 차이를 극복하고 생활환경을 균등하게 함으로써 일체적 정체성과 장소감을 회복하고, 나아가 천도에 따라 기대되는 변화를 하부구조적으로 수용하는 것이 중요하다.

그렇다면 언제쯤 베를린이 온전한 도시의 모습을 갖추게 될 것인가? 통일로부터 최소한 25년이 소요될 것이라는 지적이 있다. 통일 당시 베를린은 규모와 잠재력의 50%를 채 발휘하지 못한 도시였다면, 약 20여 년 동안 많은 발전을 거듭하며 왔다. 베를린의 수도이전 효과는 적어도 동독지역과 주변 동구권지역의 성장이 이루어진 수년 후에나 가능할 것이다.

둘째, 수도로서 국가의 중심적 역할과 지역균형발전을 선도하여야 한다.

이미 언급한 대로 통독과 이를 시발로 한 동유럽의 발전으로 경제입지로서 베를린의 대외적 견인력은 제고되고 있으며, 이는 앞으로 수년간 베를린과 구 주변지역의 성장을 크게 추월할 것이다. 연방수도로서 베를린의 결정은 이러한 추세를 한층 더 촉진할 것이며, 인구유입도 자극할 것이다. 베를린 천도는 또한 이러한 발전에 심리적 안정을 더하여 독일의 '수도권'이라고 할 수 있는 브란덴부르크지역과 나머지 동독지역에 대한 중핵도시로서의 전통적인 역할을 재정립할 수 있는 기회이며, 이점은 동서독간의 통합적 국토발전에도 긍정적으로 작용할 것이다.

그러나 천도로 인하여 국토공간상에 새로운 지역문제가 발생할 것이라는 우려의 목소리도 없지 않다. 권력과 경제기능의 집중은 통일국토에 지역 간 불균형을 증폭시킬 수 있다는 것이다. 사실 베를린은 현대적 산업경제를 뒷받침하는 고차 서비스업종의 입지장소로 그리고 학술 및 연구개발 분야에서 유럽의 중심지로서 동독지역의 산업구조를 재편하고, 새로운 방향으로 나아갈 수 있는 잠재력을 충분히 갖추고 있다.

독일은 최근 정보 및 벤처산업 등이 발달할 수 있는 베를린과 금융 중심지인 프랑크푸르트, 그리고 지난 20여 년 이래 신산업지대로 등장한 남부 독일의 뮌헨과 슈투트가르트를 축으로 하여 전통적으로 다극 분산적 국토구조를 강화하는 방향에서 균형 잡힌 지역개발을 추구하고 있다.

하지만 이 점에서 전통적인 다극분산형의 국토구조를 강조해 온 독일은 천도에 따른 베를린으로의 과도한 인구와 기능의 집중으로 과대과밀의 대도시문제에 당면할 수 있다. 이러한 맥락에서 베를린과 브란덴부르크주의 공동지역 계획안을 보면, 베를린으로의 인구집중을 막기 위해 주변에 있는 중심지들을 진흥시키는 전략을 강력히 구사하고 있다.

통일을 통해 두 나라의 수도가 된 베를린은 이제 국가통합의 중대한 도전을 사회적, 경제적, 정치적, 그리고 공간적으로 숙지하고 대처해야 할 뿐만 아니라, 그 부작용도 해결해야 하는 과제를 안게 되었다.

셋째, 유럽의 정상국가(Normal State)로서 지정·지경학적 자리매김을 지향하여야 한다.

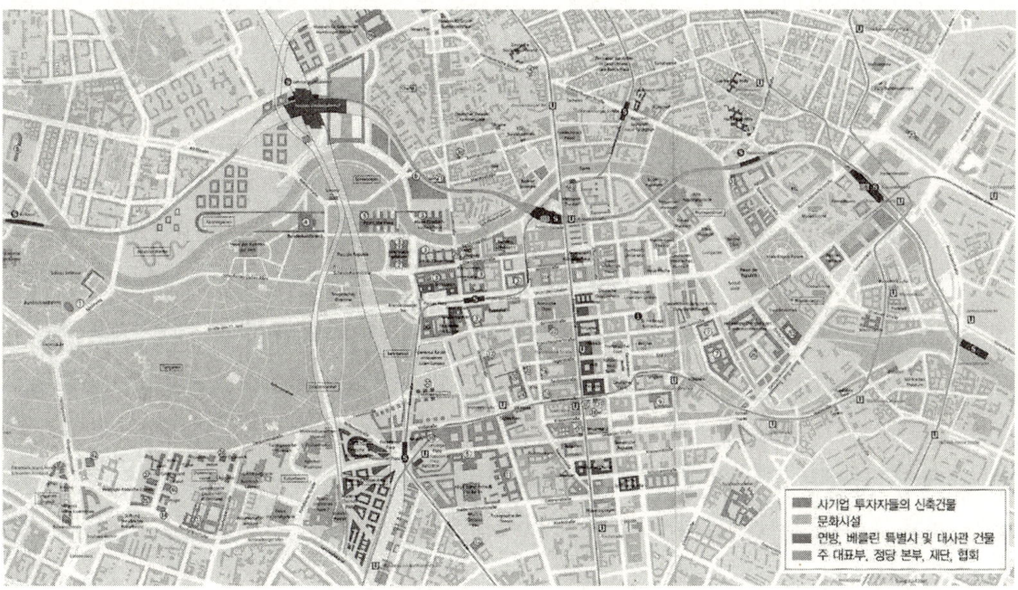

(그림 3-50) 베를린 중심부

전통으로 동서유럽을 나누는 오더-나이쉐(Oder-Neisse) 국경으로부터 불과 수십 킬로미터 밖에 떨어져 있지 않다. 베를린은 이 경계가 계속해서 경제와 안보의 분단선으로 남아 있기를 원치 않고 있다. 베를린 천도는 독일이 더 이상 냉전의 무대가 아님을 선언한 것이며, 독일이 유럽의 주도국가로 다시 탄생하는 것을 의미한다. 이런 배경에서 전후 세대인 슈뢰더(G. Schroeder) 전 총리 등 독일의 젊은 정치 지도자들이 베를린시대를 연 후 '정상국가(normal state)' 라는 용어를 자주 사용한다. 과거의 굴레에 얽매인 비정상구도에서 벗어나, 유럽의 가교역할을 해 나아감을 의미한다.

베를린을 유럽의 수도로 만들겠다는 독일인의 의욕을 경계하는 국가들이 주변에 여전히 존재하며, 베를린공화국을 바라보는 밖의 시선이 꼭 따사로운 것만은 아니다. 천도를 통해 밖으로 확산되는 독일의 견인력으로 독일제국의 부활을 우려하는 주변국들의 반응도 없을 수 없기 때문이다. 독일의 외교정책은 유럽통합에 집착하고 있다. 프랑스와 함께 유럽통합의 추진세력인 독일은 구체적으로 '통합의 심화'와 '통합의 확대'를 추구하고 있다. '통합의 심화'란 강력한 유럽을 만들자는 것이다. 이미 공동의 헌법, 직선제에 의한 대통령 선출을 골자로 하는 유럽연방의 창설을 공식적으로 제안해 놓고 있다. 또 하나의 목표인 '통합의 확대'는 동유럽 국가들의 조속한 가입을 원하고 기존회원국은 여건의 성숙을 전제로 시간을 끄는 양상이지만, 2005년엔 폴란드, 체코가 우선적으로 유럽연합에 가입하였다. 독일은 유럽통합과 확대를 강조하면서 초강대국 미국을 중심으로 형성된 단일국 구조를 청산하고, 유럽이 미국의 파트너이자 경쟁자로 자리 매김해야 한다는 논리를 내세우고 있다.

천도가 갖는 지정학적 함의는 지정학적 비전과 결코 분리될 수 없다. 베를린은 동서유 사이의 입지적 특성으로 말미암아 탈냉전시대를 맞이하여 그 경제적 중요성이 한층 돋보이고 있다. 동서독의 분단 동안 서유럽의 변방에 위치하였던 베를린은 이제 인구 3억 5,000만 명의 유럽시장 속에서 파리, 런던과 함께 유럽의 대표적 중심도시로 등장하였다. 베를린은 이미 유럽 상업의 중심지가 되어가고 있다. 베를린은 동서유럽 시장들의 발전과 성장으로 그 지경학적 이점을 강화해 나갈 것이다. 특히 앞으로 동유럽 국가들이 시장경제로의 전환이라는 과도기를 벗어나 서유럽 국가들보다 훨씬 빠른 경제 성장을 보여줄 것이라는 사실을 고려할 때, 동유럽으로 열린 전진기지로서 베를린의 입지적 중요성은 더욱 제고될 것이다.

유럽으로 진출할 때 이미 안정된 도시를 찾는다면 파리나 런던을 가지만, 발전과 미래를 찾고자 한다면 그 선택은 베를린이 될 것이다. 이미 베를린으로의 수도이전은 유럽과 멀리 발트해 국가들까지 아우르는 진정한 유럽의 존재를 겨냥한, 통합된 유럽 건설의 미래를 위한 주도적 포석이라는 평가가 나오고 있다.

통일 독일의 현재 모습은 많은 것을 시사 하고 있다. 만약 국민 여론 다수가 통일 수도로서 베를린을 선호하지 않았음에도 불구하고 의회에서 독단적으로 베를린 천도를 결정했다면, 실제로 집행되기는 어려웠을 것이다. 국민적 합의에 의한 수도이전이 필수적이라는 사실을 인식해야 한다. 독일이 통일 이후 베를린으로 환도하게 된 것은 우리에게도 의미하는 바가 크다. 그것은 수도라는 것이 역사적, 민족적, 정치경제적으로 복합적인 의미를 가질 수밖에 없음을 보여주기 때문이다.

5. 브라질의 천도

(1) 개요

한 국가의 수도를 정하거나 천도하는 것은 그 건설 규모뿐만 아니라 신수도가 그 국가의 구체적, 추상적인 상징물로서 정치, 경제, 사회, 문화적으로 국민생활에 미치는 영향을 볼 때 매우 치밀하게 계획, 추진되어야 한다. 브라질의 신수도 브라질리아는 신도시의 건설규모나 건축적 의의를 볼 때 다른 신도시 건설과 천도에 깊은

(그림 3-51) 도시중심지 전경

(그림 3-52) 도시 녹지중심축에 위치한 광장과 도로

영향을 미치고 있다고 판단된다.

천도의 정치, 경제, 문화적 배경과 의의를 고찰해 천도에 따른 국가적인 영향을 살펴보고 국토의 균형발전을 위해 추진 중인 신행정수도 이전, 혁신도시, 기업도시, 제3기 신도시 등 대규모 도시건설에 따른 선험적 교훈으로 삼고자 한다.

브라질리아의 건설은 1833년 이탈리아인 Joao Bosco 신부가 꿈에서 남위15°와 북위20°사이에 위치한 호수가 있는 고원이 우유와 꿀이 흘러 부유함이 넘치는 '약속의 땅이라고 예언을 받아 시작하게 되었다'는 유래에서부터 출발한다. 초기에 브라질의 민족주의 정권이념 및 국토의 균형적인 개발문제 등과 맞물려서 미국 서부개척과 같이 온 국민의 열망 속에 진행되었고, 여러 학자들도 이러한 시각으로 브라질리아의 건설을 민족적인 특성의 문제인 것으로 접근하기도 하였다. 수백 년의 역사를 거쳐 도시로서의 거주환경을 갖춘 상파울로나 리우데자네이루와는 달리 브라질리아는 단기간에 건설된 신도시로서 건립역사가 일천하다. 또한 주거환경이나 행정서비스 및 각 사회의 시스템이 제대로 운영되어 정착된 도시로 보기에는 아직 미흡하다. 이런 사유로 인하여 현재까지도 미완의 도시로 여겨진다.

(2) 브라질리아의 계획특성

1) 건설개요

① 건설추진경위

1823년 Jose Bonifasio는 신도시 건설법안을 의회에 제출하고, 신도시의 이름을 '브라질리아'로 제안하였다. 1891년에는 공화국 헌법 제31조에 의거 Luis Cruls가 건립위원회를 결성하여 새로운 수도를 브라질 중심에 위치한 Goias주에 있는 1만 4,400㎢의 평탄한 고원지대에 건립하기로 결정하였다. 1946년에 하원에서 천도할 것을 결의하고 헌법제4조에 천도내용을 제정하였으며, 1948년 천도를 위한 학술적·계획적 연구에 착수하여 1956년에 실제 설계와 건설은 쿠비체크(Juscelino Kubitschek)대통령에 의해서 본격적으로 추진되었다. 1957년 3월16일, Lucio Costark가 제출한 계획안이 최종 선정되었으며, 1960년 4월 21일까지 3년 동안 계획안 및 설계 검토를 한 후, 1960년에 리우데자네이로에서 브라질리아로 행정기관을 이전시켰다.

(그림 3-53) 광역적 위치도

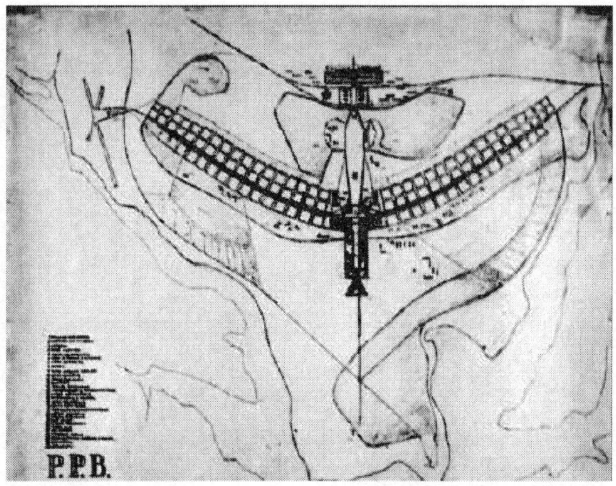

(그림 3-54) 건축가 코스타의 초기 기본계획안

② 인구 및 입지여건

인구는 2001년 현재 120만 명이고 면적은 5,783㎢(151.76ha), 행정적으로는 연방구(聯邦區)이며 대서양 연안으로부터 서측으로 약 1,000km의 내륙에 위치하여 있다.

또한 사진에서 보는 바와 같이 라플라타강 수계, 아마존강 수계, 상프란시스쿠 수계의 분수계지대가 브라질 고원에 위치하고 있고, 브라질리아 동측에서 감싸 안은 듯한 형상을 이루면서 해발고도 1,100m인 브라질 고원에 위치하고 있다.

(그림3-55) 브라질리아 인근지역 현황

(그림 3-56) 브라질리아 전체 구조

(3) 천도의 배경

1) 국토계획적 배경

브라질의 국토계획 여건상 과거 수도였던 리오데자네이루와 상파울로는 해안가 저지대에 위치하여 브라질의 해안변의 집중적인 개발현상이 일어나게 되었다. 국토이용계획의 편중을 초래하여 낙후된 내륙지방의 경제 활성화 및 개발 유인책 등의 필요성이 대두되면서 국토의 균형발전과 내륙부 경제성장 촉진이 정부의 주요한 국토개발의 현안으로 등장하게 되었다.

2) 정치적 배경

브라질의 천도에 대한 논쟁은 1823년부터 제기되었는데, 19세기 후반부터 경제발전으로 인해 중진국 대열에 들어서기 시작한 브라질은 국가발전의 현대화를 상징하기 위하여 본격적이면서 구체적으로 천도를 실행에 옮기게 되었다.

3) 경제적 배경

브라질은 국내 총생산 기준으로 세계 10위권에 포함되는 경제대국이다. 2005년 기준으로 총 GDP는 7,960억 달러, 일인당 GDP는 4,321달러이다. 그러나 이러한 경제적 지표는 브라질이 갖고 있는 잠재력에 비하면 결코 만족할 만한 수준이 아니다.

브라질 경제의 특징은 다음과 같이 네 가지로 나누어 볼 수 있다.

첫째, 브라질 경제는 지난 20년 동안 짧은 경기회복과 긴 경기침체가 주기적으로 반복되는 추세를 보이고 있다.

(그림 3-57) 브라질리아

둘째, 계층 간 및 지역 간 소득불평등이 심각하다. 2003년의 경우, 부유한 계층 10%가 소득의 46%를 점하고 지니계수가 0.593에 이르는 등 세계 최고 수준의 계층 간 소득불평등을 보여주고 있다.

셋째, 복잡한 법체계, 높은 세금과 금리, 관료주의와 인프라시설 미비 등으로 정상적인 기업 활동 외에 추가적으로 소요되는 경상비, 운영비용 등이 매우 높기 때문에 해외투자 및 외국인 투자가 미흡하다.

넷째, 과학기술의 수준은 최첨단 분야가 높지만 경공업 제품의 기술 수준은 크게 낙후되어 있어 산업적으로 이중적이고 바람직하지 못한 구조를 가지고 있다.

(4) 설계 및 건설과정

1) 현상설계 추진

1956년 의회는 브라질리아 신도시건설을 전담하는 기관인 NOVACAP의 창설을 승인하였으며 동년 9월에 브라질의 국내면허를 가진 건축가, 토목엔지니어 및 도시계획가에게 신수도계획안에 대한 공개현상설계 공고를 하였다. 이러한 대규모 프로젝트는 다양한 아이디어의 수용과 홍보효과 및 신도시건설 붐 조성을 위해서 국제현상설계를 통해서 진행하는 것이 통상적인 절차이다. 그러나 국내면허를 가진 건축가 등 기술자로 제한하여 현상설계공모를 한 것은 다분히 브라질의 민족주의적인 성향을 나타내는 것으로서 브라질 풍토에 맞는 설계안을 선정하려는 의도에서부터 비롯되었다.

현상설계는 1957년 3월 11일에 끝나고 1957년 3월 16일에 William Holford, Andre Sire 및 Stamo Popadaki 등 브라질 전문심사위원이 심사를 하였는데 브라질 출신의 건축가 루시오 코스타(Lucio Costa)가 제출한 계획안이 최종적으로 결정되었다.

집권자인 쿠비체크 대통령의 지휘하에 천재건축가인 루시오 코스타와 유엔빌딩의 설계자인 오스카 니마이어(Oscar Niemeyer) 등의 설계로 진행하였다. 전체적인 형태는 도면에서와 같이 제트기형으로서 양 날개에는 시가지, 머리 부분에는 중앙정부청사 등을 위치해 있고 지구 동측에 위치한 피라노아강을 이용한 인공호수 등이 마스터플랜에 반영하여 설계를 진행하였다.

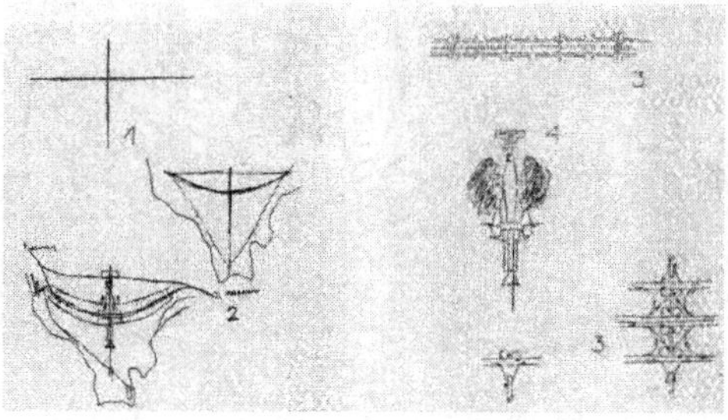

(그림 3-58) 기본계획수립과정 1

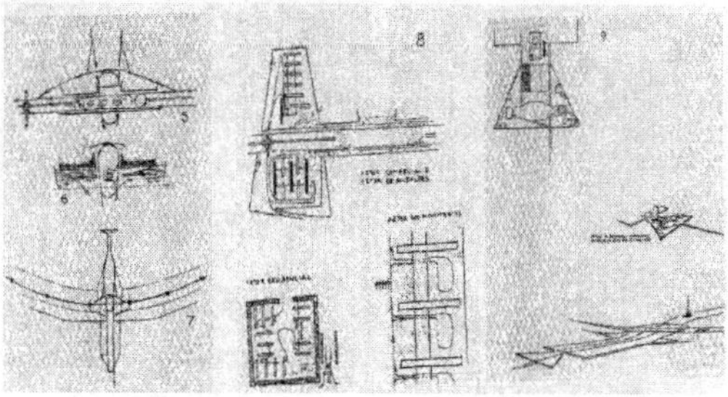

(그림 3-59) 기본계획수립과정 2

2) 설계 참여자 및 설계검토

브라질리아는 쿠비체크 대통령의 주관 하에 진행되었는데 쿠비체크는 브라질의 정치가로 하원의원, 주지사 등을 지내고 대통령이 된 인물로 재임 중 공업화 촉진과 내륙부 개발촉진을 위하여 브라질리아를 건설하고 수도로 정하였다. 코스타는 브라질의 근대건축을 주장한 러시아 태생의 건축가로 브라질리아의 종합기본계획을 창안하였다. 오스카 니마이어는 코스타의 조수로 일하였으며, 1936년 르꼬르뷔지에가 브라질에 초빙되어 교육부 건설에 관여하였을 때 그에게 협력하면서 신진 건축가로 두각을 나타내었다. 1957년 브라질리아의 설계자가 되어 코스타의 전체계획 하에 대통령관저, 국회의사당, 최고재판소를 설계하였다. 벌 막스 로버트(Roberto Burle Marx)는 브라질리아의 조경과 공원을 담당하여 완성하였다.

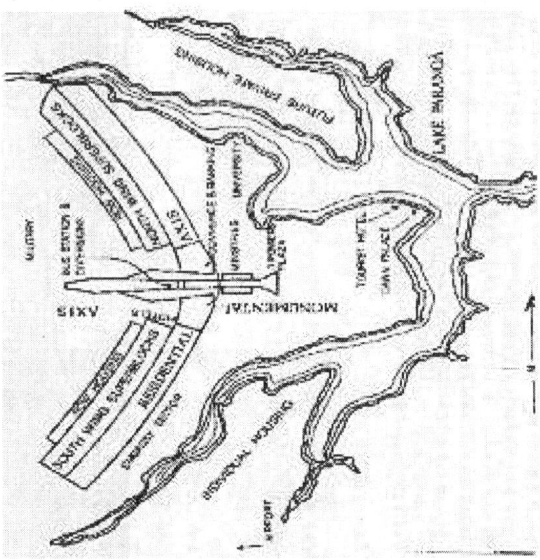

(그림 3-60) 기본계획 파일럿 구상안

대통령은 설계 참여자와 26인의 위원회 위원들에게 계획을 면밀히 검토할 것을 요구했고 계획안을 검토하는 기간을 3년으로 하고 최종마감일을 1960년 4월21일로 정했다.

코스타 쿠비체크 니마이어 막 스

(그림 3-61) 브라질리아 건설의 주역들

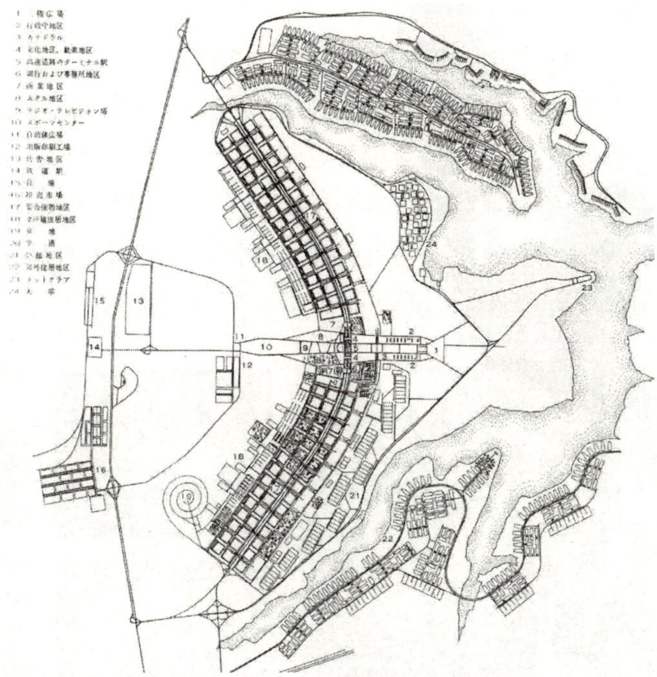

1. 삼권광장
2. 정부기관
3. 교회
4. 문화센터
5. 교통센터
6. 은행업무지구
7. 상업지구
8. 관광호텔
9. 방송센터
10. 스포츠지구
11. 지자체광장
12. 출판인쇄공장
13. 공업지구
14. 철도역
15. 창고
16. 도매시장
17. 집합주거지구
18. 2호연립주거지구
19. 묘지
20. 공항
21. 공관지구
22. 교외주거지구
23. 요트클럽
24. 대학

(그림 3-62) 기본계획 최종설계안 (설계: 루시오 코스타, 오스카 니마이어, 1957년)

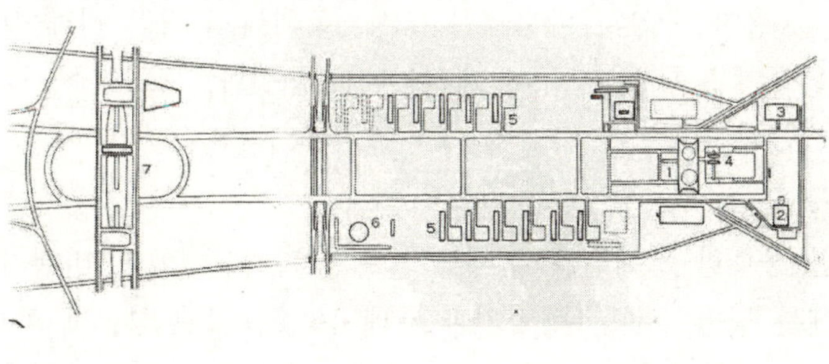

1. 국회의사당 2. 대법원 3. 대통령관저 4. 사무국 5. 행정청사 6. 교회 7. 교통센터

(그림 3-63) 공공청사지구 (설계 : 루시오 코스타, 오스카 니마이어, 1957년)

3) 건설과정

신수도 건설의 막대한 비용은 연방정부가 지원하고 건설공사는 NOVACAP에 의해 추진되었다. 니마이어는 건축학의 원로였고 Da Silva는 NOVACAP의 책임자였는데 이들에 의해 건설이 주도되었던 것이다.

토지는 주로 개인에게 매각되었으나 대부분의 토지는 임대로 건설되었다. 건설 당시 브라질의 경제는 급격한 인플레이션이었으며 막대한 국가자본을 지출함으로써 국가경제가 파산에 이를 것이라는 신문들의 경고가 있었다.

(그림 3-64) 피로티구조의 주거단지

(그림 3-65) 국립극장, 국방청사, JK기념관, 메트로폴리탄 성당

(5) 도시설계특징

1) 도시의 테마 및 목표

브라질리아는 승용차 중심의 바로크적 도시계획의 대표적인 사례이다. 계획초기의 도시테마는 '공원속의 도시'로 정해서 계획이 진행되었다.

2) 도시의 구조

코스타에 의한 웅대한 도시설계는 제트기 모양을 하고 있다. 비행기의 동체부라고 할 수 있는 곳에는 입법, 사법, 행정기관을 배치하고, 날개 부분에 주택가와 상점가, 문교시설을 두도록 계획하였다. 건조물은 오스카 니마이어 그룹이 설계한 개성적이고 현대적인 작품들로서 도시자체와 함께 관광의 대상이 되고 있다.

Pilot Plan과 같이 브라질리아를 상공에서 내려다보면 마치 날개를 펼친 제트기

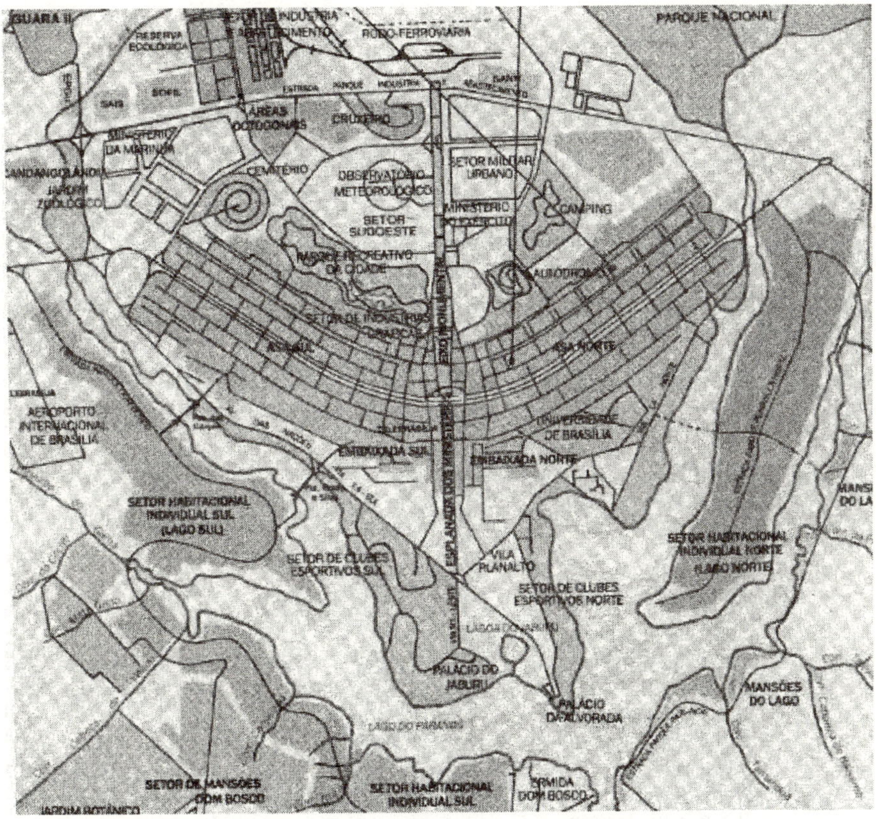

(그림 3-66) 브라질리아 기본설계안

모양을 하고 있다. 지형은 서쪽이 동쪽보다 약 70m 높고 동쪽에 대규모 인공호수를 조성하여, 서쪽에서 동쪽으로 자연배수가 이루어지도록 하였다.

그림에서 보는 바와 같이 중요한 계획적 특징은 2개의 교차하는 축에 의해서 형성되는데, 거대한 인공호수를 중심으로 하여 양쪽으로 두 개의 강에 의해서 경계를 이루고 있는 삼각형 비슷한 형태이다. 아울러 일직선상의 동서축은 축의 교차로인 중심상업지역에 정부부서, 시청, 문화 및 상업지구를 배치한 연장 9km의 광로를 형성하여 신도시의 골격을 이룬다.

곡선 축과 호수 사이에는 외국공관, 대학교, 관광호텔이 위치하고 있으며 구릉지 위에는 대통령관저가 위치하고 있다. 호수의 반대측 기슭에는 주거예정지로 계획된 2개의 저밀도주택지가 계획되어 있다. 또한 중심부에는 정부의 주요기관과 입법, 대사관, 금융, 상업센터, 문화 시설 등 참신한 빌딩들이 있어 거대 도시로의 위용을 자랑하고 있으나 정치, 외교의 실질적인 기능은 아직 리우데자네이루에 남아 있다.

3) 교통계획

교통처리는 입체교차를 원칙으로 하고 동서와 남북축에는 간선도로의 기능을 부여하였다. 두축이 만나는 곳에는 대중교통 환승센터(버스터미널, 지하철역)를 설치하였고 주변에 은행, 호텔, 도시문화시설, 쇼핑센터 등의 중심업무지구를 배치하여 교통처리를 하였다.

지하철의 경우 교통계획의 구상단계에서부터 계획에 반영되어 건설되어야 했지만 계획도시임에도 불구하고 나중에 계획 및 건설되어 지상 교통시스템과 유기적인 연계시스템이 부족한 문제가 나타났다. 브라질리아의 교통계획의 근본개념은 일방통행(One off)이다.

(그림 3-67) 지하철노선도

따라서 교통체계는 대로를 중심으로 하는 자가용 승용차에 의존을 하였으며 입체교차를 갖춘 표준도로 설계로 계획되었다.

교차로에서 신호등을 없앤 시스템이다. 효율적인 방안이지만 교통량이 증가하면서부터 대기차선 부족 등의 문제 등이 발생하였다.

또한 대중교통수단은 버스가 주요 수단이며 해안에서 내륙까지 여행하는 사람들의 대부분은 비행기를 이용하였고 나중에 지하철이 건설되었다.

4) 도시경관

브라질리아는 상징성을 강조한 도시이다. 특히 도시 형태와 경관적 측면에서 강력한 축에 따라 도시의 이미지와 경관을 형성하고 있다. 신도시의 많은 건축물은 브라질의 천재적인 건축가인 오스카 니마이어에 의해 설계되었는데 주요장소의 상징을 나타내는 건축물로서 뿐만 아니라 조각적 이미지의 건축물로서의 역할도 해내고 있다. 이러한 실험적이며 상징적인 건축물들이 다양하게 건축될 수 있었던 중요한 이유는 니마이어의 창의적인 건축물을 수용해 준 좋은 클라이언트를 만났고 의사결정 권한을 가진 대통령을 비롯한 정부 관료들의 혁신적인 사고와 수용력 때문이었다.

아름다운 도시경관을 가진 신도시로서 브라질리아는 1987년 유네스코에 의해 도시전체가 세계문화유산으로 지정되었다. 이는 모더니즘에 입각한 계획도시로서 인류의 도시 건설역사에 있어 중요한 사례이면서 인류 유산으로서의 문화적 가치를 인정받았기 때문이다. 또 다른 도시 경관적 특징으로써 브라질리아는 브라질 중부내륙의 푸른 하늘과 고원식생 등 자연환경과 건축물이 잘 조화를 이루도록 설계하여 아름다운 도시를 건설하였다.

도시를 가로 지르는 비인간적 스케일의 광로나 일부 단순 반복적인 건축물들로 인해 부정적인 비판도 받고 있으나 이를 극복하기 위해 건축물을 돋보이게 하는 야간 경관계획도 수립하여 세계적인 야간경관 모범도시가 되었다.

(그림 3-68) 동측 머리 부분 관청사 광로로 이루어진 비인간적인 스케일의 도시공간 구조와 경관

(그림 3-69) 대통령궁

(그림 3-70) 삼권광장

5) 주거단지

브라질리아의 주거단지는 동서축의 기념비축(행정기관 및 업무시설)과 직교하여 남북축으로 전개된다. 주거지역은 초기 계획안에서 활모양 축을 중심으로 양쪽에 2겹의 슈퍼 블록이 남북축을 따라 선형으로 연결된 형태로 수립되었는데 현재는 계획이 수정되어 3~4겹의 주거단지가 중첩되어 연결된 형태다. 주거단지는 280m의 슈퍼 블록으로 조성되어 있고 슈퍼 블록은 20m 녹지대로 둘러싸여 있는데 그사이에 아파트와 빌라 등이 건설되어 쾌적한 주거환경을 이루고 있다.

각 슈퍼 블록은 중앙의 중정에 소공원과 11개동의 6층 아파트가 들어서 있으며, 보행로와의 접근성 향상을 위해 모든 아파트는 필로티 구조로 되어 있고 1층의 일부 공간은 주민자치공간으로 활용된다. 이러한 필로티 구조는 보행자 시선에서 시각적 개방감을 확보해 줄 수 있다.

주거단지의 건축물은 중앙 축 주변 6층을 기준으로 외곽으로 가면서 4층, 2층으로 낮아진다. 6층이 기준층고가 된 이유는 놀이터에서 노는 아이들을 부르면 들을 수 있는 높이의 한계가 6층이라고 코스타가 생각했기 때문이라고 한다.

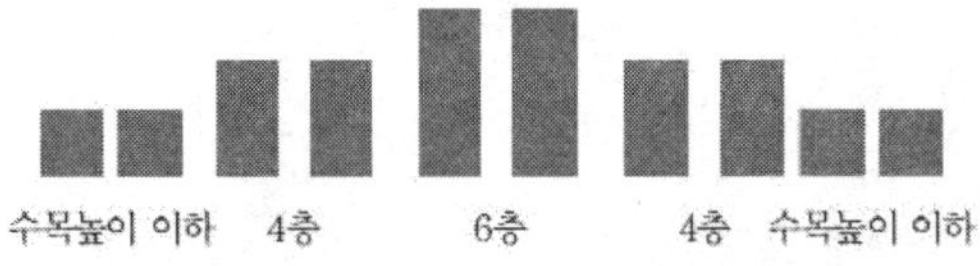

(그림 3-71) 주거지 층수계획

아파트들은 대개 수목 높이 이하의 층고로 건축되었고 주거단지는 숲에 둘러싸인 모습을 하고 있는 것이다. 즉 지구 전체의 이미지는 가운데가 높고 가장자리가 낮은 형태의 스카이라인을 형성하고 있다.

(그림 3-72) 숲으로 둘러싸인 주거단지

(그림 3-73) 호수주변 저밀도 주거지

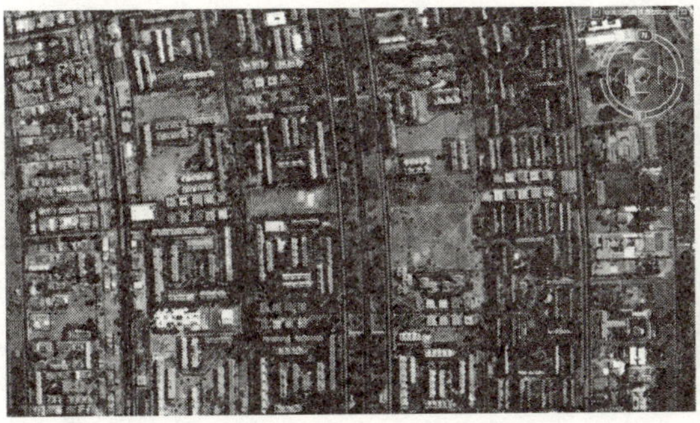

(그림3-74) 북측 주거지역 항공사진

(그림 3-75) 북측 주거지 인근 호수주변 고급 단독주택지역

6) 위성도시

모도시의 개발붐으로 인구 및 산업의 수용력이 한계에 이르자 위성도시가 건설되었다. 즉 브라질리아의 위성도시는 초기 계획에는 없었으나 급증하는 인구를 수용하기 위해 추가로 계획되었다. 위성도시는 타과팅가, 소브라디뇨 등 모두 8개로 구성되어 있다. 이 위성도시들은 브라질리아 전체 인구의 약 70%가 거주하는 베드타운으로 건설되었다. 또한 노동력과 야채, 낙농제품 등의 신선식품의 공급원으로서 최근 들어 급속하게 확산되면서 발전하고 있다. 1972년에 이 도시의 인구가 56만에 이르렀을 때 전체 인구의 40%만이 계획지 내에서 거주하였으며 나머지 60%는 주변 기존도시에서 거주하고 있다. 이는 브라질리아 신도시 내부의 높은 주택가격과, 높은 생활비 때문에 저소득층이 내부보다 주변으로 유입되어 많은 위성도시가 발달하게 된 사유이기도 하다.

(6) 브라질리아의 도시문제

1) 주택문제

신도시의 주요 주거지 중 하나인 날개 부분 공동주택의 평균면적은 150㎡ 정도로 그 가격은 5,000만원~6,000만원 정도이고, 호수주변의 단독 고급주택단지의 평균 주택 면적은 1,000㎡ 정도이다. 따라서 브라질리아에서 지가나 주택가격은 그리 높지는 않지만 계층 간 소득격차가 심해 국민 대다수가 저소득층으로서 토지를 소유하기란 거의 불가능하다. 당초 계획에서는 날개 부분에 저소득자용의 소규모 집합주택을 설치하고 모든 계층의 사람들이 함께 거주할 수 있도록 한다는 계획이었다. 그러나 도시건설에 따른 인구의 심한 증가로 인하여 주택가격이 상승하여 저소득층은 도시외곽으로 축출되고 중소득층이 사는 곳으로 변하였다. 또 농촌으로부터 파베라라고 불리는 빈민촌도 발생하게 되어 증가된 인구수용을 위하여 적극적으로 위성도시를 개발하고 있다. 그러나 이러한 대책에도 불구하고 농촌지역으로부터의 인구유입 속도가 심하여 주택, 택지공급과 빈민촌의 해소가 브라질 정부의 중요한 과제가 되고 있다.

2) 고용문제

인구가 증가하여 위성도시 수용규모가 점점 증대하였으나 각 위성도시는 주민 서비스적인 상업 등을 제외하고는 고용이 거의 일어나지 않고 있다. 우리나라와 마찬가지로 모도시를 중심으로 하여 건설된 위성도시는 베드타운으로 전락하고 말았다. 따라서 주민의 대다수는 모도시인 브라질리아에서 고용의 기회를 얻고 있다. 또한 저소득층은 대중교통을 이용하여 장거리 통근을 주로 하고 있다. 연방정부에서는 위성도시에 산업을 유치하여 고용문제를 해결하려고 노력하고 있으나 소득수준의 차이와 모도시 산업의 강력한 흡인력으로 인해 실질적인 효과를 거두지 못하고 있다.

3) 교통문제

브라질리아는 계획도시라서 도로용지는 충분히 확보되어 있다. 도로망도 모뉴멘탈대로와 에이슈대로의 2개 주요간선을 축으로 하여 위계적으로 구성되어 있다. 지구 전체 교통계획에서 가장 중요한 특징 중에 하나는 신호에 의한 제어가 필요치 않은 설계원칙에 있다. 즉 아래 그림과 같이 입체교차, T자 교차, 로타리 방식이 채용되었으며 "십자형(+)" 교차는 거의 없다. 따라서 신호체계가 별도로 필요하지 않다.

브라질리아의 거의 전 세대가 차를 소유하고 있고, 위성도시에서는 중소득층 이상을 중심으로 3~4세대 당 1대 정도의 차를 소유하고 있다. 이러한 차량소유의 증가는 교통량 증가로 이어져 최근에 계획도시인 브라질리아에서도 교통 혼잡 문제가 발생하게 되었다. 이들 교통 혼잡은 합류T자로 회전해야 할 장소에서 집중적으로 발생하며 로타리식 교차점에서도 포화상태인 장소가 많다.

또 도심부에서는 주차장이 소요의 1/3밖에 없기 때문에 노상불법주차가 많고, 이로 인해 교통 혼잡의 하나의 원인이 되고 있다. 브라질리아는 자동차의 소통을 위한 시설은 우수하나 보행자를 위한 시설과 안전성은 빈약하다. 특히 간선도로에 보행자를 위한 횡단시설은 거의 없어 사고가 많이 발생하고 있다.

(그림 3-76) 신호등이 필요하지 않은 차량 소통 위주의 도로계획

(7) 건설의 교훈

1) 경제적 측면

브라질리아 건설의 주역이었던 쿠비체크 대통령의 희망과는 달리 오늘날 브라질리아는 새로운 계획도시로 탄생했음에도 불구하고 현재 여타 대도시가 안고 있는 빈부격차, 고용불안, 환경, 교통 등 경제, 사회적인 문제점을 그대로 답습하고 있다. 또한 내부 노동시장의 확대와 노동시장의 왜곡 및 지역 간의 편차 해소 등의 문제해결도 요원한 상태이어서 경제적인 불평등이 심화되고 있다.

이는 도시문제가 단순히 물리적 환경만을 조성하면 해결될 것이라는 단순한 판단에 기인한 것으로서 사회 전반적인 발전 속도와 궤를 같이 해야 한다는 일반적인 도시계획이론도 충족하지 못하였다는 교훈을 남겨주고 있다.

2) 도시공간구조적 측면

도시구조상 남북방향의 주요 발전 축을 인위적으로 조성하였기 때문에 구역간 거리가 멀어 도보로는 이동이 거의 불가능 할 정도이다. 초기에는 지하철도 없어서 일반버스나 자가용을 이용하여야 하는 불편을 초래했다.

당초 2000년까지 50만 명 수용을 목표로 건설된 연방특구 내 쁠라누 삘로뚜 구역의 경우 도로망이나 구획조정을 보면 사회계층간의 교류가 원활하지 못한 것을 알 수 있다. 아울러 아직도 상당수 연방공무원과 정치인들의 경우 브라질리아에 거주하기보다는 과거의 수도였던 리우데자네이루와 경제의 중심지인 상파울루 등에 살고 있다. 이는 계획초기에 개발로 인한 인구의 효율적인 이동이 발생할 것이라는 예측과는 거리가 먼 사회학적 현상이라고 할 수 있다.

따라서 도시공간구조상 사람보다는 차를 위한 도시계획, 자급자족이 미흡한 경제구조와 고용, 교육, 주거 및 인근 도시들의 베드타운화 등 한 국가의 중심으로써 충분한 인프라를 갖추지 못한 도시구조를 갖고 있어 이에 대한 보완이 필요하다. 또한 행정위주로 짜여진 도시의 중요한 기능 때문에 다양한 도시 활동에 의한 활력이 부족하다는 점이다.

행정기능이 공간적, 기능적으로 분리되어 있고 인구의 많은 비율이 행정기관 종사자이기 때문에 특히 야간에는 행정기관 구역뿐만 아니라 도시 전체의 활력이 부족하다는 문제점이 있어 이에 대한 교훈을 잘 분석할 필요가 있다.

3) 문화적 측면

연방특구의 문화적인 특징을 살펴보면 신도시 자체의 구조상 중앙행정, 입법, 사법부가 집중되어 권위적인 분위기를 풍기는 특성을 갖고 있다. 따라서 계층 간의 문화적인 교류도 어렵게 설계를 하였다는 비판이 일고 있다. 그러나 브라질리아는 당대 정치인과 지식인들이 구현코자 했던 것은 바로 기존의 낙후된 구 브라질의 문화적인 이미지로부터 탈피하고자 하는 점이였다. 또한 브라질리아는 질서와 무질서, 발전과 낙후, 합리성과 비합리성의 분기점을 알리는 신호이자 1822년 독립 이후 브라질 국민과 국토 속에 잔재하고 있던 식민지 유산을 벗어던지고자 했던 것이다. 그동안 식민지배자였던 유럽인들의 정신문화에서 벗어나 자신만의 독특한 정체성을 찾으려는 국가단위의 프로젝트였음은 틀림없는 사실이다.

4) 정치 이데올로기적 측면

브라질리아 건설의 이면에는 300여 년간 지속되어온 식민지배자인 포르투갈인들의 문화적인 잔재를 일소하고, 자국의 문화적 정체성을 탐구하면서 이를 창달하고자 하는 국가적인 합의가 당대 정치인, 지식인, 일반 국민들 사이에 팽배해 있었다. 따라서

(그림 3-77) 브라질리아 대성당

(그림 3-78) 브라질 국기게양대

이러한 배경에서 정치 이데올로기적인 측면이 많이 고려된 프로젝트라고 할 수 있다.

5) 국민통합을 위한 프로젝트 측면

루시오 코스타는 "브라질리아의 건설은 르네상스식으로 개인 또는 정치적인 소일거리에서 나온 제스처가 아니라 국가발전과 국민통합을 위한 거대한 집단의 공동노력의 집대성"이라고 하는 것과 같이 국민통합의 전기를 마련했다는 측면에서 천도의 교훈을 찾을 수 있다.

즉 브라질리아는 최소한도 그 건설을 전후한 1950~60년대 브라질국민에게 국가의 장래를 상징하는 하나의 상상의 세계로써 마치 바벨탑과 같은 역할을 하게 되었다.

6) 도시의 상징성 제고 측면

브라질리아는 건설의 상징성 이외에 새 시대를 알리는 거대한 조각들과 건축물이 필요했으며, 이를 통해 상징성을 극대화 하고자 하였다. 브라질의회, 브라질리아 대성당, 쿠비체크대통령상, 브라질 국기게양대 등 브라질리아의 상징성을 나타내기 위해 여러 가지 상징물들을 건축물과 함께 설치하였다. 이러한 상징물들은 브라질리아가 인공적인 도시라는 것을 나타내주는 기호학적 상징도 갖고 있는 것이다.

즉 인위적으로 생성된 기호이며 그 기호에는 브라질의 과거와 전통이 스며들지 않았다는 것이다. 또한 브라질리아는 한 나라의 수도로서 대역사의 상징으로써 각종 조형미를 갖춘 큰 상징적 건축물을 세우는 데 열을 올려 당대 지배계층의 지배 이데올로기를 공고히 하는 수단으로 삼았다. 여기에는 브라질 전체가 안고 있는 부의 불균형과 만연한 관료주의 국가라는 이미지를 지우기 위해 합리성과 효율성에 바탕을 둔

(그림 3-79) 브라질 의회

(그림 3-80) 쿠비체크 대통령 동상

획일적인 도시계획을 무리하게 추진하여 도시의 상징성과 도시민의 생활환경이라는 중요한 도시계획상의 목표를 동시에 달성하는 데 실패하였다. 따라서 브라질리아라는 도시가 갖고 있는 문화근본적인 독특한 정체성은 발견할 수가 없다.

7) 주변도시 관리 측면

무질서하게 개발된 주변 위성도시는 행정수도의 도시경관 이미지를 훼손하고 기반시설의 부족을 가져 왔다. 새로운 지하철의 건설과 도로확충은 원래 계획안의 수정을 가지고 왔으며 행정수도는 도시 내에 직업의 기회, 문화, 의료, 복지 등의 혜택이 많기 때문에 인구 유인의 요인이 많아 이에 대한 계획적인 관리가 필요하다.

브라질리아는 20세기 마지막으로 건설된 거대한 신도시로서 대규모로 계획되어 건설되었다. 건립 당시 슬로건인 "50년을 5년에" 라는 의미와 같이 개발 지상주의로 나섰던 쿠비체크 대통령 시대의 관료적 권위주의가 탄생시킨 신도시이다. 브라질리아는 전 수도인 리우데자네이루가 해안에 위치하여 해안변을 따라서 발전할 수밖에 없는 개발상황과 포루투칼 등 외침에 대응하고 국토의 균형적인 발전이라는 명분하에 천도하게 되었다.

그러나 해안변에 위치한 다른 도시들과 거리 이격에 따른 물적, 인적 교류의 한계와 위성도시를 제외하고는 브라질리아가 위치한 지역의 발전 가능성이 낮아 오늘날 많은 문제점들이 나타나고 있다. 또한 천도의 목적인 유럽문화의 탈피를 위해 자국 출신의 건축가들을 초대하여 현상공모를 시행하는 등 정체성 확보를 위해 노력하였으나 신도시를 건설하면서 브라질 사람들은 역시 중앙공원의 평지에 서구의 인위적인 대규모 콘크리트 건축물과 상징물들을 세우고 이를 기본으로 하여 브라질의 정체성을 찾으려 했다는 아이러니를 발견할 수 있다. 따라서 초대형 기념비적인 건축물과 사람보다는 자동차 중심의 교통시스템, 다양성을 핵심으로 하는 브라질의 문화적 토양과는 다른 도시문화가 형성되었다. 그로 인해 천도를 통한 경제, 정치, 이데올로기의 전환이라는 당초의 천도 목적에 부합하지 못하였다는 점에서 우리나라 또한 신행정수도 이전계획과 비교하여 볼 때 시사하는 바가 크다.

제4장
행정수도건설을 위한 백지계획

제4장 행정수도건설을 위한 백지계획

본 장은 행정수도건설을 위한 백지계획으로써 1970년대 말 북한과의 대치상황에서 수도권 인구 집중, 수도권 경제력 집중 등의 문제로 인하여 제5공화국 시절에 박정희대통령께서 수도 서울의 기능 중 일부를 행정수도로 하여 이전을 검토한 백지계획을 그 시점에서 정리한 것을 되돌아 보고자 한다.

1. 행정수도건설을 필요로 하는 배경1)

(1) 국토분단의 장기화 전망과 서울의 방위전략상 취약성

1) 다극화 시대의 불안정성

국토분단으로 인한 수도방위의 지정학적 취약성이 급박한 현실적 문제로서 등장하게 된 것은 지난 10여 년간 국제사회의 구조변동과 관련이 있다. 미·소 두 초강대국을 양극으로 하는 이른바 냉전체제가 1960년대 중반을 전기로 서서히 퇴조하면서 국가 간의 대립 또는 긴장관계가 다극화되었다. 그 전처럼 한 가지 『이데올로기』에 의해서 좌우되지 아니하고 여러 가지 복합적인 변수들에 의해서 가변적인 것이 되어가고 있다.

즉 오늘날의 국제질서의 흐름은 이데올로기의 추구로부터 실리추구로 변용되었으며, 상반되는 이데올로기 체제의 공존 속에서 강대국들은 분단국가의 현상동결을 지향하여 희생을 강요하고 있다. 이러한 냉엄한 국제사회의 환경은 우리에게 국가적 존립이나 국익을 우리 스스로가 지켜 나아가야 한다는 교훈을 주고 있다. 우리가 이미 평화통일 3대원칙을 천명하고 선평화 후통일의 정책방향을 설정하여 통일조건의 실질적 개선에 노력하고 있는 이유도 바로 여기에 있는 것이다.

2) 북한의 호전성 상존

이와 같은 국제정세의 불안정과 함께 특히 극동지방에 있어서 세계 어떤 지역보다

---

1) 배경내용은 백지계획이 수립된 과거 1970년대 반공정책, 국토방위 등의 시대적 상황이므로 현재와는 다를 수 있음을 밝혀둔다.

한반도가 더 불안정한 지역이 되고 있는 까닭은 물론 휴전선 북쪽 북한집단의 호전성 때문이다. 북한은 우리가 제안한 남북 간의 상호불가침조약, UN 동시가입, 문화인사 교류 등을 통한 상호신뢰회복 등의 좀 더 항구적인 평화정착 및 통일여건의 조성책에는 여전히 불응하면서 무력에 의한 적화통일의 망상은 버리지 못하고 있다. 또한 국제사회에서도 위장평화공세를 가함으로써 유동적인 국제정세를 자신들의 목적달성에 백분 이용하려 하고 있다.

또한 개전 초기단계에 서울을 강점하여 국력과 민족사적 정통성의 역전을 기도하고 있으므로 여기에 대처할 유비무환의 성실한 노력이 필요한 것이다.

3) 서울의 방위전략상의 취약성

국제정세의 변천과정과 북한의 태도를 고려하여 볼 때, 수도 서울이 휴전선으로부터 40㎞ 이내에 위치하여 미사일 공격권내에 있을 뿐 아니라 비행장으로부터 불과 3분 이내에 공중공격을 받을 수 있는 지근거리에 노출되어 있는 것은 국가안보상 최대의 취약요소로 지적되고 있다. 물론 우리의 국방태세에 비추어 볼 때, 이러한 북한의 공격 가능성은 곧 서울의 실제 피격 가능성을 뜻하는 것은 아니나 문제는 국가의 정치, 행정의 중추기관과 국방의 최고통제기능이 전쟁 제1선에 이처럼 근접해 있다는 사실이다.

이처럼 현재와 같은 서울의 내부구조 역시 전쟁도발시 군작전 내지 전쟁억제능력 향상에 상당한 장애가 되고 있는바 도시 방위 면에서 다음과 같은 문제점이 있다.

① 인구의 과도한 밀집으로 인한 피해와 혼란이 가중되고 중요시설의 밀집(시청중심 2㎞ 반경내)은 방호상 취약성을 증가시킨다.

② 민방공 장비 및 시설에 있어서 시민대피시설과 대량화재에 대비한 소방능력이 부족하고 위험물에 대한 안전조치가 미흡하다.

③ 협소한 도로망에다가 많은 차량과 고층건물, 육교, 고가도로 등이 피폭되면 교통소통이 마비될 가능성이 있다.

④ 중요 통신시설의 피해 시 전쟁지휘 및 군지휘통신 소통에 제한을 가져오며

⑤ 급수, 발전 및 송전, 도로와 교량 등의 피해복구능력 문제, 화생방 방호 및 의료구호문제, 생필품 수급과 전략물자 생산의 중단가능성과 주민 및 피난민 통제와 전시 치안 유지 등이다.

이러한 수도 서울의 위협요소와 취약성은 상승작용으로 시민의 안전보장과 수도권의 혼란방지를 위한 조치 등 추가부담을 가져오며, 전방방어에 총력집중이 요구되는 결정적인 초전단계에서 전쟁수행 능력의 분산을 초래하게 한다.

특히 수도 서울의 휴전선 접근에 따른 북한의 남침 위기 속에서 정신적 불안요소가 싹틀 소지를 가지고 있다. 현대의 국가안보개념은 무기 및 전술의 발달로 인해 소극적인 방위로부터 적극적인 위기관리로 전환되고 있는 점에서 효율적인 위기관리를 위해서는 국가안보상의 위기요소를 원천적으로 제거할 필요성이 절실하다.

(2) 서울의 과밀과 균형발전

1) 과밀에 따른 외부 불경제의 심화

현재의 서울은 무질서한 과밀성장으로 도시기능이 한계에 이르렀다. 서울의 면적은 627㎢로서 국토면적의 0.63%에 불과하나 1978년 현재 전인구의 21%를 초과하는 782만 명이 상주하기에 이르렀고 인구밀도가 전국평균의 무려 33배에 해당하는 12,500인/㎢에 육박하고 있다

이러한 인구집중현상은 공업화를 주축으로 한 국가발전과정에 있어 어쩔 수 없는 귀결이었다 하더라도 이제는 그 한계를 넘어 생활환경 악화와 각종 사회문제를 야기함과 동시에 오히려 집적으로 인한 외부 불경제가 심화되어 국가 관리기능과 생산활동에 비능률화를 초래하고 있었다. 또한 그러한 상황 아래에서는 인구의 집중과 함께 취업, 교육, 문화생활을 누릴 기회가 서울에 집중되어 있어 서울로의 인구집중추세는 더욱 가속될 것으로 전망되었다. 뿐만 아니라 국부적, 지엽적 대책으로는 이렇게 심화된 서울의 과밀문제를 해결하기 어렵다는 것이 이미 과거에 행해진 경험으로 입증되고 있었다.

2) 국토의 균형발전 저해

서울의 과밀화는 도시자체 문제도 심각하지만 타지역발전의 상대적인 정체를 심화시켜 전국적인 지역경제체계에 심한 불균형을 초래하고 국민생활의 총체적 발전을 저해하게 된다.

이러한 불균형 현상을 해소하기 위해서는 공업입지의 지역 간 균형배분, 전국 도시체계의 재정비 등의 다원적인 국가정책이 필수이다. 그러나 국가중추관리기능의 지리

적 접근성이 한 지역의 경제활동이나 사회발전에 직접적인 영향을 주고 있는 것이 우리의 현실이다. 행정수도를 서울의 경제와 문화권 밖의 중립적인 위치에 건설하려는 구상은 이러한 의미에서 국토의 균형발전에 획기적인 계기를 마련하는 것이다.

(3) 경제·사회적 성숙을 위한 계기 마련

70년대의 고도 성장위주의 경제정책은 국토, 경제, 사회 구조면에서 많은 파행성을 드러내고 있다. 즉 인구증가, 국제화의 진전, 과학 기술의 발달, 정보·문화의 신속한 전파 등으로 생활영역이 확대되면서 국민적인 수요의 경향이 크게 달라지고 있다. 또한 국민의 자기만족도가 과거처럼 수요에 대한 외형상 증대보다는 새로운 수요에 대한 참여도와 질적인 충족도를 기준으로 평가되어 가고 있어 복지, 후생, 환경 등에 대한 관심이 점차 높아지고 있다. 이러한 시점에서 행정수도의 건설이라는 역사적 과업이 다만 하나의 새로운 도시를 건설하는 데에 그치지 않고, 우리 경제사회를 성숙시킬 전환의 계기로 승화시킬 필요가 있었다.

우리나라의 경제발전 추세를 살펴볼 때, 행정수도의 건설은 성장과실의 확산을 촉진하여 도시, 농촌 간 소득의 평준화에 크게 기여할 것으로 보았다. 그리고 그동안 우리 기술수준이 계속하여 향상하였고, 경험이 축적되었으므로 행정수도의 자력건설이 가능한 단계에 이르렀다는 사실도 간과 할 수 없다.

국민 경제력의 향상에 따라 재원조달능력이 크게 늘어났고, 또한 행정수도 건설사업이 비록 국내 투자사업으로서의 경제적 수익성이 낮을지라도 국방상의 기여도를 고려할 때 투자우선순위의 확보가 가능하며, 더구나 우리의 해외건설 경기가 퇴조하는 경우에 대비한 경기부양책으로서 매우 중요한 의미를 갖는다.[2)]

2. 행정수도건설의 이념과 목표

(1) 행정수도건설의 의의

행정수도 건설의 이념적 의의는 크게 두 가지 차원에서 살펴볼 수 있다. 수도가 국

2) 건설교통부 행정수도를 위한 백지계획의 내용을 작성한 것으로서 원본의 내용 전달을 정확하게 하기 위하여 요약·발췌하였음.

가 통치와 경제, 사회의 발전과정에서 담당해야 할 기능적 의의와 또 한 가지는 우리의 역사적 맥락 가운데 이 시대에 있어서 새로운 수도를 건설하는 역사적 의의이다.

1) 기능적 의의

한 나라의 수도란 우선 무엇보다도 그 나라의 국가통합의 구심적 역할을 하는 도시이며 그 나라의 통치를 담당하는 기관이 입지하는 곳이므로 한 나라의 통치 질서의 결절지점이라고 할 수 있다. 이러한 뜻에서 수도는 그 나라의 모든 국력의 동원과 그 배분을 가장 효율적으로 수행할 수 있는 곳이어야 한다. 따라서 전 국토의 각 지역과 국민, 각계 각층에 대한 수도의 지리적 위치가 중심적이고 중립적이어야 하며, 그 수도의 내부구조에 있어서도 국민 각계 각층에 대하여 개방적인 동시에 통치기능의 효율성을 보장할 수 있도록 짜여져 있어야 한다.

2) 역사적 의의

행정수도 건설의 역사적 의의는 우리가 국제사회 속에서 처해 있는 현재 상황과, 그리고 우리 자신의 역사적 발전과정 가운데 오늘 이 세대에 주어진 책무에서 찾을 수 있다. 열강의 이해충돌로 인한 국토분단과 탈 이데올로기화 되어가는 국제사회의 여건 하에서 우리가 국력신장을 해나가는 현명한 태도는 국토분단의 상태를 최선의 방법으로 대처하여 민족중흥을 이룩해야 한다. 대한민국 수립 이후의 한 세대 동안의 발전과정을 배경으로 새로이 전개되는 새 시대의 정치, 경제 및 사회제도를 담을 새로운 국토 공간 질서를 창조하여야 한다.

이와 같은 새로운 사회규범과 경제 질서를 수용하고, 계속 발전시켜 나아가야 할 역사적 과업에 비추어 볼 때, 현 수도 서울은 너무나 많은 과거의 제약조건을 내포하고 있어 행정수도 건설은 역사적 맥락 가운데 하나의 발전시대를 상징하는 역사적 의의를 갖는다. 이상과 같은 기능적 의의와 역사적 의의를 다시 국가중추 행정기능 이전의 현실적 필요와 종합하여 보면 행정수도 건설은

첫째, 우리 민족의 생존을 위한 당면 과제인 동시에 국가 통일에 대비한 국력의 신장을 위한 조치이고,

둘째, 우리나라의 지속적인 발전을 위한 새로운 경제, 사회, 정치질서를 담기 위한 것이며,

셋째, 새 시대의 새로운 질서를 상징하는 것이라고 할 수 있다.

(2) 건설의 이념

1) 민족의 안전한 생존과 평화통일을 위한 새 터전의 구축

행정수도건설의 역사적 의의에 비추어 볼 때, 오늘 이 시점에서 새로운 수도를 건설하는 과업의 으뜸가는 뜻은 우리 민족의 안정된 생존의 기틀을 굳히고, 격변하는 국제정세 가운데에서 우리의 평화통일의 뜻을 세계에 알리는 것이다

통일을 추구하는 과정에서 선의의 경쟁과 상호 협조가 가능한 분위기를 조성하는 길은 날카로운 대립과 충돌의 소지를 제거하는 것인 바, 행정수도건설은 곧 우리 대한민국의 평화통일 이념을 상징하는 것이다.

2) 민족의 영원한 번영을 위한 새로운 공간질서의 형성

안정된 생존과 평화라는 이념의 내실을 구현하는 길은 우리나라의 지속적인 발전과 번영이다. 1960년대 이후에 급진적으로 추진된 경제성장은 경제, 사회구조에 부분적 불균형과 파행성을 초래하여 서울의 인구집중과 함께 불균형, 대도시내 생활환경의 악화, 산업용 토지수요의 급증에 따른 환경오염 문제 등을 낳았다. 이런 문제들은 1980년대 이후의 지속적인 발전과 번영에 장애요인이 될 가능성이 커지고 있다.

이러한 뜻에서 전 국토에 걸친 적정하고 균형 잡힌 도시 체계를 형성하는 것이야말로 국가발전의 지역적 확산을 촉진하는 동시에 새로운 산업사회에 적합한 국민 생활환경을 조성하는 길이기도 하다. 60년대 이후 거의 자연발생적으로 서울에 편향되어 조성되었다. 앞으로 국토 공간 수요를 고려할 때 국가발전의 중추적 관리기능을 담당할 중앙정부의 지리적 위치가 전국 도시조직망의 중심에 위치하여 모든 국민에 대한 중립성, 균등성을 표상한다는 의의가 있다. 또한 앞으로 형성될 전국적인 교통통신망과 산업 및 정주체계의 균형화와 효율성의 극대화를 선도하게 된다. 이러한 관점에서 행정수도의 건설은 새로운 국토공간질서 형성을 위한 중핵의 건설이며, 번영을 위한 공간질서의 형성이라고 할 수 있다.

3) 민족자아의 재발견을 위한 새로운 정신풍토의 조성

지난 한 세대 동안 우리나라의 근대화과정에서 현재의 서울이 대표하는 도시의 생활환경과 공간질서는 각종 외래문화의 소용돌이 속에 있었다. 조선 오백년의 유적 위에 일본의 주거와 생활양식이 무질서하게 첨가되었고, 그 후에 가혹한 전쟁의 상처뿐

만 아니라 서양문화의 모방에 따른 혼란이 중첩되었다. 그 혼잡 상태가 생활공간으로서의 문제 해결을 어렵게 하고 있을 뿐 아니라 순수한 우리 민족의 문화를 간직하기에는 어렵게 되었다.

이제 우리는 지난 20여 년간 자력으로 이룩해 놓은 업적과 앞으로도 전개될 새로운 사회발전 상을 국토공간에 유형적인 실체로서 구현하여 후세에 전승하여야 할 시점에 왔다. 도시공간은 축적된 민족문화와 가치관을 담을 수 있는 대표적인 국토공간으로서 단지 조형적 상징성 뿐만 아니라 문화 창달을 위한 실천가능한 수단도 제공하여야 한다.

이러한 뜻에서 우리의 설계와 우리의 지혜로서 건설하고자 하는 새로운 수도는 우리의 근대적 과정이 시작된 이후 처음으로 만들어지는 한국문화의 요람인 동시에 그 조형적 구상화를 보여주는 장소이이기도 하였다. 민족문화의 구심점이 되고 우리가 이룩한 발전의 성과를 눈으로 보고 보람을 느낄 수 있는 역사적 기념비가 되기도 할 것이다.

즉 행정수도건설은 민족자아의 재발견을 위한 새로운 정신풍토를 조성하여 경제발전에서 얻은 자신감과 민족적 긍지를 새로운 성장과 번영의 활력으로 결집하고, 고도산업화 사회에서 요구되는 능률성과 합리성을 바탕으로 한 새로운 가치관을 정립함으로써 변동하는 국제환경속에서 확고한 민족적 좌표를 설정하여 세계를 향한 진취적 기상과 민족중흥의 웅지를 선양함과 동시에 조국애의 새로운 구심점을 형성하고자 하는 의의를 갖는다.

(3) 건설의 목표

1) 우리의 얼과 멋이 담긴 새로운 민족문화를 전승할 도시

우리가 행정수도를 건설하려는 것은 수도 기능을 이전할 새로운 입지를 마련한다는 의의뿐만 아니라, 우리 세대의 창의력과 노력으로써 할 수 있는 최선의 인간정주공간을 건설하여 한국문화를 담는 장소로서 세계에 자랑할 수 있게 하려는 것이다.

이러한 측면에서 볼 때 서울의 내부 공간 질서는 우리 고유문화와 외래의 것이 무질서하게 혼재해 있을 뿐 아니라 그 물적 구조도 수세기에 걸친 외상과 그에 대한 임기응변적 복구로써 이루어져 있으며 장래의 시대적 요청과 필요에 적절히 부응할 수 없게 되어 있는 것이 사실이다. 이 같은 상태를 탈피하려는 행정수도는 당연히 새

시대의 필요와 요구에 충분히 부응할 수 있고 우리 전통문화의 대부활을 이루는 새로운 터전이 되도록 건설하고자 한다.

2) 창조활동과 자연환경을 수용하여 수도적 상징성이 길이 남을 도시

외국의 신수도 건설 사례들을 보면 그 기념비성이나 미적 상징성에만 집착하여 도시 내부의 공간 구조가 그 안에 사는 사람들의 생활편익을 도외시하고 있는 경우가 많았다. 행정수도에서는 시민 모두가 각자의 창의에 따라서 자유롭게 거주할 수 있으면서 시민들 각계 각층간의 사회적 융합도 기할 수 있도록 정주체계를 개발하고자 하였다.

다른 한편 시민들이 일상생활이 자연환경과도 밀접히 조화되어 있어서 오늘날 많은 도시환경이 당면하고 있는 오염의 폐해를 초래치 않도록 하는 것도 중요하다.

수도적 상징성의 여건은 한나라의 수도가 그 나라 통치권의 권위를 표상하여야 하나. 반드시 구조물의 웅장함만을 뜻 하는 것은 아니고 물적 시설의 배치와 설계에 있어서 우리의 국가발전 내지 통치의 이념인 자유, 평등, 자립의 정신이 구현될 수 있도록 하였다.

3) 발전 향상되는 과학기술과 국민생활수준에 적응할 도시

행정수도는 그 전체적인 도시 체계의 운영이나 시민들의 일상생활에 있어서도 오늘날 우리 시대의 과학기술수준에 비추어서 가장 능률적이고 합리적인 도시라야 한다. 시민생활의 편익과 복지를 위해서 뿐만 아니라 장차 예상되는 자원절약이라는 관점에서 보더라도 가장 경제적이고 효율적인 과학기술을 활용하는 도시를 건설하며, 특히 교통시설, 상하수도 등의 공공시설과 주거양식의 계획 등에 있어서 이러한 과학기술의 활용을 최대한 배려하고자 했다.

4) 계획·설계·건설 및 관리운영에 이르기까지 기능성과 효율성을 극대화할 모범도시

행정수도의 건설은 전국적 파급효과를 지닌 국가적 대역사로서, 그 계획 및 건설과정 자체의 운영과 관리도 전국의 경제, 사회 질서에 막대한 영향을 미칠 것이고 최소의 자원투자로써 최대의 경제, 사회적 효과를 얻고자 했다. 그 도시의 개발과정에 있어서도 자족적인 성장이 유도될 수 있게 계획되고 운영되어야 한다.

개발과정에는 준비기, 건설기, 이전기, 성숙기 등 각각 특징 있는 발전단계를 두고, 각 단계의 필요와 특수성에 따른 계획과 개발과정 운영체제를 갖춤으로써 불필요한 시행착오와 낭비를 최소한으로 줄이고자 했다.

3. 행정수도건설계획의 기본 방향

(1) 계획의 일반지침

행정수도건설의 이념과 목표를 좀 더 실천적인 행동지침으로 발전시켜야 한다. 행정수도건설의 기본계획수립과 새 도시의 설계 및 그 건설과정을 운영, 관리하는 시행기준이 필요하며 우선 행정수도가 전국적 차원에서 차지하게 된 역할에 관한 기준을 제시하였다.

1) 선도적 기본계획으로 국가발전유도

행정수도 건설은 10~15년간의 장기에 걸친 사업으로 사회, 경제적 여건과 국제정세 등의 변화에 적응하여 재검토, 수정될 수 있는 유연성을 지니고, 기본적인 몇 가지 원칙과 기준만은 불변한 것으로 확정되어야 한다. 수도를 건설하는 것이므로 시대를 초월하는 상징성과 국가발전의 과정에 있어서의 선도적 역할 등에 관한 항구적인 원칙과 그 규범 아래서 역사창조의 계기가 될 수 있도록 필요한 관련시책을 병행 추진하여야 한다.

2) 안전한 생활이 보장되는 정주체계확립

행정수도건설계획을 수립함에 있어서는 우선 무엇보다도 현대 도시생활에 필요불가결한 요건인 양질의 토지, 물, 공기 등의 인간 환경조건을 확보하기 위하여 지가대책, 용수대책, 공해대책 그리고 자연환경의 보전을 우선적으로 하여야 한다.

도시라는 생활공간은 인간이 본래 주어진 자연환경 안에서 안전하고 쾌적한 생활을 지향하는 스스로의 뜻과 설계에 맞추어서 건설한 정주환경이다. 그러나 오늘날 고도로 발달된 과학기술을 활용하여 본래의 자연환경과는 거의 차단된 인조환경을 조성하여 살게 되었을 뿐만 아니라 그 결과 인간이 생물적 존재로서 필요로 하는 공기, 물 등의 기본적이고 자연적인 생존여건마저 위협 당하게 되었다. 이런 사정은 20세기 후반의 모든 나라들의 도시에 공통된 문제로서 새로운 도시에 있어서는 그 전철을 밟지 말아야 하겠다.

또한 주민의 생명과 재산을 최대한 보호할 수 있는 방재, 방호 대책을 철저히 수립해야 한다. 현대도시가 그 주민에 대해서 지는 책임 중 으뜸이 되는 것이 방재와 방호이나 우리 수도의 경우에는 특히 북괴집단의 무력도발에 대한 특별한 경계가 필요하기 때문에 방호대책이 더욱 큰 비중으로써 도시설계에 배려되어야 하며, 자연적 또는 인위적 재난으로부터 시민들의 생명과 재산을 보호할 수 있는 도시의 구조와 시설이 마련되어야 한다.

3) 서울과의 기능배분

행정수도건설계획에 있어 가장 신중하게 고려되어야 할 것은 현재의 서울의 위치와 기능이다. 현재의 서울은 국토통일이 성취되는 경우에 다시 우리나라의 정치, 행정의 중심지가 되어야 할 곳일 뿐만 아니라 현재 대한민국의 정치, 경제, 행정, 문화의 중심지이다. 행정수도의 건설로 인해서 서울의 도시기능에 큰 충격이 있어서는 안 되며, 사회·경제적인 충격을 미연에 방지하면서 동시에 통일된 장래를 대비하기 위해서는 서울의 기존 도시기능을 최대한 유지하여 공간적 여유를 만들어야 한다.

반면에 행정수도는 국가의 중추적인 정치, 행정기능의 입지로서 건설되는 곳으로 이곳의 도시기능의 체계는 기본적으로 국가중추통치 행정기능을 중심으로 짜여야 한다. 중추통치 행정기능 수행에 필요한 범위 내에서의 업무기능과 수도적 상징성의 고양에 필요한 문화예술 기능이 부수해서 입지할 수 있게 하여야 한다. 서울은 앞으로도 산업, 경제의 중심지로 그에 따른 각종 민간부문의 상업, 업무기능이 존속할 것이며, 서울의 역사가 지니고 있는 전통문화 기능이 그대로 보전돼야 한다.

4) 광역권 개발계획으로 추진

국가의 중추적 통치기능의 입지를 서울 이외의 다른 곳으로 옮겨야 할 필요는 여러 가지가 있겠지만 그 중에서도 중요한 것은 국가발전의 지역적 균형을 기하기 위해서라는 이념에 비추어 볼 때 행정수도의 건설은 그 도시만의 폐쇄적인 도시체계를 조성하기 위한 것이 아니다. 새 도시의 건설로 그 주변 지역에 개발파급효과가 극대화되도록 계획되어야 할 뿐만 아니라 전 국토에 대한 발전파급효과의 균형도 얻을 수 있도록 하여야 한다. 또한 주변도시의 성장과 연계되지 못할 경우 수도 자체의 바람직한 발전이 저해되고 무질서한 확산이 광역화되는 서울의 경험을 행정수도에서는 되풀이 하지 않아야 한다.

이러한 목적을 달성하기 위해서는 행정수도와 그 주변도시와의 유기적인 기능보완을 강구하여 행정수도를 중심으로 한 광역권이 하나의 통합된 도시체계를 이루도록 한다. 동시에 전국 각지의 성장거점들과 교통, 통신 등 모든 면에서 균형 있고 유기적인 연계를 갖도록 광역권개발의 시야에서 추진되어야 한다.

(2) 계획의 부문별 지침

1) 인구

행정수도의 인구규모는

① 현 서울시에 대한 인구 분산유도의 잠재력과 전국 도시체제내의 균형성장면에서 본 수도의 규모이여야 하며,
② 행정수도 주민의 복지수준과 도시경제 측면에서 요구되는 자족적 생장력과 도시내부시설과 서비스공급 면에서 본 효율성을 제고하며
③ 주변지역에 대한 중심 도시적 기능 및 인근 도시와의 관계 등을 종합적으로 고려하여 볼 때 100만으로 설정하는 것이 좀 더 효과적이라고 판단된다. 목표연도까지는 국가중추 통치행정기능과 이에 관련된 필수적인 기능만을 이전하면은 현실적으로 무리가 없고 자발적 인구이입을 유도하기 위하여 50만으로 설정하고 2000년대에 최대 인구 100만을 수용토록 한다.

따라서 도시 건설비용 등은 계획목표 50만인을 기준하여 산정하되 행정수도의 도시공간은 100만인을 수용할 수 있도록 계획한다.

2) 도시의 범역

행정수도의 도시구역은 반경 10㎞권으로 하고 행정수도시가 직접 관할한다. 또한 반경 30㎞권을 행정수도계획구역(대도시권)으로 하고, 도시계획을 행정수도시가 관장하여 토지이용 등을 규제하도록 하며 반경 80㎞권을 행정수도 광역권으로 하여 주변지

역, 나아가서 전국토의 성장거점으로 한다.

3) 도시시설

① 자원절약형 시설체계의 도입 : 각종 도시시설은 모든 부문에서 최대한의 자원 절약이 이루어지도록 계획한다.

② 최신 과학기술의 도입으로 경제성 보장 : 각종 공공시설 및 도시기반시설은 그 체계나 운용의 면에서 최대한의 효율성을 확보하기 위하여 가장 발달된 과학기술을 활용할 수 있도록 한다.

③ 서울과의 접근도 제고 : 도시시설 중에서 특히 서울과의 연결을 위한 교통·통신망은 초고속 대중교통수단과 최신의 통신기술을 활용하여 서울과의 연계성을 최대한 높인다.

④ 도시방어와 비상시의 피해 극소화 대책 강구 : 행정수도는 국가의 중추적 통치행정기관이 입지하는 곳으로 도시시설의 체계가 도시방어에 능률적이고 동시에 비상시의 피해를 극소화하도록 한다.

4) 건설 및 이전

① 건설의 단계화 : 새로운 인간정주공간을 형성하는 과정이므로 그 건설과정을 단계화하여 첫째, 필요한 각종 기능의 이전과 유기적인 연계로서 투자의 효율성을 높이며, 둘째, 건설과정에 있을 수 있는 재정압박을 완화하고 개발 인플레를 억제토록 하며 셋째, 구획별건설과 농경병행으로 현지주민의 생활대책을 고려하고 건설노동력의 동원과 사후 관리 대책도 동시에 수립 추진한다.

② 점진적 선별이전 : 건설과정의 단계화의 다른 한 측면은 서울로부터의 각종 기능 및 인구의 이전과정이라 할 수 있으며, 따라서 점진적으로 이전함으로써 민간경제활동에 대한 충격을 줄이고 동일 시기에 이전되는 기능들 간의 상호연관성과 체계를 신중히 배려하여 이전기간 중 정부활동의 정체를 초래하지 않도록 한다.

5) 도시의 제도 및 관리

① 시가화 이용토지의 공영관리 유도 : 건설과정의 계획적 운영을 위해서 도시의 기본적인 골격과 중심이 되는 지역의 개발행위에 관한 공공적인 계획과 관리가 가

능토록 행정지구, 업무상업지구 및 중심상가가 될 지역의 토지에 대하여 공영관리 제도를 확립한다.

② 전체적인 도시설계로 시설과 건축을 조정 및 통제 : 새 도시의 개발은 전체적으로 도시설계에 의해서 조정 및 통제되도록 한다.

③ 주민 및 시설관리의 과학화 : 건설과정 및 건설완료 이후 도시 관리의 효율성을 높이기 위하여 행정체제나 시설운영의 면에 있어서 고도의 과학화를 기하도록 한다.

④ 새 도시 시민상의 정립 : 도시제도 및 관리의 능률성과 과학화도 시민들이 적극적인 참여의식 없이는 불가능하므로 건설 및 이전초기부터 새 도시 주민들의 주인다운 의식정립을 기하도록 한다.

6) 관련시책의 병행추진

행정수도의 계획과 건설의 성패는 결국 그 과정을 운영하고 지원하는 행정체제가 얼마나 잘 정비되어 있느냐에 달려 있다. 건설 이후의 효과가 국가발전에 얼마나 긍정적인 공헌을 할 것이냐도 행정수도의 건설에 따른 국토공간조직상의 변동을 얼마나 잘 관리할 수 있는 체제가 갖추어져 있느냐에 의해서 좌우될 것이다.

이런 관점에서 볼 때 행정수도의 계획과 건설과정은 그 도시의 기구와 체제 정비에만 한정될 것이 아니고 전국적인 행정체제와 국토공간질서의 재정비를 위한 계기가 되어야 한다.

① 국가 및 지방행정체제의 조정 : 우리나라는 60년대 이후 국가경제 규모의 대형화와 고도화에 따라서 행정수요의 양적 증대와 질적 변화가 급격히 일어나기 시작하였다. 이러한 추세에 비추어 볼 때 행정수도의 건설을 계기로 새로운 행정수요에 신축성 있게 대응할 수 있도록 중앙 및 지방 행정조직과 기능을 개편하는 종합적인 계획이 강구되어야 한다. 이 같은 계획에서는 중앙 및 지방간의 권한과 기능의 재배분 뿐만 아니라 현행 지방행정 계층구조의 재조정도 이루어져야 한다.

② 국토개발계획의 재정립 : 현재의 국토개발계획은 수도 서울이 중앙행정의 입지라는 것을 전제로 하고 짜여 있으나 새로운 입지에 행정수도가 건설됨으로써 기대되는 파급효과를 최대한 활용하고 그에 따른 지역발전의 균형화를 위한 새로

운 국토개발체계가 정립 되어야 한다.

③ 토지제도의 개선 : 새로운 국토개발체계의 성공적인 실천을 위하여 토지제도와 개발이익의 환수제도를 포함한 개발행정 법제도가 뒤따라 정비되어야 하며 이 같은 법제도의 정비는 비단 행정수도의 건설 뿐 만 아니라 전국적인 국토개발과 보전을 위해서도 필요하다.

4. 행정수도 건설계획의 접근 방법

(1) 백지계획의 성격

본 백지계획은 행정수도를 건설함에 있어 입지 등과 같은 주어진 여건의 제약을 떠나 가장 소망스러운 상태를 관념적으로 구상하여 보고 예견되는 실천가능한 수단과 방법을 모색하여 보는 실행계획 이전의 단계이다. 이는 우선 그에 대한 국민적 합의를 구하고 이를 바탕으로 정립된 이념을 최대한 반영하기 위한 개발여건을 종성하는 계획 접근방법이다.

(2) 계획의 수립체계

백지계획을 전체계획의 흐름 속에서 파악하여 보면, 우리가 처해 있는 역사적 상황을 명료하게 판단하여 행정수도건설의 이념과 목표를 설정하고, 이 목표를 달성하기 위한 도시의 기본적 구조와 건설 및 지원계획을 수립하며 그 맥락에 따라 국민적 합의로 입지가 선정되면 국가계획으로 보완, 발전시켜 구체적인 실천 및 행동계획을 세우는 것이다.

백지계획은 어휘 자체가 내포하고 있는 바와 같이 처음부터 어떠한 선입견이나 금기가 있는 계획과정이 아닌 자유개방형 계획이다. 피상적으로 보면 일사 불란성은 없을지 모르나 계획과정의 경직성을 탈피할 수 있고 쇄신적인 사고를 가능케 하여 언제든지 새로운 대안과 상황 변동에 따라 신속하게 대처할 수 있는 장점이 있다.

따라서 1977년 3월 이후 지금까지 학계 및 전문연구기관에서 많은 전문가가 참여하여 부문별로 검토가 이루어졌으며, 상호 조정문제가 발생하였을 때는 계획과정에서 환류작용이 있었고 또 중복 이행을 의도적으로 도입함으로써 상충적이거나 상호 모순성을 보강하였다. 앞으로도 각계각층의 의견을 들어 수정, 발전될 것이다.

5. 도시기본구조계획

(1) 도시기본구조계획의 전제

1) 도시의 성격

행정수도는 행정중심의 수도 기능을 하는 신도시로서 수도성 이외에도 일반도시와 같은 도시성, 그리고 행정수도 광역권의 성장핵으로서의 역할인 광역 중심성도 갖는다.

① 수도성

행정수도는 서울과의 기능배분에서 현재 서울이 가지고 있는 전국 중심기능 중에서 국가 중추통치행정기능과 이에 수반하는 국제외교활동의 중심기능 및 수도적 상징성을 고양할 수 있는 문화예술 활동의 중심기능을 새로이 분담하게 된다.

이러한 중심기능은 전국적인 사회, 경제활동력의 충격을 고려하여 서울로부터 점차적으로 선별 이전되며, 특히 행정에 있어서는 정부활동의 정체를 예방하기 위하여 부처 간의 업무 관련도에 따라 시계열별로 구분하여 추진하면서 이전비용의 절감을 기하여야 한다. 따라서 수도의 공간구조에 있어서도 이러한 단계별 개발이 고려되어야 하며 기능 상호간의 조화와 흐름에 있어 무리가 없이 짜여지도록 한다.

② 도시성

행정수도는 국가 중추관리기능의 이전에 따라 형성되는 신도시이므로 좁게 보면 도시의 행정지구의 성격과 흡사하나 도시의 자족성을 위해서는 정부업무 관련 종사인구 이외에도 어느 정도의 민간경제 활동인구가 있어야 하며, 부양가족까지 거주할 주거 및 상업기능 등을 동시에 갖춰야 한다는 점에서 일반 도시가 갖추어야 할 기능을 가져야 한다.

이는 언젠가 국토통일이 이루어져 서울이 다시 수도로서의 기능을 하더라도 행정수도는 계속해서 일반 도시로서 존속해야 한다는 것을 뜻한다. 뿐만 아니라 행정수도는 기존의 도시에 행정기능만 중첩시키는 서독의 '본'과 같은 개발방식이 아니고 비교적 자연 상태로 존재하고 있는 새로운 후보지에 입지하게 되는 도시이므로 일반 도시로서 성장, 발전시켜야 한다.

행정수도는 계획에 의하여 건설되는 신도시인 만큼 개발방식에 있어서 미래지향적이며, 개혁적이고, 도시문제를 미연에 본원적으로 해결하는 방향으로 추진되어야 한다. 그러기 위해서는 도시개발에 있어서도 외부적 질서를 부여하는 기능과 기반시설이 선행되고, 후에 도시민이 거주하게 되는 절차를 밟아야 한다.

③ **광역중심성**

행정수도의 위치는 개발의 잠재력이 높은 국토의 중심에 입지하게 되므로 전국 어디에서나 접근성이 높아질 뿐만 아니라 인근지역에 개발의 파급효과를 가져와 대도시권을 형성하게 될 것이다. 이러한 대도시권은 행정수도 광역권의 거점으로서 그 지역 일대의 성장을 주도하게 된다.

이것은 앞에서 말한 대로 행정수도의 건설이 2,000년대에 이룩될 고도산업사회의 정착에 대비하여 국토의 공간질서를 재편성하는 의미를 가지며, 인구 및 산업의 합리적인 배분과 도시기능의 체계화를 통한 지역의 균형발전이 행정수도 건설로 촉진될 것이기 때문이다. 그러므로 바람직한 행정수도의 상은 거시적으로 이러한 역할을 원활히 수행할 수 있는 것이어야 한다.

2) 입지의 선정

도시의 기본구조를 전개함에 있어서는 도시가 위치하는 입지조건에 따라 구체적인 형태가 다르게 마련이나 본 백지계획 단계에서는 확정된 입지 없이 지형을 가정하여 계획을 구성하도록 한다. 가정된 입지는 후보지 조사 과정의 첫 단계에서 설정된 범역인 우리나라 중부지방에서 흔히 볼 수 있는 구릉지 지형이다. 이는 우리나라의 도시입지 상황으로 보아 평야부, 평탄부 또는 대하천 유역 변에는 이미 도시가 발달되어 있고, 또 전국토의 70%가 산지임을 고려할 때 행정수도는 외국도시의 예와는 달리 비교적 생산성이 낮은 산간 및 구릉지에 전개될 것으로 보았기 때문이다.

이러한 접근방식은 특정 후보지가 가진 지형지세의 조건에만 맞게 특정의 도시기본구조를 제시하는 것이 아니고, 바람직한 도시 패턴을 모식적으로 상정하면서 동시에 이에 적합한 지형지세를 상정하는 작업방법이다. 장차 후보지가 확정되면 이에 따라 응용, 보완되어 구체적인 도시 패턴이 수립되리라고 본다. 가상 입지의 특징을 살펴보면 다음과 같다.

① 지형지세

가상 입지는 중북지방에 형성된 산맥 사이에 전개되어 있는 평야부에 위치하고 있다. 북쪽으로는 북동쪽에서 내려온 큰 산맥이 지맥이 크고 작은 산과 구릉군을 형성하여 기복이 심한 지형을 형성하고 있다. 이 산과 구릉군의 주능선을 연결해보면 『八』자형의 연봉을 이루어 도시 북쪽의 개발경계를 지어주고 있다. 남쪽으로는 5차수 하천인 남강이 평균 400m 이상의 하폭을 유지하면서 협곡형의 하도를 따라 후보지를 휘감고 흘러간다. 동쪽으로는 4차수 하천인 동안천이 거의 남북방향으로 흘러 내려 남강과 합류한다. 서안천 건너편은 험준한 산세가 서안천과 나란히 달리고 있다.

이러한 주변의 지세와 수계에 의해 둘러싸인 후보지의 중앙 남쪽에 안산에 해당되는 종남산이 놓여 있고, 이 산의 북쪽에 동서로 약 5㎞, 남북으로 약 2㎞ 정도의 개활지가 전개되고 있다. 이 개활지를 중심으로 동서 양쪽에 부채꼴의 평야부와 구릉지가 전개되어 있어 비교적 정형성이 요구되지 않는 주거지 등의 개발용지로서 활용이 가능하다.

② 수계

이 지역의 하계망은 화강암 및 화강편마암 등의 경암으로 구성된 지질의 영향으로 중밀도 수지형 패턴을 나타낸다. 하천의 유역계의 집수면적은 비교적 작으며, 수지상으로 집수되어 전부 남강으로 배수되고 있으므로 도시가 건설되었을 때 우수와 오수를 따로 처리하여 이들 지류와 남강 본류의 오염, 오탁을 방지할 필요성이 있다. 그리고 도시화 지역을 통과하는 지류에 대해서는 하천개수와 조경처리에 대한 고려가 예상된다.

③ 토양

전반적 토양구성은 화강암 및 화강편마암 등의 경암이 심한 침식을 받아 생성된 적황색토로써 일부 암쇄토가 포함되어 있는 식양질 내지는 사양질로 분포되어 있다. 침식을 받은 토양은 낮은 부분에 퇴적하고, 높고 경사가 급한 부분은 반암까지의 토양심도가 낮아서 노두가 노출된 지역이 많다. 따라서 건축물의 기초공사. 도시기반시설을 위한 굴착공사 및 대규모 정지공사에 많은 제약을 줄 것으로 예상된다.

3) 목표인구의 설정

① 기본지침

행정수도가 건설되어 성숙기에 접어 들 2000년대의 인구는 최대 100만을 넘지 않도록 하며, 본 계획의 목표 연도인 1996년경에 약 50만 정도의 인구를 가진 도시로 성장하도록 한다. 그리고 최대 100만까지 성장하게 되더라도, 늘어난 50만을 도시의 외곽지역에 형성되는 외곽전원도시군에 수용하기 보다는 가급적 100만의 대부분을 반경 10㎞ 내의 중심도시에 수용하도록 한다.

그 이유는 외국에서 보는 바와 같이 대도시 주변에 형성된 소도시들이 자급자족의 전원도시로 성장하기보다 대도시에 기생하는 주거단지형 도시로 변환되어 자원의 낭비와 환경의 파괴를 가져오는 교외화 현상을 예방하자는 데에 있고, 더불어 100만 정도의 규모로 잘 계획된 신도시에서 현재 서울 등의 대도시에서 보는 여러 도시문제가 재발된다고 볼 수는 없기 때문이다. 따라서 1996년의 인구가 일단 50만 규모이기는 하나, 본 계획에서 제시하고자 하는 도시 기본구조는 2000년대의 100만을 준거로 하여 거의 성숙상태에 달한 모습을 보여주도록 한다.

② 인구추정

도시인구의 양적 규모와 질적 구성에 대한 정확한 추정은 그 도시가 필요로 하는 토지와 도시시설을 유형별로 우선순위에 따라 적정 시기에 배분, 공급할 수 있게 하는 기준이 된다.

신도시로서의 행정수도 건설에 있어 인구추정의 목적은 위와 같은 인구추정의 일반목적 이외에 많은 재화, 인력의 투입이 필요한 행정수도 건설 과정상의 모든 단계에서 발생될 변화의 양태, 순서, 시기 등에 관해 시행착오가 없는 판단의 근거를 마련하는 데에 있다. 행정수도의 인구는 기존인구의 자연적 증가보다는 정책요인에 의한 사회적 증가와 변동에 따라 양적, 질적 구성의 틀이 결정되는 만큼 상당한 불확실성이 내재하고 있을 뿐 아니라, 15년 정도의 장기적인 목표 연도의 추정인구는 실제인구와 일치하지 않을 가능성이 있다.

본 백지계획에 있어서는 목표 연도인 1996년도의 정책적 목표 인구를 일단 50만 규모로 전제하되 도시기본구조에 있어서는 2000년대에 최대로 인구 100만을 수용할 수 있도록 하며, 이러한 추정은 실제의 건설과정에 있어 각 단계마다 정책변수와 사회변동요인을 반영시켜 보다 현실적으로 조정, 보완하도록 한다.

· 인구추정방법 : 행정수도는 정부기능의 이전에 따라 여기에 관련되는 산업이 발전함으로써 창출되는 신도시이며, 취업자뿐 아니라 그 가족이 함께 살게 되는 도시이다. 따라서 인구 추정은 연도별 이전 정부기관을 중심으로 관련부문별 및 각 건설단계별로 추정하되 취업인구를 기준으로 하고 이에 따른 부양계수를 가정하여 총인구 및 세대수를 산정한다. 취업인구는 우리나라 기존 대도시들의 인구성장추세와 행정수도라는 인구구조상의 특징을 감안하여 추정한다.

· 이전대상인 정부기관의 취업인구를 추정하고, 부양계수에 의해 부양인구를 분석하여 이 부문의 총인구, 세대구성을 측정한다.

· 이전 정부기관과 직접 관련된 업종의 취업인구를 추정하고 위와 같은 방식으로 이 부문의 총인구, 세대구성을 추정한다.

· 이들을 뒷받침하는 2차 관련업종의 취업인구를 추정하고, 위와 같은 방식으로 이 부문의 총인구, 세대구성을 추정한다.

· 기존 농업인구의 장래변화를 예측한다.

· 위에 열거된 4개 부문의 합계로 총인구, 취업인구, 부양인구, 세대 구성에 관한 추정 자료를 얻는다.

4) 행정수도의 건설단계와 인구구성

행정수도는 완전히 인공적인 신도시이므로 정책요소가 도시의 발생으로부터 성숙에 이르기까지 도시인구를 좌우하는 제1차적인 변수이고, 도시인구가 어느 정도의 한계규모에 이르면 자체 추진적 요소가 미래에 전개될 도시인구의 흐름 속에서 중요한 영향을 미칠 것이다.

이러한 도시성장의 변수를 고려하여 도시인구 성장을 4단계로 나누어 볼 수 있다.

· 제1단계(건설기 : 1982~86년)는 건설의 초기단계로서 용지매입에 이은 도시기반시설과 정부기관의 건설이 이루어지며, 인구 7만 내외의 건설주도형 도시를 형성한다.

· 제2단계(이전기 : 1987~91년)는 중앙행정기능의 이전기로서 본격적인 인구의 이입 이루어져 25만 내외의 공무중심도시를 형성한다.

· 제3단계(발전기 : 1992~96년)는 정부기능의 이전이 대부분 끝나고, 1, 2차 관련업체가 대량 이전하며 생활편익시설이 확충되어 50만 내외의 자체적 성장력을 지

니는 자족적 도시를 형성하며, 수도로서의 기능을 제대로 수행해나가는 시기가 된다.

· 제4단계(성숙기 : 1997~2000년대)는 도시의 내부기능과 구조의 정비가 이루어져 국토 공간 체계 속에서 수도광역권의 거점이 되는 성숙기로서 100만 내외의 인구를 수용하게 된다.

5) 취업인구(경제활동인구)

생산연령인구는 건설의 1단계가 끝나는 1986년에는 46,500인으로 전 인구의 71.5%, 2단계인 이전기가 끝나는 1991년에는 198,600인으로 72.0%, 3단계인 성숙기가 끝나는 1996년에는 327,800인으로 68.7%를 차지할 것이며, 100만 인구를 포용하게 될 2000년대에는 70%를 상회하는 생산연령인구를 갖게 될 것으로 추정된다.

이에 따른 취업인구는 동년대비로 각각 37,700인, 125,000인, 198,000인, 40만으로 추정되며, 경제활동참가율은 각각 58.0%, 45.5%, 42%의 분포를 보일 것이다.

이와 같이 연도별로 생산연령인구 및 경제활동 참가율의 감소를 나타내는 것은 대량 이입단계 후 부양인구 증가에 따른 것으로 해석된다.

행정수도의 고용구조는 그 성격에 비추어 3차 산업의 구성비가 약 90% 정도로 추정되어 소비도시의 양상을 갖게 될 것이다. 또한 농업부문 취업인구는 계속 감소하여 목표 연대는 겨우 명맥만 유지할 것으로 보인다.

한편 제조업 등 2차 산업의 구성비는 10% 미만으로서 이는 생활필수품을 제외한 대부분의 유통 상품을 배후도시로부터 공급받으며, 최소한의 도시형경공업(인쇄, 식료품가공, 가구, 의류 등의 제조 및 가공 등)만 허용하기 때문이다.

3차 산업의 비중이 타 도시에 비하여 월등히 높은 것은 행정수도의 사회, 정책적인 특성에 따라 공무원을 비롯한 공무 관련업체, 서비스 및 상업 활동 종사자가 많을 것이기 때문이다. 제1, 2차 산업부문은 도시경영에 필요한 최소의 비중을 둔 것인데, 이 경우 최소치라는 것은 지역사회의 일상생활에서 생

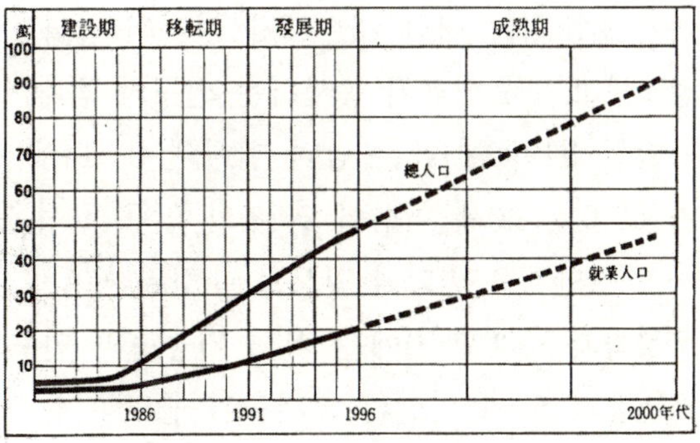

(그림 4-1) 단계별 인구와 취업자 현황

기는 제요구와 도시의 자족성이라는 문제 간에 최소한의 균형을 뜻하는 것이다. 목표 연도의 고용구조는 이미 1980년대 말에 전국의 고용수준이 완전 고용상태에 이르게 되므로 1% 미만의 잠정 실업률이 예상된다.

6) 성별 연령별 인구

인구규모의 단계별 증가에 따른 성별, 연령별 인구 구조 및 세대구성은 부문별 계획과 투자계획의 지표가 되며, 건실하고 균형잡힌 환경을 조성하는 근거가 된다.

· 추정방법 : 행정수도의 초기 인구성장은 절대다수의 사회적 증가와 이입한 이후의 자연적 증가에 의해 이루어질 것으로 보고, 국내의 여러 자료(총 인구 및 주택조사 센서스 보고서 [1975년] 근로자 센서스 보고서[1975년]) 등에서 분석된 생잔율 및 라이프 테이블을 적용하고, 조성법에 의거하여 단계별로 성별 및 연령별 인구 구성을 추정하도록 한다.

· 단계별 특성 : 준비기(1986년)는 건설이 착수되기 이전이므로 기존인구는 보통의 중부지방 농촌지역으로 가정하여 0~14세 사이의 인구가 41.6%, 15~64세 사이의 생산연령인구가 53.1%인 표단(표주박)형을 이룰 것으로 추정된다.

건설기(1986년)에는 생산연령인구가 71.5%를 차지하는 가운데 특히 20~39세 사이 청장년층이 46.7%로써(남자 26.7%, 여자 20.0%) 남자쪽으로 편향한 성향을 보이는데, 이는 건설종사인구의 대량이입 현상을 반영하고 있다.

이전기(1991년)에는 생산연령인구가 72.0%를 차지하여 건설기보다 약간 증가하며, 20~39세의 청장년층이 39.2%로 전기보다 약간 감소한다. 특히 20~24세 사이의 남녀가 감소하는 대신 25~29세 사이의 남녀가 증가하여 건설에 직접 관계되는 인구가 감소하고 3차 산업에 종사하는 인구가 점차 늘어나는 것을 반영하고 있다.

발전기(1996년)에는 남녀 합하여 0~14세가 27.0%, 15~29세가 28.3%, 30~59세가 62.0%, 60세 이상이 6.9%의 인구 구성을 나타내고 있어 거의 안정된 종형의 인구 구성단계로 변화될 것으로 추정된다.

성숙기(2000년대)에는 거의 기둥형의 인구 구성을 보이고 있어서 19세 이하의 청소년층과 65세 이상의 노년층이 증가하여 교육과 복지수요가 크게 대두됨을 예측할 수 있다.

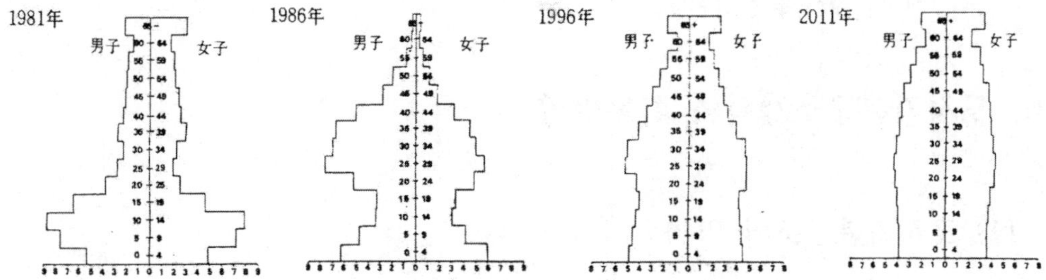

(그림 4-2) 성별·연령별 인구 분포도

7) 세대 구성

· 단계별 세대구성을 보면 1982년에는 기존인구의 영향으로 4.8인/세대이다가, 건설이 가장 활발한 1986년에는 건설 관련 취업자 중 미혼 및 독신의 구성 비율이 높아져 2.6인/세대로 급격히 떨어지게 될 것으로 추정된다. 또한 1987년부터 공무원 및 관련 업체의 본격적인 인구 이입으로 세대구성이 점차 안정되어 1991년에는 3.1인/세대로 늘어나고, 1992년부터는 부수적인 관련업체가 이전함에 따라 도시지원기능이 확충되면서 자족적인 도시로 성장하고 세대구성은 더욱 안정되어 1996년 이후에는 3.5인/세대로 계속 유지될 것으로 보인다.

이러한 추이는 우리나라 도시의 세대구성 예측치인 1981년의 4.59인/세대, 1991년의 4.03인/세대보다 상당히 낮으나, 행정수도의 문화, 생활수준 및 신도시라는 특징을 감안할 때 무리가 없을 것으로 판단된다.

· 가족형의 변화를 보면 건설초기는 취업자의 대폭 이동으로 단순가족형이 거의 대부분을 차지하나, 인구가 이입되고 도시가 자족적으로 성장하게 되어 건설목표년도인 1996년에는 단순가족이 89%의 구성비를 나타내며, 미혼세대가 7%정도의 구성비를 나타낼 것으로 추정된다. 그 후 2000년대에는 행정수도가 광역권의 개발거점도시로 발달할 것이므로 일반지 도시와 비슷한 가족형을 가지게 될 것으로 추정된다.
· 유형별 세대구성은 구성인원의 특성에 따라 확대형, 정상형, 수축형의 3가지로 분류할 수 있다. 건설 초기단계에는 건설관계 취업자의 대폭적인 이동에 따라 대부분이 40세 이하의 기혼세대 및 미혼세대가 될 것이므로 확대형 세대가 많은 비중을 차지하게 되며, 이전기 및 성숙기로 도시가 발달함에 따라 점차 정상형, 수축형세대로 변화되는 경

향이 나타날 것으로 추정된다.

6. 도시기본구조계획의 기본방향

(1) 도시기본구조의 영역

1) 도시의 현상과 구조

도시는 제각기 다른 생활양식을 가진 사람들이 대규모로 모여 살고 있는 사회집단이고 경제조직이며 생활 무대이다. 따라서 도시에서 발생하는 모든 활동과 이 활동이 일어나는 공간은 상당히 다양할 뿐 아니라 세월이 흘러감에 따라 계속 변화하기 마련이다. 즉 다양성과 변화성이 도시의 주요한 특성이다. 그러나 이와 같이 다양하고 변화하는 도시의 여러 현상은 표면에 노출되지는 않으나 바닥에는 일련의 관계양식이 내재하여 서로가 연결되는 조직된 복합체를 이루게 된다. 다시 말하면 도시에서 일어나는 여러 가지 일이나, 그 결과로 생겨나는 환경변화는 모두가 제멋대로 움직이는 무질서한 집합체가 아니고, 서로 얽혀있는 조직의 모습을 갖게 되는 것이다.

이와 같이 도시의 제 현상에 질서를 부여하는 것이 바로 구조의 차원이다. 시민이 향유하는 생활양식, 전승된 문화, 사회에서 통용되는 가치체계, 경제활동의 방식, 사용하는 과학기술 등 이 모든 것의 큰 줄거리가 도시구성원 개개인의 차이에도 불구하고 이들 모두에게 공통적으로 주어지는 구조적인 바탕을 이룬다.

정의상, 구조는 개인의 영역을 넘어서서 공공의 영역에 속하는 개념인바 이것은 일련의 약속으로 볼 수 있다. 약속은 도시현상의 속성으로 보아 개개분자가 가지는 다양성에 대한 제약조건이 아니라, 오히려 개개분자로 하여금 풍부한 변화를 가능하게 해주는 전제로 이해하여야 하며, 구조라는 틀이 없는 현상의 다양성은 무질서와 통하므로 이 최소한의 약속은 지켜져야 한다.

2) 도시의 형태적 구조와 기능적 구조

구조를 조직된 복합체의 바탕으로 보면 다음과 같이 크게 두 측면으로 나누어 볼 수 있다. 즉, 도시에서 일어나는 여러 인간 활동의 관계양식에 관한 기능적 구조와, 이러한 기능을 담고 활동이 일어나게 하는 물리적, 공간적 시설이 이루는 형태적 구조이다. 업무 사이의 상호 교류라든지 교통의 흐름 등은 전자에 속하고, 가로망, 지형, 건물, 녹지 들이 모여 이루는 가시적인 공간체계는 후자에 속한다.

우리가 실제 경험하고 의식하는 도시는 이 두 구조가 구별됨이 없이 상호 보완됨으로써 이루어진 총체이지만, 계획의 편의상 이를 조작적으로 구분하여 접근하는 것이 통상적이다. 지금까지 흔히 기능이 형태에 우선한다는 기능 우선주의와 역으로 형태가 기능에 우선한다는 형태 우선주의가 있어 두 개념 사이에 종속관계가 성립한다고 보는 경향이 있으나, 본 계획에서는 이를 엄격한 종속관계로 보지 않고 서로 영향을 미치되 그 영향이 결정론적이 아닌 상응적인 관계로 보기로 한다.

현실세계에서 도시가 성장하고 변화하는 과정을 살펴보면 형태적 구조에 따라 기능적 구조가 변화하기도 하지만 그 반대로 도시 기능상의 변화는 잦은 반면 이것을 담고 있는 형태는 비교적 오랫동안 유지되는 경우가 많다. 이것은 건물의 소유권이나 용도는 비교적 쉽게 바뀔 수 있어서 도시 안에서도 시간의 흐름에 따라 활동의 분포가 변하여 토지이용의 패턴 상에 변화를 가져온다. 그에 비해서 도시형태의 근간을 이루는 가로망, 공공건물을 비롯한 주요시설과 그 밖의 여러 도시 기반시설은 그 자체가 막대한 사회간접자본의 투자를 전제로 하고 있을 뿐 아니라, 지상, 지하에 정착하여 물리적으로 서로 얽혀있어 그 가변성이 낮아지게 되기 때문이다. 따라서 형태적 구조가 기능적 구조에 비하여 상대적으로 영속성을 가지고 있고 기능적 구조에 큰 영향을 미친다고 볼 수 있다.

(2) 행정수도의 도시기본구조계획

1) 계획의 범위

행정수도의 도시기본구조 시안을 제시함에 있어서는 이와 같은 도시기본구조의 영역에 이해를 바탕으로 하여 다음과 같은 범위 내에서 진행한다.

① 물적 계획 중심의 계획

본 계획에서는 도시의 형태적 구조를 위주로 한 물적 계획을 주로 다룬다. 물적 계획의 작업영역은 여러 용도에 따라 구분되는 토지를 개략적으로 배치하고, 주요 시설, 오픈스페이스 등 도시환경을 구성하는 요소를 서로 밀접한 관계를 유지하면서 배치하며, 시간에 따라 변화, 발전해 나가도록 도시의 개략적인 틀을 3차원적으로 제시하는 데에 있다.

② 기본계획의 시안 제시

본 계획에서 제시하고자 하는 물적 계획의 성격은 확정된 입지 없이 후보지를 가정하여 계획하는 만큼, 어느 정도 지형지세의 제약을 극복한 상황에서 제시되는 기본계획 시안이다. 우리가 가장 이상적이라고 생각하는 형태적 구조는 실제의 입지 상에 펼쳐 놓을 때 입지의 여러 자연환경요소, 특히 지형지세의 영향을 받아 어느 정도 수정되지 않으면 안 된다.

③ 공공부문에서 제시하는 기본적 지침위주

도시는 기본구조에서 제시하는 골격과 기관에 의해 개략적인 틀이 형성되고 보다 구체적인 건축, 조경활동에 의해 이 골격과 기관에 살과 피가 주어지며 시민들의 일상 생활을 통해 동작과 표정이 생김으로써 그 참모습이 드러난다고 비유할 수 있다.

이러한 도시형성의 단계로 보아 기본구조계획은 도시운영을 담당하고 거시적 차원에서 도시를 살펴볼 수 있는 공공부문에서 담당하여야 하며, 여기에 살과 피를 붙이는 작업은 보다 자율적이고 융통성 있게 움직일 수 있는 민간부문이 위주가 되어 이루어지는 것이 바람직하다. 즉 기본구조계획에서 제시되는 공공부문의 역할도 민간부문의 참여에 질서를 부여할 수 있는 기본적인 틀을 마련하는 데에 국한하는 것이 타당하다.

따라서 기본구조에 관한 연구를 진행함에 있어서 살과 피의 차원에 해당하는 검토가 병행된다. 하지만 이것은 어디까지나 기본구조가 충분히 보편적이어서 광범위하게 다른 민간부문의 활동을 수용할 수 있다. 또한 충분히 상세해서 수용된 민간 활동이 잘 작용할 수 있는가를 검토하기 위한 것에 불과한 것이다. 또한 작업의 순서로 보아 건축, 조경분야의 세부계획과 설계는 실시와 착공을 예상하고 진행하는 단계인 만큼, 종합계획에서 도시 전반에 걸쳐 분명한 정책과 지침이 이루어진 다음에 다루어져야 시행착오를 덜 수 있다.

2) 계획의 내용

본 기본구조계획에서 다루고자 하는 작업의 내용을 요약하면 다음과 같다.

① 구상원칙의 제시 : 행정수도가 전 국토 공간상에서 사통팔달의 중심이 되어야

한다는 이념과 우리나라의 전통적인 도읍 입지방법, 외국에서 연구되어 온 도시패턴의 대표적인 유형 등을 받아들여 행정수도가 가지게 될 도시 기본구조를 제시하고, 이것을 가정된 지형에 얹어 볼 때 지켜져야 할 개략적인 구상원칙을 제시한다.

② 분야별 계획의 지침 제시 : 이러한 구상원칙을 바탕으로 토지이용체계, 교통체계, 조경체계에 대한 분야별 계획의 지침을 제시한다.

③ 지구별 계획의 지침 제시 : 분야별 계획의 지침을 다시 행정수도를 구성하는 주요지구인 중심지구, 주거지 및 도시의 주요 자연환경요소를 대상으로 하는 공원녹지의 계획에 반영시켜 지구별 계획의 지침을 제시한다.

④ 도시기반시설계획의 지침 제시 : 상하수도, 전력, 가스, 통신, 진애처리등 공급처리시설의 주요 분야에 대해 자원의 효율적 이용과 환경의 보호를 바탕으로 한 계획지침을 제시하고, 도시의 방호, 방재에 대한 기본지침을 제시한다.

7. 도시기본구조 정립을 위한 패턴 유형 분석

(1) 사통팔달의 이념과 도시 패턴

1) 수도지향성

우리 민족이 일국의 수도에 대해 품고 있는 관념의 근저에는 상경 또는 한양 길이라는 말이 암시하듯 수도 지향적 사상이 깊게 깔려 있다. 즉 수도는 국토의 지리적 중심에 위치하여 전국 어느 곳에 대해서도 균등한 접근성을 보장해야 하고, 주요한 활동의 대부분이 수도를 중심으로 하여 발전, 확산되어야 한다는 사상이다.

이러한 사상은 특히 현대에 와서 현 수도 서울의 과집중, 과밀현상을 초래한 부작용을 야기하였던 바, 이는 급격한 사회변동에 따라 수도지향성이 지나치게 추구되었기 때문에 일어난 현상이므로 적절한 한도 내에서 조절한다면 행정수도에서도 이 수도지향성이 역시 반영되어야 한다고 본다. 그 이유는 행정수도가 편중 개발된 현 국토공간을 합리적으로 재편성할 목적 하에 새로운 국토중심으로 건설된다는 의의를 갖고 있으므로, 행정수도가 사통팔달의 교통망의 중심이 되어 국토의 4대권, 즉 서울권, 영남권,

호남권 및 영동권으로부터 균등한 접근성을 보장할 필요가 있기 때문이다.

국토통일의 전망이 아직 뚜렷하지 않은 상태에서 국가의 번영을 이룩하자면 제한된 국토를 최대한 활용할 수 있는 방안이 모색되어야 한다. 동서로 240㎞, 남북으로 390㎞, 총면적이 98,824㎢인 전국을 하나의 도시권으로 보고 수도를 이 도시권의 핵으로 간주하는 것도 타당한 접근 방법이다. 따라서 행정수도가 중부권에 입지한다고 가정하면 전국의 교통망은 행정수도를 중심으로 하여 방사환상형 또는 격자형으로 재편성될 수 있을 것이고, 이 교통망에 따라 거점도시와 산업도시 및 기타 도시를 연결하여 전국토의 균형발전을 유도할 수 있을 것이다.

2) 도시패턴에의 적용

이와 같은 사통팔달의 이념을 물리적 형태로 모식화하면 다음과 같다.

① 국심을 도시중심에 배치

행정수도는 기존 도시를 재정비하여 도시로서 기능을 하도록 변환시키지 않고 국가 중추관리기능을 별도로 이전함에 따라 창출되는 신도시이다. 이 기능을 수용하는 국심, 즉 행정지구가 도시공간상 가장 주요한 위치를 차지하게 되며, 사통팔달의 이념을 그대로 받아들여 도시중심에 배치하게 된다. 이 국심은 행정수도의 두뇌부로서의 성격을 갖게 되며, 이 국심의 기능과 밀접한 관계가 있는 업무상업 기능을 담는 심장부로서의 도심이 인접하여 배치되어 행정지구의 중심 지구를 형성한다.

도시가 입지할 지역의 제 조건이 허용된다면 중심 지구를 도시공간의 중앙에 배치하여 지리적 중심(中心)과 기능적 중심(重心)을 합치시키는 것이 도시공간구조상 타당하다고 하겠다.

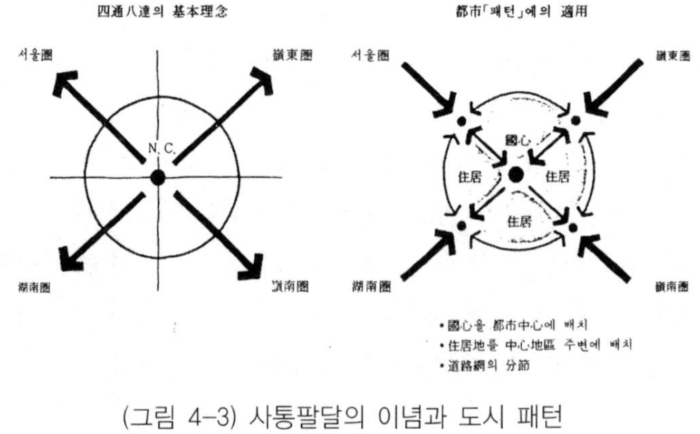

(그림 4-3) 사통팔달의 이념과 도시 패턴

② 주거지를 중심지구 주변에 배치

행정수도는 어느 도시의 한 구역을 차지하는 행정지구 이상의 의의를 가지므로, 행정수도에서 취업하는 자와 그 부양가족의 일상생활의 터전인 주거지가 중심지구 주변에 조성되는 것이 합당하다.

③ 지역간 도로망의 배치

재편성되는 전국 교통망이 격자형이든지 방사환상형이든지 행정수도로 진입하는 지역간도로는 행정수도가 중부권에 입지한다는 조건을 감안하여, 도시의 북동, 북서, 남동, 남서의 4방향에서 분기될 수 있다.

이때 사통팔달을 개념적으로만 받아들이면 지역간도로가 곧바로 국심과 연결되어야 하나, 이 경우 국심 주변에 배치되는 주거지를 관통하게 되므로 도시 외부에서 지역 간 도로와 도시 내 도로가 입체 처리되어 접속되어야 하다. 그리고 각 방향에서 진입하는 지역간 도로끼리 접속시켜주는 도로가 도시 내를 관통하지 않도록 우회시켜야 한다.

(2) 전통적 도시 입지방법과 도시패턴

1) 한국적 도시상

수도는 나라마다 고유한 표정이 배어 있는 한 나라의 얼굴이다. 그러므로 한국의 새 수도가 한국 고유의 면모와 분위기를 갖기를 바람은 당연하다고 하겠다. 한국적이란 말은 한국이라는 실체를 구성하는 모든 것, 예컨대 자연, 사람, 문화, 정치 등이 가지고 있는 독특한 속성을 가리킨다. 이 속성은 빛깔이기도 하며, 냄새이기도 하며, 소리이기도 한 동시에 이런 감각으로 느낄 수 없는 무형의 사고와 행동방식이기도 하다. 한국적이라고 생각되는 것은 영구불변한 속성이 아니고 상당한 가변성을 가진 것인데 비해 도시기본구조는 비교적 불변성을 가진 것이다. 앞에서 살펴본 바와 같이 골격에 비유되는 도시 기본구조에서 표정을 읽기는 어려운 과제이고 어쩌면 불가능할 것이다.

그러나 예를 들어 한국인의 표준골격과 외국인의 표준골격을 비교해 볼 때, 그 골격에서 한국적인 표정은 읽을 수 없더라도 최소한 외국인이 아니고 한국인이라는 식별은 가능 한 것이다. 따라서 골격에 해당하는 도시기본구조에서 구태여 한국적인 특징을 부여하자면, 한국적이라는 어쩌면 상당히 매력적인 단어에 너무 집착하지 말아야한다. 도시가 갖추어야 할 최소한의 조건으로 교통 체계, 토지이용유형의 유기적인 조직, 오픈스페이스의 적절하게 배분등의 조건을 먼저 구비해야 한다. 이런 바탕위에 현재와 미래를 사는 한국인의 일상생활이 스스로 다양하게 일어나 한국적인 분위기가 저절로 배양될 것을 기대함이 옳을 것이다.

2) 전통적인 도읍 입지 방법

한국적인 도시의 소지로서 본 계획에서는 풍수지리설에서 유래한 우리나라 고유의 도읍 입지전통을 도시기본구조에 수용하도록 한다. 이른바 풍수지리설은 흔히 생각하듯 미신에 가까운 고루한 것이 아니고 현대에서 각광을 받고 있는 환경적응개념과 상응한다.

풍수지리의 요체는 천지, 즉 자연의 생기를 땅을 통해 전수받아서 인생의 행복을 추구하는 데에 있다. 다시 말하면 자연과 인간을 물질과 생물이라는 이차원 관계에서 파악하지 않고 자연이 모두 생동하여 사람의 활동에 영향을 주는 것으로 생각한다. 이러한 사상은 자연을 인간 활동의 반명제로 보아 잠식과 착취의 대상으로 보던 종래의 자연관에서 탈피하여, 인간 활동은 자연이 설정해주는 생태학적 테두리 속에서 이루어져야 한다는 자연관으로 변천하고 있는 현대의 조류와 상응하고 있다.

풍수에서는 지상에 거주하는 생도의 거소를 양기라고 하여, 작게는 주택에서 부락, 도읍 나아가서는 국가까지 포용하는 바, 각 단위마다 양기 조성의 준거기준이 조금씩 다르다. 본 계획에서는 현 수도 서울이 한양으로 천도했을 때 적용되었던 풍수지리설에 입각한 도읍입지방법을 중심으로 살펴보되, 이를 그대로 답습하는 것이 아니라 현대 도시의 기본 구조에 적합하도록 수정, 원용하도록 한다.

서울을 기준으로 하는 까닭은 서울의 도시구조가 현대의 우리 국민에게 상당히 친밀하여 신수도 이전에 따른 정신적 충격을 완화할 수 있고, 한양의 입지과정에 대한 역사적 기록이 비교적 소상하게 남아있기 때문이다. 역사적으로 현재의 서울이 도읍지로 된 것은 매우 오래 전부터이며, 멀리는 삼국시대로부터 시작하여 이 태조가 천도한 이후 오늘에 이르고 있다.

서울은 북에 백악산(지금의 북악), 남에 목멱산(지금의 남산), 서에 인왕산, 동에 낙타산(지금의 낙산)이 둘러싸서 자연이 준 성곽을 이루었고, 한강이 동남 일대를 돌아서 서북으로 흘러 나간다. 한양의 시가지는 이러한 지형이 조성하는 분지형의 개활지에 전개되었던 바, 이때 설정된 기본 골격이 현 서울의 도시기본 구조에 큰 영향을 미치고 있다.

한양의 입지원칙을 정리하면 다음과 같다.

① 지형지세를 활용한 범역 한정 : 북악산, 남산, 인왕산 및 낙산이 풍수지리설의 진산, 안산, 백호, 청룡의 위치를 차지하고 있어 상징성이 부각되고 있으나 실용적인 견지에서 이러한 산세를 활용하여 성곽을 축조함으로써 외적에 대한 방호와 도시의 확산을 억제하는 효과를 얻고자 하였다.

② 도시축의 설정 : 현 중앙청과 남대문을 잇는 위치의 주축과 현 광화문 네거리와 동대문을 잇는 부축을 설정하여 주요 기능의 배치 및 교통계획의 근간으로 활용하였다.

③ 도시 중앙 북부에 관아행정기능 배치 : 진산인 북악산 기슭에 북좌남향의 자세로 궁성을 짓고, 현 광화문일대의 주축 연변에 관아행정기능의 대부분을 배치하였다.

④ 도시 중심부에 상업기능 배치 : 현 종로의 연변에 중심상업기능을 배치하여 관아행정기능을 보조하도록 하고, 업종에 따라 용도지역을 세분하였다.

⑤ 주거지역별 특성 부여 : 청계천을 경계로 하여 북쪽과 남쪽을 각각 양반, 관리 등의 주거지와 서민 등의 주거지로 구분하는 등 주거지를 사회계층에 따라 구분하였다.

⑥ 도시 북부의 보존 : 도시의 북쪽은 진산인 북악산의 험난한 지세, 궁성의 입지 등의 현실적인 이유와 북방금기의 주술적인 이유 등에 의하여 출입을 통제하고 자연상태로 보존하였다.

⑦ 사대문의 설치 : 동서남북의 사방에 성문을 설치하여 도성으로의 관문으로 이용하였다. 북문인 숙정문은 북방 금기의 사유로 오랫동안 폐쇄하였다.

3) 도시 패턴에의 적용

이와 같은 서울의 도읍입지방법을 현대적 도시패턴에 맞게 모식화해 보면 다음과 같은 지침을 얻을 수 있다.

① 도시의 범역 설정 : 현대도시는 자급자족하는 단위가 아니고 높은 이동성과 개방

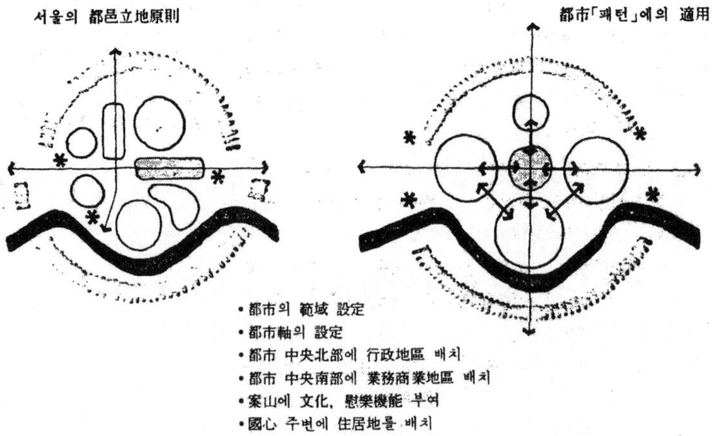

(그림 4-4) 전통적 도읍입지 방법과 도시 패턴

적인 사회구조를 가지므로 재래와 같은 엄격한 도시경계는 필요하지 않다. 그러나 행정수도는 하나의 정주단위일 뿐 아니라 전국의 심장부로 뚜렷이 부각되어야 할 수도라는 점을 감안할 때 도시의 주변이 불분명하여 외곽부와 연담되는 것은 피해야 할 것이다. 또한 도시구역의 범위를 분명히 하게 되면 주변 자연환경과의 접촉영역이 분명해져 도시적 특성의 부각과 자연의 보존을 동시에 실현시킬 수 있다는 장점도 아울러 가지고 있다.

② 도시축의 설정 : 도시 내부에 기능과 형태를 달리하는 몇 개의 축을 설정하여 흐트러지기 쉬운 여러 활동과 이미지를 한데 묶어 주도록 한다.

③ 도시 중앙북부에 행정지구배치 및 자연녹지화 : 도시의 지리적 중앙의 북단에 국심 기능을 수용하는 행정지구를 배치하며, 행정 지구의 북쪽에는 대규모 개발을 억제하고 자연 상태로 보조하도록 한다. 이는 주술적인 이유보다도 이 지역의 지형지세가 도로망을 위시한 기반시설의 건설에 부적합하다는 현실적 이유에 근거한다.

④ 도시 중앙남부에 업무상업지구배치 및 활성화 : 행정지구와 연접하여 중심업무상업지구를 배치하여 도시의 심장부를 조성한다.

⑤ 특성있는 주거지의 개발 : 중심지구 주변에 주거지를 개발하되, 지형지세, 교통조건, 중심 지구까지의 거리 등을 고려하여 다양한 주거환경을 조성함으로써, 시민들로 하여금 자율적으로 각자의 주거환경을 선택할 수 있도록 한다.

⑥ 안산에 문화, 위락기능 부여 : 서울의 안산인 남산에 해당되는 곳에 시민 전체

가 활용할 수 있는 문화, 위락기능을 부여하여 중심지구 양쪽에 배치될 주거지의 생활환경을 고양할 수 있는 소지를 제공한다.

⑦ 도시 진입로의 이미지 부각 : 도시의 4방향으로 진입해 들어오는 지역 간 도로가 단순한 소통로 이상의 이미지를 갖고, 인터체인지 등이 도시의 관문이나 현관의 의미를 갖도록 조경처리 한다.

(3) 대표적 도시 패턴 유형의 수용

원래 도시는 역사적 형성과정이나 환경의 차이에 따라 각양각색의 형태를 갖고 있으나 그 근간을 이루고 있는 기본구조는 몇 가지의 기본형과 이들 간의 조합에 의해 이루어진 변형으로 구성되었다. 그것은 패턴마다 각자가 처하고 있는 환경조건에 대한 나름대로의 적응결과를 나타내고 있기 때문에 어느 하나가 절대적으로 최상이나 최악이라는 판단은 불합리하다.

그리고 각 패턴들은 장단점을 가지고 있기 때문에 해당 도시의 성격이나 목표에 의해서만 상대적으로 적합한 패턴이 구해질 수 있다. 따라서 여기에서는 계획분야에서 어느 정도 정립되어 있는 교통체계, 토지이용체계 및 조경체계에 있어서의 대표적인 패턴의 유형별로 그 특징과 장단점을 살펴보고, 행정수도의 도시 패턴에 적용할 수 있는 개념들을 찾아보기로 한다.

1) 교통, 토지이용, 조경의 상보성

① 교통, 토지이용의 상보성

도시는 공간성으로 한정된 지역에 많은 사람들이 모여 각자의 활동과 서로의 상호작용을 통해 개개인의 목적을 달성하는 것이며, 이것이 모여 도시 전체로서의 기능과 특성을 유지해 나가는 하나의 인간정주체계이다. 도시 내에서 일어나는 모든 활동은 집중 및 분산, 계승 및 침입 등과 같은 인간생태학적 현상을 통해 개개의 활동이 일어나기에 최적 조건을 갖춘 단위공간을 점유하게 되다. 주로 토지라는 자원을 근저로 하는 이 단위공간은 개개의 활동을 담기에 적합한 적응공간이 되도록 시설을 배치하고 토지에 대한 개선을 한다. 예를 들어 상업이라는 활동을 담기 위한 상업 지구는 교통의 결절점 등과 같은 적지에 사무소 건물, 주차장 등의 시설을 완비함으로써 조성된다. 흔히 토지이용이라고 불리는 이 현상은 단위공간내의 상호작용에 국한하는 개념이며, 교통과 더불어 도시공간구조를 결정하는 2대 인자이다.

그러나 도시 전체의 입장에서 볼 때, 모든 활동이 일정한 공간 내에서 일어나고 영위되는 것만으로는 도시가 성립하지 않는다. 도시는 취락이나 독립된 각 지구의 단순한 집합이 아니고, 어디까지나 모든 활동 간에 있어 이를 담는 적응공간사이의 상호작용을 통해서 서로 보완하도록 함으로써 비로소 도시가 성립된다.

이른바 교통이라고 불리 우는 이 현상은 도시활동의 주체인 개인, 기업, 그 밖의 여러 집단이 도시공간상의 서로 다른 각 지점에서 활동이 이루어지도록 인간, 서비스, 물자 등을 이동시키고 상호 접근도를 극대화하는데 그 존재가 있다고 본다. 즉 이 현상은 하나하나 분리되어 있는 도시활동과 이에 따른 시설을 유기적으로 조직함으로써 도시공간구조를 결정하여 주는 중요한 인자가 되는 것이다.

활동과 상호작용의 관점에서 볼 때 토지이용과 교통은 이와 같이 동전의 양면이나 닭과 달걀의 관계처럼 서로 상대방이 있음으로써 비로소 완전한 존재이유가 주어지는 상보적인 관계에 있다. 즉, 활동은 교통을 전제로 하고, 교통은 활동을 유발하는 것이다.

② 개발, 조경의 상보성

그러면 이와 같은 교통과 토지이용으로 설명되는 도시에 있어 조경이라는 차원이 어떠한 방식으로 반영될 것인가를 살펴보자. 조경이라는 작업은 도시를 치장하는 소극적인 역할이 그 본영이 아니고, 공원녹지뿐 아니라 보다 광범위한 경관 요소를 바탕으로 하는 오픈스페이스 계획을 통하여 도시경관을 창출 내지 개선하는 작업이다. 오픈스페이스는 토지이용이나 교통에 의해 개발된 지역을 제외하고 남은 공지나 개발이 되기를 기다리는 미 사용된 토지가 아니라 도시 내의 다른 모든 토지처럼 그 나름대로 적극적이고 명확한 기능, 즉 레크리에이션의 장을 제공하고, 도시환경과 자연환경을 조화시키며, 도시개발의 형태를 유도해주는 기능을 갖고 있다.

따라서 토지이용과 교통에 의해 조성되는 개발된 토지와 조경에 의해 조성되는 오픈스페이스는 각각 뚜렷한 효용성을 가졌을 뿐 아니라 서로 불가분의 관계에 있다고 보아야 할 것이다. 한정된 규모의 토지를 놓고 서로 다른 목적으로 개발된 토지와 오픈스페이스가 서로 좋은 토지를 차지하기 위해 경쟁을 하거나 어느 한쪽이 희생되어야 하는 상제관계로 파악하는 것이 아니라, 상대방이 있음으로 해서 비로소 의미가 주어져 완전한 것이 되는 상보관계로 다루어야 한다.

오픈스페이스 역시 개발의 한 상태라고도 볼 수 있는데, 이는 엄밀하게 보면 오픈스페이스의 참 모습이 방치되거나 원시상태의 자연이 아니고 잘 가다듬어진 문화경관이라는 점과 개발이라는 행위가 자연에 대한 변형이라는 점을 감안해 보면 자명하다. 따라서 토지이용계획과 교통계획뿐 아니라 조경계획 역시 상보성에 입각하여 동일한 차원에서 다루어져야 하며, 행정수도의 도시기본구조를 찾아보는 과정에서 이 세 가지 국면을 모두 살려보고자 하는 까닭도 여기에 있다.

2) 교통체계를 위주로 한 유형

① 격자형

병렬된 가로망이 직교함으로써 장방형 또는 정방형의 격자형 가구를 형성하게 되는 정연한 패턴이다. 이 패턴의 장단점은 다음과 같다.

· 격자의 요체가 교차점의 균등성에 있기 때문에 지형에 따라 적절하게 휘거나 구부러질 수 있으나, 지형을 극복 하는 데에 한도가 있다.
· 토지분할이 용이하고 도시가 성장함에 따라 필요한 가구만을 덧붙임으로써 국부적 개발이 가능하기 때문에 단계별 개발에 적합하지만 무한정한 도시 확산을 초래할 우려가 있다.
· 도시 내에서 사통팔달하는 도로망은 자동차 교통을 쉽게 처리하고 방호, 방재에

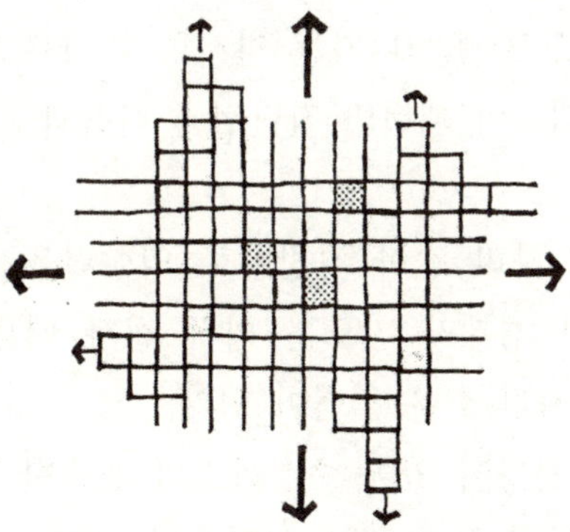

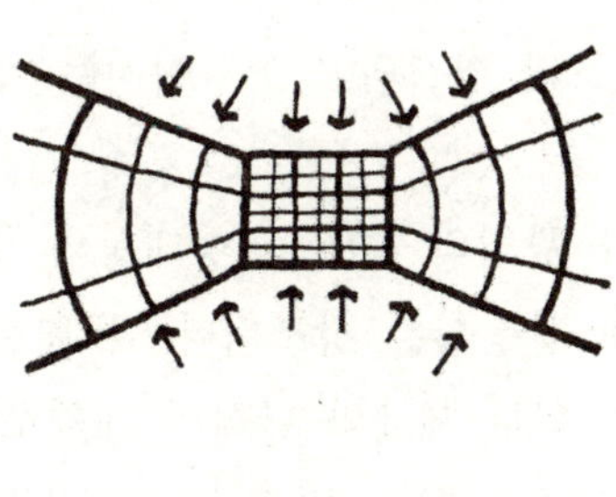

(그림 4-5) 격자형 교통체계의 도시패턴

적합한 여건을 조성해 주나, 주차문제가 일어나기 쉽고 보행자 교통에 대한 배려가 소홀해지기 쉬운 단점이 있다.

· 도시경관의 정연성이 부각될 수 있으나 동일한 가로배치와 가구의 형태에서 오는 시각적 단조로움이 우려되며, 특히 공원녹지도 가구단위별로 개발될 때 획일성이 심화된다.

이와 같은 장단점을 가진 격자형을 행정수도의 패턴에서 적용하기 위해 다음과 같은 개념을 발전시키도록 한다.

첫째, 지형상의 문제에 있어서는 격자형을 중심지구 등과 같이 정연성이 요구되는 지구에 한정시키고, 도시외곽에서는 지형에 따라 변형시켜 환상방사형과 상통하도록 조성한다.

둘째, 무한정한 확산을 규제하기 위해 도시주변의 지형지세를 활용하여 그린벨트 등의 녹지대를 조성하도록 한다.

셋째, 도시 내의 적절한 위치에 노외주차장을 적극적으로 건설하며, 보행자교통은 차도 옆에 붙은 인도와 같은 재래식방식을 지양하고, 가구의 가운데를 지나가는 별도의 보행자 전용가로망을 조성하도록 한다.

넷째, 도로의 성격과 중요도에 따라 위계를 부여하여 통과교통을 배제하고, 가구별로 특성있는 토지이용유형을 부여하며, 도시 내의 지형지세를 과감하게 살린 오픈스페이스 체계를 조성하여 획일성을 완화하도록 한다.

② 환상방사형

한 개의 중심으로부터 시작하여 사방팔방으로 뻗어나가는 방사형의 가로망이 주변의 환상도로와 연결되어 이루어지는 패턴이다. 이 패턴의 장단점은 다음과 같다.

· 도시와 광역의 중심이 형태상의 중심에 자리 잡아 사방으로 영향력을 확산하기 때문에 상징성은 강조되나, 뚜렷한 물적 경계가 만드는 외적 질서 때문에 도시 자체가 외부 세계와 단절된 개체로 떨어지기 쉬운 결점이 있다.
· 모든 교통과 활동이 중심으로 집중하는 경향이 있어 중심까지의 신속한 접근도가 장점이지만 교통 혼란, 과밀, 방호상의 불편 등과 같은 부작용이 있다.
· 평지에서는 쉽게 적응이 되나 기복이 많은 지형에서는 도시가 여러 지역으로 분

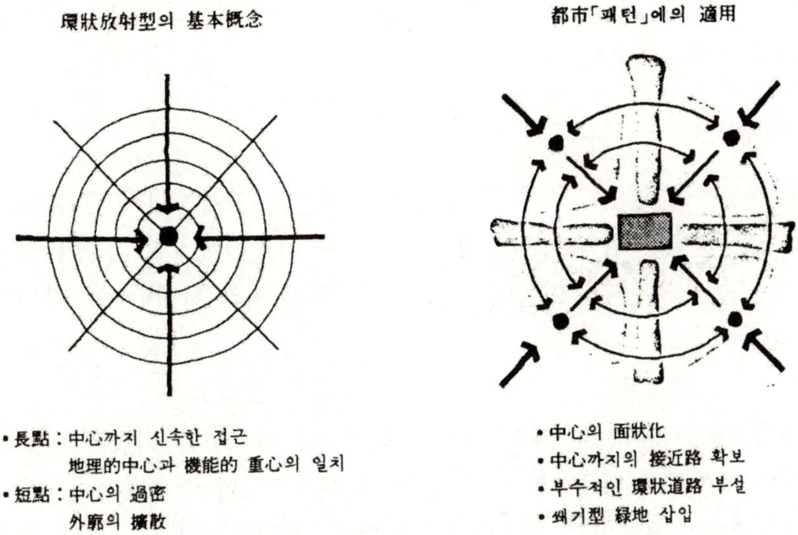

(그림 4-6) 환상방사형 교통체계와 도시 패턴

할될 우려가 있다. 하나의 중심에서 모든 활동이 구심과 원심을 하기 때문에 도시 외곽으로 자라나가는 데에 한계가 있다. 이의 해결을 위한 환상순환도로도 외곽이 과도하게 확산되면 극복할 거리가 멀어져서 기대하는 효과를 거두기 어렵다.

· 중심의 면적이 작으면 방사도로에 의해 구획되는 가구의 형태가 건물의 배치에 불편하게 되어 어색한 도시경관을 만들 우려가 있다.

이와 같은 장단점을 가진 환상방사형을 행정수도의 패턴에 적용하기 위해 다음과 같은 개념을 발전시키도록 한다.

첫째, 중심의 과밀을 해소하기 위해 중심의 면적을 충분히 잡도록 하며, 가급적 격자형에 가까운 도로망을 조성하도록 한다.

둘째, 중심까지의 신속한 접근을 계속 보장하기 위해 전용의 접근로를 마련하도록 하며, 중심을 통과하지 않도록 우회도로망을 배려한다.

셋째, 외곽의 확산에서 오는 폐단을 완화하기 위하여 지형지세를 이용한 쐐기형 녹지대를 조성, 삽입하도록 한다.

넷째, 외곽의 여러 구역끼리의 연결을 강화하기 위해 부수적인 환상도로들을 부설하도록 한다.

다섯째, 중심의 구심적인 상징성을 확보하기 위해 각 방향으로 뻗어가는 도로를 따라 조성되는 도시경관이 획일적이 아니고 다양하도록 토지이용의 유형, 건물의 형태 등에 대한 배려를 하도록 한다.

③ 대상(帶狀)

하나의 교통축은 근간으로 하여 일정한 방향성을 유지하면서 전개되는 패턴이다. 옛 부터 도로 연변에 취락이 형성되어 나타나는 가촌이나, 계곡 등과 같은 지형상의 제약 밑에서 형성되는 취락이 대상도시의 원시적인 예라 하겠다. 이 패턴의 장단점은 다음과 같다.

- · 한 방향으로 길게 전개 되어 있는 지형지세에 한해서만 적합하다는 제약이 있으나 일단 지형지세 내에서는 질서 있는 개발을 도모할 수 있다.
- · 단계별 개발이 용이하나 무한하게 연장되지 않도록 규제할 필요가 있다.
- · 주축을 근간으로 하여 도시 내의 모든 활동이 유기적으로 연결될 수 있으나 주축의 부담이 지나치게 커질 우려가 있다.
- · 중심지가 단일핵이거나 한쪽에 치우쳐 있을 때에는 토지이용과 접근도의 균형이 깨어지기 쉽다.

이와 같은 장단점을 가진 대상 패턴을 행정수도에 적용하기 위해 다음과 같은 개념을 발전시키도록 한다.

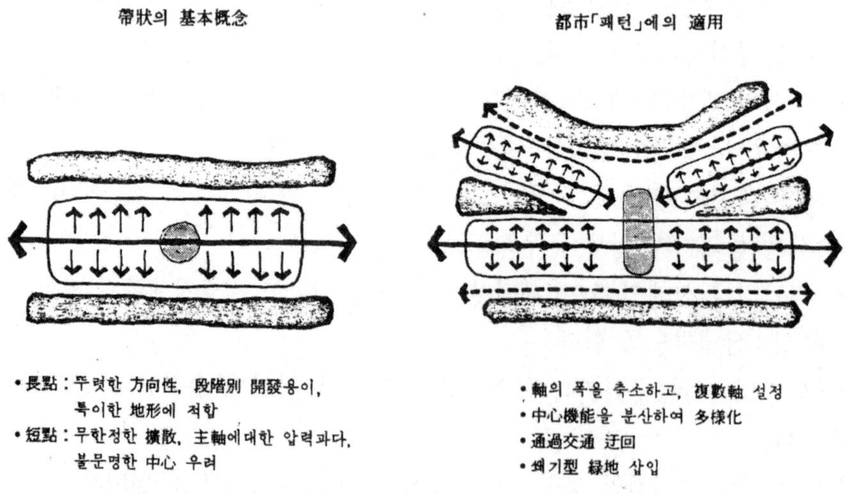

(그림 4-7) 대상 교통체계와 도시 패턴

첫째, 주축과 직교하는 방향으로의 폭이 지나치게 깊지 않도록 하고, 통과교통을 우회시키도록 하며, 축을 복수로 만들면 주축에 대한 부하를 감소시킬 수 있다.

둘째, 중심기능을 분산시켜 작은 규모의 중심들을 도시 내에 적절히 배치하여 단일핵의 결점을 보완하도록 한다.

셋째, 각 지역마다 구별되는 개성을 부여하여 도시환경의 식별성을 높이기 위해 각 지역들이 단계별로 개발될 때 자연히 형성되는 특성을 이용하거나 또는 의도적으로 특성을 부여하도록 한다.

넷째, 복수의 축을 따라 전개되는 시가지간의 연담을 막기 위해서 역시 쐐기형 녹지대를 조성하도록 한다.

3) 토지이용 체계를 위주로 한 유형

① 동심원형

도시는 인간공서의 장소이긴 하나 사람들은 서로 다른 사람에 대하여 우위에 서려고 경쟁을 하며 도시 중에서 가장 유력한 지역에 집중하게 되고, 반작용으로 분산현상이 생긴다. 이러한 생태학적 개념에 입각하여 E. W. Burgess는 도시 내 토지이용 패턴을 5개의 동심원과 외곽지역으로 추상화시키고, 각 지역이 타 지역과 구별되는 분화현상을 통해 각각의 특징을 나타낸다고 보았다.

많은 도시들이 이러한 패턴으로 성립되어 있지만, 각 지역들이 독립하여 존재하는 것이 아니라 밀접한 상호의존의 관계에서 공존한다는 점을 무시해서는 안 되며, 동시에 이 동심원이 곧 바로 물적, 공간적 동심원과 같다고 보는 오류를 범해서도 안 된다. 그리고 어느 도시에나 이 이론이 적용된다고 볼 수 없다는 점도 잊어서는 안 된다. 이 개념은 다분히 기존도시의 토지이용패턴을 경험론적으로 기술하는 데에 효용성이 있어 새로 창출될 신도시의 토지이용 패턴으로는 적용하기 어려운 점이 있으므로, 다음과 같은 특징만을 추출하여 적용시켜 보고자 한다.

제2지구인 도시의 외곽부와 제3지구인 점이지대는 각각 도매, 운수, 경공업 등 도심을 보조하는 기능과 저질의 주거가 차지하는 지대를 가리킨다. 이 지대들은 도심의 기능을 위해 어느 정도 필요한 지역이나 이들이 형성하는 경관이 지저분하고 도심이 성장함에 따라 재개발의 대상이 되기 쉬우므로 행정수도에서는 이 지대에 해당하는 곳을 일단 유보지로 설정하고 운수, 경공업 등은 교통이 편리한 도시 외곽으로 빼도

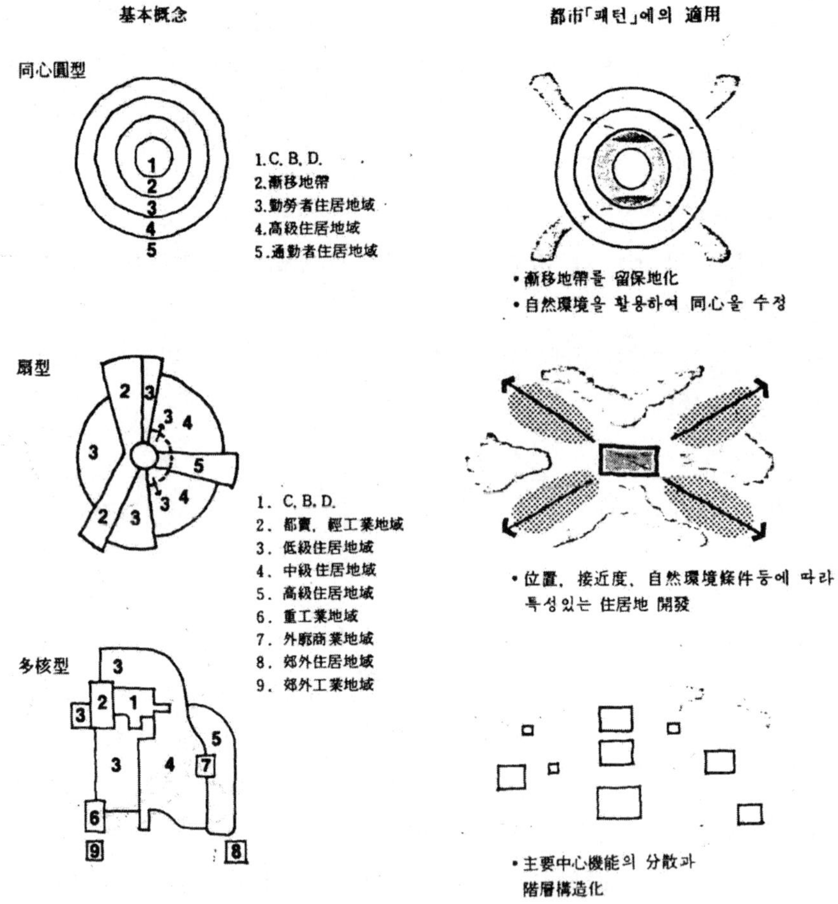

(그림 4-8) 토지이용체계와 도시패턴

록 한다. 그리고 자연 지형지세를 활용하여 동심원의 상당부분을 녹지화하여 모식적인 동심원의 결점을 보완하고 공간구성의 다양화를 기하도록 한다.

② 선형(扇形)

이것은 동심원형 개념을 기본적으로 인정하면서 도시의 토지이용패턴을 더 상세하게 분석한 것이다. 이 패턴은 토지이용의 유형 중 특히 주거지역이 지가에 따라 동심원으로 발전하는 것이 아니라 중심으로부터 부채꼴로 발전 한다는 경험론적 관찰에 입각한 것이다. 행정수도에서는 지가의 형성이 아직 불분명한 상태에 있으므로 나중에 지가를 결정해 줄 수 있는 기준인 위치, 접근도, 자연환경 등의 제 조건에 따라 특성 있는 주거지를 개발하는 방식으로서 적용이 가능하다.

③ 다핵형

도시는 중심상업 업무지구를 중심으로 대개의 활동이 일어나지만 현대와 같이 다양성이 추구되는 도시, 그것도 100만 이상의 대도시에서는 특수한 기능에 따라 별도의 핵을 형성하기 마련이다. 각각의 기능은 활동의 편리, 집적에 의한 이익, 분산에 의한 이익, 지가 등의 요인에 따라 각각 입지가 다르게 마련이며, 주요 중심기능의 분산과 계층구조화를 통해 편익성과 경제성이 보장되는 토지이용패턴이 이루어진다. 따라서 행정수도에서는 행정기능, 업무기능, 상업기능, 위락기능, 편익기능 등을 중심성에 따라 각각 지구로 형성하고, 각 기능별로도 계층구조를 형성하여 도시전역에 걸쳐 모든 기능이 골고루 적절한 위치에 배치되도록 한다.

4) 녹지체계를 위주로 한 유형

녹지체계는 단독으로 존재하는 것이 아니고 교통이나 토지이용의 패턴에 따라서 그 상이 달라질 수 있어 여러 가지 패턴이 있을 수 있으나, 여기에서는 다음과 같은 대표적인 2가지 유형을 중심으로 살펴보기로 한다.

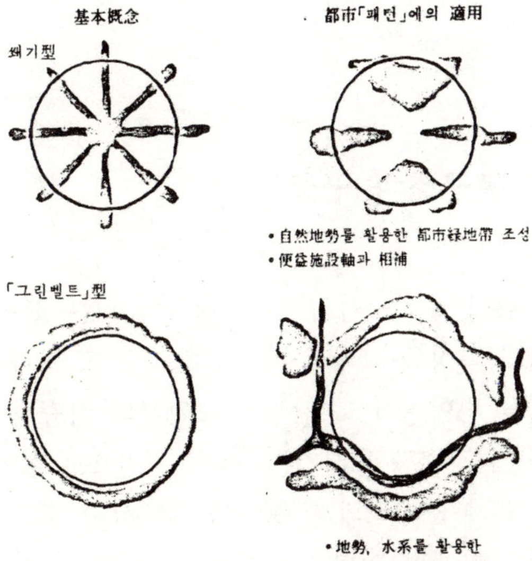

(그림 4-9) 녹지체계와 도시 패턴

① 쐐기형

이 형태는 도시공간을 가로 질러 도시의 중심에서 외곽을 연결하는 쐐기 모양의 녹지 패턴이다. 동심원, 또는 방사환상형의 도시구조상에서 외곽부의 지나친 연담을 방지하기 위해 도시 내의 개발이 어려운 지형지세를 과감히 녹지로 유보함으로써 얻어진다.

이 경우 대부분의 개발은 방사도로를 주축으로 하여 국지적인 대상으로 시가지가 조성된다. 행정수도의 패턴이 지금까지의 논의에 근거하여 개략적으로는 환상방사형이 근간을 이루게 되고 전통적 도읍입지에서의 진산, 안산, 청룡, 백호 등의 산세를 활용할 수 있는 방편을 찾아보면, 이와 같은 쐐기형의 녹지패턴이 유용함을 발견할 수 있다. 그리고 각 쐐기형 녹지마다 그 주변의 토지이용과 교통의 양상을 감안하여 개성있는 기능을 부여할 수도 있다.

② 그린벨트형

도시의 외곽을 녹지로 포위하는 대상의 녹지패턴이다. 이 패턴의 특징은 무엇보다도 도시의 무한정한 확산을 방지할 수 있다는 데에 있어 앞서 살펴본 환상방사형, 격자형 및 대상의 패턴을 보완하는 데에 유용하게 쓸 수 있다. 그러므로 행정수도에서는 쐐기형과 그린벨트형의 복합형태를 구성하여 지세, 수계를 활용한 그린벨트를 조성하는 동시에 내부적으로 연결성이 강화된 광역녹지체계를 구성하도록 할 필요가 있다.

8. 행정수도 도시기본구조의 구상

앞에서 살펴본 바와 같이 도시구성의 가장 핵심이 되는 교통, 토지이용, 조경의 체계에 따른 여러 패턴의 특징을 살펴본 바 그 어느 것도 독자적으로 존립할 수 없으므로 각 패턴의 장점을 받아들이고, 단점을 보완하되 상충점이 없게 조정하여 바람직한 도시패턴을 찾아 행정수도 도시기본구조의 근간으로 삼기로 한다. 그러나 이 패턴은 아직 구체적인 입지가 확정되기 전의 단계에서 사통팔달의 이념, 도읍입지 방법의 전통 및 도시패턴에 관한 이념을 종합하여 상정하여 본 하나의 모식적인 개발구상에 불과한 것으로서 장차 입지가 확정되면 입지의 자연환경, 특히 지형지세의 흐름과 연관시켜 실현 가능한 패턴이 구하여지게 될 것이다.

(1) 도시의 기본적 형태

1) 토지이용체계

토지이용체계는

첫째, 국심과 도심을 수용하는 중심 지구를 도시의 지리적 중심에 배치하고 중심지구의 북쪽에 행정지구, 남쪽에는 중심업무 상업지구를 배치하게 된다.

둘째, 중심지구의 양쪽에 주거지가 조성되는데 지형지세를 살려 모든 주거지가 연담하는 것이 아니라 적절히 대상 또는 선형으로 분절되도록 한다.

셋째, 주요기능별로 중심성에 따라 계층구조화하고 적절히 분산시켜 다핵도시를 구성하도록 한다.

넷째, 중심지구의 중앙에 남북방향으로 중심축을 조성하고, 여기에 대응하는 부축들을 동서방향으로 조성하여 모든 활동을 묶어 주는 골격을 부여하도록 한다.

2) 교통체계

교통체계는

첫째, 전국 4대권과 연결하는 지역 간 도로를 도시의 외곽에서 접속시키고

둘째, 중심지구는 격자형으로, 외곽의 주거지는 환상방사형으로 구성하되, 외곽에서 중심지구까지의 접근로를 확보하도록 하며

셋째, 자동차도로와는 별도로 보행자를 위시한 완속(緩速)교통망을 도시전역에 전개하도록 한다.

3) 조경체계

조경체계는

첫째, 무질서한 도시 확산을 막기 위해 도시 외곽에 그린벨트형 녹지를 도입하며

둘째, 도시내부에는 자연과의 교차영역을 확대하기 위해 쐐기형 녹지를 도시 중심부까지 끌어들여 그린벨트와 더불어 유기적인 오픈스페이스체계를 조성한다.

(2) 도시기본구조의 구상원칙

이러한 기본 형태를 장차 확정된 후보지에 배치할 때 적용하기 위해 다음과 같은 구상원칙을 설정하도록 한다.

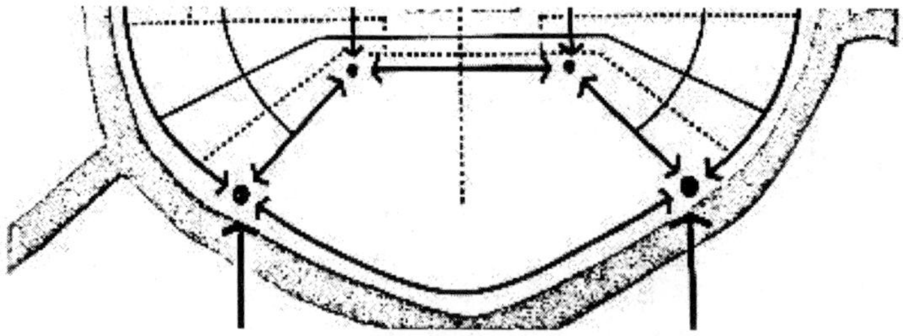

(그림 4-10) 행정수도의 패턴 모식도

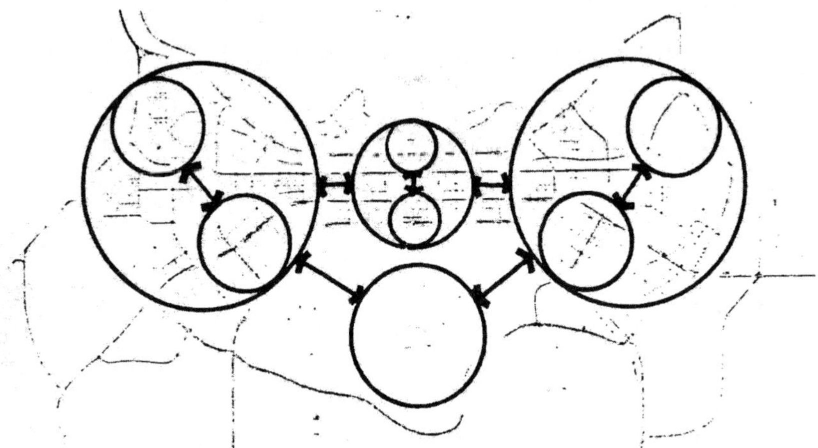

(그림 4-11) 분절과 연계의 도시 기능 배분도

1) 분절과 연계에 의한 합리적 도시기능의 배분

인구, 토지, 교통은 항상 상호 밀접한 관련성을 갖고 있으며, 이 각각의 요소를 떼어 놓고 보더라도 항상 함께 내재하고 있다. 도시 전체를 구성하는 기능들도 이 세 가지의 요소들이 주축이 되어 도시 형태를 나타낸다. 도시기능들끼리도 독립해서 존재할 수는 없으며, 항상 상호의존적이기도 하지만 때로는 서로 배타적이어서 충돌을 일으키기도 한다. 현실세계에서 상당히 복합적이고 뒤섞인 상태에서 끊임없이 변하는 여러 도시의 기능을 계획과정에서 행정, 업무, 상업, 주거 등으로 분절하는 것은 어디까지나 계획의 편의를 위한 조치이지 결코 이것이 궁극적인 목표가 되어서는 안 된다.

도시의 건전한 성장을 유도하기 위해서는 토지이용 유형에 따라서 배치할 때, 그 기능에 따라서 크게는 분절시키되 충돌을 일으키지 않는 범위 내에서 일관성 있게 연계시키는 것이 바람직하다. 행정수도의 규모와 역할로 볼 때 획일적인 기능의 면상배치로 인한 지역의 고립과 확산은 유기적인 도시 활동을 저해한다. 따라서 도시기능의 중요도에 따라 배치할 때, 전체의 짜임새를 고려하여 떼어 놓되, 위계에 따라 연결을 시키고 중첩하여 토지와 시설에 대한 시민의 편익을 높이도록 한다.

이러한 분절과 연계는 도시 전체의 기능배분에만 적용할 뿐 아니라 분절된 각 단위인 행정지구, 주거지, 업무상업지구 내에서도 적용하여 시민의 일상생활에까지 영향을 미치도록 한다.

2) 국심과 도심을 포용하는 도시의 중심 설정

행정수도의 중심지구는 국가중추관리기능이 집중되는 국심과 도시자체의 생명력 유지에 필요한 도시중심기능이 집중되는 도심이 서로 유기적인 관계를 가지고 배치되는 곳이다. 따라서 전국 및 도시전체에 대한 발전의 원심력을 제공하는 동시에 전국을 터전으로 한 구심점이 되는 곳이기도 하다. 중심지구는 그 면적이 모든 중심시설을 수용하기에 충분하고, 도시의 여타지역과 광역은 물론 전국 어디에서나 진입이 용이해야 하며, 국가의 질서를 표현하는 정연성이 뚜렷하게 부각될 수 있는 구역에 배치되어야 한다.

본 계획에서는 개발예정지의 중앙에 중심지구를 조성하도록 한다. 이곳의 지세는 주변의 산세가 진산, 안산, 청룡, 백호 등의 전통적 입지요건을 충족시키고 있을 뿐 아니라 상당히 넓은 개활지를 이루고 있어 격자망을 골격으로 하는 정연한 시가지 조성에 용이한 조건을 갖고 있다. 이 위치는 도시 전체의 지형분포와도 부합되어 도시가 형성될 세 개의 큰 포켓 중에서 중앙에 위치하고 양쪽에 있는 비슷한 크기의 두 포켓에 형성될 균형 잡힌 주거지에 대한 균등한 접근성을 보장하고 있다. 또 중심지구에는 남북방향으로 중심축이 배치되어 이 축을 중심으로 하여 북쪽에는 국심이 남쪽에는 도심이 조성된다. 이와 같이 지리적 중심과 기능적 중심이 중첩되어 이루어지는 행정수도의 중심지구 속에서 다시 국심과 도심이 중심축을 바탕으로 하여 상충점을 극복하면서 유기적인 관계로 배치됨으로써 행정수도의 명실상부한 중심이 되도록 한다.

3) 보행위주의 정주단위 구성으로 주거환경의 질을 고양

중심지구의 양쪽 포켓에 지형지세, 위치, 접근성 등을 감안하여 주거지를 조성하는

데 행정수도에 거주하는 주민 모두에게 균등한 접근성과 편의성이 보장되도록 주거지를 일정한 규모를 가진 정주단위, 즉 생활권으로 분할하고, 여기에 일상생활에 필요한 편익시설을 배치하여 어느 정도 자족성을 부여하도록 한다.

각 정주단위는 다시 편익시설의 전문도, 이용영역 등을 기초로 하여 단계별 생활권으로 분화하여 편의도를 한층 더 높이도록 한다. 편익시설은 많은 사람들이 집산하는 교통의 결절점에 배치하는 것을 원칙으로 하며, 보행도로계통과 연결시키고 불필요한 교통이 주거지내에서 일어나지 않도록 자동차 진입은 정주단위 외곽에서 이루어지도록 한다.

정주단위의 사이에 양쪽 주민들이 같이 이용할 학교, 체육시설, 오픈스페이스 등을 배치하여 주민간의 자발적인 교류와 친목이 이루어지게 한다. 자연지형을 적극 활용하여 정주단위들이 전통적인 동네 분위기를 갖도록 골짜기나 구릉의 양지바른 사면에 주거지를 조성한다.

가로 중에서 특히 보행자도로를 단순한 유통 목적뿐 아니라 생활의 영역으로서 파악하여 이곳에서 교환, 집회, 레크리에이션 등 사회성을 진작하는 활동이 일어나게 한다. 개개의 정주 단위가 외관상으로나 내부구성상으로 다양성을 가질 수 있도록 주거밀도를 조절하고 주거유형에도 변화를 준다. 이러한 조치를 통해 각양각색의 기호, 사회적 배경, 경제적 수준, 그리고 가족구성을 가진 인구가 어울려 일상생활을 영위하도록 유도하여 사회계층간의 위화감을 줄일 수 있도록 한다.

4) 축의 설정으로 도시공간에 질서 부여

축은 일정한 의미를 가진 두 개, 혹은 그 이상의 활동들이 이루는 결절점 사이를 흐르는 힘의 궤적으로서, 마치 식물의 줄기나 동물의 척추처럼 도시 내의 여러 요소들을 묶어줌으로써 도시공간에 뚜렷한 질서를 부여한다. 축은 대개의 경우 가로 등과 같은 물리적 구조를 갖게 되나 본질적인 의미는 오히려 가시적이 아닌 어떤 힘, 또는 활동의 모임이라는 데에 있다.

행정수도에서는 도시 공간 내에 몇 개의 축을 설정하게 되는데 가장 중요한 축은 중심축으로서 중심지구의 중앙을 남북방향으로 관통하면서 배치된다. 이 주변에 배치되는 행정지구의 건물과 문화시설을 엮어주는 실용성도 있지만, 국가의 중심임을 나타내는 상징성이 더 중요한 의미를 갖게 되는 공간이다.

여기에 대응하는 축은 도시 축으로서 도시의 세 포켓, 즉 중심지구와 양쪽의 주거

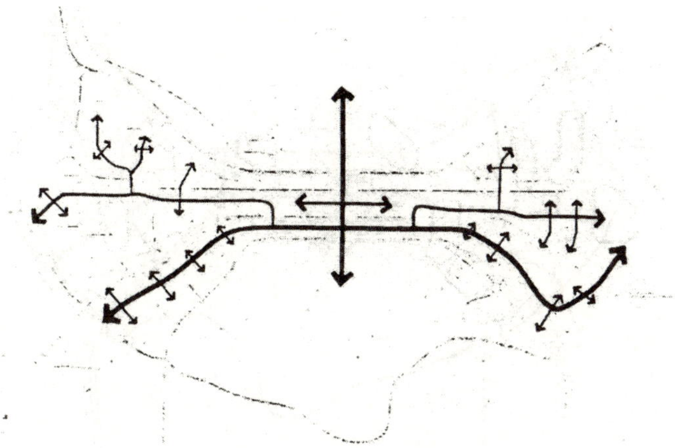

(그림 4-12) 축의 설정도

지를 관통하여 배치된다. 중심지구를 관통하는 구간은 보행자 전용상가가, 주거지를 관통하는 구간은 주거지의 각종 편익시설의 집결대가 각각 형성되어 도시다운 분위기를 조성하는 활성축의 역할을 한다. 이러한 중심축과 도시축의 양 주축을 보완하는 보조축은 중심지구내의 수식가로축과 주거지내의 녹지축이다. 수식가로축은 행정지구의 입법부와 사법부를 연결하는 대상호수로 이루어지는 경관조성이 주목적인 축으로서 중심축과 직교하여 중심지구의 골격을 구성한다. 녹지축은 주거지의 각 생활권마다 도시 축과 직교하여 생활권 중앙에 조성되며, 학교, 공원 등 오픈스페이스의 성격을 갖는 기능이 수용되는 공간이다.

5) 방사환상형과 격자형을 기본으로 도시 내 교통체계화

행정수도의 도시교통을 원활하게 처리하기 위한 도시교통망은 방사환상형과 격자형 패턴을 기본으로 하여 구성한다. 도시 전체의 자동차 교통망은 전국 4대권과 사통팔달하는 지역 간 교통망의 개념을 받아들여 상사형이 먼저 설정되고, 방사도로끼리 연결해주기 위한 환상도로가 남북방향으로 여러 겹 배치된다. 방사도로는 그 기능을 분리하여 시가화구역과 외부자연녹지의 경계부분에 지역 간 교통수요와 도시 내 중장거리 고속교통수요를 담당하는 외곽 고속화도로 및 주거지와 중심 지구를 연결하는 도시 내 교통수요를 담당할 간선도로로 구분한다.

중심거리는 500×500m 이상의 대가구를 형성하는 격자망으로 구성하여 정제된 시가지 개발이 이루어지도록 하고, 주거지의 경우에도 환상방사도로로 구획되는 생활권이 가급적 1×1㎞ 내외의 격자형 대가구를 구성하도록 노선을 조정한다.

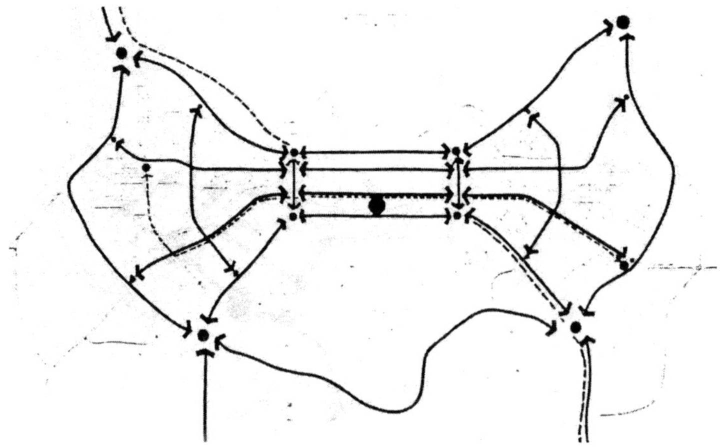

(그림 4-13) 방사환상형과 격자형을 기본으로 한 교통체계도

도시 내의 대중교통수단은 도시전철에 의존하도록 한다. 도시 축과 인접한 동서 간선도로를 따라 노선을 배치하고, 주거지의 일부와 중심 지구를 지나는 구간을 제외하고는 지상, 또는 반지하화하여 비용을 절감하도록 한다. 인구 100만 규모의 도시에서 전철건설의 경제적 타당성은 상세한 검토가 필요하겠으나, 본 계획에서는 교통편익을 통한 시민 복지의 향상, 국민의 미래상을 담을 수도로서의 상징성 및 방호상의 이점을 감안하여 필요한 것으로 전제한다. 보차분리의 원칙하에서 차축교통은 외곽에서 처리하고, 각 가구의 내부를 가급적 보행환경으로 조성한다. 초고속전철은 도시 북동에서 중심지구 남단의 종합역을 지나 남서를 거쳐 빠져나가도록 하여 이용의 편의를 높인다.

6) 오픈스페이스의 체계화로 도시환경의 풍요화

행정수도 내에는 종류, 위치, 크기 등이 제각기 다른 공원, 녹지 등 오픈스페이스 요소들을 충분히 두고, 이들을 유기적으로 묶어 도시외곽의 자연과 접속시키는 오픈스페이스체계를 형성하여 도시와 자연의 환경조화를 꾀한다.

오픈스페이스는 여러 구성요소인 공원, 가로, 산, 구릉, 하천, 체육위락시설 등이 하나의 커다란 체계 속에 수용되어 서로 연계될 때 상승효과를 얻을 수 있으며, 각각에 대한 접근성과 효율이 극대화된다.

체계화된 오픈스페이스는 시민생활과 더 밀착되고, 인공과 자연환경과 조화시킬 수 있을 뿐 아니라 도시개발형태의 조절, 창조적 생활환경의 연출, 수도로서의 이미지

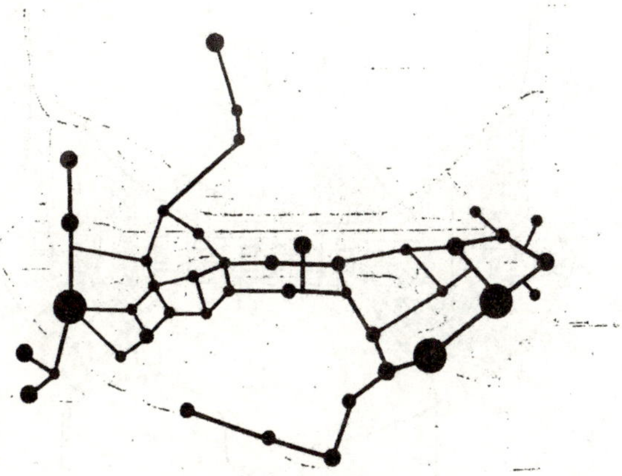

(그림 4-14) 오픈스페이스 체계도

제고 등과 같은 복합적인 목적을 달성할 수 있게 된다. 이러한 장점을 가진 오픈스페이스체계가 이루어지도록 행정수도 안팎에 존재하고 있는 중요한 자연환경요소를 하나하나가 개성이 강한 경관효과를 갖도록 개발하면서 전체적으로 기능적 일체성을 갖도록 조직한다.

도시의 중앙 남단에 있는 산을 핵으로 하여 양 주거지에서 쉽게 접근하여 이용할 수 있는 문화, 위락공간을 조성하고, 강이 이를 둘러쌈으로써 자연성을 강조하도록 한다. 도시개발지역위에 도시녹지대를 중첩시켜 도시환경의 정형성을 완화시키면서 각 생활권의 개성을 부각시키도록 한다. 주거지 내부에는 각양각색의 시민이 일상생활에서 활용할 수 있는 각종 공원을 도시녹지대, 편익시설 축과 관련시켜 적절히 배치하고, 보행에 의한 접근로를 확보하여 풍요한 일상생활이 되도록 한다.

7) 도시전역에 광역보행교통망 형성

보행교통은 원초적이고 종국적인 교통수단으로 상황에 따라 시시각각으로 적절하게 대처할 수 있는 융통성을 가지고 있다. 걷는다는 것 자체가 인간의 본능이며, 인간 활동을 유발시키는 원천이기도 하다. 교통망구성에 있어 자동차교통 외에 보행교통망을 따로 구성하여 시민생활의 질적 향상은 물론 도시생활의 안전성과 접근성을 높인다.

이 보행교통망은 도시전역에 걸쳐 배치되는데, 각 구간의 성격과 형태를 주변의 상황과 적절히 조정하여 다양한 보행환경을 조성하게 된다. 중심지구에서는 가구의 중앙을 지나가게 된다. 동서방향은 보행자 전용상가처럼 다양한 기능과 연관을 가지도

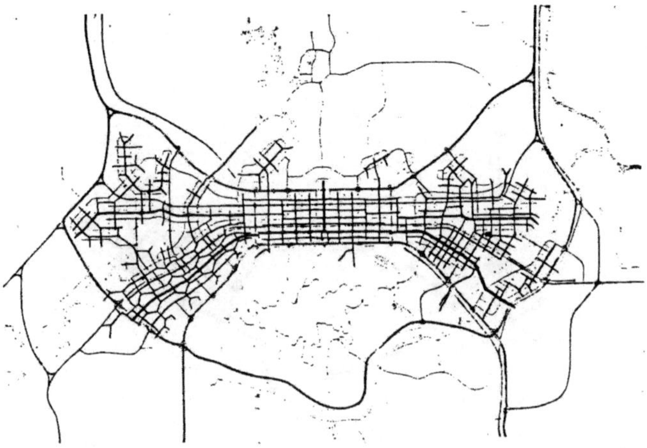

(그림 4-15) 광역 보행교통망

록 하고 인공적이며 도시풍의 가로경관을 갖도록 한다. 남북방향은 수목을 많이 식재하여 한적한 환상공원이 되도록 한다.

주거지에서도 동서방향은 편익시설대를 따라가는 도시풍의 보행자 도로가 연결되고, 남북방향은 녹지축을 따라가는 자연스러운 보행자도로가 조성된다. 이와 같은 간선 보행자도로를 중심으로 하여 주거지의 가가호호마다 연결되는 골목길, 공원 내의 유보로, 도시녹지대를 따라가는 녹도, 주변의 산과 강변에 조성된 경관도로 등이 유기적으로 연결되어 광역보행자도로망을 형성하게 된다. 보행자도로는 자전거, 모페드 등의 완속 교통망과 상호보완 할 수 있도록 한다.

8) 도시시설과 편익시설의 계층구조화로 편의도 증대

행정수도에 유치되는 각종 도시시설은 시설의 성격, 규모, 중심성에 따라서 계층구조화하여 토지이용, 교통, 오픈스페이스 체계에 따라 통합하거나 분리하여 배치함으로써, 시설운영자의 입장에서는 경제성이, 이용자의 입장에서는 편의성이 보장되도록 한다.

업무상업시설은 중심지구의 업무상업지구와 도시 동서 양쪽에 한 지역씩 조성되는 부도심일대에 집중시켜서 집적의 효용을 높이도록 한다. 특히 부도심에 비교적 중심성이 낮은 도심기능을 분산시켜 도심의 과밀을 예방하는 동시에 광역중심기능을 수용할 수 있고, 동서 양 주거지의 지역중심지로서의 역할을 수행하는 실질적인 효용성을 지니게 된다. 더불어 도시공간구조상의 취약지역이 되기 쉬운 도시의 외곽지역을 활성화한다는 상징적 효용성도 갖게 된다.

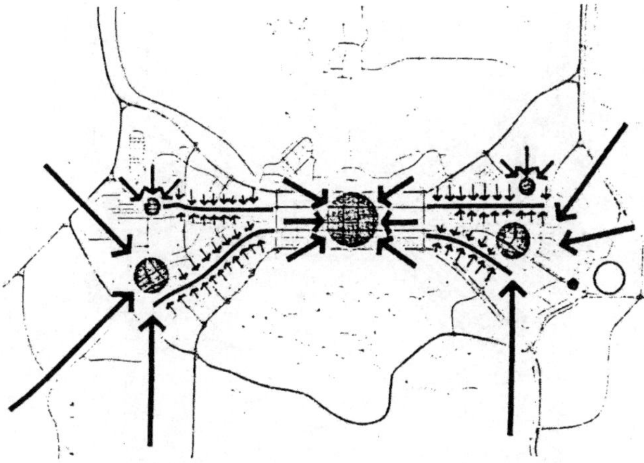

(그림 4-16) 편익시설의 단계구조도

주거지의 서비스를 위한 생활편익시설은 도시축의 방향을 따라서 도시전철역, 버스 정류장, 보행자도로 등과 연관 배치하여 접근의 편의도를 높이도록 한다.

특히 자연환경과의 접촉을 유발하고, 도시 레크레이션활동을 위하여 오픈스페이스 체계에 의한 공원 및 운동시설 등을 요소에 분산 배치함으로써 2,000년대에 예상되는 주민들이 건전한 도시생활을 누릴 수 있도록 한다. 도시생활에 소요되는 생필품의 적정공급을 위해 전국 화물교통과 연결성이 좋은 행정수도의 동단에 유통시설을 집중시키고, 막대한 수송량을 감당하기 위하여 별도의 교통체계를 구성한다. 따라서 시설의 계층구조화는 주민의 입장에서 볼 때 시설이용의 선택가능성이 높아지며 도시의 입장에서는 지역구분에 따른 도시의 활력과 매력을 증진시키는 의미를 갖는다.

9) 도시의 성장과 변화를 효율적으로 수용

한 나라의 중추관리기능을 담는 행정수도는 국민생활의 초점이며 국가의 장구한 이상의 표현이므로 그 구조나 이미지가 쉽게 변화하지 않을 것이다. 그러나 행정수도도 하나의 정주체계인 이상 끊임없는 성장과 변화에 효율적으로 대처해야만 도시로서의 활력과 생명력을 유지할 수 있다.

신도시인 행정수도는 하루아침에 완성된 모습으로 나타나지 않으며 목표연도에 달했다고 해서 그 형태나 내용이 완결되어 그 후에는 정체해 있을 것도 아니다. 그러므로 어떤 완성된 모습을 가상하고 그 전단계의 도시는 마치 케이크를 여러 조각으로 나누듯 배분하는 것은 바람직하지 않다.

도시의 기본구조가 개발의 각 시점에서 그 나름대로 최소한의 기능을 충족시켜야

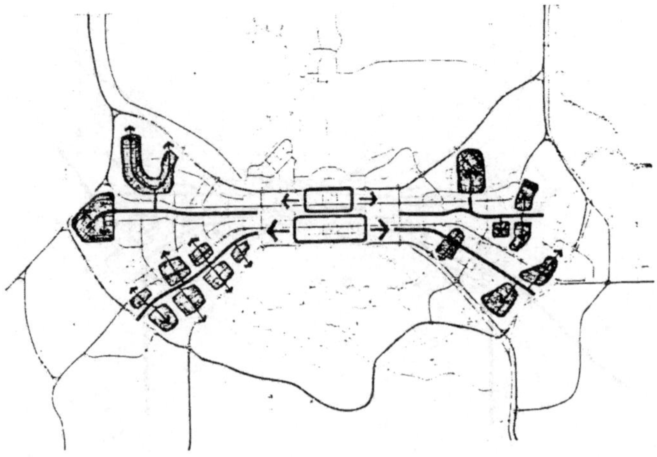

(그림 4-17) 성장과 변화를 위한 도시 구조도

함은 물론 그 다음의 개발에 지장이 되지 않도록 구성되어야 한다. 이를 위해 먼저 도시 내의 여러 축을 활용하여, 각각 성장과 변화의 속도, 원인, 양태 등이 다른 도시 내의 여러 기능들이 각각 독자적인 성장과 변화를 하면서 서로간의 유기적 관계는 계속 유지되게 한다. 그리고 도시를 분절화하여 개발을 하며, 그 단위는 인구나 시설의 규모가 어느 정도 자족성을 가질 수 있도록 한다.

또 미래의 수요에 대비하여 중심지구, 부도심, 외곽부 등지에 충분한 유보지를 설정하고, 그 위치, 면적 및 유보중 잠근(暫近) 용도에 대해 분명한 지침을 부여하도록 한다. 아울러 부도심을 형성하여 도시규모의 팽창으로 중심지구가 감당하기 어려운 경제활동을 흡수하여 과도한 중심 집중을 예방하도록 하여, 행정수도 배후지의 대폭 확장에 대처하도록 한다.

9. 토지이용체계

토지이용계획은 도시 내의 한정된 토지 공간 내에서 일어나고 있는 다양한 도시 활동이 필요로 하는 토지 및 시설의 양과 질을 파악하고, 이를 합리적으로 배분, 조합, 분리시킴으로써 도시 활동의 원활한 움직임과 생활환경수준을 유지하는데 그 목적이 있다.

행정수도는 확충이나 변경에 의한 기존의 도시개조가 아니고, 거의 인공구조물이 없고 자연 상태에 가까운 토지 위에 건설되는 신도시의 개발방식인 만큼 합리적인 토지이용 계획수립의 중요성은 크다. 여기에서 제시되는 것은 상세하고 집행 상 구속력이 있는 지역 및 지구제(zoning)의 설정이 아니며, 도시기본구조의 구상이라는 계획의 범위 안에서 대표적인 토지이용 유형에 대하여 행정수도 가상 후보지에 대하여 실험적으로 적용해 보는 구상이다. 따라서 여기서는 개발범역 내의 제한된 토지를 각각 얼마나 사용할 것(수요추정)이며, 어디에 배치될 것(입지기준)인가를 밝히고, 각 유형들 간의 상관도(조합 및 분리)를 규정지어 주는 도시기본구조의 대강을 밝히게 된다.

(1) 기본방향

1) 토지이용 유형간의 분절

남북방향보다 동서방향으로 긴 지형지세를 활용하기위해 중앙의 중심기능(국심 및 도심)을 기준으로하여 양편에 주거기능을 펼쳐놓는 동심원 및 선형의 도시'패턴'을 채택하였다. 이 '패턴'에 맞추어 교통체계와 더불어 토지이용의 전개는 지형상의 특성을 고려하여 동서방향으로 긴 두 개의 대상'패턴'을 중첩시켜 도시의 성장과 단계별 개발을 신축성있게 수용할 수가 있다. 따라서 지형지세의 특징을 잘 활용하면 토지이용유형간의 분리와 결합을 용이하게 해결할 수 있는 장점이 있다.

① 중심기능

좌우로 펼쳐진 선형상의 중앙에 중심기능을 배치하여 기능적 중심과 지리적 중심을 일치시킨다. 이 중심기능은 행정수도로 이전해 오는 국가중추기능, 외교기능 및 여기에 1차적으로 관련이 있고 전국 및 외국을 대상으로 하는 대규모의 공·사 업무기능으로 구성되는 "국심"과 일반적인 업무, 상업기능 중 전문도가 높고 지역이용에 집약적 성질을 가지며, 고도의 접근용이성을 요하는 "도심"으로 이루어진다.

국심과 도심기능은 분리하되 중심지 내에서 공간적으로 엇물리게 연접시켜 배치함으로써, 기능 상호 간의 교류와 보완이 최대한 이루어지도록 한다. 이곳이 가진 접근성의 이점을 최대한 활용하여 초고속전철과 지하철, 공원, 도로, '쇼핑 몰' 등 중심지 기반시설의 이용도를 높일 수 있도록 충분한 이용인구를 확보한다.

② 부도심기능

업무, 상업, 행정기능 중에서 성격상 중심지에 배치할 필요가 없거나 불가능한 기

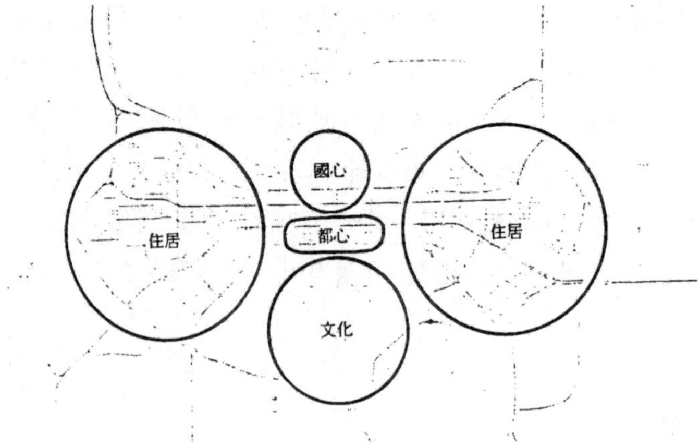

(그림 4-18) 토지이용의 유형간 분절 개념도

능을 행정수도의 동서 양 주거지 중심부에 배치된 부도심에 흡수함으로써 중심지의 기능을 보완하고 자칫 주거지역이 갖기 쉬운 단조로움과 도시성의 결핍을 배제한다. 여기에는 행정수도 배후지에 대한 지역중심기능도 같이 수용하도록 한다.

③ 일상생활 주거편익기능

도심, 부도심 이외에도 시민의 이용거리와 상권의 크기, 그리고 이용인구 규모에 따라 편익 시설축을 설정하고, 계층별로 상업, 업무 및 편익시설을 집중 배치한다. 도심과 부도심까지의 거리에 따라 중요지점에 지역중심(상업결절)을 형성하고 이곳은 주거 '서비스'에 연관된 업종을 위주로 하여 배치한다.

④ 주거기능

주거기능은 중심지구의 양쪽에 있는 지역과 중심지의 일부지역, 그리고 외곽의 계곡과 산록에 배치한다. 전체적으로는 동서방향으로 길게 분포시키되, 이를 다시 깊이에 따라 2개의 대상으로 나누어 중심지와 연결시킨다.

도시 내에서의 위치와 주교통수단의 분포, 지형조건에 따라 시내 및 외곽주거지로 대별하되 지구에 따라 다양한 주거환경을 조성하여 주민의 선호도에 따른 주거지 선택의 폭을 넓힌다.

⑤ '오픈스페이스' 기능

후보지 내의 강력한 경관요소인 남강, 종남산, 중학천등을 활용하고, 경사지, 구릉, 하천 등 일반적인 경관요소를 보존한다. 주거지와 중심지에 각급의 도시공원을 골고루 배치하고, 이들을 연결시키는 환상 및 방사상의 도시녹지대를 형성하여 도시경관을 순화하도록 한다.

2) 토지이용 유형간의 연계

토지이용계획의 중심과제중의 하나는 양립할 수 있는 활동끼리는 가급적 한데 모으고, 그렇지 않은 경우는 서로 분리시키는 것이 기본적인 과제이다. 흔히 범하는 토지이용계획상의 오류는 토지이용계획과 지역 및 지구제를 같은 것으로 착각하고 지도상의 색깔에 의한 모식적인 용도구분을 현실에 그대로 적용하고자 하는 것이다.

복합적이고 혼재된 여러 도시활동을 지나치게 분리시키면 이용에 불편을 가져올 뿐 아니라 불필요한 교통량을 증대시키고, 획일적인 도시경관을 이루게 되어 도시다운 활성을 저하시키게 된다. 한편 지나친 혼재는 환경의 질적 저하와 교통 혼란 등으로 무질서한 토지이용'패턴'을 형성하게 되어 바람직하지 못하다. 따라서 행정수도의 토지이용계획에서는 이른바 "조직된 복잡성"이 도시의 요체인 것에 유의하여 기능을 크게는 분리하되, 마찰이 없는 한도 내에서 기능간의 혼재를 허용하고 결합시키도록 한다.

이것의 구체적인 방안은 다음과 같다.

① 동서방향의 도시축 활용 : 동서방향으로 긴 '패턴'에서 중앙의 중심기능은 자칫하면 행정수도를 중앙지구, 동시, 서시의 세 도시로 분할해 버릴 가능성이 있다. 따라서 이를 해결하기 위해 격자 및 방사형의 중심지구와 양 주거지에 동서방향으로 2개의 대상 도시축을 설정하고 그중 주축과 연관하여 도시전철을 배치하며, 역 주변은 편익시설을 집중시키도록 한다.

② 혼합토지이용(mixed land use)의 허용 : 도심, 부도심, 전철역 주변과 편익 시설 축에는 업무와 상업이 혼재함은 물론 주거와 '주거용 호텔(residential hotel)'을 허용하여 도시 시설의 이용도를 높이고 경관의 다양성을 유도한다.

③ '오픈스페이스'의 활용 : '오픈스페이스' 중에서 특히 도시를 엮어주는 녹지대는 인접한 정주단위 사이의 경계를 짓고, 분리하는 역할도 하면서 많은 사람들이 모일 수 있는 체육, 오락시설을 포함하여 정주단위간의 결합을 촉진시킨다.

④ 교차(interface)영역개념의 도입 : 한 토지이용 유형과 다른 토지이용 유형이

공간적으로 연접할 때 그 경계를 칼로 자른 듯 분명하게 구획하지 않고, 양쪽의 활동이 교류하며 하나의 유형에서 다른 유형으로 부드럽게 전환, 천이시켜 주는 상호영역의 개념에 의하여 계획한다.

3) 기능별, 위치별 밀도의 조정

토지를 필요로 하는 모든 활동은 밀도(density), 즉 단위토지면적에 대한 활동의 강도와 필연적인 관계를 가지기 마련이다. 밀도는 도시공간구조에 영향을 미치고 시민생활의 질과도 밀접한 연관을 맺고 있다.

행정수도에서는 토지이용유형에 관계없이 도시 전 지역에 같은 밀도를 획일적으로 적용하거나, 또는 동일한 도시이용유형에 관해 도시 내의 위치에 관계없이 한 가지 밀도를 적용하는 것이 아니고, 기능 및 위치별로 다른 밀도를 적용하여 보다 현실에 바탕을 둔 밀도계획을 세우도록 한다.

도시 전체에 대한 밀도수준을 저밀도보다는 중밀도 이상으로 정해 토지 이용률을 높이고 자원절약의 지향, 도시성 고양등과 같은 효과를 얻도록 한다. 이를 위한 기본적인 방안은 다음과 같다.

① 주거지 : 각 도시 축에서 출발하여 남북방향으로 멀어질수록 고밀(200인/ha)→중밀(150인/ha)→저밀(100인/ha)의 순으로 밀도경사를 부여한다.

② 중심지구 : 적정 건축 밀도를 도입하여 토지집약적인 중심기능의 수용, 도시성의 강조, '오픈스페이스' 확보 등의 효과를 얻는다. 또 도심주거기능을 받아 들여 토지 및 시설 이용률을 높이고, 야간인구의 확보와 도시성(urbanity)의 강화를 도모한다.

4) 유보지의 설정

2,000년대의 행정수도에 있어서 토지 및 건물의 공간수요는 현재보다도 양적인 면에서 상당한 증가가 이루어질 것으로 예상되며, 공간배치의 '패턴'과 질적인 확대가 요청될 것이므로, 일정한 토지를 유보지로 설정하여 장래의 변화에 대처하도록 한다.

특히 중심지구의 경우 행정, 업무, 상업기능은 기술이 발달될수록 기능의 분화가 더욱 심화될 것으로 여겨져 이에 대응하여 무리 없는 도시중심기능을 수행하도록 한다. 이를 위한 구체적 방안은 다음과 같다.

① 행정기능 : 일단 가구가 조성되고 건물이 들어서면 없어지거나 이전하기가 상당히 어려운 속성을 가지고 있으므로 대단위 가구를 유보지로 확보하는 것이 바람직하다. 따라서 중심지구 북부의 행정지구 주변에 500×500m 가구 2개와 중앙청 북측에 있는 토지를 유보하도록 하며, 묘목원, 주차장 등과 같은 소극적인 임시 용도로 활용하도록 한다.

② 업무상업기능 : 기능의 침입, 계승이 빈번하게 일어나는 변화성이 속성이고 토지경제원칙에 지배되므로 가구 내에서 용도와 밀도를 고도화하는 재개발이 빈번히 일어난다. 이러한 관점에서 업무상업지구는 처음부터 상당히 고밀로 충전해 가면서 각 가구마다의 유보지는 지상주차장등으로 활용하다가 차후 지하화하는 동시에 그 공간을 활용하도록 한다.

중심지구의 외곽지역에 있는 비교적 기복이 심한 토지를 대규모로 유보하여 동심원 이론에서 발생하는 외곽지역 및 점이지대의 발생을 예방하는 동시에, 추후 재개발 없이 성장에 대비할 수 있는 여지를 미리 조성해 둔다.

③ 주거지역 : 표고 70~100m, 경사도 15~25° 등과 같이 상당한 보완을 함으로써 개발이 허용될 가능성 지역을 각 가구마다 유보지로 설정한다. 편익시설의 효율을 감안하여 저밀도 산재방식을 지양하고 적정밀도 집약방식으로 가구 하나하나를 충전하면서 개발하도록 한다.

④ 미지정 일반 유보지 : 중심지구의 동단과 서단에 있는 구릉지를 2000년대까지 최종적인 용도가 미지정된 일반 유보지로 설정하도록 하며, 장차 중심지구의 공간구조가 구체화될 때 주거지로 활용할 수 있다.

(2) 주요기능의 도시공간상 배치

1) 토지 및 시설의 총량 수요

도시공간상에 행정수도의 기능을 배치하자면 토지와 시설의 수요에 대한 추정작업이 선행되어야 한다. 토지 및 시설의 수요추정은 장차 일어날 도시활동을 수용하는데 필요한 토지와 건물 등 시설의 규모와 기능을 시계열별로 파악하는 작업으로서 토지이용 계획의 실마리가 된다.

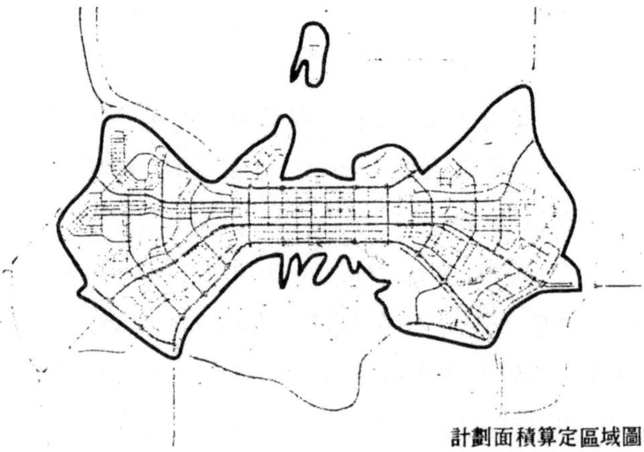

(그림 4-19) 계획면적 산정구역도

① 추정방법

각 기능별로 수요추정의 기준이 될 부담인구의 규모와 시설별 원단위를 설정하여 시설 규모를 추정하고, 적절히 설정된 밀도 기준에 의해 토지면적으로 환산한다.

· 행정기능의 경우 현재 행정관서의 조직과 규모를 기준으로 하여 이전대상관서를 수용할 시설 및 토지수요를 추정하는데, 정부기능의 다양화와 외교기능의 다변화를 감안하여 상당한 유보지를 마련하도록 한다.
· 대기업, 국영기업 등의 본점 등을 수용하는 전용업무기능은 인구추정에 의거하여 업무관계 취업자 인구의 규모에 따라 추정하되, 장차 기업의 국제화에 대비하여 충분한 유보지를 설정하도록 한다.
· 도심의 중심 업무상업 기능은 주간인구인 100만 정도를 부담인구로 보고 추정한다.
· 주거기능은 야간인구인 100만 정도를 부담인구로 보고 추정한다.
· 편익시설 및 기타 기능은 각각의 이용인구를 기준으로 하여 추정한다.
· 각 시설별 원단위는 현재 서울의 시설 현황과 일본 및 구미의 신도시계획 예를 참조하여 설정하였는바, 경제성장에 따른 시설의 대형화 추세를 감안하여 충분한 여유를 두도록 한다.

② 총괄적인 토지 및 시설의 수요

도시 전체, 중심지구별로 추정하고, 중심지구 도시 전 체의 배분도를 총괄하면 다음과 같다.

〈표 4-1〉 토지 및 시설의 총수요

구 분	도시전체			중심지구			중심지구/도시전체 구성비		
	취업인구 (천인)	건축연면적 (ha)	부지면적 (ha)	취업인구 (천인)	건축연면적 (ha)	부지면적 (ha)	취업인구 (천인)	건축연면적 (ha)	부지면적 (ha)
행정	41.3	100.0	550.0	36.1	80.0	260.0	87	80	47
업무상업	266.2	650.0	400.0	163.1	375.0	300.0	61	58	75
주거	–	2,700.0	4,400.0	–	–	–	–	–	–
공공	36.0	280.0	2,400.0	7.4	20.0	160.0	21	7	6.5
기타	57.3	250.0	400.0	1.0	5.0	10.0	2	2	2.5
유보지	–	–	450.0	–	–	390.0	–	–	85
계	400.8	3,980.0	8,600.0	207.6	480.0	1,120.0	50	12	13

주 : ① 공원면적은 공공에 포함되었음.
② 기타면적은 유통, 공급처리, 경공업 등의 부지면적임.

2) 행정기능

① 입지

· 국가중추관리기능, 즉 중앙청을 포함한 1차 및 2차관서, 직속관서 그리고 대법원과 국회는 중심지의 북반부인 국심에 배치하되, 중심축을 중심으로 좌우에 배치한다. 대민접촉이 많은 관서를 도심에 가까운 남단에 배치하여 기능간의 연결편의를 도모한다.

· 대통령관저지구는 국심의 최상단에 따로 배치하여 국심과 연결성 및 분리성을 만족하도록 한다.

· 국회와 대법원 및 부대관서는 국심의 동단과 서단에 각각 구릉을 배경으로 배치하여 삼부의 균제와 형평을 상징하도록 한다.

· 주한 외교사절의 외교기능도 역시 국심 내에 배치하되 대민접근이 편리하고, 수교국이 늘어나 외교활동이 강화될 2,000년대의 수도 기능에도 대비하도록 한다.

· 국방, 정보관계관서는 성격상 적정 위치에 별도로 배치한다.

· 시청을 비롯한 지방행정기능은 국심과 도심의 연결지점, 즉 중심축과 도시축이 교차하는 지점에 배치하여 상위성, 편익성을 모두 충족시킨다.

② 토지 및 시설의 면적배분

행정기능은 대부분이 국심에 배치되는 것으로 보고, 이 지역에 수용할 토지 및 시설수요를 요약하면 다음과 같다.

여기에서 대통령 관저, 국회, 대법원, 외교공관 등 수요추정이 어려운 기능을 무리없이 수용하고 장차 행정기능의 질적 분화와 양적 성장에 신축성 있게 대처하기 위해 국심 주변에는 충분한 유보지를 확보하도록 한다.

〈표 4-2〉 행정기능의 토지 및 시설수요(중심지구)

구 분	취업인구(천인)	건축연면적(ha)	용적률(%)	부지면적(ha)
행정부	32.6	70.0	40	175
1차관서	(18.8)	(36.5)	30	(120)
2차관서	(11.7)	(27.5)	65	(40)
직속기관	(2.1)	(6.0)	40	(15)
입법부	–	–	–	25
사법부	1.1	2.2	10	25
지방행정관서	2.4	6.0	60	10
기타	–	–	–	25
유보지	–	–	–	140
계	36.1	78.2	20	400

주 : ① 대통령 관저지구 및 국방안보기관은 포함되지 않았음.
② 기타 면적은 주로 외국공관의 토지수요임.

3) 업무 · 상업기능

행정기능도 광의의 업무기능이기는 하나, 여기서는 국영기업 및 민간부문의 업무기능을 의미한다.

상업기능은 업무기능과 따로 떼어서 생각할 수 없는 것이므로 업종의 성격에 따라 지역중심성이 높은 것으로부터 중심지에 배치하되, 근린상가에 이르기 까지 이를 계층구조화 한다.

① 입지

· 국영기업의 본사 및 대규모 민간기업의 본사, 금융기업의 본점, 전국관할 법정단체의 본부등과 같은 전국 및 외국상대의 업무기능은 도심의 상단에 국심과 연접시켜 전용 업무지구에 배치한다.

· 소규모 업무기능 및 법률, 세무, 부동산과 같은 소수단위의 전문 업무 등은 도심의 상업지구, 부도심, 지구중심지에 분산하여 수용한다.

· 중심지구에서 부도심, 지구중심지로 내려갈수록 중심성이 낮고 국지성이 강한 기

능을 배치한다.

· 상업기능은 중심성, 전문성, 이용권에 따라 상위인 것을 도심의 상업 지구에 배치하고, 하위로 내려갈수록 부도심, 지구중심, 전철주변의 상업 결절지, 근린상가의 순으로 배치한다.

· 일상생활에 필요한 근린형 상업기능은 이용의 편의를 위해 편익시설 축을 따라 주민의 보행권내에 배치한다. 따라서 이것은 이용거리와 이용인구의 위계에 따라 구성된 생활권의 계층구조와 연관시킨다.

② 토지 및 시설의 면적배분

업무기능은 중심지구, 부도심, 지구중심지 및 기타지역에 대하여 각각 분산시켜 기능 및 시설의 과밀과소를 막도록 한다. 도심의 상업기능은 현재 서울의 예와 외국의 신도시계획의 지표를 참고하여 행정 및 업무종사자의 인구가 유발하는 상업취업인구의 규모를 상정하고, 여기에 상업취업자 1인당 소요되는 시설면적의 기준치를 적용하여 추정한다. 기타 상업시설은 부도심과 지구중심지에 배분할 때 이들이 가지는 상권의 크기와 이용인구의 규모에 의해 각각의 규모를 산정한다.

〈표 4-3〉 업무·상업기능의 토지 및 시설수요

구 분	취업인구(천인)	건축연면적(ha)	용적률(%)	부지면적(ha)
업무기능	200.9	404.0	180	220.0
국영기업	55.6	118.2	300	40.0
금융보험업	17.7	48.0	150	31.0
민간대기업	74.1	148.2	160	90.0
조합	5.0	10.0	150	6.5
단체	5.0	10.0	150	6.5
전문「서비스」	43.5	69.6	150	46.0
상업기능	65.3	245.5	130	175.0
일반점포	24.0	103.8	150	70.0
집합판매	1.3	6.8	150	5.0
음식점	19.2	58.4	150	38.0
숙박업	5.2	31.5	100	32.0
「서비스」업	13.8	28.5	150	19.0
오락	1.8	16.5	150	11.0
계	266.2	649.5	165	395.0

4) 주거기능

행정수도의 주거지는 도시 축으로 부터의 위치와 지형조건에 따라 구분하여 계획한다.

① 입지

· 주종을 이루는 시내형주거지는 도시전철역으로부터 800m 전후의 보행권내에 구성된다.
· 외곽형주거지는 도시를 동서로 횡단하는 외곽고속화도로 아래의 계곡과 구릉지일대에 생긴다.
· 이밖에도 도심, 부도심 내에서는 혼합용도로서 약간의 도심 주거군이 있고, 외곽고속화 도로 바깥으로 수개의 저밀 주거지가 있다.

② 토지 및 시설의 면적배분

주거지의 성격에 따라 주거 밀도 및 주거 형을 달리하여 배치하고, 그 내용은 다음과 같다.

〈표 4-4〉 주거지역의 토지면적

구 분	인구(천인)	세대(천)	주거지면적(ha)	밀도(인/ha)
시내평지형	145	40	600	240
시내구릉형	315	90	1,400	225
시내계곡형	40	10	180	220
외곽평지형	185	55	1,200	155
외곽구릉형	36	10	1,000	180
외곽계곡형	144	40	20	180
기 타	85	25	20	425
계	950	270	4,400	215

주 : 주거지면적은 도로, 편익시설, 「오픈 스페이스」가 포함됨.

5) 공공기능

① 입지

· 행정수도의 효율적인 기능을 보장하고 시민에게 편리, 보건, 쾌적, 안전을 제공하는 공공'서비스'기능으로서 교육, 문화, 종교, 의료, 복지, 체육, 공원 등이 있다.

이들 시설의 규모 및 전문성에 따라 계층 구조화하여 상위시설은 중심 지구에 배치하고, 하위시설은 이용인구와 거리에 따라 주거지에 배치한다.

· 각각의 시설은 상업시설의 계층구조와 밀접하게 연관시켜서 배치하여 활동의 다양성과 이용의 효율성을 높이도록 한다.

② 토지 및 시설의 면적배분

공공시설은 같은 성격의 시설을 한곳에 집적시키는 것보다 분산시켜 배치하는 것이 이용효율이 높으므로, 중심지보다는 도시전역에 걸쳐 다른 기능과 연관시키면서 배분하도록 한다.

〈표 4-5〉 공공기능의 토지 및 시설요율

구 분	이용인구(백만인)	건축연면적(ha)	용적률(%)	부지면적(ha)
문 화	1.25	133.0	20	575.0
후생복지	1.00	111.0	30	420.0
공 원	1.25	32.0	–	2,120.0
도시녹지대	1.25	–	–	1,240.0
계	–	276.0	6	4,355.0

주 : ① 공공시설면적은 주거지내 편익시설면적을 포함함.
② 공원면적은 주거지내 공원까지 포함함.

6) 기타

· 유통기능은 행정수도에서 소비되는 모든 상품의 보관, 조립, 가공, 환적을 위한 시설의 집적지로써 약 200ha 규모의 대단위 유통지구를 도시의 동단에 배치하되, 도시전철, 교외전철과 지역 간 고속도로 및 주간선도로와 직접 연결시킨다.

· 중심지의 동서에 각 1개소의 시객용 지역 내 '버스'정거장을 두어 접근의 효용을 높이고 '터미널'도 각각 동서에 1개소씩 배치한다.

· 중심축과 도시전철노선이 교차하는 곳은 초고속전철이 지나므로 이곳에 종합교통「센터」를 설치한다.

· 도시 활동을 지원하고 도시의 경제기반을 다지기 위해서 최소한의 도시형공업이 필요하므로 부도심, 지구중심지 및 유통지구에 다른 기능과 분산하여 배치한다.

〈표 4-6〉 기타기능의 토지 및 시설수요

구　분	이용인구(백만인)	건축상 면적(ha)	용적률(%)	부지면적(ha)
공급처리	1.00	100.0	30	300.0
유통·공업	1.25	140.0	50	280.0
기　타	1.25	10.0	1	370.0
계	–	250.0	25	950.0

제5장
행정중심복합도시

제5장 행정중심복합도시

1. 행정중심복합도시건설의 추진 배경 및 경위

(1) 추진배경

우리나라는 1960년대 이후 근대화·산업화 과정에서 압축 성장 정책의 성공으로 고도성장이 지속되면서 수도권 집중현상이 심화되었다. 정부는 수도권 집중화 초기인 1971년부터 10년 단위로 인구 및 도시기능의 분산과 전 국토의 고른 발전을 위해 국토종합개발계획을 수립하였다.

제1차 국토종합개발계획은 1971년부터 1982년까지 서울과 부산을 중심으로 거점개발정책을 시행하였고, 제2차 국토종합개발계획은 1982년부터 1991년까지 광역시를 중심으로 광역개발정책을 시행하였으며, 제3차 국토종합개발계획은 1992년부터 2001년까지 상대적으로 낙후된 서해안개발 등 나름대로 국가균형개발정책을 집적이익과 규모의 경제논리에 의해 추진하였다. 그러나 결과적으로 집적불이익을 낳고 인구 및 경제력이 관성에 의해 수도권에 집중되는 현상이 지속되었다. 이러한 수도권 집중화 현상은 주택난과 교통 혼잡, 환경오염 등으로 인한 사회적 비용의 증가와 생산성 하락을 초래하여 결국 수도권의 지속가능한 성장에도 지장을 초래하게 되고, 지방의 인구감소와 경제침체의 원인이 되고 있다.

제4차 국토종합개발계획(2000~2020) 수립 후 국내외 여건변화에 대응하기위해 2006년 수정개발계획에서 추구하는 미래국토의 모습은 전국이 특색 있게 발전하는 다핵분산형 국토이다. 현재와 같이 수도권은 과밀하여 국가경쟁력이 떨어지고 지방은 인구가 감소하고 산업이 침체되어 있어, 혁신역량이 미흡한 상황에서 다핵분산형 국토의 실현은 불가능하다고 보고 수도권의 집중완화와 국토의 균형발전을 위해 행정중심복합도시건설과 공공기관의 지방이전을 추진하였다. 정부부처와 공공기관이 앞장서서 지방으로 이전함으로써 지방발전의 디딤돌이 되고, 수도권 소재 민간 기업이 지방으로 옮겨갈 동기를 부여하여 지방발전의 전기를 마련한다는 것이다. 이러한 수도

기능의 지방이전이 지역발전에 기여 할 수 있도록 지방의 수용여건을 조성하는 적극적인 노력을 병행함과 아울러 수도권은 경쟁력과 삶의 질을 국제수준으로 높일 수 있도록 성장관리를 추진한다는 것이다.

(2) 추진경위

행정중심복합도시 건설의 추진과정은 많은 우여곡절을 겪으면서 추진되었다. 당초 2004년 1월 16일 신행정수도 건설을 위한 특별조치법을 제정하고 추진하였으나 서울, 경기, 인천 등 지방자치단체들이 강력하게 반발하였고, 건설비용논란, 천도론 등으로 불거졌다.

2004년 7월 12일 수도이전 위헌 헌법소원 대리인단에 의해 신행정수도 건설이 위헌이라는 헌법소원과 신행정수도 건설추진위원회 활동정지 가처분신청을 제기하였고, 2004년 10월 21일 헌법재판소는 재판관 8대1의 위헌 결정으로 참여정부의 신행정수도 건설사업은 전면 중단되기에 이르렀다.

위헌결정문 취지에서는 '관습헌법론'을 피력하였다. '수도=서울' 이라는 관습헌법을 폐지하기위해서는 헌법이 정한 절차에 따라 헌법개정이 이루어져야한다는 주장이다. 위헌 결정 1개월 후인 11월, 신행정수도건설특별법 위헌결정에 따른 후속 대책위원회를 출범하고 공동위원장으로 국무총리와 신행정수도 건설추진위원장을 임명하였다.

국무총리를 중심으로 적극적인 후속대책을 강구하여 추진한 결과 2005년 2월 23일 여야 정당은 행정중심복합도시의 건설에 합의하고 마침내 2005년 3월 18일 '신행정수도 후속대책을 위한 연기. 공주지역 행정중심복합도시건설을 위한 특별법'을 제정·공포 하였다. 2005년 5월 24일 충남 연기, 공주 및 충북 청원지역에 예정지역(73.14㎢)과 주변지역(223.77㎢)을 지정·고시하였다. 또한 2005년 10월 5일 중앙행정기관 12부 4처 2청 등 총49개 단위기관 이전계획을 확정, 고시하였다. 2005년 11월 15일 설계경기 형태의 도시개념 아이디어 국제공모에서 세계 26개국 121개 작품에 대해 5개 작품 당선작(국외3, 국내2)과 5개 작품 장려상(국외4, 국내1)을 발표하였다.

2006년 5월 10일 국토의 균형발전 및 국가경쟁력강화를 촉진하기위해 행정중심복합도시 건설의 기본방향을 제시하기위한 기본계획 공청회 개최를 거쳐 2006년 7월 31일 건설기본계획을 고시하였고, 2006년 11월 29일 공청회 및 심의를 거쳐 개발계획을 확정 고시하기에 이르렀다.

2. 행정중심복합도시건설 기본계획

(1) 건설기본계획 개요

1) 계획의 개요

행정중심복합도시의 건설은 대규모로 장기간에 걸쳐 추진되는 사업으로서 건설방향에 대해 전체적인 사업범위 및 추진일정을 설명하고 도시건설의 기본이념과 미래상을 제시하여야 하므로, 도시개발에 대한 부문별 기본원칙과 추진방향을 마련하고 행정・자족도시, 친환경도시, 인간중심도시, 문화・정보도시의 조성방안을 수립하였다. 또한 효과적인 사업추신을 위해 사업추진체계를 정립하고, 단계적 개발방안 및 재원조달방안, 보상 및 주민지원대책 등을 수립하여, 하위계획과의 조화를 위한 각 부문별 개발계획 수립원칙 등 개발계획수립방향을 제시하였다.

(2) 계획의 범위

1) 시간적 범위 및 목표인구

특별법이 제정된 2005년을 기준으로 도시가 자족기능을 갖추고 성숙단계에 이르는 2030년을 목표연도로 하여 계획을 수립하였으며, 단계적으로 인구유입방안을 마련하되, 도시가 성숙되어 개발이 완료되는 2030년에는 최종적으로 50만인을 목표로 계획하였다. 수도권 인구분산효과, 이전기능수용, 자족기능 확보, 충청권내 도시체계와 조화 등을 고려하여 적정한 인구규모를 50만인으로 설정하였다.

2) 공간적 범위

중앙행정기관 등의 이전 및 시가지 조성을 위해 충청남도 연기군 및 공주시의 지역 중에서 예정지역을 지정하여 계획을 수립하였으며 예정지역은 충청남도 연기군 남면・금남면・동면 일원, 공주시 장기면・반포면 일원의 약 73.14㎢를 대상지로 하여, 중심부에 원수산(254m)과 전월산(260m)이 있고, 금강과 미호천이 합류하는 지점으로서 대전과 청주에서 각 10km거리에 위치하고 있다.

예정지역개발의 영향으로 계획적인 관리가 필요한 지역은 주변지역으로 지정하여 필요한 범위 내에서 계획에 포함하되, 주변지역은 예정지역 경계로부터 4~5km 범위내 지역으로 충청남도 연기군, 공주시 및 충청북도 청원군 일원의 약 223.77㎢가 대상지역이다.

3) 계획의 수립체계

각 분야에 대한 전문가의 참여와 다양한 의견수렴을 위해 국책 연구기관 및 관련 학회 등 총 11개 기관이 건설기본계획수립연구에 참여하였다. 주요 연구내용은 국제공모관리, 기본구상 총괄, 부문별 전략과제 등 3개 분야로 구분하여 진행하되 국제공모 결과를 통해 도출된 도시개념 및 아이디어를 토대로 기본구상 및 주요 부문별 적용방향을 마련하였다.

또 계획간 연계 및 유기적인 연구수행을 위해 국토연구원, 전략연구과제 연구기관, 개발계획 연구기관 등으로 공동연구단을 구성하여 국토연구원이 기본구상 등 전체 연구의 총괄책임을 담당하고, 부문별 전략연구과제의 연구내용을 조정하는 역할을 수행하며, 계획 수립을 위한 연구용역이 동시에 진행됨에 따라 연구내용의 혼선을 방지하고, 상호 정보공유로 계획 간의 연계성을 강화하였다.

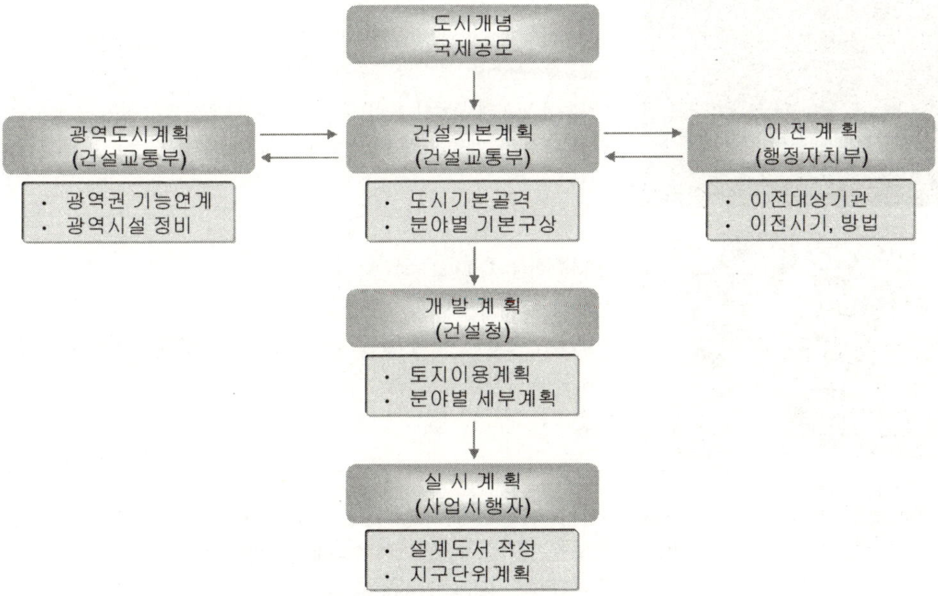

(그림 5-1) 행정중심복합도시건설 주요계획 추진 개념도

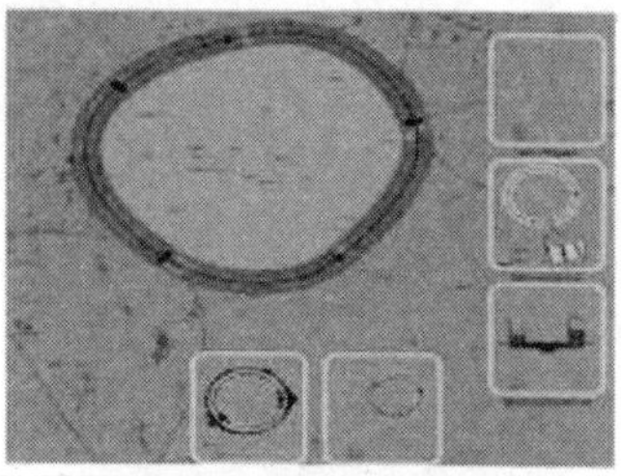

뒤리그(스위스) : 'The Orbital Road'
- 장남평야・대평뜰을 그대로 존치한 환상형(Ring)도시구조
- 대중교통지향적이고 도시기능의 효율성을 극대화
- 도시기능을 5개의 거점으로 분산배치

페레이(스페인) : 'The City of Thousand Cities'
- 예정지역 전체를 아우르는 환상형 도시구조
- 다각적인 기술적 검토에 기반하여 개발과 보존이라는 명제를 명쾌하게 해석
- 사회적 특권과 차별이 없는 민주적 도시구조
- 도시 기능이 분산된 위계 없는 도시

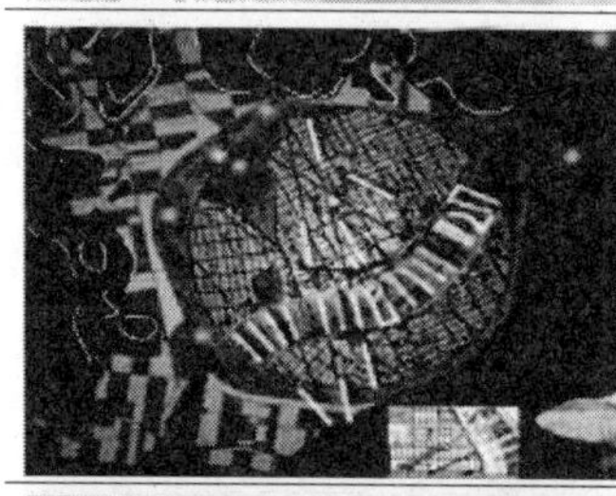

송복섭(한국) : 'Thirty Bridges City'
- 고밀도의 도시를 지향하여 원형의 중심부를 집중개발하고 그 외곽은 자연상태를 유지
- 30개의 다리위에 정부청사 및 공공시설 등을 배치

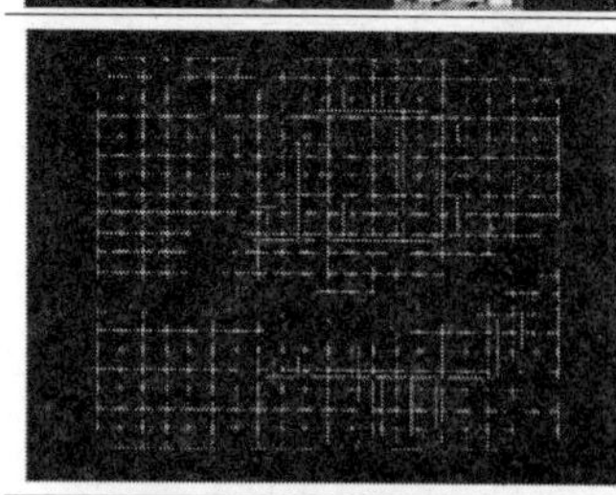

아우렐리(이태리) : 'A Grammar for the City'
- 도시를 구성하는 방식과 절차를 제시
- 기존 신도시의 도로에 의한 도시구조 결정방식을 탈피하여 구체적 용도를 정하지 않는 기하학적 벽체에 의해 도시골격을 형성

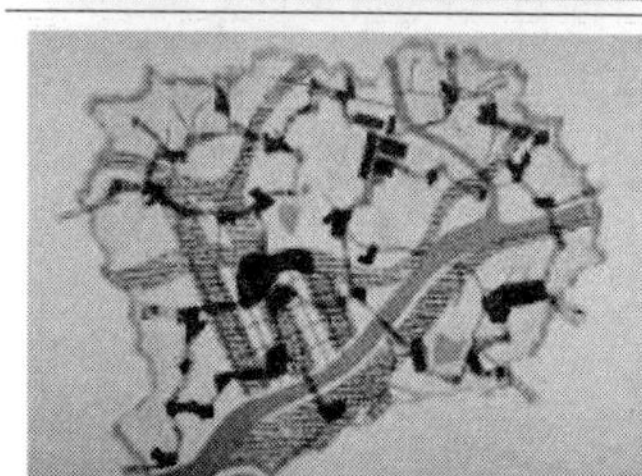

김영준(한국) : 'Dichotomous city'
- 도시건설 과정에 대한 논의에 초점
- 실질적인 도시 마스터 플랜보다는 정보들을 나열하고, 도시와 자연의 조화 등 이질적인 현상들을 중첩

* 장려상 5개 작품
- 위르겐 쿤츠만(독일) 'City in Flow', 토마스 푸셔(오스트리아) 'Yeon Meong', 최현규(한국) '비보(裨補)', 스미야 마모루(일본) 'Archipelagic City', 크리스티안 운두라가(칠레) 'Nurturing a New Urbanity'

(그림 5-2) 도시개념 국제공모 당선작

(3) 관련계획

1) 상위계획

① 제4차 국토종합계획 수정계획(2006~2020)

지역간 균형발전을 위해 전국을 '7+1'의 경제권역으로 구분하고 각 권역별 특성에 따른 자립적 발전을 추진하고 있다. 행정중심복합도시건설, 공공기관 지방이전, 혁신도시·기업도시의 건설, 수도권 종합발전대책 등 국가재편 프로젝트를 통합적으로 추진하고 있다.

충청권은 행정중심복합도시권으로서 국가균형발전을 위한 선도 지역으로 역할을 부여하고 행정중심복합도시를 중심으로 인접지역 간 네트워크를 구축한다. 광역교통망 등 연계 인프라의 대폭 확충과 행정중심복합도시의 국가중추관리기능이 원활히 가동될 수 있도록 주변도시의 배후지원기능을 확대하고 있다.

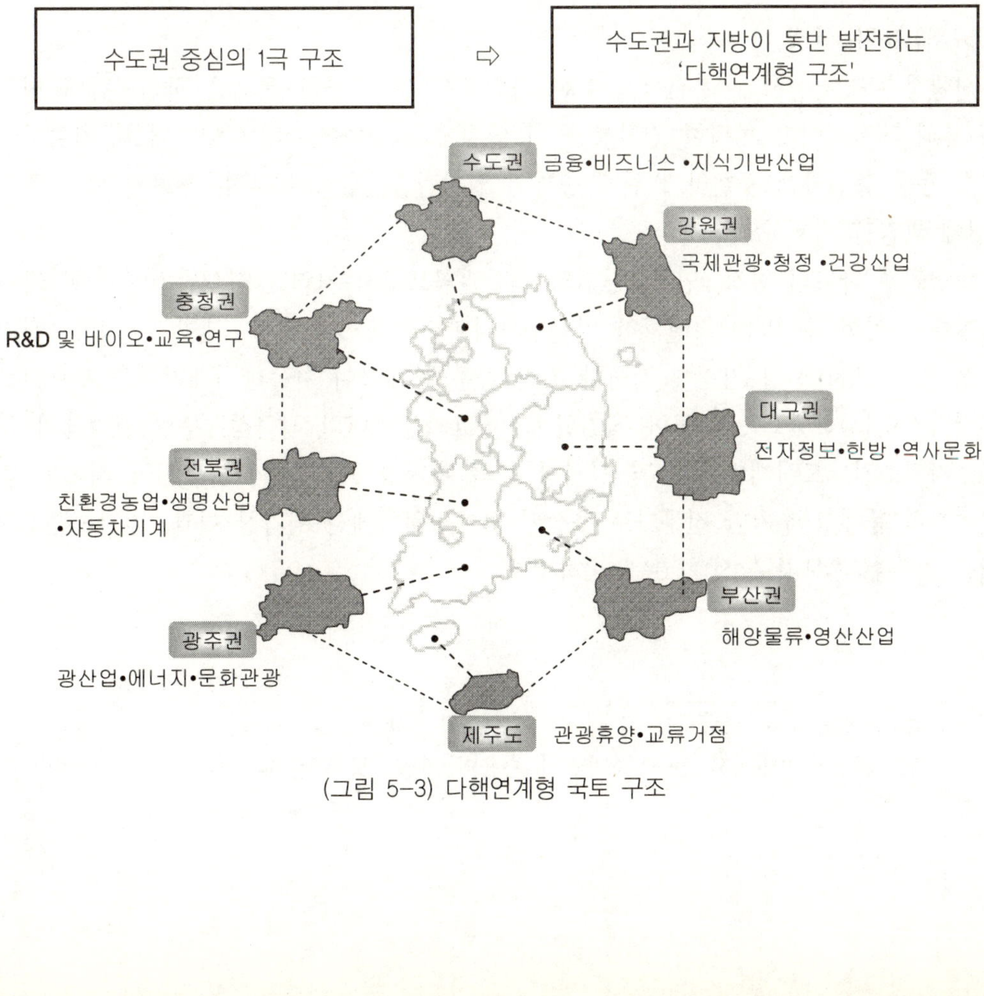

(그림 5-3) 다핵연계형 국토 구조

2) 인접권역 관련계획 수립현황

대전권광역도시계획(2020)에 의거 첨단과학기술의 지식·정보거점도시권의 구현으로 자립경제기반을 구축하며, 도시·지역별 적정기능 배분과 충청권의 균형발전을 도모할 계획이다. 또 행정중심복합도시가 입지한 북부·서부생활권은 첨단산업 육성을 위한 서비스 지원기능 및 역사·문화·관광도시로서의 기능을 강화할 계획이다.

- 대전시 : 대전광역권의 중심, 국가행정·과학기술·업무·금융의 중추기능 강화
- 청주시 : 국제교류, 행정·교육·정보·물류 등의 중심지로서 첨단지식기반산업 육성
- 청원군 : 전기전자·보건의료 관련 첨단산업 육성, 물류기지 구축
- 연기군 : 첨단지식기반산업의 육성 및 물류기지의 전국거점화
- 공주시 : 서부생활권의 중심으로서 문화·관광·교육의 거점

(4) 지역 여건

1) 입지의 선정

신행정수도 건설사업 추진시 충분한 사전조사 및 연구와 폭넓은 국민공감대 형성을 통해 객관적이고 투명한 절차를 거쳐 입지를 선정하고 건설이념, 역할, 지향하는 방향 등을 충실하게 구현하기 위해 충청권 입지검증, 후보지 선정, 후보지 평가 등의 3단계 과정을 적용하였다.

충청권은 국토의 면적, 인구, 산업의 중심권역으로서 지역간 상생발전에 의한 국민통합에 기여할 수 있는 지정학적 비교우위지역으로 균형발전성·개발가능성·보전필요성 등 후보지 선정 기준에 적합한 지역 가운데 개발이 가능한 4개지역을 후보지로 선정('04.6.15)하였고[1], 그곳에 국가균형발전효과, 국내외 접근성, 주변 환경에의 영향, 자연조건, 도시개발비용 및 경제성 등의 평가항목을 적용하여, 전국 시·도 및 관련학회 등에서 추천한 전문가로 구성된 평가위원회에서 평가한 결과, 연기·공주지역을 최우수 후보지로 선정('04.7.5)하였다.

---

1) 1.진천·음성지역, 2.천안지역, 3.연기·공주지역, 4.공주·논산지역
후보지는 조사권역내에서 인구 50만인이 수용이 가능하도록 6,600~8,300만㎡ 내외의 규모로 도출

2) 예정지역 및 주변지역 지정

예정지역은 직접적인 도시개발 대상지역으로, 계획적 개발로 효율적인 도시기능을 유치하여 자족형 신도시로 조성키로 하였으며 주변지역은 도시개발에 따른 영향을 받는 지역 중 주변 대도시와의 연담화를 방지하기 위해 계획적 도시관리가 필요한 지역을 말한다.

〈표 5-1〉 편입지역 및 면적

구 분	예정지역	주변지역
행정구역	2개 시·군 5개면 33개리 –연기군 : 남·금남·동면 –공주시 : 장기·반포면	3개 시·군 9개면 74개리 –연기군 : 남·금남·동·서면 –공주시 : 장기·반포·의당면 –청원군 : 강내·부용면
면 적	약 73.14㎢ –연기군 : 68.24㎢(93.3%) –공주시 : 4.90㎢(6.7%)	약 223.77㎢ –연기군 : 117.62㎢(53.0%) –공주시 : 71.73㎢(32.1%) –청원군 : 33.42㎢(14.9%)

3) 자연·물리적 여건

자연환경 및 지형적 여건으로는 봄·여름은 남서풍, 가을·겨울에는 북서풍이 주된 풍향이고, 평균기온은 13.1℃('00~'05년 기준)이며 습도는 65.9%, 연간 강수량 1,469mm('00~'05년 기준) 정도이다.

북고 남저형으로 대체로 완만한 구릉지로서, 북측은 금북정맥의 지류인 국사봉(214m)과 접하고 남측은 금강유역의 평야지대로서 예정지역 중심에 원수산(254m)과

(그림 5-4) 예정지역 전경

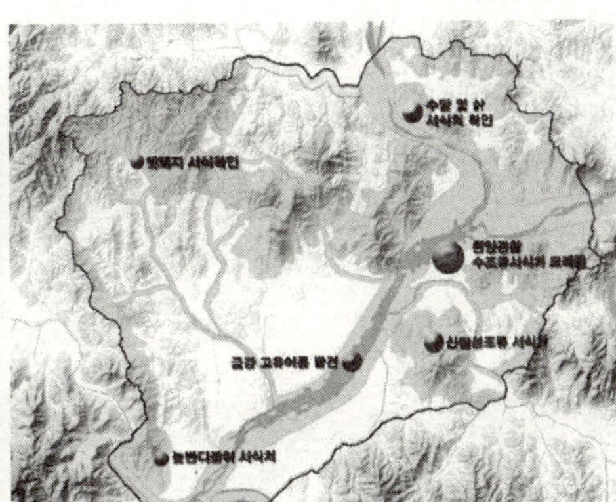

(그림 5-5) 생태환경분석도

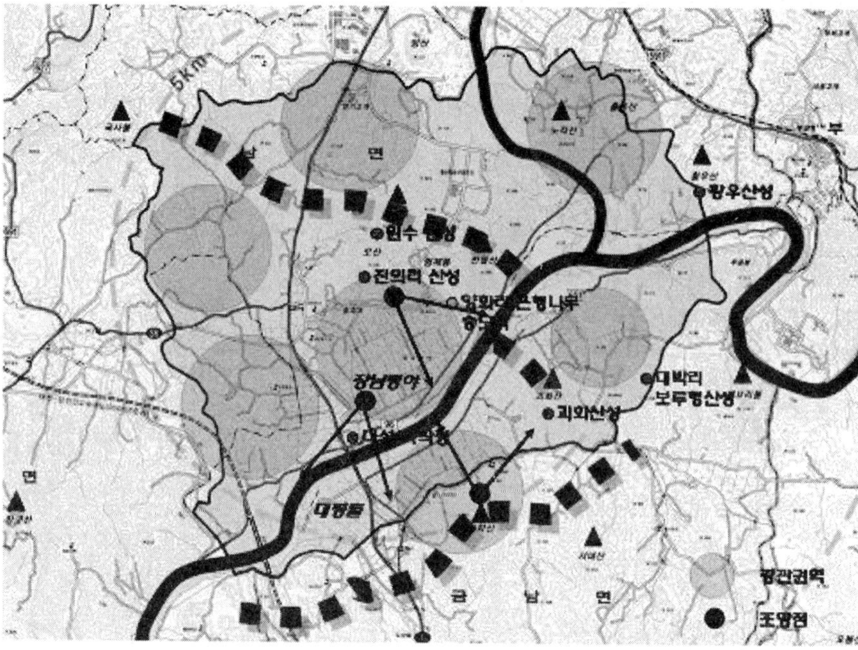

(그림 5-6) 경관자원 분석도

(그림 5-7) 주요 조망도

전월산(260m)이 있다. 금강 남측으로는 괴화산(220m)이 위치하며, 금강과 미호천이 합류하여 예정지역내를 관통하고 금강 양쪽으로 장남평야와 대평뜰이 평야지대를 형성하고 있다.

생태환경으로 주요 산림생태계는 동서방향의 국사봉~원수산~전월산을 잇는 녹지흐름이 주요하게 형성되어 생태연결체계 형성여건이 양호하며, 주요 하천생태계는 국가하천인 금강, 미호천과 지방하천인 제천, 방축천, 삼성천 등이 입지하는 등 하천생태공간이 형성되어 있다.

경관자원측면에서 보면 전월산, 괴화산 등이 입지하고 있어 자연경관요소로 활용할 수 있는 높은 잠재력을 보유하고 있었다.

4) 인문 · 사회적 여건

인구의 변화와 구조를 살펴보면 충청권의 인구는 약 480만인으로 지난 6년간(2000~2005) 2.4%가 증가하여 전국 평균 인구증가율(2.0% 내외)을 상회하고 있다. 충청권으로의 인구유입은 경기도와 서울시에서 가장 많이 유입되고 있으며 꾸준히 인구가 증가하는 추세이고, 예정지역 및 주변지역에 거주하는 인구는 총 1만 8천 가구, 4만 7천인으로 추정된다.

〈표 5-2〉 최근 5년간 충청권 인구변화

구 분	인구(만인)		인구 증감(만인)
	'00년	'05년	
대전시	136.8	144.2	7.4
충청북도	146.7	145.9	0.8
충청남도	184.5	189.0	4.5
충청권	468.0	479.1	12.7

주) 통계청 인구주택 총조사 센서스 ('05년은 잠정)

〈표 5-3〉 예정지역 및 주변지역 인구현황

('05.3.23 기준)

구 분	예정지역	주변지역	합계
세대수(천가구)	4	14	18
인구수(천인)	10	37	47

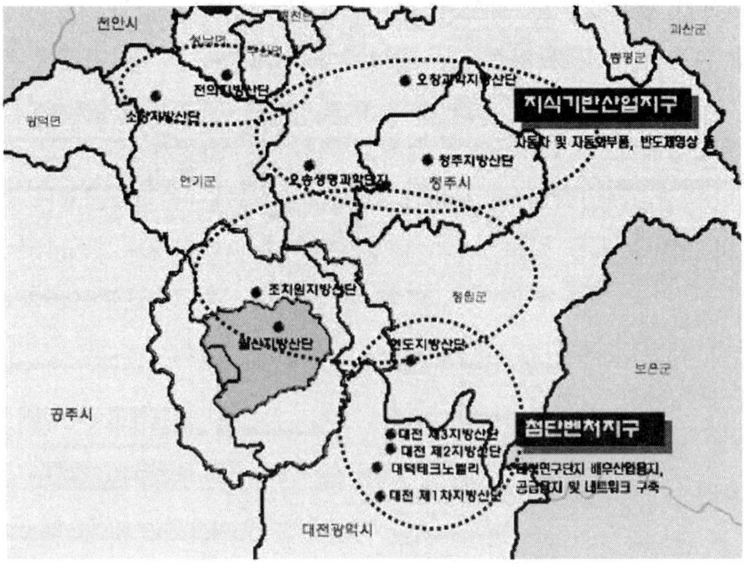

※ 지역별 특성화 산업
대전: 전자, 통신, 생물, 정밀화학, 정보
충북: 전자장비, 반도체, 정밀화학, 의학생물
충남: 전자디스플레이, 정밀기기, 석유화학, 자동차

(그림 5-8) 인접지역 산업현황 및 계획

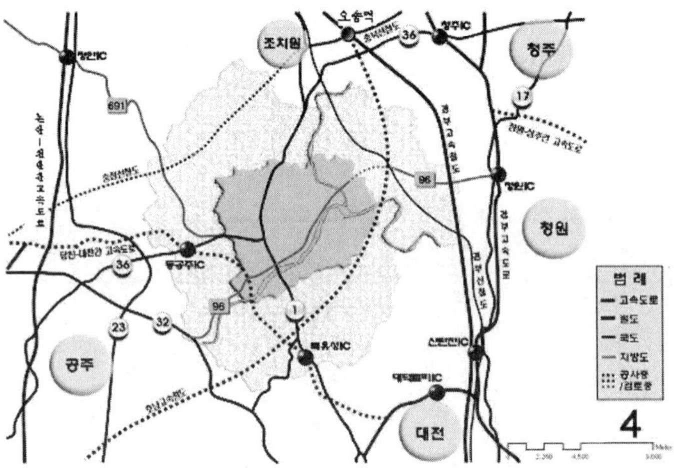

※ 인접 고속국도와의 거리
① 경부고속국도
(청원 I.C): 7.5km
② 호남고속국도
(대덕밸리 I.C): 9.0km
③ 논산-천안고속국도
(정안 I.C): 13.5km
④ 당진-대전고속국도
(북유성 I.C): 4.5km

(그림 5-9) 행정중심복합도시 주변 교통현황

충청남도의 산업여건을 보면 총생산(GRDP)이 '89년 전국대비 대전 2.3%, 충남 3.7%였으나, '01년 현재 대전 2.4%, 충남 4.8%로 증가하고 있다. 그리고 충청권은 각 권역별로 지역여건에 맞는 산업이 특성화되어 개발을 추진 중이므로 광역산업클러스터 형성 잠재력이 매우 높은 편이다.

교통여건으로는 전국 주요도시로부터 200km 내에 입지하고 있어 접근성이 좋다.

고속국도 등 광역교통망체계가 양호한 편으로 예정지역 주변을 통과하는 고속국도는 총 4개의 노선이다. 또 일반국도 1호선, 국도 36호선 및 국가지원지방도 96호선 등이 통과하고 있으며 지역내 주요 진입로로 활용이 가능하다.

예정지역 동측 외곽으로 경부선과 경부고속철도가 통과하고 있으며 호남고속철도가 동남 측으로 근접, 건설될 것으로 전망된다. 북동쪽에 경부고속철도 오송역이 인접하고 있으며 인근에 청주국제공항이 있어 국제교류에도 유리하다.

(5) 종합 분석

1) 성장잠재력 분석

우수한 자연여건과 함께 광역 교통망 등 기반시설이 잘 갖추어져 높은 발전 가능성 보유	⟺	생태환경의 고려와 함께 장기적인 도시개발에 따른 광역적•지역적 도시문제 해결 필요

강점 (Strength)	약점 (Weakness)
• 우수한 자연환경과 수변공간 • 양호한 광역교통망 및 접근성 • 개발에 적정한 지형 및 표고	• 장마철 등 불규칙한 금강의 수량 • 생태자원, 문화재 등 고려 필요 • 국도 1호선이 예정지역을 통과

기회 (Opportunity)	위협 (Threat)
• 중앙정부의 강력한 추진의지 • 인근의 첨단산업 및 연구기능 연계 • 금강 등 친수공간 조성 유리	• 간선교통망의 혼잡 우려 • 주변 도시간 기능/역할분담 필요 • 개발장기화로 자족기능의 조기확보 필요

(그림 5-10) SWOT 분석

2) 약점 및 위협요소에 대한 대응 방향

안정적인 하천유량 확보방안을 마련하고 기존 하천은 친수공간으로 조성하여 시민 공유공간으로 활용가능하며, 생태환경 및 문화유산조사를 통해 보전지역을 설정하고 적극적인 관리를 통해 친환경·생태도시 및 문화도시로 건설할 수 있다.

도시 내 교통망계획 및 광역교통개선대책을 통해 효율적인 교통체계를 구축하고 광역도시계획을 수립하여 지역간 공간구조 및 기능을 연계하여 도시개발 초기부터 다양하고 복합적인 도시기능을 유치하고, 도시생활에 필요한 자족기능을 조기에 유치방안을 마련할 계획이다.

4. 도시건설 정책목표 및 미래상

(1) 도시건설 정책목표

국민적 공감대 속에서 미래지향적이고 '세계적으로 모범이 되는 품격 높은 누구나 살고 싶은 도시'로 건설

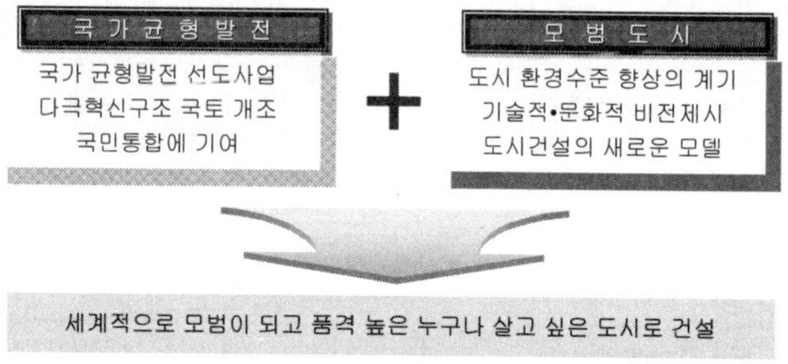

(그림 5-11) 도시건설 정책목표

(2) 도시 미래상

행정중심복합도시의 미래상은 크게 4가지로, 먼저 행정기능 중심의 복합형 자족도시로써 국가균형발전의 구심적 역할 수행과 중추행정기능을 도시의 주(主) 기능으로 하며 문화·국제교류, 연구개발·교육, 첨단산업 및 의료·복지 등 다양한 도시기능을 유치하고 전국 주요도시 어디서나 2시간 이내에 쉽게 접근할 수 있게 하여 모든 국민이 질(質) 높은 공공서비스를 고르게 향유할 수 있도록 하자는 것이었다.

두 번째는 자연과 인간이 어우러지는 쾌적한 친환경도시로써 자연과 어우러지는 충분한 녹지공간을 확보하고 친환경 생태도시를 구현하며 삶의 질 향상과 도시의 쾌적성을 위해 친수공간(親水空間)을 조성하고 에너지 절약형 도시를 위해 자전거와 대중교통위주의 교통체계를 구축한다. 한편, 수질보호를 위해 친환경적 하천관리를 실시함과 아울러 폐기물 발생량을 최소화하여 가능한 전량(全量) 자원화 할 수 있는 자원 순환형 도시건설이 기대된다.

세 번째는 편리성과 안전성을 함께 갖춘 쾌적한 도시시스템을 구축하며, 장벽없고 건강한 인간중심도시 조성을 위해 도보와 자전거로도 도시의 어느 곳이나 갈 수 있

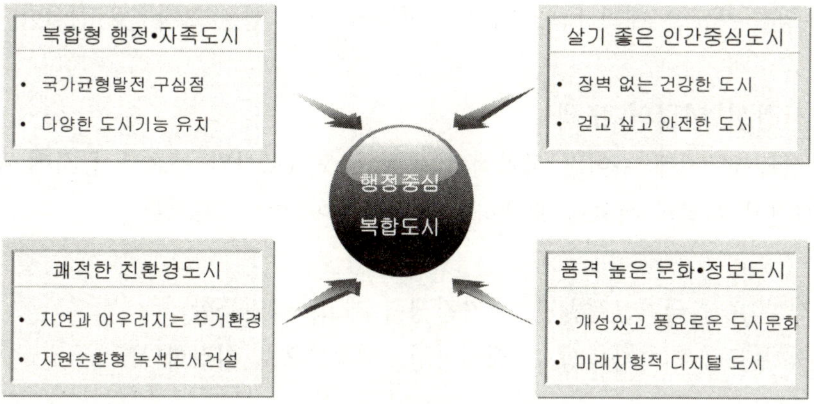

(그림 5-12) 행복도시 4대 미래상

고 활기차며 다채로운 도시공간속에서 걷고 싶은 도시로 조성한다. 또한 국가안보 및 각종 자연재해와 인위적 재난으로부터 안전한 도시조성을 위하여 방호·방재의 종합적인 예방 및 관리체계를 완비한다.

마지막으로 문화와 첨단기술이 조화되는 문화·정보도시로써 열린 문화공간과 첨단 정보통신기술을 기반으로 사람과 환경과 기술을 연계하여 이용하고 관리하는 문화·정보도시를 건설하여 지역문화와 세계문화를 함께 수용하고 지역의 특성과 아름다운 경관이 살아있는 개성있는 도시문화를 연출한다. 또한 시민이 참여하는 전자행정과 안전하고 편리한 정보관리체계가 구축되어 새로운 정보문화 비지니스 창출을 선도하는 디지털 도시를 구현한다.

(3) 도시건설 이념

1) 도시 패러다임의 변화

도시계획은 산업화 과정의 비위생적인 거주환경 및 도시환경을 탈피하기 위한 사회적 노력으로 대두되어 기능주의적 시각을 대변한다. 기능 위주로 형성되어 온 근대도시의 골격과 커뮤니티 내 생활자가 만들어내는 도시환경을 조화시켜 효율성과 다양성을 동시에 추구하고, 획일적으로 양산된 도시환경에서 탈피하여 도시민이 스스로 살고 싶은 도시환경을 선택하도록 한다. 환경·문화·공동체 가치를 회복하기 위해 기존 도시 패러다임의 한계에서 벗어나 21세기 도시 패러다임을 국내외에 대표하는 도시로서, 혁신도시·기업도시 등 앞으로 건설되는 도시들의 모범으로서 행정중심복합도시는 기존 패러다임을 보완한 새로운 패러다임을 통해 시민들이 '살고 싶은 도시'[2]로 건설한다.

2) 도시건설 이념의 모색

행정중심복합도시에 주어진 국가적인 목표와 도시로서의 목표를 동시에 추구할 수 있는 도시건설 이념의 목표를 모색하여야 한다. 이러한 목표로는

· 국가적 목표 : 국가균형발전, 국가경쟁력 제고, 국민통합
· 도시적 목표 : 지속가능성, 미래지향성, 자족성으로 설정한다.

5. 부문별 도시개발방향

(1) 도시기능 설정 및 인구구상

1) 도시기능

행정중심복합도시건설은 국토균형발전을 실현하고, 국가균형발전정책의 구심적 역할을 수행하기 위해 추진되는 선도 사업으로써 중추행정기능을 중심으로 관련되는 기능이 적절히 조화를 이루는 도시의 자족성 확보가 중요하며 도입 가능한 자족기능을 행정중심복합도시의 성격과 일치되도록 분석하고 기능도입을 위한 단계별 추진전략을 수립한다.

이를 실현하기 위해 다음과 같은 기능이 필요하다.

첫째, 국토균형발전의 구심적 역할을 수행하기 위해 중추행정기능인 12부 4처 2청의 중앙행정기관을 이전하고 국가행정의 중심적 도시로서 대외적 교류기능을 수행하기 위한 국제회의장, 호텔, 컨벤션 등 국제교류기능을 도입하며, 국토 중심부로서 문화거리조성, 박물관, 미술관, 전문공연장 등 높은 수준의 중심적 문화도시로서의 기능을 도입한다.

둘째, 충청권 일대의 산업이 지속적으로 발전할 수 있도록 지역혁신 기능을 도입해야 한다. 첨단지식기반산업 지원과 산・학・연 연구개발을 통하여 지역경제에 혁신적

2) 여유 있고 문화적인 도시, 일하기 좋고 활력 있는 도시, 함께 어울려 사는 건강한 도시

역할수행이 가능하게 하고 차세대 성장동력산업·도시입지업종으로서 충청권 산업과 보완적 관계의 기능을 도입한다. 지역산업의 지속적 발전을 지원하는 교육 및 연구기능으로서 대학교, 전문대학원, 연구소 등 교육기능과 연구개발기능을 유치한다.

셋째, 자치적인 행정단위로서 갖추어야 할 도시행정서비스를 위해 시청, 시의회, 교육청, 경찰서, 소방서 등 시민이 편리하게 행정서비스를 공급받을 수 있도록 하는 기능과 시민의 일반적인 생활을 뒷받침하는 상업 업무 서비스 기능인 상업, 금융, 업무 등의 다양하고 편리한 기초생활 지원기능을 도입한다.

〈표 5-4〉 주요 도입 기능

구 분	도입 기능	도입 목적	세부 내용
균형발전기능	중앙행정	수도권 기능 이전	중앙행정기관, 정부출연연구기관
	국제교류	국제·교류	국제회의장, 호텔, 전시장 등
	종합문화	문화 활동의 중심지	미술관, 박물관, 종합공연장
지역혁신기능	지식기반산업	자족적인 도시발전 충청권 혁신체계	출판, 의료, 통신 등
	교육연구		대학교, 기업 및 대학연구소
도시일반기능	상업업무 도시행정	편리한 도시생활을 위한 기초기능	은행, 쇼핑센터 등 시청, 시의회, 경찰서, 소방서 등

2) 인구구상

이전 및 도입기능에 따른 인구유입을 최대한 수용하며 도시생활 자족기능을 확보하기 위한 인구규모를 설정한다. 그래서 도시기능의 도입에 따라 직접적 및 간접적으로 유발되는 인구를 최대한 수용할 수 있도록 목표인구를 설정하고, 일상적 도시생활에 필요한 교육, 구매, 의료, 위락기능 등 주요 시설들이 유치될 수 있는 인구규모를 설정한다.

〈표 5-5〉 고용인구의 추정

도입 기능		인원(만인)	구성비(%)	비 고
1차산업		-	-	주요기능에서 제외
2차산업		3	12.0	· 첨단지식기반산업기능 등
3차 산업	민간 서비스	16	64.0	· 첨단지식기반서비스기능 · 일반상업업무서비스기능
	공공 서비스	6	24.0	· 공공행정(중앙행정기능 및 도시행정기능) · 교육(대학교포함) 및 연구기능
총 고용인구		25	100.0	

이를 실현하기 위해서는

첫째, 균형발전·지역혁신·일반기능 등 도시기능 도입에 따른 고용창출은 약 25만인이며, 유발 인구를 포함하면 총 인구는 50만인 수준으로 복합쇼핑센터, 종합병원, 대학교 등 구매, 의료, 교육 등 주요 도시기능 도입에 따른 인구를 수용하고, 도시생활에 필요한 각종 기능을 유치할 수 있는 인구규모인 50만인으로 설정한다.

둘째, 첫 마을사업, 중앙행정기관 이전, 산업체 이전 등 단계별 도입기능에 따라 인구배분 시나리오를 작성하기 위해 도시성장단계를 초기활력단계, 자족적 성숙단계, 완성단계 등 3단계로 구분하여 2030년까지 목표인구 50만인을 단계적으로 배분한다.

초기단계에는 정책추진력에 의한 정책적 유입인구가 중심이며, 후속단계로 갈수록 도시의 자족적 경쟁력에 의한 인구가 유입되도록 한다. 그리고 마지막 단계로 완성단계에는 국토균형발전 혁신거점으로서의 완성에 의한 인구가 유입되도록 한다.

〈표 5-6〉 단계별 인구예측

단 계	초기활력단계	자족적 성숙단계	완성단계
	'07~'15	'16~'20	'21~'30
인구유입(인)	150,000	150,000	200,000
인구누계(인)	150,000	300,000	500,000

* 대한국토·도시계획학회 자료

(2) 활력 있는 도시구조

1) 공간구조

도시공간구조의 기본골격은 국가균형발전과 분권화시대를 상징하는 환상형 구조를 적용하여 대중교통망이 환상형 주(主)교통체계를 따라 순환하고 집중적인 도시의 개발이 대중교통체계를 따라 이루어지는 구조로 하되 국제공모 당선작의 아이디어를 최대한 반영하고, 도시기능이 원활하게 작용하도록 대중교통 활용도를 감안하여 둘레를 20km 내외로 조정한다.

환상형 구조의 핵심인 장남평야는 도시 내 어느 곳에서도 쉽게 접근이 가능한 공간이다. 이곳을 시민들이 공유하고 휴식할 수 있는 오픈스페이스로 조성하기 위해 금강과 연계하여 공원·녹지 등 생태도시의 상징공간으로 조성하고, 주변부는 문화·레저·스포츠 등 시민들이 공동으로 이용할 수 있는 시설을 배치한다. 오픈스페이스 및

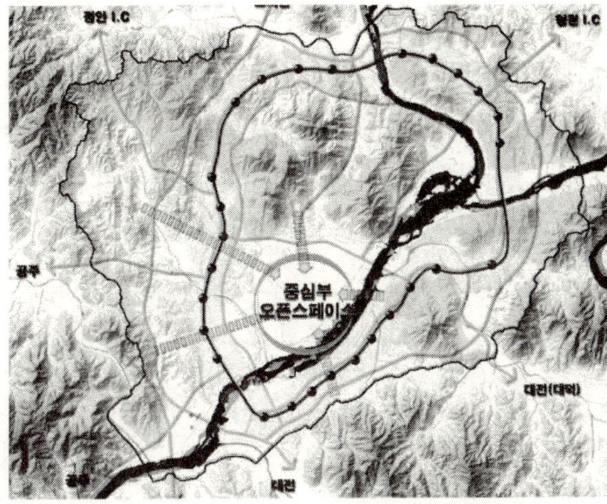

(그림 5-12) 공간구조 구상 및 개발축 설정(안)

인접지역은 호수공원 및 수로 등을 계획하여 다양한 수변공간 조성과 경관창출이 가능하도록 구상한다.

또 개발에 따른 영향을 최소화하고 자연환경의 잠재력을 최대한 활용할 수 있도록 공간구조를 조성하고, 생태도시 구현을 위해 금북정맥 녹지축(국사봉~원수산~전월산~합강리, 괴화산 등) 및 하천축(금강, 미호천)이 보전되도록 개발축을 설정한다. 산지·녹지·수변공간은 원형상태로 최대한 보전하면서 시민들이 즐겨 찾을 수 있는 수목원, 묘포장, 문화·레저·휴양 및 스포츠시설 등 다양한 휴식공간을 적절히 배치한다.

도시의 자연적 특성을 이용하여 쾌적한 이미지를 만들어내고, 도시의 정체성(Identity)이 표현되는 도시경관을 조성하기 위해 원수산·전월산·전면 기존취락지는 도시의 상징공간 및 교류공간으로서 특성화 공간으로 조성한다. 자연경관을 고려하여 개발하되 주민의 휴식·레저공간을 충분히 확보하며 중심부 장남평야로의 경관을 고려하여 도시의 쾌적성이 증대될 수 있도록 계획한다.

개발축 내에 도보접근 적정범위마다 대중교통 역사를 배치하여 대중교통중심 교통체계의 결절점으로 기능할 수 있도록 구성한다. 그러기 위해 개발축 양편에서 도보로 접근할 수 있는 범위를 최대화 할 수 있도록 가급적 개발축의 중앙부근에 대중교통축을 배치한다. 개발축의 양편에서 도보로 접근할 수 있는 범위인 500m 내외로 개발지를 계획하되 폭이 넓은 지역은 1km 내외로 계획하며, 다양한 가로경관의 연출을 위해 대중교통축은 단조로운 직선이나 일률적인 원주형보다는 리듬있는 굴곡형으로 계획한다.

대중교통중심축 이외에 주거지를 서비스할 수 있고, 동시에 대중교통중심축으로서의 공급역할을 하는 환상형 순환도로를 계획하기 때문에 기존의 국도 1호선은 가급적 도시내부 교통과의 접속을 배제하고 통과교통이 원활하도록 예정지역 외곽으로 우회토록 한다.

2) 환상형 도시구조의 특성

환상형 도시구조는 선형도시의 장점(교통원활, 접근성, 기반시설 설치 용이)을 증대하고 단점(일체감 부족, 이동거리 증가)을 보완하는 구조로써 환상형 축을 따른 개발방식, 환상형의 도시형태, 환상을 따라 설치되는 대중교통 및 환상형 중앙부에 위하는 공원 등의 특징을 보유한다.

	선형도시		환상형도시
장점	· 주간선도로를 따라 교통의 흐름이 균일 · 배후지역에 대한 접근성이 극대화 · 기반시설이 주간선도로를 따라 건설되므로 경제적 설치가 가능 · 배후지역에 대한 개발압력을 완화	→	· 환상형의 주교통체계를 따라 원활한 교통흐름 확보 가능 · 도시중앙공원 과 배후지에 대한 접근이 매우 양호 · 기반시설의 설치/관리가 경제적 · 핵형개발에 비해 주변지역 관리가 용이
단점	· 토지이용의 혼합이 바람직하지 않음 · 간선도로를 따라 도시가 무한정 확장될 우려 · 생활권과 도시전체와의 일체감이 떨어짐	→	· 선형도시에 비해 합리적 토지이용 가능 · 환상형으로 도시기본형태를 잡아줌으로 도시의 무분별한 확장을 방지 · 도시중앙공원 및 환상형 대중교통체계로 생활권과 도시전체의 일체감 확보

(그림 5-13) 선형도시와 환상형도시의 비교

3) 주요기능의 배치

도시를 균형있게 형성하는 환상형 도시구조의 특성과 분산·분권의 이념을 담아낼 수 있도록 도시의 주요기능을 분산하여 배치하되 도시내 지역적 입지특성과 인접 도시와의 광역적 연계성을 고려하여 거점별로 배치한다.

〈표 5-7〉 거점별 배치기준

거점지역	배치 기준 내용
·중앙행정	광역적 접근편의성, 상징성
·문화/국제교류	중앙행정기능 및 수변공간 연계
·도시행정	시민접근성, 도시균형성장
·대학/연구	대덕연구단지 등과의 연계
·의료/복지	오송생명과학단지 등과의 연계
·첨단지식기반	기존 산업단지 입지활용 고려
·일반상업업무	특정거점이 아닌 대중교통축을 따라 분산배치

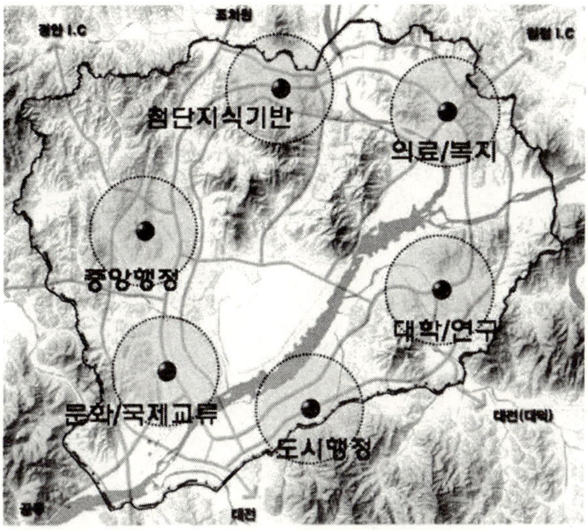

(그림 5-14) 도시 주요 기능 배치 사례

4) 건설기본계획관련 주요지표 설정(안)

〈표 5-8〉 설기본계획관련 주요지표 설정(안)

부 문	관련항목	계획지표	비 고
연 구	목표인구	50만 인	'30년
주 거	세대 당 가구원수	2.5인/세대	평균치
	주택공급량	20만 호	
	주거지밀도(순밀도)	300인/ha	
	생활권 규모	2~3만 인	
	생활권 개수	2~25개	
상 업	상업·업무	사업면적의 3% 내외	국제교류, 호텔, 유통 등 포함
공공청사	중앙행정	60만m² 내외	12부 4처 2청 등
	지방행정 및 공공기관	45만m² 내외	공공기관 이전대상 포함
교 통	환상형 대중교통축(연장)	20km 내외	
	환상형 대중교통축(폭원)	30~40m	자전거 및 보행 공간 포함
상하수도	1인당 1일 평균 급수량	300~350L	
	하천(계획홍수빈도)	200년	국가하천
경관·환경 보전	보전용지율	사업면적의 50% 이상	공원·녹지, 하천 등 포함
	하천변 녹지 폭원	50m 이상	국가하천
		20m 이상	지방하천
	근린공원	1만m² 이상	생활권 단위
교 육	유치원	40~50개소	생활권당 2개소 내외
	초등학교	40~50개소	학급당 학생수 20~25인 학교당 학생수 600인
	중학교	20~25개소	
	고등학교	20~25개소	

문 화	주민복합문화시설	20~25개소	생활권 단위
	실내생활체육시설	20~25개소	
	박물관/미술관	각 1~2개소	도시생활권 단위
	전문공연시설		
	중앙도서관(미디어테크)		
	종합체육시설		
복 지	근린아동복지시설	20~30개소	생활권 단위
	근린노인복지시설	20~30개소	
	종합장애인복지시설	각 1~2개소	도시생활권 단위
	종합가족복지시설		

* 주요지표는 10% 범위 내에서 변경가능

5) 토지이용

행정중심복합도시 공간구조 설정의 목적 및 전략에 부합하고 주변 환경보전이 가능하도록 토지이용계획을 수립하기 위해 인구계획에서 제시된 목표 연도와 인구 및 각 부문별 계획의 상호관계를 고려하여 단계별 토지수요에 따라 토지이용을 구상한다.

예정지역 현황분석자료 및 환경생태조사 결과를 토대로 개발가능지를 도출하여 용도별로 배분하되 효율적·집약적 이용을 도모하기 위해 전체 도시면적의 50% 이상을 공원·녹지 및 하천 등으로 계획하여 친환경적이고 생태적 개발이 가능하도록 추진한다. 주택건설용지는 1,653만㎡로 인구밀도 300인/ha 수준의 주거지로 조성하며, 공공청사용지는 105만㎡로 계획한다.

〈표 5-8〉 토지이용 구상안

구 분	면적(만㎡)	비율(%)	비 고
총 계	7,314	100	
주택건설용지	1,653		
상업·업무용지	219	3	호텔, 컨벤션, 유통시설 등 포함
공공청사용지	105	2	
중앙행정	60	1	
지방행정 및 공공기관	45	1	공공기관 이전대상 포함
문화·복지·교육·의료용지	255	3	대학교 및 실버타운 포함
첨단산업용지	93	1	
레저·스포츠용지	217	3	체육시설 및 유보지 포함
공공시설 용지	4,772	65	
공원녹지 및 친수공간	4,059	55	장남평야 및 금강, 미호천 포함
도로 및 공급처리시설	713	10	주차장, 저류지, 공급시설 포함

* 개발계획단계에서 구체화될 예정

(3) 쾌적하고 살기 좋은 생활권 및 주거지 계획

1) 생활권 구상

생활권은 중·고등학교 1개단위로 구성 가능한 인구 2~3만 명 규모의 20여 개의 생활권으로 구상한다. 생활권은 대중교통 접근성을 고려하여 반경 500m 내외로 지

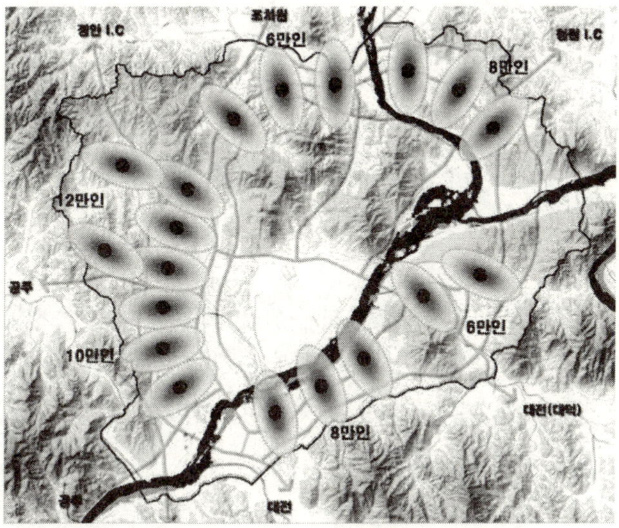

(그림 5-15) 생활권 구상개념도

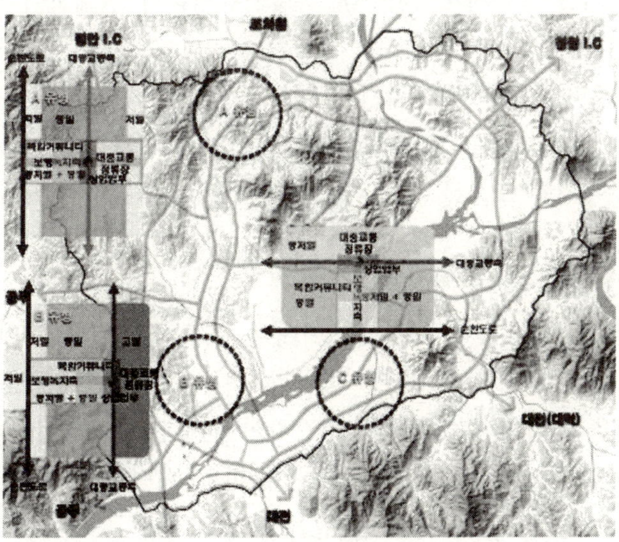

(그림 5-16) 생활권 구상 개념 예시

형 · 지세, 보존지역 등의 여건을 고려하여 유연하게 구성하고, 생활권별로 독립적이고 특성화된 개발이 가능하도록 자연적 환경을 최대한 감안하여 동질적인 권역으로 구분한다.

각 생활권 단위의 도입기능 및 규모는 2~3만인 정도의 인구규모에 적합하게 설정하되 생활권 규모에 따라 유연하게 배치하고, 생활권의 중심에는 주민간 교류를 촉진하기 위해 각종 공공시설이 위치하는 커뮤니티센터를 입지시키되 복합화를 추진한다.

2) 미래형 주거지 조성

대중교통수단과 연계된 녹색교통(보행, 자전거) 연결체계를 구성하여 다양한 이동수단으로 편리하게 접근할 수 있는 교통환경을 조성하여 도로에 의한 녹색교통축 단절을 최소화할 수 있도록 보행네트워크를 마련하고 대중교통 연계체계 및 환승시스템을 구축한다.

주변의 수림 및 자연지형을 최대한 보존·활용하고 다양한 녹지공간을 충분히 확보하여 주민의 삶의 질 향상을 도모하기 위해 도시외곽의 녹지축과 연계한 주거지 녹지축을 확보하고, 단지 내 녹지공간과 연계하여 도시전체의 유기적인 생태네트워크를 구성한다.

주민들의 일상생활에서 쉽게 이용할 수 있는 문화공간을 조성하고, 생활권 별 공공시설의 복합화로 다양한 문화 복지수요를 충족하기 위해 기존 자연 및 역사환경과 조화된 문화인프라를 구축하며, 지구내 복합커뮤니티와 연계하여 다양한 주민친화형 문화공간을 조성한다.

주거지 내에 주민들이 언제 어디서나 네트워크에 접속하여 원하는 생활정보서비스를 제공받을 수 있는 기반을 조성하고 주택단위의 홈네트워크 시스템 등을 구축하여 첨단정보환경 주거지를 조성하고, 도시 전체적으로 쾌적한 안전도시를 구현한다.

3) 주거수요 추정 및 주거유형 배분

행정중심복합도시의 기능과 성격 및 미래의 선호도를 감안한 미래형 주거지 조성이 가능하도록 다양한 유형의 주택을 공급하기 위해 단계별 인구유입에 따라 도시성장이 갖는 특성을 고려해 주거수요를 추정하여 원활한 주택공급 및 쾌적한 주거환경을 조성하고 자연친화적이고 경관적으로 우수한 도시건설을 위해 일부 생활권의 경우 원형지 형태로 공급하여 계획단위개발을 유도한다.

고령화, 1인 가구 증가 등 미래의 가구특성 변화를 수용하고 저소득층, 장애인 등의 주거복지를 위한 다양한 주거양식을 도입하여, 기존 신도시에 비해 저밀 및 중·저밀의 주거면적을 확대하여 쾌적하고 다양한 형태의 주거지를 조성한다.

〈표 5-9〉 주택유형 배분(안)

구 분	저밀(80%)	중·저밀(120%)	중밀(150%)	고밀(200%)	합 계
호수	16,000	30,000	140,000	14,00	200,000
비율(%)	8.0	15.0	70.0	7.0	100
면적(만㎡)	425	245	915	68	1,653

4) 생활권 복합커뮤니티 조성

생활권별로 공공시설·교육·문화·복지시설 등을 평면적 또는 입체적으로 복합화하고 효율성을 제고하기 위해 대중교통축에 인접한 복합커뮤니티를 중심으로 주민교류의 장을 마련하고, 심리적 결합성을 제고하고 도시이념을 실현하는 한편, 시설별로 프로그램 및 기능이 유사하거나 연계·통합이 가능한 시설을 통합하여 토지의 효율적 이용을 도모한다.

커뮤니티시설 복합화를 통해 주민생활의 편리를 도모하고, 시설물 관리주체의 예산절감과 관리의 효율성을 제고하기 위해 공공시설을 복합화하여 시설투자비를 절감한다. 이용률 증대와 관리비 절감 및 수요변화에 탄력적으로 대응하고, 공동주택단지 안에 설치하던 일부 민간시설도 복합 설치하여 입주자 편의 및 시너지 효과를 제고한다.

또한 관계기관간 긴밀한 협의를 통해 복합화 가능시설을 도출하고 효율적인 운영

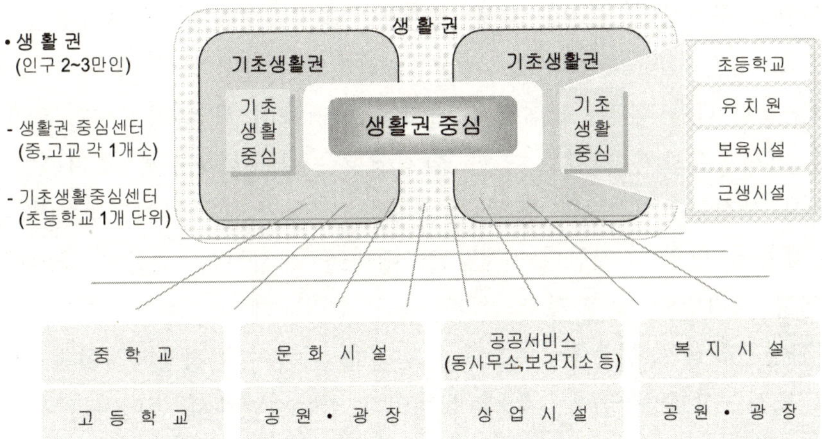

(그림 5-17) 개념도

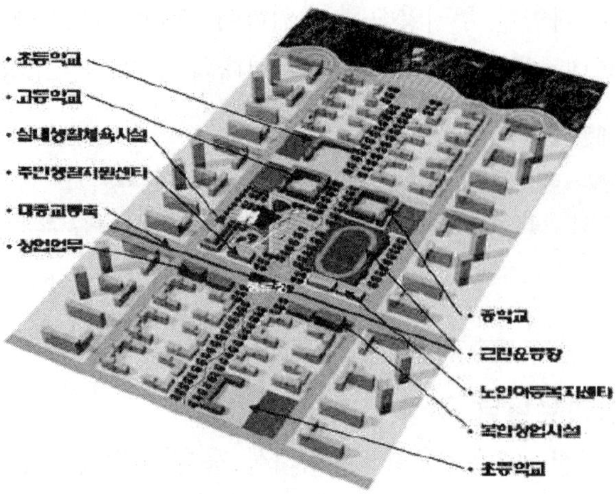

(그림 5-18) 조감도

방안을 마련한다. 공공서비스 시설 중 도시전체 차원 또는 상위 생활권에서 필요한 시설을 구분하여 설치하도록 하고, 다양한 시설 운영주체간의 효율적 관리를 위해 관리·운영 협의체의 구성·운영 등 관리방안을 강구한다.

(4) 친환경적인 생태순환도시

1) 환경보전지역 설정

예정지역 및 주변지역을 대상으로 동·식물 등 환경·생태조사를 실시해서 자연환경 및 생태계를 최대한 보전하기 위해 전문연구기관과 민간전문가·NGO 등이 참여하는 조사단을 구성한다. 현지에 대해 객관적인 환경·생태조사를 시행하고 조사결과를 바탕으로 녹지축 및 하천축 등 주요 보전지역을 설정하여 생태계 보전방안을 강구한다. 그런 다음 환경·생태조사 결과를 반영하여 사전 환경성검토 및 환경영향평가를 실시함으로써 개발로 인한 환경영향을 최소화하도록 추진한다. 개발계획 수립 시 사전환경성검토를 통해 환경목표 및 환경계획 가이드라인을 설정하고 토지이용계획에 반영 추진한다. 환경영향평가를 실시하여 사업의 장기화에 대비한 환경영향 저감방안 및 환경관리계획 등을 수립한다.

한편, 환경친화적인 행정중심복합도시 건설을 위하여 환경생태계획의 기본방향을 수립하고 도시구상에 반영하기 위해 백두대간 금북정맥에서 이어지는 녹지 흐름을 보존하여 원수산, 전월산 등 주요 산림을 연결하는 광역 녹지 네트워크를 구축한다. 금강과 미호천이 만나는 합수부는 다양한 동식물의 서식지로 생태계의 주요 거점이 될 수 있도록 친환경 네트워크 체계 구축하고 주요 동·식물이 서식하는 지역에 대하여는 최대한 보존하고, 도시구상 시 공원, 녹지, 친수 공간 등은 가능한 친환경적 이용을 유도하며, 도시 대기환경을 개선하기 위해 도시외부로부터 오픈스페이스 및 도시 내 주요지역으로 이어지는 바람통로를 확보한다.

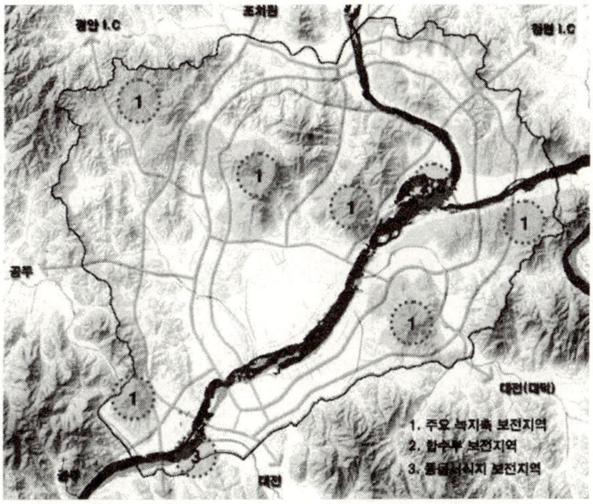

(그림 5-19) 주요 보전지역 구상도

2) 생태 네트워크 구축

환경·생태조사 결과를 기초로 녹지축(Green Network)과 하천축(Blue Network)을 총괄하는 생태 네트워크를 구축하기 위해 국사봉, 원수산, 전월산 등을 거점으로 하는 주 녹지축과, 도시를 순환하는 부 녹지축, 금강·미호천을 중심으로 하는 하천축을 연계해서[3] 생태 네트워크(Blue-Green Network)를 통해 생태계를 유기적으로 연결

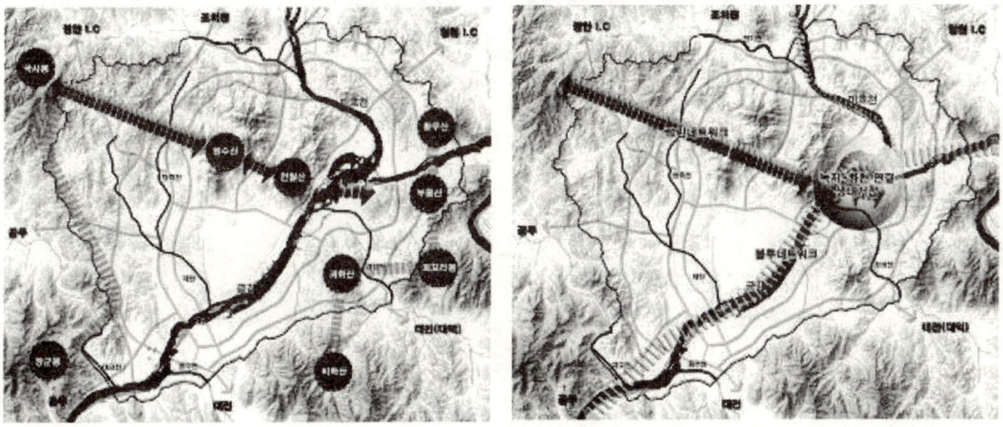
(그림 5-20) 생태 네트워크 구상도

3) 주녹지축 : 국사봉 - 원수산 - 전월산
부녹지축 : 국사봉 - 장군봉, 황우산 - 부용산 - 비화산

하고, 주민에게 자연과 접할 수 있는 기회를 제공하며 생태녹지체계를 바탕으로 공원, 녹지 및 친수공간 면적을 50% 이상 되도록 하여 세계적 친환경도시로 개발한다.[4)]

3) 환경순환시스템 도입을 통한 자원절약형 도시건설

물, 에너지 및 폐기물이 연계 순화하는 자원순환시스템을 구축하여 자원소비를 최소화하는 친환경도시건설을 추진하기 위해 중수도를 도입한다. 공공건물, 대형건물, 학교 등에 우수 저류시설을 설치하여, 오수·우수를 활용하는 물 순환체계 구축과 도시 내 불투수면을 줄이고, 침투시설 등을 설치하여 물 순환이 이루어지도록 한다. 비점오염물질이 자연 정화될 수 있는 기반을 마련하고 폐기물을 위생적·체계적으로 처리할 수 있도록 쓰레기분리 및 재활용 시스템을 정비하여 폐기물 발생 최소화 및 자원화한다. 가연성폐기물은 소각하고 그 폐열은 열병합발전소를 통해 재활용하여 폐기물과 에너지간의 순환시스템을 구축한다. 또한 전기·에너지 공급 시 폐열뿐만 아니라 청정에너지(LPG 등) 및 자연에너지(태양열 등)등 신재생 에너지를 적극 도입한다.

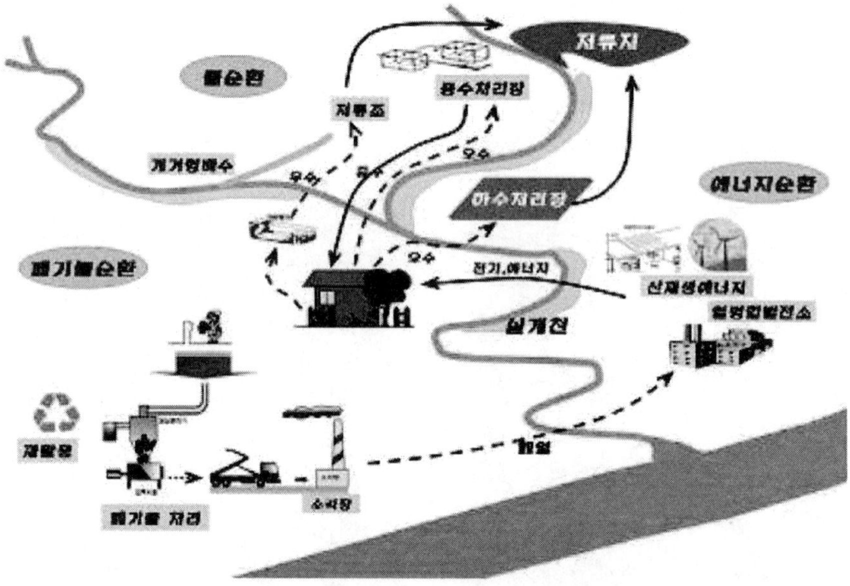

(그림 5-21) 자연 순환시스템 개념도

4) 주요 신도시 공원녹지 및 친수 공간 비율(%) : 분당 27.4, 일산 23.1, 판교 34.2, 동탄 25.4, 푸트라자야 37.6

(5) 아름답고 개성 있는 도시환경 조성

1) 친환경적이고 다양한 도시 공원·녹지 조성

도시 내・외의 녹지, 수변공간이 단절되지 않도록 연계하고 녹지와 수변공간에 대한 시민 접근성을 제고하기 위해 생활권 사이의 녹지공간을 충분히 확보한다. 쐐기형 녹지 등을 도입하여 주요 녹지축과 연계하고, 공원・녹지를 연결하는 보행로, 자전거도로가 단절되지 않도록 구상하여 시민의 접근성 및 활용도를 제고한다. 보전이 필요한 지역은 자연형 근린공원으로 조성하고 호수, 옥상녹화, 생태공원 등 다양한 비오톱(Biotope)을 설치한다.

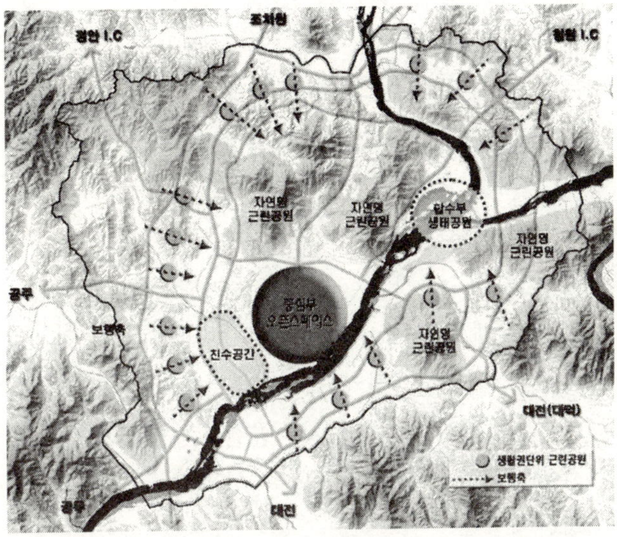

(그림 5-22) 도시공원・녹지 구상도

생활권별로 다양한 규모・형태의 도시공원을 조성한다. 시민들이 편리하게 이용할 수 있는 휴식·레저공간을 제공하기 위해 시민이 쉽게 접근할 수 있는 곳에 근린공원을 배치하고, 생활권 특성을 고려하여 근린공원의 규모·성격을 차별화한다. 어린이공원은 안전성을 고려하고 근거리에서 이용가능토록 하여 접촉과 교류를 제공하는 공간으로 조성한다. 공원별 차별화 추진하며, 소공원은 도로 모퉁이, 오피스 건물 사이의 소규모 토지 등에 조성하여 도시민에게 특색 있는 휴식공간을 제공한다.

(그림 5-23) 중심부 오픈스페이스 배치 예시도

2) 도시 중심부 오픈스페이스 구상

도시를 환상형 구조로 개발함에 따라 도시 중심은 도시의 상징공간이자 자연과 사람이 공존하는 공간으로 조성한다. 시민들이 다양한 목적으로 활용할 수 있으므로 복합적 성격의 공원으로 조성하여, 오픈스페이스 내부 및 주변지역은 문화체육레저시설 등 시민들이 쉽게 활용할 수 있는 시민 친화적 시설을 배치한다.[5)]

3) 도시 내 친수공간 조성

도시 내 친수공간 조성을 위해 하천의 수량을 유지할 수 있는 방안을 강구하되 환경영향을 최소화하도록 추진키 위해 수중보 설치, 대청댐 방류량 증가 등 하천의 수량 확보 방안을 마련한다. 인공구조물 설치로 인한 환경영향을 최소화하고 하천변 제방은 경사를 완화하여 치수안전도를 향상시키고 고수부지와 연계하여 주민의 휴식공간으로 활용한다.

이러한 친수공간은 시민의 여가활동을 지원하고 도시 어메니티를 증진하기 위해 시민이 쉽게 이용할 수 있도록 녹지축 및 주거·문화·상업시설과 연계가 되어야 하며, 보행 공간, 자전거도로 등을 설치하여 하천으로의 접근성을 높일 필요가 있다. 또한, 수변공간은 여가휴식 공간, 자연생태학습장 등을 조성하며, 하천은 가능한 자연 형으로 조성함을 원칙으로 하고 생태공원, 수변식생대 등을 조성하여 하천생태를 보전한다.

(그림 5-24) 수변 공간 조성 예

---

5) 구체적인 조성방안은 국제공모, 전문가 의견수렴 등을 통해 수립

4) 매력적인 도시경관 조성

경관자원분석을 통해 주요 조망점 및 경관축을 설정하고 지역별 특성에 맞는 경관 형성을 도모하기 위해 원수산·전월산, 금강 미호천 및 주요 도시 거점 등 조망점을 중심으로 경관축을 설정한다. 도시 내의 통경축과 방향성을 확보하고, 지역별로 개성 있고 조화로운 경관을 연출하되, 도시 전체적으로 통일적인 경관지침을 마련하여 도시의 정체성을 확보한다. 건축물·교량 등 도시경관과 산지·수변 등 자연경관이 조화를 이루도록 도시전체의 스카이라인을 형성한다.[6]

행정중심복합도시의 정체성 및 이미지를 확립하고, 도시의 상징성을 강화할 수 있는 도시경관을 형성하기 위해 환상형 도시로서의 정체성과 도로의 위계, 장소성, 방향성을 인식할 수 있도록 간선도로에 가로축 경관을 조성한다. 대중교통축을 중심으로 하는 가로경관을 조성하고, 주요 경관자원과 연계된 보행위주의 특화가로를 조성한다.

장기적인 관점에서 도시 이미지 및 경관 변화를 조절할 수 있도록 단계적으로 계획하여 도시의 단계적 개발에 따라 도시경관이 미래 여건에 맞추어 유연하게 변화하며 발전할 수 있도록 경관형성 전략을 수립한다. 미시적 경관강화를 위해 세부 경관

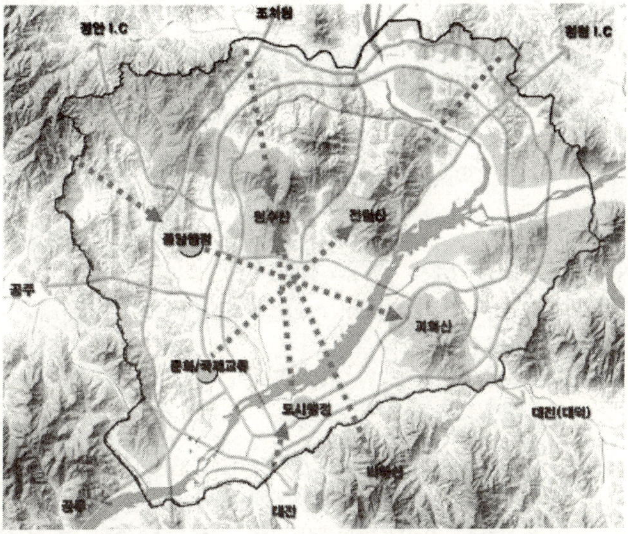

(그림 5-25) 도시경관축 조성(안)

6) 주요 경관축을 검토하여 실시계획 및 지구단위계획에 반영
- 국도 1호선의 북측 진입부와 남측 진입부에서 원수산을 바라보는 축
- 북동측에서 접근하여 전월산을 바라보는 축
- 원수산과 비학산을 연결하는 축
- 중앙행정기관에서 괴화산을 바라보는 축 등

과제를 설정하여 실시계획 및 지구단위계획 등 하위계획에 반영[7]하고 경관관리를 도모한다.

건축적·문화적으로 우수한 건축물의 건립을 유도함으로써 우수한 도시경관을 창출하고 도시품격향상을 도모하기 위해 설계경기, 시범사업, 인증제도 등을 통해 미적·기능적으로 우수한 건축물, 교량 등을 건설하여 도시의 미관향상을 도모한다.

(6) 시민 친화적이며 효율적인 정부청사 배치

1) 중앙행정기관 등의 이전계획 개요

특별법 제16조에 따라 행정자치부장관은 중앙행정기관 등을 행정중심복합도시로 이전하는 계획을 수립('05.01.05)하고 수립된 계획에 따라 도시 건설을 위한 각종 계획을 실행하며 청사 배치방법 및 배치유형의 결정 등 청사건립의 지침으로 활용한다.

이전계획에 따라 중앙행정기관 18부 4처 16청 중 12부 4처 2청과 그 소속기관 등 총 49개 단위행정기관을 이전하며 2012~2014년까지 순차적으로 이전 완료한다.

〈표 5-11〉 중앙행정기관 등의 이전계획

구 분	이전대상기관	
총 계	49	12부 4처 2청
1. 대통령 직속기관	4	중앙인사위원회, 소청심사위원회, 국민고충처리위원회, 중소기업특별위원회
2. 국무총리 직속기관	12	국무조정실, 국무총리비서실, 비상기획위원회, 공정거래위원회, 국가청소년위원회, 기획예산처, 법제처, 국정홍보처, 해외홍보원, 영상홍보원, 국가보훈처, 보훈심사위원회
3. 부·청단위 중앙행정기관	33	재정경제부, 국세심판원, 공적자금관리위원회, 금융정보분석원, 경제자유구역기획단, 지역특화발전특구기획단 교육인적자원부, 교원소청심사위원회 과학기술부, 농림부 산업자원부, 무역위원회, 광업등록사무소, 전기위원회 정보통신부, 통신위원회사무국, 우정사업본부 보건복지부, 환경부, 중앙환경분쟁조정위원회 노동부, 중앙노동위원회, 최저임금위원회, 산업재해보상보험심사위원회, 해양수산부, 중앙해양안전심판원 국세청, 소방방재청

7) 건축물 미관, 옥외광고물, 도시환경색채, 야간경관, 공원·녹지 수변 공간, 공공시설물, 도시구조물 등 7대 경관과제를 선정, 세부 경관지침을 마련하여 실시계획 및 지구단위계획에 반영

2) 정부청사 입지의 선정

정부청사의 입지는 도시구조와 미래상 등 거시적 측면과 접근 편의성, 개발 편의성 등 현실적 측면을 고려하여 선정한다.[8] 주요 정부청사는 장남평야 북서쪽 지역의 대중교통축 주변으로 업무연관성을 고려하여 배치하며 단독청사는 시민친화도 및 업무 유형을 고려하고, 유관기관의 위치 등을 종합적으로 검토하여 일정지역에 분산 배치한다.

(7) 다양하고 질 높은 선진 교육환경조성

선진국 수준의 여유 있고 쾌적한 교육환경조성을 목표로 한다. 우리나라 학급당 학생수('03년 기준)는 초등학교 34.7인, 중학교 35.2인으로 OECD회원국 평균[9]에 비해 높은 실정이나, 국내 여건을 감안한 최적의 교육환경을 조성하기 위해, 개인의 특성에 맞는 교육이 가능하도록 초·중·고교 학급당 학생수 20인, 학교당 학생수 600인 수준을 목표로

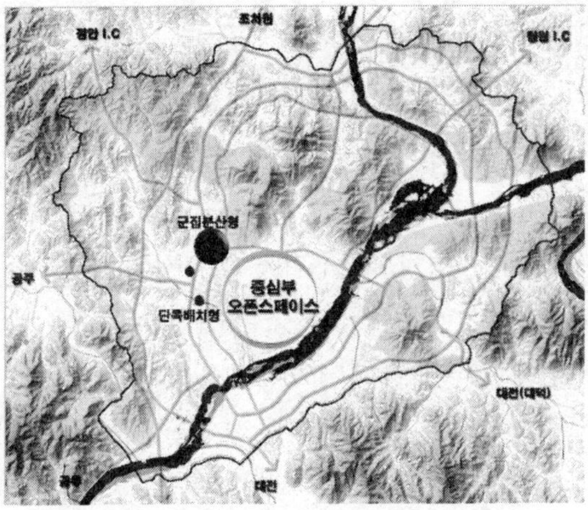

(그림 5-26) 주요 정부청사 입지예상 지역 예시

〈표 5-12〉 학교시설 소요개수 추정(안)

구 분	개 소
유치원	생활권별 2개소
초등학교	생활권별 2개소
중학교	생활권별 1개소
고등학교	생활권별 1개소
종합대학교	1개소
전문대학교	행정전문대학원 등
평생교육센터	생활권별 1개소

8) 입지선정 기준 : 전통적 입지상징성, 시민친화성, 환경친화적 경관잠재력 활용, 광역적 접근편의성, 도시적 기능연계성, 개발편의성, 도시활성화촉진, 안전성 등

9) OECD 평균 : 초등학교 21.6인(오스트리아 20.1, 프랑스 22.6, 일본 28.6)
중 학 교 23.9인(오스트리아 24.0, 프랑스 24.2, 일본 34.0)

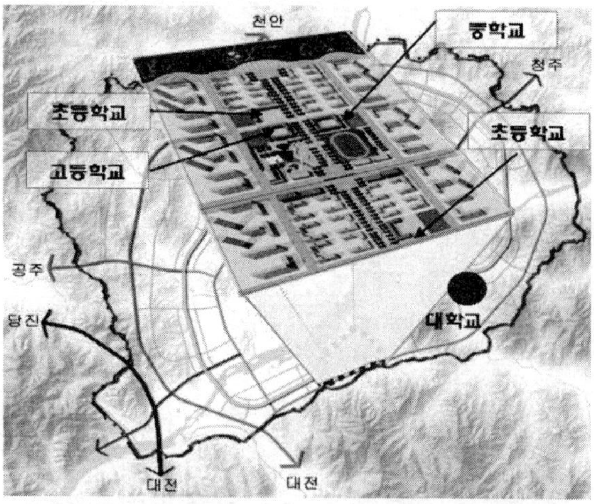

(그림 5-27) 학교시설 배치구상 예시

추진한다. 개발단계에 따라 초기단계에는 학급당 25인, 최종단계에서는 학급당 20인으로 계획한다. 또한 최적의 교육환경이 구축된 특수학교 등을 설치하여 특수교육 대상자에 대한 교육장애도 해소한다.

행정중심복합도시의 지속기능을 확보하고 지역 내 인적자원 활용 및 개발을 위해 우수대학의 입지를 추진하기 위해 대학의 통합이전, 기존대학 이전, 신규대학 설립 및 외국대학 유치 등 다양한 방안을 강구한다. 행정·연구기능 종사자의 연수 및 지역주민의 재교육을 위해 연구기관 등과 연계한 전문대학원 등을 설치한다.

언제 어디서나 학습할 수 있는 평생학습체제를 구축하고 시민들의 정주성 확보 및 교육만족도를 제고하기 위해 유아에서 노년에 이르는 평생교육체제를 구축하여, 평생교육원 및 평생교육정보센터 등을 설립하는 등 평생학습도시를 구현한다.

(8) 품격 높고 풍요로운 문화 인프라 구축

커뮤니티기능을 강조한 일상생활중심의 문화기반시설을 체계적으로 조성하는 등 열린 문화 환경을 구축하고, 다양한 문화 활동이 전개될 수 있도록 다목적용 복합문

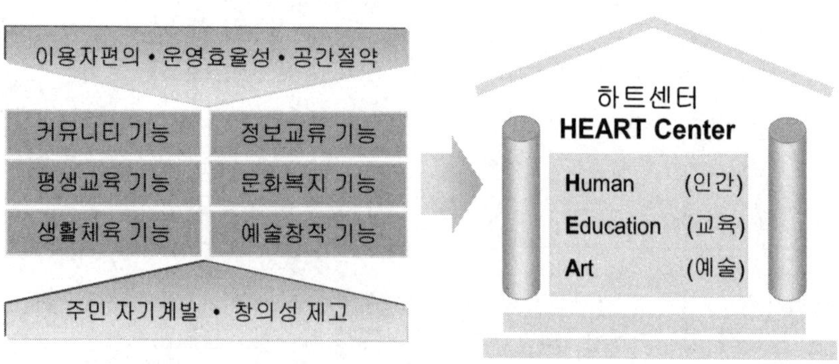

(그림 5-28) 하트센터(HEART Center) 기본개념 예시

화시설(하트센터[10])을 생활권별로 배치하여 지역커뮤니티 역할을 도모하되 거리·광장 등 오픈스페이스, 공공 또는 업무용 건축물 저층부 등을 시민들이 활용할 수 있는 열린 공간으로 조성한다.

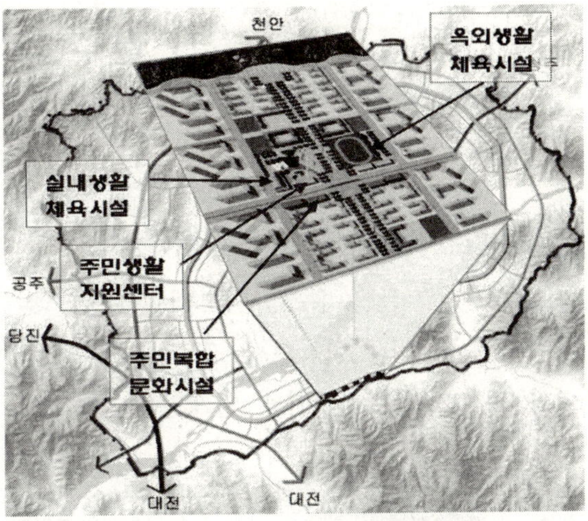

(그림 5-29) 문화시설 배치구상 예시

문화도시로서 이미지를 제고하고 도시의 자족성과 경쟁력을 확보하기 위하여 품격 높은 문화기반시설을 조성하기 위해 각종 정보를 신속하고 정확하게 생산·지원하며 지식정보센터 역할을 담당하는 첨단 미디어테크 등을 조성한다.[11] 시민들에게 질 높은 문화향유 기회를 제공하고 문화도시로서 도시 이미지 제고를 위해 높은 수준의 전문공연시설을 건립한다.[12]

전통과 현재가 조화를 이루는 역사문화 환경을 조성하고 지역의 고유문화유산을 계승·발전시키고 도시이미지를 제고하기 위해 과거와 현재가 공존하는 생태생활사박물관 등을 조성하는 방안도 검토하여 지역고유의 역사문화 정체성을 제고하고, 도시 건설과정을 보여주는 도시역사 및 건축박물관 등의 박물관 거리를 조성하는 등 문화환경을 조성한다.

시민들의 문화 활동 참여로 도시의 독특한 장소성을 창출한다. 문화시설 간 네트워크를 통하여 관광환경 조성하기 위해 문화의 거리, 공연 및 전시 공간 등을 활용하여 시민들이 문화 활동에 참여함으로써 생동감 넘치는 참여형 도시문화를 만든다. 도시 내 박물관, 미술관, 전문공연시설 등 문화시설을 연계하는 관광루트를 개발하는 등 도시를 관광자원화한다.

---

10) 하트센터(HEART Center)
-인간(Human), 교육(Education), 문화(Art) 등의 기능적 복합형태
-공공시설(주민자치센터)기능과 문화·체육기능 시설의 물리적 복합형태

11) 프랑스 국립 퐁피두센터, 일본 센다이 미디어테크는 도서관·갤러리·스튜디오 등 다양한 기능이 복합되어 도시 이미지를 제고

12) 스페인 빌바오의 구겐하임미술관은 공연전시와 함께 건축적 디자인이 조화를 이루어 도시의 문화성을 높이는 중요 요소로 작용

(9) 건강한 삶을 제공하는 복지인프라 구축

모든 시민이 건강하게 생활할 수 있도록 최적의 건강환경을 조성한다. 질 높은 보건의료 서비스를 제공하기 위해 테마거리 및 공원·광장 등을 오픈스페이스와 연계하고, 건강한 신체를 단련할 수 있는 생활권 단위 운동공간을 체계적으로 조성하며, 취약계층의 진료접근성을 강화하기 위하여 생활권 중심으로 보건소 또는 보건분소 등 공공의료기관을 설치하며, 의료기관간 진료정보를 공유하고 의료시설 간, 의료시설과 다중시설 간 원격영상 진료체계를 구축하여 수준 높은 의료기관을 유치하고, 국내외 최첨단 의료기관과의 연계망도 구축하여 질 높은 보건의료서비스를 제공한다.

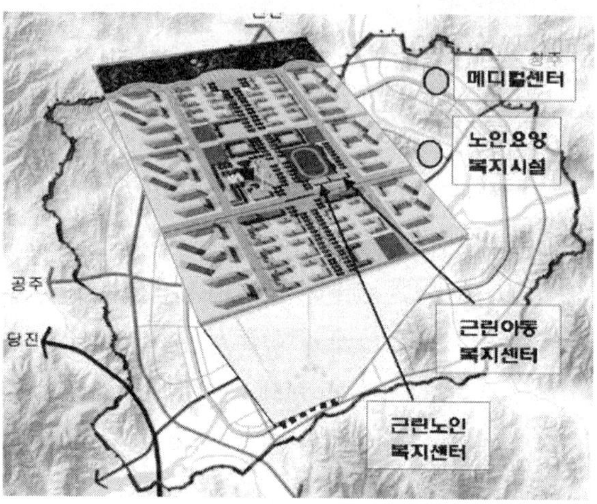

(그림 5-30) 복지시설 배치구상 예시

뿐만 아니라, 모든 시민이 물리적인 장애 없이 원하는 곳은 어디든 안전하고 편리하게 다닐 수 있는 장벽 없는 도시건설을 지향한다. 대중교통에 대한 접근성 확보와 턱 없는 거리 조성 등 교통약자 중심의 보행환경을 정비하고, 안전하고 편리하게 접근할 수 있는 공공시설 및 건축물이 건축될 수 있도록 도시계획 단계부터 고려한다.

자녀양육과 부모부양이 편리하

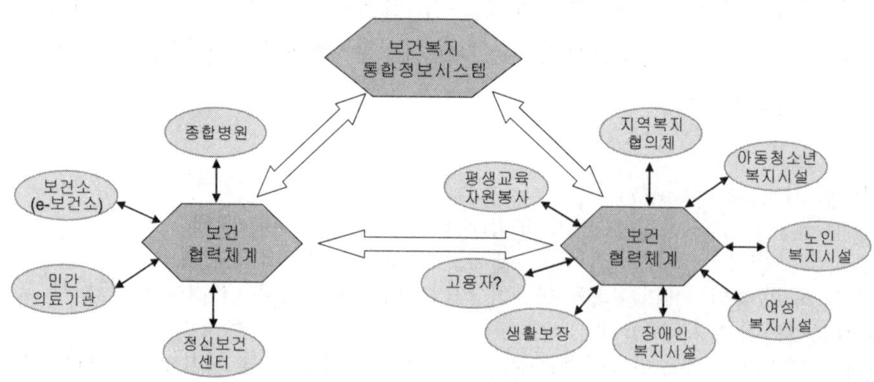

(그림 5-31) 보건복지 통합정보시스템 개념 예시

고, 장애인·여성이 살기 좋으며, 가족이 함께 모여살기에 편리한 복지시설 조성한다. 이를 위해서 여성들이 안심하고 일할 수 있도록 양질의 보육·육아지원시설을 구축하고, 노부모를 부양할 수 있는 요양보호시설 등 설치하며, 아동·여성·장애인의 인권을 보호하는 원스톱 보호·지원시설을 구축하고 통합화하여 한 곳에서 제공할 수 있도록 종합복지센터를 설치하고 문화교육시설 등 관련 시설과도 연계하고, 언제 어디서든지 필요한 보건복지정보와 서비스를 연결할 수 있도록 보건복지통합정보시스템을 구축한다.

(10) 편리하고 인간중심적인 교통체계

1) 광역교통체계

전국 주요도시 및 혁신도시에서 2시간 이내에 접근할 수 있도록 국가간선 교통체계를 정비하여 전국적 접근성을 제고한다. 강원권 등 접근성이 취약한 지역에는 도로, 철도 등 간선시설을 확충하여 접근성을 강화하고, 경부고속도로를 비롯한 행정중심복합도시 주변 간선도로와의 연결도로를 확충한다. 또한 기존철도망과의 연계 교통체계를 구축하며, 청주국제공항 및 고속철도(오송역 등)와의 연계교통체계를 대폭 확충하고, 공항이용객의 편의를 위한 도심공항터미널설치와 청주국제공항의 시설확충 및 노선확대를 추진한다.

행정중심복합도시와 충청권 주요지역과의 원활한 연결과 접근성 강화를 위해 광역교통체계를 정비·확충하고 대전, 청주, 공주 등 충청권 주요도시 및 행정중심복합도시 인근 고속국도·국도·지방도·철도 등과의 연결 교통체계를 정비한다. 지역 간 교통량의 도시 내 통과를 감소시키고, 도시 내 원활한 교통순환을 유도하기 위해 우회도로 및 순환도로망 등을 건설한다.

2) 도시교통체계

행정중심복합도시 시민뿐만 아니라 방문객·관광객들도 쉽게 접근하고 이용할 수 있는 대중교통중심체계 구축하기 위해 대중교통축과 보행축을 연계하고 이용 및 접근성을 극대화 시키며, 승용차로 인한 과다 교통수요 발생을 적극 관리할 필요가 있으며, 주변도시와 수평적으로 연계가 용이한 대중교통 중심적 네트워크형 도시 구현을 위해 언제 어디서나 쉽게 교통정보를 접하고, 이를 활용하여 교통시스템을 편리하게 이용할 수 있는 지능형 교통시스템을 구현한다.

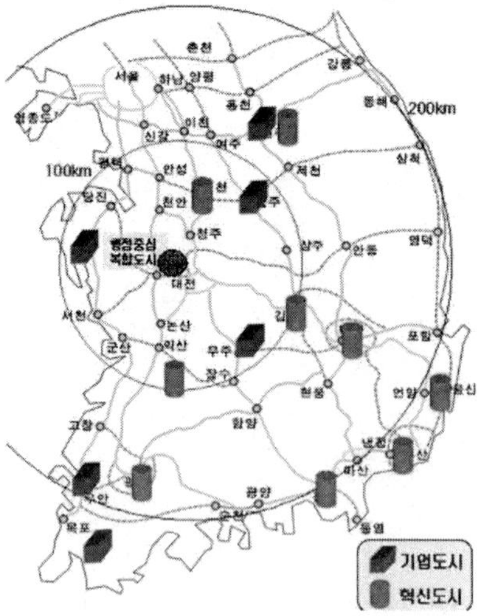

(그림 5-32) 전국 주요도시에서 접근도('06.5 기준)

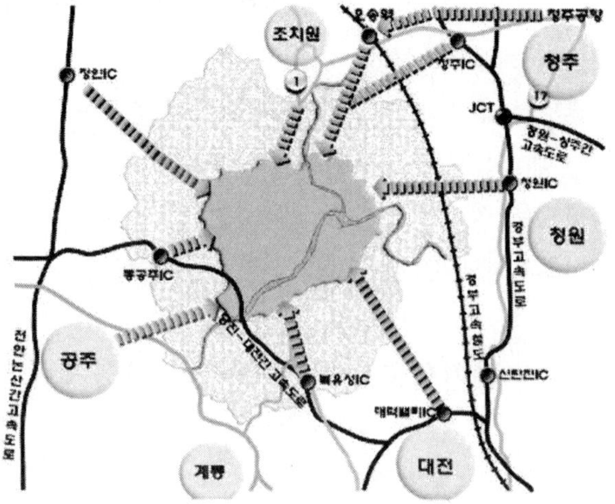

(그림 5-33) 주변도시 및 기존 교통시설과의 접근 개념도

보행, 자전거 등 녹색교통수단으로 도시전역을 안전하게 다닐 수 있도록 친환경적이고 인간중심적인 도시교통여건을 조성하기 위해 보행자에게 안전하고 편리한 보행권을 보장하고 승용차 이용에서 자전거·보행 등 녹색교통수단 이용으로의 전환을 유도하고 장애인·노인·아동 등을 포함한 모든 계층이 편리하고 안전하게 이용할 수 있는 평등한 교통권 부여 및 교통무장애도시를 구현하기 위해 교통약자들이 대중교통을 쉽게 이용할 수 있는 편의시설을 확충하고, 통행에 장애가 없도록 교통시설을 구축한다.

3) 대중교통체계

수송효율이 높은 대중교통을 이용하여 도시 내 어느 곳이든지 20분 내외에 접근이 가능하도록 환상형 도시교통체계를 구축하여 대중교통을 쉽게 이용하고 접근할 수 있도록 한다. 그러기 위해서는 대중교통전용지구(Transit Mall) 및 신교통수단 도입 등의 통행여건을 조성하고, 환상형 대중교통축 상의 정류장은 중앙행정·도시행정 등 주요기능의 배치, 주거지와의 접근성 등을 고려하여 적정 간격으로 설치한다.

환승센터와 터미널은 도시내부 및 도시외부의 업무, 상업, 여가기능 등과 결합하여 대중교통의 접근성이 제고되도록 설치한다. 환승센터는 대중교통축상에 입지토록 하고 주차공간은 환승경로를 단축하는 방안으로 검토해야하며, 대중교통 이용의 편의를 위하여 철도역, 공항, 주변도시 터미널 등과 연결되는 대중교통축 및 환승체계를 구축한다.

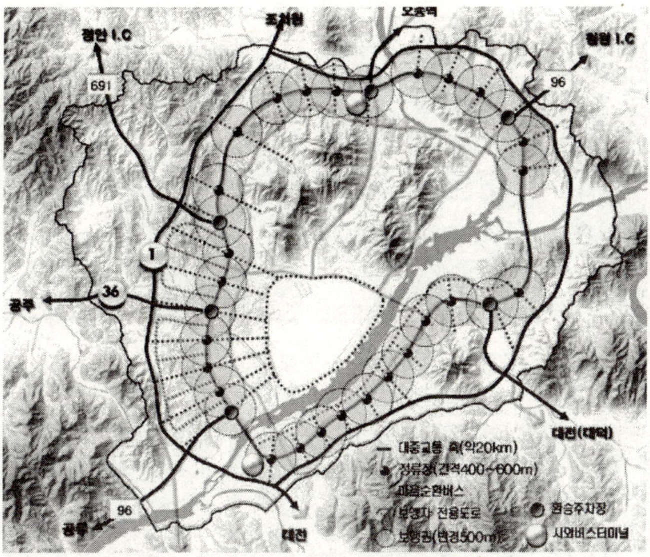

(그림 5-34) 도시교통체계 구상 개념도

(그림 5-35) 대중교통중심축 및 가로경관 예시도

4) 녹색교통체계

환경 친화적이고 인간존중의 녹색교통체계를 구현하여 주민에게 쾌적한 교통 환경을 제공하고 걷고 싶은 도시를 조성하기 위해 보행자에게 안전하고 편리한 보행권을 보장한다.

승용차 이용에서 자전거·보행 등 녹색교통수단 이용으로 전환을 유도하고, 자전거와 도보로 청사, 정류장, 학교 등 도시전역을 다닐 수 있도록 녹지대와 연계하여 자전거 도로망과 산책로를 조성한다.

노약자·장애인 등 교통약자를 위한 편의시설을 확충하고 주택가등에는 교통정온화기법(Traffic Calming)을 통해 교통안전을 제고한다.

(그림 5-36) 녹색교통체계 조성사례 예시도

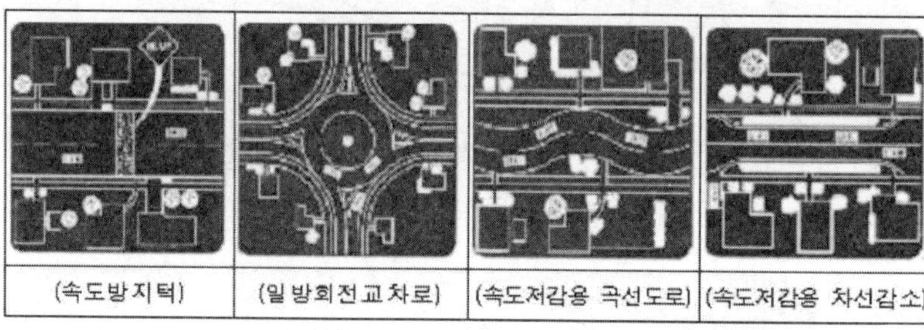

(그림 5-37) 교통정온화기법 예시도

5) 지능형 교통체계 및 물류시스템

첨단 정보통신·제어기술을 활용한 지능형교통체계(ITS)를 구축하여 교통편의 증진과 교통효율을 극대화하기 위해 이용자중심의 실시간 교통 및 대중교통정보서비스를 제공한다. 또한 안전관리를 위한 첨단신호제어 및 돌발상황관리체계 등의 구축

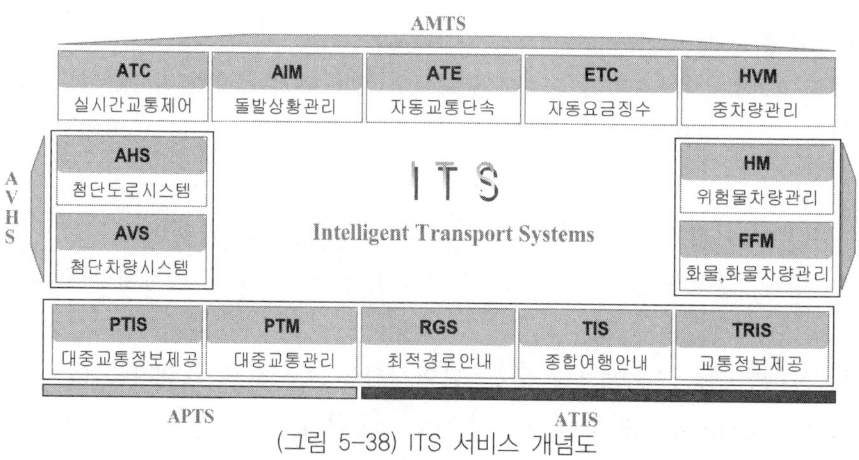

(그림 5-38) ITS 서비스 개념도

과 주차정보 및 최적경로 안내서비스 등 주변도시와 연계한 통합형 U-Transport체계를 구축한다.

환경과 편익성을 중시하는 Smart 물류망구축으로 저물류 도시를 지향하며, 도시개발의 단계별 수요에 부응하는 물류시설을 배치한다.

(11) 안전한 도시를 위한 방호 및 방재계획

1) 안보적 중요성을 감안한 방호체계 수립

국가안보적 중요성을 감안하여 평상시 안전성과 유사시 적응성을 확보하기 위한 방호개념을 도입한다. 그리고 전시에 주요시설을 보호하기 위해 지형, 지세 등 자연적 요건을 최대한 이용하여 환상형 도시구조에 적합한 방호체계를 구축한다. 각종 테러에 대비하여 효율적인 방호체계를 구축하고, 해킹·컴퓨터 바이러스 유포 등 사이버테러에 대한 대책도 수립한다.

또한 전시 및 테러 등 긴급사태 발생 시 국가 행정기능을 유지할 수 있도록 방호시설을 구축하고, 에너지, 식·용수, 의료, 정보·통신, 교통, 금융 등 중요 시설에 대해 유사시에도 기능이 유지될 수 있도록 대책을 마련한다.

주요 공공시설의 배치 및 시설구조 설계 등에 대하여는 방호요소뿐 아니라 도시미관을 함께 고려하여 설치한다. 이때 공공청사, 대형건물 및 기타 기반시설 건설시 방호요인을 사전에 반영하되, 다른 기능 및 도시미관과 조화를 고려한다.

2) 각종 재난에 대비한 방재대책 수립

풍수해에 대비하여 주요 하천의 정비기준을 강화하고 하천, 저류지 등 수방시설을 종합 연계하는 광역치수계획을 수립해야한다. 이를 위해 국가하천의 계획 홍수량을 200년 빈도로 설정[13]하여 자연형 완경사 제방을 설치하되, 지형 등 여건에 따라 성토·제방설치를 병행한다. 지방하천 및 소하천도 수해에 대비하여 정비방안을 마련하고 하천 유역 내 건축물 건축 시 홍수위를 고려하여 설계한다. 공원·녹지, 공공시설, 아파트 단지 등에 우수 침투 및 저류시설 등 우수유출 저감시설을 설치하고 녹지 및 하천과 연계한다.

---

13) 현재 건설교통부 하천설계 기준에 따르면 국가하천은 100~200년 빈도, 국가하천의 주요 구간인 경우 200년 빈도 이상으로 설정

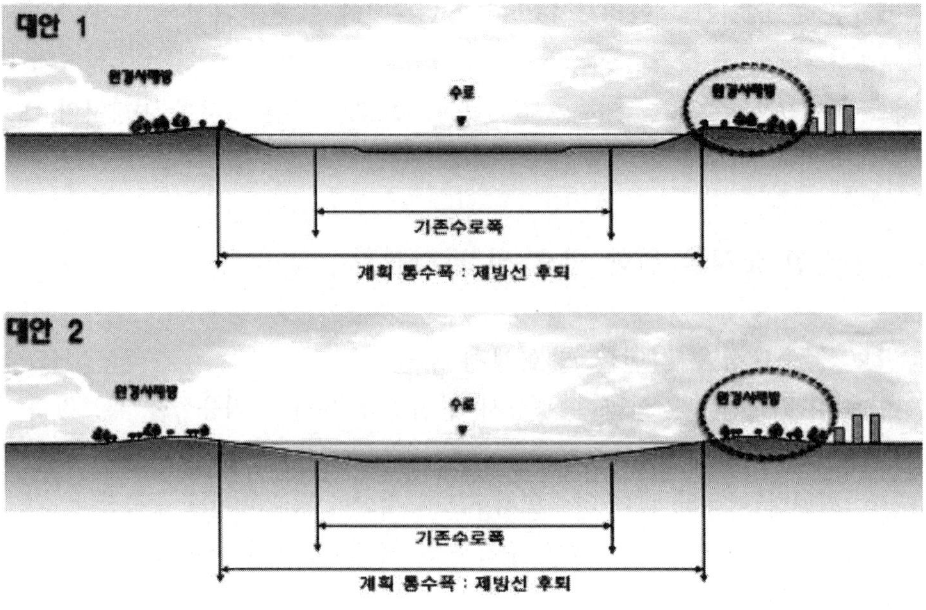

(그림 5-39) 자연형 완경사 제방 개념도

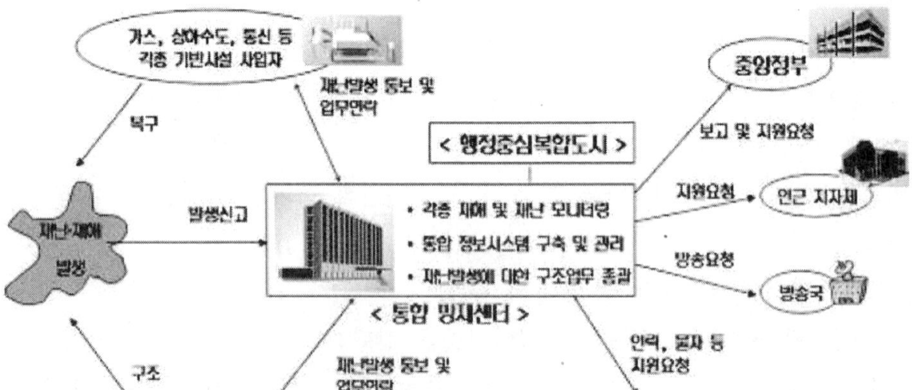

(그림 5-40) 통합 방재체계 개념도

도시설계 시 태풍·지진 및 화재 등 각종 자연재해 및 인적 재난을 최소화할 수 있는 방안을 고려하기 위해 건축물, 도시지하 공간 등 도시건설시 기준을 강화하여 적용한다. 또한 생활권별로 오픈스페이스, 학교 등 방재거점을 지정하고, 토지이용 시 간선도로, 공원·녹지, 하천 등의 오픈스페이스를 적절히 배치하여 지진 시 화재에 대한 피해를 최소화 한다. 그리고 재난 유형별로 표준화된 방재지침을 마련하여 정부청사와 다중이용시설물, 공공시설물 건설계획 등에 반영한다.

재해발생 시 신속하고 효율적인 복구를 위해 실시간으로 현황을 파악하고 대응할 수 있는 방재관리체계 구축과 사고·화재·오염 등 모든 재해·재난에 대하여 방재업무를 통합 관리하는 종합방재센터를 설치하고, 각종 재해에 대한 예·경보, 데이터 수집 및 관리, 재해·재난 모니터링 등을 종합하는 첨단 방재정보시스템을 구축한다.

3) 범죄발생을 예방하는 안전한 도시

도시구상 단계부터 범죄발생 예방을 위한 다양한 설계기법을 적용하여 범죄로부터 도시공간 조성을 고려한다. 사람이 활동하지 않는 공간이 조성되지 않도록하며 야간활동을 고려한 건축계획이 이루어지도록 설계·건축지침을 마련하고, 통행으로부터 고립된 지역 또는 시야가 제한된 사각지대 등은 가능한 발생하지 않도록 실시계획 및 지구단위계획 수립 시 고려한다.

토지이용계획 시 용도의 복합화 등을 통해 공동화를 방지하고 주민활동을 증진시켜 시민의 자연감시를 강화하기 위한 야외쉼터, 놀이시설 등 사람들이 야외에서 활발히 활동할 수 있는 시설들을 적절히 배치한다. 그로 인해 범죄유발을 저감하고, 생활권에 커뮤니티 조성을 촉진함으로써 공동체 의식을 강화하여 주민 스스로 범죄를 감시·예방할 수 있는 설계방안을 마련한다.

〈 범죄예방 설계기법 〉 (CPTED : Crime Prevention Through Environmental Design)
· 주거단지나 공공시설이 자연적 감시효과·접근통제·영역성 등을 확보할 수 있도록 하여 범죄 발생을 예방하는 도시설계기법 – 도로의 시야선을 확보하고 볼록거울, CCTV, 비상벨 등을 설치 – 보행도로에 조명을 설치하는 등 야간조명시설 확충 – 시야가 닿지 않거나 구조를 요청할 수 없는 사각지대 발생 억제 – 커뮤니티 조성을 촉진하여 범죄로부터 안전한 주거환경 조성

(12) 미래지향적인 첨단 정보·통신계획

사람·환경·정보기술의 조화 속에서 삶의 질 향상에 초점을 맞추어 U-행정중심복합도시 비전 및 추진전략을 설정하고 행정중심복합도시의 특성을 고려하여 열린 전자행정 · 정보네트워크 · 통합정보센터 · 정보문화비지니스 등을 추진전략으로 활용한다.

행정업무의 효율성 및 인식을 제고한다. 시민이 정책결정과정 등에 참여하는 열린 전자행정을 구현하기 위해 전자행정시스템, 실시간 오염감시, 전자민원처리 등 각종 행정업무를 정보화 · 지능화 · 통합화하여 행정의 효율성을 제고하고, 유비쿼터스 공공참여 관리계좌를 통해 시민의 의견을 반영할 수 있도록 지원하여 행정과정의 민주성 및 투명성을 확대한다.

행정중심복합도시에 거주하거나 방문하는 사람은 누구나 제약 없이 광대역 멀티미

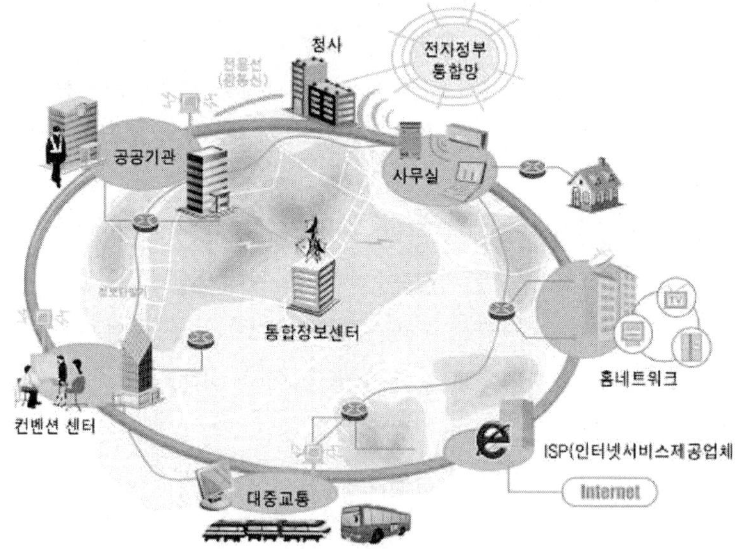

(그림 5-41) U-행정중심복합도시 첨단정보통신 기본개념도

(그림 5-42) 열린 전자행정 개념도

디어 서비스를 이용할 수 있는 유무선 네트워크 환경을 조성한다. 또한 다양한 도시정보를 효율적으로 시민들에게 제공하고, 도시의 안전관리 정보서비스를 제공하는 통합정보센터(정보허브)를 구현하기 위해 지리정보시스템(GIS)구축한다. 그리고 시설물마다 독립적으로 운영 중인 지리정보시스템을 통합하여 U-행정중심복합도시 기반을 마련하며, 교통·에너지·환경·방재 등 도시 관리시스템을 정보화하여 주민생활에 불편이 없도록 공공서비스를 효율적으로 제공한다.

(그림 5-43) 도시통합정보센터 개념도

도시 특성을 고려하여 디지털 정보화·도시 브랜드화·도시마케팅 전략 등 새로운 사업을 개척하는 정보문화 비지니스를 창출하기 위해 첨단 정보기술을 이용한다. 그래서 도시의 건설과정 및 고유 문화유산 등 각종 정보를 기록·분석·저장하여 고부가가치 정보를 창출하고 U-행정중심복합도시의 도시브랜드 창출 및 향후 타 도시에 U-City 모범 모델을 벤치마킹할 수 있는 정보문화를 제공한다.

(13) 전통 문화유산의 보존과 계승

고고·역사분야에서는 매장·지상문화재, 역사자료 등에 대한 보존 및 활용방안을 마련하기 위해 지표조사를 시행하고 유적·유물 분포 현황을 파악[14]한다. 유적분포가 예상되는 지역은 시·발굴조사를 실시하며, 조사결과를 통해 발굴된 문화유산은

〈표 5-13〉 지표조사 중간결과 문화재 분포현황

구 역	주요 유물
· I 구역(당암리, 제천리)	구석기~조선시대 유물
· II구역(갈운리 일대)	청동기~조선시대 유물
· III구역(나성리 일대)	원삼국, 조선시대 유물
· IV구역(월산리, 함강리)	청동기, 원삼국, 고려, 조선시대 유물
· V구역(반곡리, 석삼리, 장재리, 석교리 일대)	청동기~조선시대 유물

14) 지표조사 중간결과 5개 구역에서 유적이 집중 분포

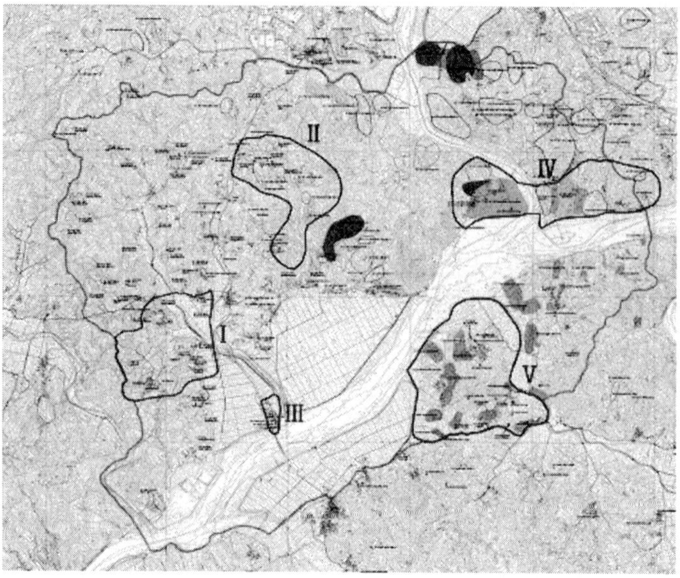

(그림 5-44) 지표조사 중간결과 문화재 분포현황

원형보존을 원칙으로 하고 불가피한 경우 공원이나 녹지 등으로 이전하여 관리한다. 세시풍속·일상의례·신앙·지명 등 기존 주민의 생활사 등을 조사하여 인류·민속자료로 기록하여야 하며, 보존할 가치가 있는 경우는 현상보존 또는 이전·관리하고, 그 외 문화유산은 영상물 등으로 자료화한다.

(14) 경제적이고 체계적인 기반시설조성

1) 공급처리시설

① 상수도

단계적 도시발전을 대비하여 충분한 용량을 확보하되 중수·우수시설 등 자원순환시스템을 구축하여 상수공급량의 절감을 유도한다. 1일 소요 용수량은 15~17.5만 톤으로 추정되므로 안정적 상수공급을 위한 용수 수급계획을 수립하여, 상수공급은 대전시 상수도, 충남중부권 광역상수도 또는 2가지 방식으로 일정 수량씩 공급받는 방안을 검토한다.

2004년 12월 현재 전국평균 1인 1일당 급수량은 365L로서 1990년대 중반 이후 누수율 감소 등으로 줄어드는 추세임을 감안, 2030년 행정중심복합도시의 상수 수요량을 300~350L로 산정하면 1일 총 15~17.5만톤의 용수가 필요하다.

〈표 5-14〉 1일 1인당 급수량

연 도	'97	'98	'99	'00	'01	'02	'03	'04
1일 1인당 급수량(L)	409	395	388	380	374	362	359	365

* 출처: 환경부, 상수도 통계('05)

〈표 5-15〉 상수도 배치방향

구 분		배치방향
상수도	정수장	급수구역과의 고저차를 활용하여 에너지를 효율적으로 이용할 수 있는 곳에 입지
	배수지	표고차를 이용할 수 있는 곳에 입지

2) 하수처리 및 중수 · 우수 활용시설

환경오염을 최소화하는 하수처리시설을 구축하는 동시에 중수 및 우수를 활용하기 위한 물순환 시스템을 조성한다. 1인 1일 급수량을 300~350L로 산정할 경우 2030년까지 약 19~22만톤/일 규모의 하수처리장이 필요할 것으로 추정되므로 공공건물, 대형건물 등에 중수도를 도입하여 하수처리장의 처리수를 세정수, 소방용수, 하천 유량확보 등으로 활용한다. 그리고 우수는 저류 및 침투시설을 통해 하수관 유입을 억제하고 공공건물, 대형건물 등에 빗물 저류조를 설치하여 활용방안을 강구한다.

〈표 5-16〉 하수처리 시설의 배치방향

구 분		배치방향
하수처리	하수종말처리장	· 하수처리구역 당 1기씩 설치를 원칙으로 하되 중수관 배관거리, 경제성, 자연지형을 고려하여 규모 및 배치방안 결정
	슬러지처리장	· 하수종말처리장, 소각장과 연계하여 입지

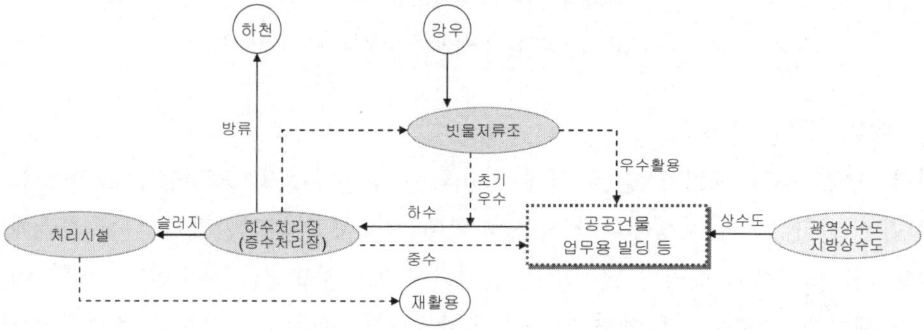

(그림 5-45) 용수공급 및 처리시스템 개념도

3) 폐기물처리시설

폐기물을 최소화·자원화하고 안전하게 관리할 수 있는 자원 순환형 폐기물 종합 관리체계를 구축한다. 폐기물은 처리시설 운영의 효율성을 감안하여 광역적으로 처리 방안을 마련하되, 소각하는 경우 열 병합발전소에 연료로 공급한다. 또한 폐기물을 위생적·효율적으로 처리하고 분리·재활용 시스템을 완비하여 폐기물 감량화를 추진한다.

폐기물처리시설 설치시에는 엄격한 환경기준을 충족하도록 하고 체육시설 설치, 공원조성 등 주민 친화적으로 조성한다.

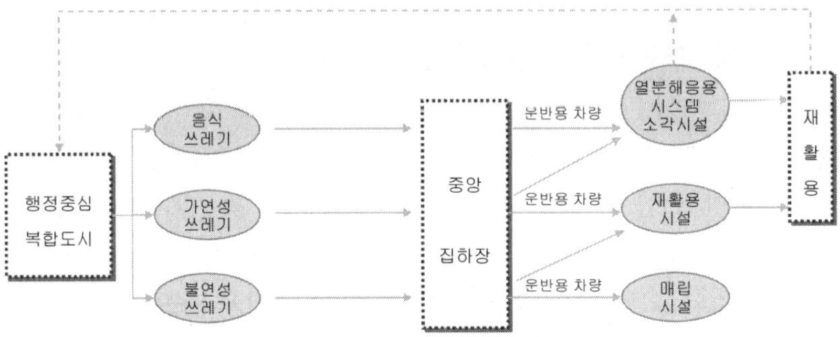

(그림 5-46) 폐기물 처리시스템 개념도

〈표 5-17〉 폐기물 처리시설 배치방향

구 분		배치방향
폐기물 처리	재활용처리시설	·민원을 고려하여 가능한 주거시설과 이격하여 배치
	재활용수거센터	·주민들이 쉽게 재활용품을 반납하거나 수거 신고할 수 있도록 주거지역에 입지
	소각장	·열병합발전소, 하수종말처리장, 슬러지 처리장과 인접하여 입지하되 가능한 주거시설과 이격하여 배치하도록 유도
	쓰레기집하장	·민원을 고려하여 가능한 주거시설과 이격하여 배치

4) 에너지공급시설

전력, 난방 등의 에너지 공급 시에 사용되는 청정에너지(LPG 등), 자연에너지(태양광)이며 친환경·신 재생에너지 사용을 확대 적용하고 지역난방시설 등 집단에너지 공급방식을 도입하고 열병합 발전소를 설치하여 에너지효율을 제고한다. 또한 에너지 분야의 새로운 기술을 검토하여 에너지 절약지표를 마련하고 효율적 에너지절감방안을 강구한다.

〈표 5-18〉 에너지 공급시설의 배치방향

구 분		배치방향
열공급 시설	지역난방시설 (열병합발전소)	· 열공급배관거리, 토이이용 등을 고려하여 분산설치
전력 공급시설	변전소	· 변전시설은 한전계통과 연계가 용이한 지역에 조성
가스 공급시설	지구정압기	· 생활권 단위 등을 고려하여 설치
신·재생 에너지 공급시설	태양광	· 개별주택 및 공동주택단지 위로 옥상 및 지붕에 설치
	폐기물	· 열병합발전시설, 쓰레기소각시설 및 재활용 센터와 연계하여 설치

6. 사업추진방안

(1) 단계적 개발방안

1) 기본방향

첫째, 행정중심복합도시건설은 장기간 시행하는 대규모 사업으로서 기존 개발방식을 탈피하여 도시성장관리의 개념을 도입하고, 사업지역을 대단위로 분할하는 집중개발방식이 아닌 미래 변화에 대처하고 민간의 참신한 아이디어와 기술을 활용할 수 있도록 개별적 단위프로젝트를 순차적으로 개발한다.

둘째, '先 기반시설투자, 後 프로젝트추진'의 사업체제를 구축하여 효율적인 사업추진과 원활한 서비스 제공을 추구하고, 환상형 도시구조의 조기 활성화와 후속단계의 단위프로젝트 추진 여건 조성을 위해 순환교통망 구축에 최우선적으로 투자한다.

셋째, 다양한 도시기능 및 역할을 담당하는 중소규모 프로젝트를 선정하고 도시의 단계별 성장을 감안하여 종합적으로 시행·관리하기 위해 대중 교통축상의 생활권 단위 및 중앙행정기능 동의 개별 프로젝트별로 상호관계를 고려하여 거점 개발방식을 도입한다. 그리고 도시건설은 투자의 여력, 도시성장 추이 등에 따라 시행단계별 프로젝트가 일부 중첩되어 시행될 수 있도록 탄력적으로 운용하되 환상형 도시구조와 함께 단계적·거점별로 도시가 개발됨에 따라 각 기반시설들도 규모, 용량 등을 주요 거점별로 분산 설치한다.

2) 개발단계의 설정

첫째, 개발단계는 인구계획을 감안하되, 도시기능 및 기반시설의 도입시기 등을 종합 고려하여 생활권 단위별로 설정한다.

둘째, 초기단계에는 대중교통축, 첫 마을 사업, 중앙행정기관 등을 최우선적으로 포함하여 시행하고, 기본적인 도시서비스 및 기반시설은 초기 입주민들의 정착을 돕기 위해 초기단계부터 효과적으로 제공할 수 있도록 조치한다.

(2) 건설비용 및 재원조달방안

1) 건설비용

행정중심복합도시 건설에 소요되는 비용은 국회입법과정에서 특별법에 이전 비용상한제를 도입하여 정부재정부담 상한선을 명시하고, 청사 등 공공건축물의 건축(부지매입비용 포함)과 광역교통시설의 건설을 위한 지출상한을 8조 5천억원으로 특별법 제51조에 명시하였다.

〈표 5-19〉 공공부문 투입비용 추정

항 목	비용(조원)
합 계	8.5
중앙행정기관 - 중앙행정기관 건축비 - 중앙행정기관 부지 매입비 - 특수시설	2.1 1.2 0.4 0.5
지방행정관련 공공시설 - 교육·문화·복지 등 공공시설 건축비 - 공공시설 부지매입비	3.7 1.6 2.1
광역기반시설	2.7

* '03년도 불변가격 기준의 추정치이며, 특별법 제20조의 규정에 의한 개발계획 수립시 상세한 사업비 내역이 확정될 예정

2) 재원조달방안

행정중심복합도시 건설을 위한 정부투자는 2030년까지 장기간에 걸쳐 단계적으로 투입될 계획(연평균 0.3조원 투자)으로 투자가 집중되는 2011~2012년에도 연간 최대 0.9조원으로 재정에는 큰 부담은 되지 않을 것으로 전망한다. 그러나 재원부담

주체와 관련하여 원칙적으로 중앙정부는 중앙정부기관 및 광역기반시설건설을 담당하고 지방행정공공시설 건설비는 시설의 성격에 따라 지자체와 분담하되, 별도 지자체가 설립되기 전까지는 중앙정부가 부담하고, 사업시행자는 예정지역 용지매입과 기반시설을 포함한 부지 조성비용을 부담한다.

재원의 안정적인 확보, 운영의 효율적 관리, 건설추진의 통합관리를 위해 '행정중심복합도시 건설 특별회계'를 설치하여 행정중심복합도시 건설과 관련한 수입, 지출을 통합함으로써 건설관련 회계 관리를 단순화하여 재정운영의 투명성을 제고한다. 그리고 이전적지 활용계획수립 시 일부 정부청사가 매각되는 경우에는 매각자금 등의 활용을 검토한다.

특히, 교통·환경 등 SOC 시설 및 문화시설에 대해 민간투자를 적극 유치한다. 민간의 창의성과 자율성을 도입하여 재정 부담을 경감하고 개발 부담금제를 적용하여 개발이익을 환수하도록 하고, 수익자 부담원칙 등을 고려하여 재정부담의 최소화를 추진한다.

(3) 주변지역 관리 및 지원방향

주변지역은 예정지역 연접지역으로써 예정지역의 개발로 인하여 영향을 받을 수 있는 지역 중 계획적 관리가 필요한 지역에 지정하고 도시관리계획수립시까지 시가화 조정구역 수준으로 개발행위를 제한한다. 그리고 주민불편을 최소화 하는 방안을 적극강구하기 위해 난개발 우려가 있는 건축 및 토지형질변경은 원칙적으로 금지하는 등 시가화 조정구역 수준의 행위제한을 시행한다. 아울러 주변지역 도시관리계획을 조속히 수립하여 행위제한기간을 최대한 단축함으로써 주민불편을 최소화한다.

주변지역의 도시관리계획은 10년 이내에 수립하도록 되어 있으나, 광역도시계획수립 등과 보조를 맞추어 조속히 수립하고, 주변지역 내 대규모 집단취락 등은 근린생활권 또는 소 생활권의 중심지 역할을 수행할 수 있도록 체계적으로 정비한다.

주변지역 지정 이전에 지정된 구역 등이나 사업계획에 대해서는 도시개발방향에 저촉되거나 난개발이 초래되지 않도록 지구단위계획을 수립하여 관리하고, 주택밀집지역 등은 집단취락 지정 및 지구단위계획을 수립하여 계획범위 내에서 생활에 불편함이 없도록 행위를 허용한다. 그리고 주변지역의 개발행위 제한에 따른 주민불편 등을 감안하여 생활편익, 복지증진 등을 위한 지원 사업계획을 수립하고 주민들이 입는 혜택과 계획적 관리에 따른 토지이용 규제의 불편 등을 고려하여 지원범위 · 수준을 설정한다.

〈표 5-20〉 주변지역지원사업의 종류 및 지원방법

사업종류	지원방법
생활편익사업	도로, 상하수도 등 기반시설의 설치 · 정비 및 그 부대사업
복지증진사업	주택개량, 마을회관 등 관련시설 설치 · 정비 및 그 부대사업
소득증대사업	생산기반시설 확충 및 농 · 수산물유통시설 설치 등

제6장
수도이전과 지속가능한 도시

제6장 수도이전과 지속가능한 도시

1. 수도이전

한 나라의 수도이전은 역사와 문화적 전통의 축적물이며, 모든 국민의 가치관과 삶의 모습을 보여주는 역사적 전시장이다. 또한 그 시대의 정치, 경제, 사회, 문화 등 다양한 시대 상황을 판단할 수 있는 지표가 된다. 이러한 수도 이전은 한 나라의 흥망성쇠를 좌우하기도 하며 나라나 지역에 관계없이 그 시대를 살아가는 생활공동체 구성원들의 여러 활동의 결과로써 나타난다.

수도형성의 배경과 시기가 동·서양이 서로 다를 뿐 아니라 도시공간의 구조와 형태는 결국 각문화권의 풍토와 사람들의 가치관에 의해 결정되기 때문에 각 나라에 따라 큰 차이를 나타내기 마련인 것이다.

수도는 그 존재의 초기에 성격을 형성하며, 외부로부터의 영향이나 주변의 상황에도 불구하고 그 본질은 계속 유지하게 된다. 역사상 수도의 모습을 볼 때 권력자들은 항상 천도에 대하여 강한 집착을 보여 왔기 때문에 권력과 부(富)가 모이는 수도는 언제나 공격이 대상이 되었다. 시대적 상황에 따라 약간의 차이는 있지만 각 나라별로 역사적으로 수도는 일차적인 요구는 방어기능을 갖추고 있으며 본질적 기능을 가지고 있다.

인류의 역사는 개개의 인생이나 그 세대와 미래세대를 포함하며 유구하게 계속 발전된다. 하지만 역사에서 천도는 정해진 시기에 따라 한 시대로 구분하는 특징을 가지고, 그 시대의 정치상황과 문화, 경제 등을 포함하게 된다.

우리나라는 조선시대의 도성계획과 성곽건축이 발달되어 조선조 태조 이성계에 의해 한성으로 천도가 이루어졌는데, 동·서양을 막론하고 근대 이전의 수도이전에서 가장 중요한 배경은 자연과 종교에서 출발하였다.

동양에서는 수도의 공간구성 원리가 주로 우주관에 근거하여 음향오행이나 풍수지리설에 의한 것으로 작용되었다면, 서양의 경우에는 주로 그리스문화와 기독교 사상이 절대적인 영향에 의하여 건설되었다. 중세 이전의 수도나 도시들은 신(神)들이 거주하는 하늘나라의 형태를 반영하는 것으로 계획되고 건설되었다. 그러나 이러한 수도에 대한 개념은 르네상스시대를 거치면서 우주나 신적(神的)인 문제보다는 인간위주로 전환되었으며, 과거처럼 우주를 닮았다거나, 방어목적의 요새가 아닌 평등주의와 효율성이라는 판단기준으로 발전하였다.

인간이 만들어낸 한 나라의 수도의 형태나, 도시의 환경은 결코 완전히 없어지지 않았으며 시대의 상황과는 별개로 구분되어질 수 없었다. 사람과 대지, 사람과 사람의 기본적인 관계는 불변하는 것이므로, 지금까지 제시된 각 나라의 천도는 그 시대의 상황을 잘 설명해주고 있다. 한 나라의 국토는 민족공유의 공통자산이며, 그 구성원의 국토에 대한 관심도와 활용여부에 달려있다 하여도 과언은 아니다.

국토의 변화라 함은 토지나 물 같은 자연자원의 이용과 개발을 먼저 생각하게 되나, 사실은 사회생활이나 국민의 경제생활을 뒷받침하는 도로, 철도, 하천, 상하수도 등 사회간접자본시설의 형성과 이에 따른 지역구조의 변화가 더욱 크게 작용하게 될 것이다.

21세기에 들어서면서 경제의 세계화와 기술혁신, 정보 및 문화적 가치에 의존하는 지식기반 경제체제가 대두되고 있다. 산업화에 의한 생산양식과 사회규제 체제가 지식과 정보를 기반으로 하는 패러다임의 전환 후에 바람직한 수도의 모습은 어떤 모습이어야 하는가를 고민하게 된다.

어떠한 수도가 그 정보와, 지식 등과 같은 무형의 가치를 추구하는 지식기반과 수도의 모습으로 국가발전을 선도하고 담당할 것인가? 이러한 질문은 모든 이들의 관심 대상이 되고 있다.

앞으로 한 나라의 수도이전은 지속가능성과 친환경성 확보라는 차원에서 자연생태, 경관과 인간정주를 위한 공생적 관계를 유지하고, 자원절약적인 토지이용과 교통, 도시의 운영 및 발전전략을 중시하는 미래 지향적 환경과 생태의 도시로 발전 되어야 할 것이다.

우리 미래 수도의 이상향은 어떤 것일까? 그 목적지에 도달하기 위해서는 어떤 모델을 제시하여야 하는가? 오늘의 현실이나 수도의 자유로움과 안전성, 공존과 공동체적 삶의 터전과 미래세대의 삶의 질을 향상시키는 지속가능한 수도로의 모습이어야 할 것이다. 그것은 인간과 자연의 조화 속에서 건강하고 생산적인 삶을 영위하고, 미래 세대들의 요구를 동시에 충족하여야 할 것이다. 정부는 지구생태계의 건강성을 통합적으로 보존하기 위하여 범지구적 차원에서 수도 이전을 계획을 하여야 할 것이다.

2. 지속가능한 도시

(1) 지속가능한 도시의 배경

오늘날 지구촌의 이슈 중 하나는 '지속가능한 개발'(Sustainable development)이다. 미래세대를 생각하고 공동체적 삶의 터전과 공존의 세계를 만들어보자는 것에서 출발하여 지금까지 인류가 창안해 낸 가장 대안적 개발인 것이다. 이러한 개념에 기초하여 도입된 것이 유엔의 '어젠다(Agenda)21'이다. 'HabitatⅡ어젠다' 등을 종합해 보자. 지속가능한 개발이란, '미래세대의 욕구를 충족시킬 수 있는 여러 가지 환경적 여건을 저해하지 않으면서 현대 세대의 욕구를 충족시키는 것'이라 할 수 있다. 이 지속가능한 개발은 환경의 가치(the value of environment), 미래지향성(futurity), 형평성(equity)이라고 말할 수 있으며 이 세 가지의 핵심적 요소를 포함하고 있다.

1900년 초반 영국의 리버풀대학(liverpool university)의 도시설계학과에서 근대도시계획과 지역 개발학이 출발하였다는 것에서 알 수 있듯이 초기의 도시개발은 주로 도로, 건물, 주택, 시설물의 디자인과 배치, 공급계획이 주된 관심사였다. 그러나 1960년대 이후부터는 도시 및 지역개발 분야에서 사회경제적인 측면이 강조되기 시작하였으며 종전의 물리적 계획은 도시 및 지역의 사회, 경제적 계획의 중요한 수단으로 인식되었다.

이에 따라 지역의 발전은 사회·경제적 구조의 변화와 지역 간 균형적 성장까지도 고려해야 된다는 점이 강조되었다. 문제 지역의 출현으로 학문적, 정책적 관심의 대상으로 부각한 것은 선, 후진국을 막론하고 관심의 대상이 되었다고 할 수 있다. 문제 지역은 낙후된 농촌지역, 미개발지역, 경기침체로 인하여 경쟁력을 상실한 공업지역, 인구와 산업이 과밀하게 집중된 과밀지역의 네 가지로 분류할 수 있다.

지속가능한 도시 및 지역개발이란 이러한 문제지역의 바람직한 개발을 지향하면서 지역 간, 지역 내의 문제를 해결하기 위한 전략의 수립과 달성이라고 할 수 있다. 궁극적인 목표는 어느 누구나 어떤 곳에 거주하든지 관계없이 쾌적한 환경에서 인간다운 생활을 영위할 수 있도록 균형된 국가공간의 발전을 유도하는 것이다. 미래도시의 추구할 방향은 미래세대의 삶의 질을 향상시키는 지속가능한 도시에 초점을 두어야 할 것이다.

우리나라에서 1960년대 이후 지역개발은 국가적 견지에서 양적인 발전으로는 성공

(그림 6-1) 영국의 신도시 파운드베리(자료 : 중앙일보 2008. 1. 22)

적인 면을 찾을 수 있지만, 균형발전이라는 측면에서는 부정적인 측면을 초래하였다. 지속가능한 개발이나 환경 친화적인 국토개발에 대한 인식이 매우 미흡하였다.

1980년대에 접어들면서 도시 및 개발의 가치관이 변화되기 시작하는데 가장 핵심적인 내용은 인간이 생태계를 떠나서 존재할 수 없다는 것이다. 인간의 정상적인 생활은 생태계의 자연 순환 속에서 보장될 수 있으며 성장지향의 도시 및 지역개발은 자원낭비와 소비의 증대를 조장한다. 이러한 것들은 결국 생태계에 심대한 악영향을 미쳐 우리 모두는 물론 후세의 자손들에게도 재난과 피해를 안겨줄 뿐이다.

생태계의 정상적인 순환 속에서 성장위주의 개발을 지향하면서 지속가능한 미래도시를 만들려면 가치관의 변화는 물론 사회적, 제도적 장치의 마련 또한 필수적인 사안이다. 고갈이 우려되는 자원절약과 재생가능한 자원의 재사용, 환경 친화적 산업기술개발, 인구규모와 경제성장속도의 조절, 도시개발 시 해안, 호수, 강, 산, 늪지의 보전, 생태계나 환경에 대한 인식과 가치관을 개선하여야 할 것이다.

(2) 지속가능한 미래도시개발

지속가능한 미래도시의 개발은 효율적인 기반시설의 구축과 자원의 효율적인 이용, 삶의 질 향상과 보호, 새로운 산업 활동의 창출을 통하여 현 세대와 미래세대에 건강한 미래도시를 건설하는 것으로 요약 될 수 있다. 비전(vision)은 도시전체가 추구하는 장기적 목표가 되는 동시에 정책과 행동의 기본방향이 된다. 또한 지역구성원 간

사회, 경제적 배경과 이해관계가 달라 논쟁이 있을 수 있으나, 공동의 목표 하에 노력을 통하여 공통점을 발견하고 합의에 도달하는 것이 일반적인 예로 볼 수 있다.

도시관련 지침 설정의 원칙은 지속가능한 미래도시의 비전을 실현하기 위한 지침으로 이러한 원칙과 지침에 입각하여 임무와 역할분담이 되면 실천하기 위한 행동계획을 수립하며, 행동에는 개발가이드라인, 예산, 종합시행계획, 토지이용 등이 포함된다.

실천상의 장애요인이나 지역에 잠재하고 있는 기회를 파악하고 지역사회 구성원과의 의사소통경로를 확보하는 방안을 포함하며 각 분야는 행동계획에 따라 맡은바 기능과 역할을 실천에 옮긴다.

〈표 6-1〉 서울시 지속가능한 미래도시개발의 원칙

원 칙	기 준	내 용
1. 미래의 원칙	미래세대의 기준	도시계획에 있어서 미래세대의 건강과 복지를 감안
	현재 안전의 기준	단기적인 미래의 안전도 무시되어서는 안 된다.
	노인층 역할의 기준	노인층은 존경받고 자원으로 취급되어야 한다.
2. 자연의 원칙	생태계 기준	도시의 생태계는 유지, 발전되어야 한다.
	자연보전의 기준	도시녹색지역과 야생동식물은 보전되어야 한다.
	오염감소의 기준	오염물질, 생태계에 해가 되는 물질은 통제되어야 한다.
3. 참여의 원칙	공동체 의사결정기준	지역공동체의 발전계획에 공동체 주민이 의사결정과정에 참여해야 한다.
	공동체 정보기준	정보, 기술의 자유스러운 교환과 왕래가 보장되어야 한다.
	정부유인의 기준	지방정부와 지역공동체의 긴밀성이 유지되어야 한다.
4. 형평의 원칙	기회균등의 기준	일반적인 자원에 대한 동등한 접근권이 보장되어야 한다.
	배분정의의 기준	배분의 정의가 실현 되어야 한다.
	시민불복종의 기준	불공정한 체계에 대한 정정의 요구권리가 확보되어야 한다.
5. 자급자족의 원칙	지역교역의 기준	지역의 생산적인 자원은 지역주민의 요구를 충족시켜야 한다.
	에너지절약의 기준	지역 활동은 에너지 절약적이고 효율적이어야 한다
	자족의 기준	도시의 인구규모는 생태계와 균형을 이루는 선에서 조정되어야 한다.

자료: SDI. 1994. Sustainable Seoul Development. The city report on the Environment.

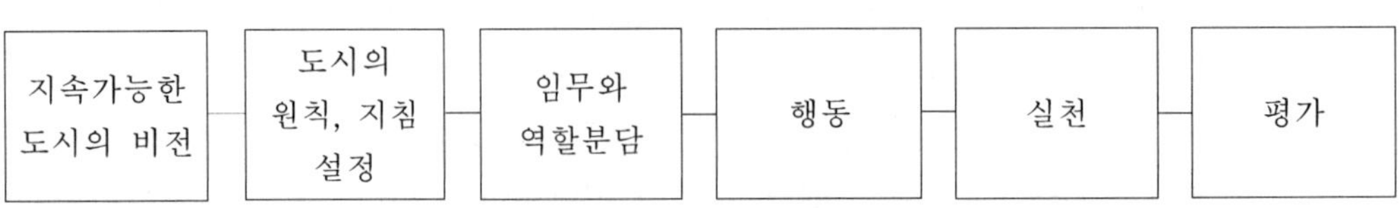

(그림 6-2) 지속가능한 도시의 과정

정책과 행동이 실현된 이후 그 성과를 평가하는 것은 매우 중요한 업무이며 평가를 위해서는 적정한 지표가 필요하다. 지표는 복잡한 시스템을 이해하고 인식가능 해야 한다. 효과적인 지표는 지역사회로 하여금 설정된 목표에 비하여 현재의 진척상황과 진행방향, 격차 등을 결정할 수 있도록 하여야 한다. 지속가능성을 측정하는 지표는 경제, 환경, 사회시스템의 효율성과 통합성의 수준을 기반으로 한 지역사회의 장기적 발전과 생존능력을 분석하고 어떤 부분에서 어떤 정책효과와 문제점이 있으며 그 수준이 어느 정도인가를 파악하며 나아가서는 어떤 정책적 조정이 필요한가를 제시해주어야 할 것이다.[1)]

(3) 지속가능한 미래도시개발의 내용

지속가능한 미래도시개발은 도시구성요소들과 부문 간의 상호연관성과 매커니즘을 이해하고 이를 바탕으로 한 경쟁력 제고가 핵심이며 부문 간의 연관성을 고려하지 않은 채 부문에 대한 문제의 치유에 집착하면 다른 부문에 악영향을 미치는 역작용을 배제할 수 없다. 이것은 독자생존의 패러다임에서 상호의존의 패러다임으로 변화하는 것과 연결되며 지속가능한 도시개발을 추구하는 현장에서는 개발에 따른 이해관계의 차이로 인한 갈등 및 마찰이 빈번히 발생한다.

지속가능한 미래도시개발은 부문별 환경, 지역, 경제, 주택, 토지이용 및 교통 등 다양한 차원과 분야의 지속가능한 개발노력들이 만들어 내는 종합적인 상태라 할 수 있으며, 어느 특정 한 분야만의 지속가능성을 말하는 것이 아니다.

1) 환경

환경이라고 하면 대기, 강, 호수, 산, 바다 등 자연환경이나 생태계를 지칭하는 것이다. 지속가능한 미래도시개발을 논의할 때 환경부문의 지속가능한 개발은 대체로 자연환경분야의 지속가능성을 의미한다.

2) 지역경제

지속가능한 미래도시개발은 지역경제의 건강성을 유지, 증진시키는 것을 목표로 한다. 이를 위해서 개발이 환경파괴를 동반하던 과거와는 달리 개발과 환경은 상호의존적이고 보완적인 관계를 유지시키는 것이 핵심이다.

---

1) 하성규 외 3인. 지속가능한 도시론, 보성각, 2003

환경개선은 인구 및 산업에 대한 입지경쟁력을 높여준다. 살기에 쾌적하고 상호 신뢰할 수 있는 사회생활과 책임 있는 공공부분 등은 사업여건을 호전시키는 동시에 건강하고 활력 있는 지역경제를 가능하게 한다. 또한 고용창출 및 실업 감소는 빈곤을 퇴치하여 지방정부의 재정 부담을 덜어준다.

3) 주택

환경 친화적이며 지속가능한 개발의 개념의 적용과 실천성 확보를 위하여 주택 및 주거지 개발부문은 매우 중요하다. 주거지 및 주택개발은 도시 및 지역개발의 주요한 개발대상 영역으로, 인간정주환경의 핵심이자 지속가능한 개발의 개념을 잘 실현해야 할 분야이다.

4) 토지이용

토지이용의 문제는 선, 후진국을 막론하고 대부분의 도시들이 공통적으로 겪고 있으며 도시의 외연적 확산과 관련된다.

미국 등 선진국의 경우 도시 외곽에 대규모 저밀도 주거단지의 개발로 인해 직주분리, 긴 통근거리, 높은 자동차 의존성, 교통부문의 과다한 에너지 소비, 이로 인한 대기오염악화, 농지나 녹지의 잠식 등 도시의 지속가능성을 저해하는 토지이용에 대한 문제가 심각하다.

우리나라와 같은 경우도 상하수도, 학교 등 도시기반시설의 공급이 제대로 이루어지지 않아 발생하는 난개발 및 비계획적 개발이 큰 문제점으로 지적되고 있어 토지이용계획은 매우 중요하다.

5) 교통체계

교통의 발달은 사회경제적 편익과 후생이 크게 증대하지만, 그에 따른 사회적 비용도 만만치 않다. 즉, 교통의 사회적 비용은 대기오염, 교통 혼잡으로 인한 생산성의 감소, 교통사고로 인한 인명손실, 석유수입원의 확보를 위한 군사, 외교적비용, 원유유출에 따른 수질오염, 지구의 온난화 등 정치, 경제, 사회, 환경부분에 발생하는 문제를 말한다. 지속가능한 교통체계란 교통으로 인한 사회적비용을 줄이거나 제거하여 도시의 지속가능성을 담보할 수 있는 교통체계를 말한다.

3. 자연친화적 미래도시

(1) 도시자유공간

급속히 밀집된 도시의 구조체계와 더불어 도시에 거주하는 인간의 삶의 질은 확보되어야 한다. 인간의 생명유지에 있어서 심장이 중요한 역할을 하듯이 자연 또한 그에 못지않은 역할을 한다. 이를 위하여 자연과 생태 보호가 이루어져야 하고 그에 따라 자연과 조경은 확보되면서 개발되어야 한다.

도시의 그린은 도시 삶의 가치를 만드는 데 있어서 미래의 중요한 잠재물이다. 도시개발의 기본은 광역적인 토지이용계획과 생태 보호프로그램인 2개의 계획으로 이루어져야 한다. 토지이용계획은 토지이용의 종류와 조치를 조정하고, 생태 보호프로그램은 도시구역 안의 자연환경과 조경의 유지와 발전을 목적으로 한다.

1) 생태 보호프로그램

생태보호프로그램은 도시거주자의 삶의 질을 향상시키는 것을 목표로 한다. 도시자유공간의 개발은 여기에서 특별한 역할을 한다. 자유공간(freiraum)은 도시의 이미지를 나타내는 것으로서 이것은 인간의 건강 또는 불쾌적함을 결정한다. 도시를 위한 공지계획의 기본으로 시작된 도시 자유공간 시스템이다.

생태 보호프로그램은 자연과 조경, 공지와 자유공간의 유지와 개발을 확실하게 하거나 혹은 질적으로 만들려는 목표를 포괄한다. 야생동물과 야생식물의 서식처 유지와 보호, 토양의 재생능력, 토양, 물, 공기, 자연경관의 특별함, 또한 여가와 휴식을 위한 공원, 놀이터와 작은 정원 그리고 문화적 인자로서 조경・종 프로그램에 따라 하나의 전체적인 틀 속에서 결합되어야 한다.

2) 자연계 · 자연보호

환경보호에 의해서 이미 계획된 자연계의 기능성은 도시의 밀집과 확장으로부터 방어되어야 한다. 토양・물・공기는 주변을 회복시키는 자원이다. 과밀화된 도시지역에서 환경의 특별한 과부하들을 회피할 수는 없다. 그리고 밀집된 지역의 온도는 교외보다 높은 경우가 많다. 도시에 많은 건물이 건설되고 포장된 대지에 의해서 연간 많은 우수가 배수로로 흘러간다. 이러한 관점에서 환경보호와 관련된 프로그램들은 계획적으로 반영되어야 한다. 환경보호 프로그램 계획은 지하수, 토양, 그리고 기후 보호를 위한 우선지역으로써 민감하고 가치있는 공간들을 제시한다.

각종 토양이나 지표수의 오염은 수원에 위협을 줄 수 있다. 지하수의 순환을 위한 보호처로는 토양표면의 포장을 최소로 줄이는 것, 오염수의 배수로 건설 그리고 오염된 것의 정화작업을 들 수 있다.

물의 순환을 위해서 우수를 지하로 침투시키는 것과 건물의 녹화는 중요하다. 매우 밀집된 도심은 시 외곽과 비교하여 높은 온도의 열섬현상이 나타난다. 민감한 사람들은 무더운 여름 기후에서 특별히 건강상의 문제를 갖게 된다. 큰 공원들, 녹지대 그리고 하천들은 공기를 냉각시키고, 극단적인 온도의 상승을 피할 수 있는 공기순환을 유도한다. '자연계' 라는 프로그램 계획에는 기후상황을 개선시키기 위한 조치를 제시한다.

3) 휴양과 공지

휴양과 공지이용 프로그램의 관심사는 기존 녹지의 확보와 새로운 녹지의 확장에서부터 개발이다. 예를 들면 공원, 도시 광장의 형태, 어린이들을 위한 놀이조경과 같은 것을 포괄한다. 그 계획에는 어떤 도시지역에는 충분한 공지가 있는지, 어떤 지역에는 추가적으로 공지를 필요로 하는지, 혹은 질적으로 향상시켜야 하는지 등이 제시되어야 한다. 도시의 위치에 따라서 공지는 차이가 난다.

도시 중앙부에는 소규모 공원이나 소정원 등의 공지가 요구되고 도시 외곽부에는 소규모 주거단지들이, 그리고 자연 상태로 전환되는 지역에는 잔디밭이나 숲이 요구된다. 밀집 거주 지역에 소규모의 녹지 형태를 취하면 이들은 도시 전체의 녹지와 서로 연계를 형성한다. 도시 외곽에는 새로운 큰 규모의 휴양조경의 개발이 가능하다.

전통적으로 이용되는 것들은 전체 도시적인 의미에서 질적으로 향상되어야 한다. 공지를 전체 도시적으로 연결하기 위하여 긴밀한 녹지 결합망으로 개발되어야 한다. 매력적인 보행로와 자전거도로 시스템의 형태로 도시의 각 지역으로 통행이 가능하게 한다.

(2) 미래 환경도시

도시의 장소들을 위한 자연환경의 유지와 계속적 개발을 위한 목표가 필요하며, 시행처들은 조경생태 보호프로그램을 통하여 체계적으로 진행되어야 한다.

(그림 6-3) 친환경미래도시

도시의 새로운 대규모 휴식공간 계획은 특별한 의미를 갖는다. 종종 도시의 개발에서 포장되지 않고, 오염되지 않은, 혹은 생태적으로 중요한 토지들이 사용되고 있다. 이러한 자연환경의 침해는 법률적으로 제한하여야 할 것이다. 이는 곧 균형을 유지하기위한 것이다. 하나의 토지에 개발이 이루어지면 다른 곳에는 자연과 조경을 고려한 조처가 취해져야 된다.

균형지 개념에 의해서 미래에는 도시 전체 차원의 토지에 대한 고려가 제시되어야 한다. 이는 도시 삶의 질 확보를 위하여 자연보호법 등으로 침해를 방지 할 수 있을 것이다. 자연과 조경보호는 도시설계 차원에서 고려하여 미래환경을 확보하는 도시로 발전되어야 한다.

(3) 전망

도시의 자유공간은 도시구조의 주요한 요소이다. 자유공간 없이 도시는 온전해질 수 없고 삶의 질도 저하된다. 도시 모든 연령층의 사람들을 위하여 목적에 맞게 이루어진 휴식시설은 도시환경에 주요한 역할을 한다. 장소와 그 장소의 역사로 동일화를 가능하게 하는 것은 하나의 도시적 삶의 질을 나타낸다. 도시의 변화로부터 새로운 것이 생겨나거나 혹은 조경 프로그램, 종 보호프로그램에 요구사항으로 변환된다.

신공원의 형태는 현시대에 주변과 기존의 자유공간 이용에서 항상 지켜질 수만은 없다. 그 이유는 여러 가지가 있다. 그 중에는 도시 안에서 자유공간을 만들어야 하며 새로운 해결방안을 만들어야 하는 과제를 안고 있다. 따라서 환경을 보호하고 이용하며 관리하려는 새로운 시도가 필요하다. 진행과정에서는 프로젝트 계획단계에서부터 자유공간의 계획에서 도시의 거주자와 긴밀한 교류와 통합이 요구된다.

참고 문헌

제1장

1. L. Mumford, 『The city in history』, Harcourt, Brace & World, Inc, 1991.
2. 역사연구모임, 『단숨에 읽는 세계사』, 베이직북스, 2007.

제2장

1. 윤정섭, 『도시계획사개론』, 문운당, 1987.
2. 김의원, 『한국국토개발사연구』, 대학도서, 1983.
3. 김철수, 『도시계획사』, 기문당, 1997.
4. 신행정수도 건설기본계획(시안), 신행정수도건설추진위원회, 2004.
5. 임시행정수도 백지계획은 살아있다.
6. 김도형, 행정수도 이전 정책의 전개와 발전과제, 한국외국어대 정책과학대학원 2005.
7. 신행정수도건설과 지역균형발전, 대한지리학회주최 특별심포지엄, 2003.
8. cafe.naver.com/anitdol (수도이전반대모임)

제3장

<일본>

1. 도누마 고우이치, 『천도론』, 주식회사 교우세이, 1990.
2. 김철수, 『도시계획사』, 기문당, 1997.
3. 사단법인 일본건축학회, 건축설계자료집성5, 마르젠 주식회사, 1972.

<중국>

1. 박인성, 중국의 국토개발정책에 관한 연구, 국토개발연구원, 1998.
2. 이수웅 · 김경일 저, 『중국문화의 이해』, 대한교과서, 1995.
3. 劉致平, 『중국거주건축간사』, 중국건축공업출판사, 1990.
4. 사마천 저, 김진연 역, 『사기』, 서해문집, 2002.
5. 두산대백과사전.
6. 동아원색세계대백과사전.
7. 매일경제, 2007.12.11 A11면, 2007.12.12.27 A3면, 2007.12.28 A3면, 2008.1.15 C1면.

<미국>

1. Laura Harger, 'Washington, DC', Lonely Planet Publications Pty Ud., 2001
2. 문정희, 세계의 도시, 국토연구원 책임연구원.
3. 김영하, 『도시건축』, 도시건축사, 2004.
4. 이주영, 『미국사』, 대한교과서, 1997.
5. 케네스 데이비스 저, 이순호 역, 『미국에 대해 알아야 할 모든 것』, 책과함께.
6. 이구한 엮음, 『이야기 미국사』, 청아출판사.
7. 앨런 와인스타인, 데이비드 루벨 지음, 『(사진과 그림으로 보는) 미국사』, 시공사, 2004.
8. 제임스 T. 플렉스너 저, 정형근 역, 『조지워싱턴』, 고려원, 1994.

<독일>

1. 서울시정개발연구원, 통일 수도 시정수요 전망과 대책, 서울시정개발연구원, 1995.
2. 이용우, 본 : 분단독일의 수도에서 유럽문학의 중심으로, 국토, 214,72-70, 1999.8.
3. 안영진, 박영한, 독일의 수도이전 : 베를린 천도과정과 그 함의, 한국지역지리학회지 제7권 제4호, 2001.
4. 손기웅, 독일의 통일 및 군사안보적 위상에 대한 전승 4개국의 입장과 서독의 대응, 통일연구논총 5권 1호, 1996.
5. 김인희, 독일의 수도이전과 도시발달, 국토연구원.
6. 국토연구원, 국토균형발전을 위한 중추기능의 공간적 재편방안, 2002.
7. 이상준, 통일독일의 수도이전, 서울지정개발 연구원, 2004.
8. Manfred Retting, 독일연방공화국 연방정부기관 본에서 베를린까지의 이전에 관하여, 대한국토도시계획학회 세미나.
9. 이선구, 『통일 독일 현대건축』, 시그마프레스, 2004.
10. 이선구, 독일연방국 수도 베를린시의 2000년대 이후의 총체적 공간구조 변화에 관한 건축/도시 계획적 연구, 대한건축학회.
11. 브리태니커 백과사전.
12. 미하엘 슈튀르머저, 『독일제국 1871~1919』, 을유문화사, 2003.
13. 손선홍, 『독일 현대사』, 소나무, 2005.
14. 수도이전 과연 타당한가, 서울시정개발 연구원.
15. 중앙일보, 1999년 8월 30일자 5면.
16. Ahn, Y-J., 1998, Hauptstaadddtsuche und-verlegung als politische Symbolhandlungen: dargestellt am Beispiel der Stadt Berlin, Deutschland, 지리학논총, 32, 25·42
17. Beyme von. K., 1995, Von der Hauptstadtsuche zur Hauptstadtfindung: Die Implementation des Hauptstadtbeschlusses, in Suess, W., Hauptstadt Burlin-Bd. 1, Nationale Hauptstadt, europaeische Metropole, Burlin, 55-57.
18. Der Spiegel,36. 1990.
19. Hofmeister, B., 1990, Berlin (West), Wissens-chaftliche Buchgesellschaft, Darmstatdt.
20. Wurthe, K., 1997, Berlin:Von der Doppelstadt zur Geteilten Stadt, eine historisch-geographische

Betrachtung, Geographische Rundschau, 37, 422-427.
21. 橫山昭市, 1988, 首都, 大明堂, 東京.

<브라질>

1. 김영하, 『도시건축』, 대가, 2004
2. 김영하, "신행정수도 이전에 따른 천도론에 관한 연구", 대한건축학회 20권2호, 2004.2.
3. 김명수, "모더니즘에 입각한 계획도시, 브라질리아", 국토연구원.
4. 박원복, "브라질의 수도 브라질리아의 문화, 기호학적 상징성", 이베로아메리카 제6권, 2004.
5. 유충현, "신도시의 제문제(上)", 대한국토도시계획학회, Vol13 No1, 1978.

제4장

1. 행정수도 건설을 위한 백지계획, 한국과학기술연구소 부설 지역개발연구소, 1977.

제5장

1. 행정복합도시 건설기본계획, 건설교통부, 2006.

제6장

1. 하성규 외 3인, 『지속가능한 도시론』, 보성각, 2003.